Open Channel Flow

渠道水力學

第四版

謝平城　著

五南圖書出版公司 印行

序

　　世界著名之明渠水力學書籍，較具代表性者計有周文德教授所著之「Open-Channel Hydraulics」及 Henderson 教授所著之「Open Channel Flow」等，此等書籍常被國內之學者引用於教材或研究報告中；而國內較具代表性者，首推臺灣大學易任教授所著之「渠道水力學」，該書除參照前述世界性明渠水力學書籍外，更針對我國現有特殊環境編輯而成，該書之完成實可謂為水利界之幸，筆者等對於曾受業於易教授，深感受益匪淺。目前準備相關考試或自修之工程師和學子均常將該書奉為圭臬，惟考題日新月異，試前準備日益困難，現下坊間販售之相關應試書籍實不敷所需。鑑於上述原因，筆者方有編撰本書之動機，亦即提供讀者為準備考試而欲購買考試用書時之另一項選擇。

　　本書共分八章，各章分四個主要部份編撰，首先提綱擊領整理重點，繼之精選範例俾供研習，接著詳解歷屆考題實際演練，最末精選若干習題加強練習。

　　本書所撰內容力求精要，推導解題力求確實，惟倉促付梓，謬誤勢所難免，尚祈各方賢達碩彥不吝來函匡正，俾使本書內容更臻完善，並利再版時修訂。

謝平城　謹識

國立中興大水土保持學系　2010/09

目　錄

Chapter 1

基本定義及方程式

- ●重點整理
- ●精選例題
- ●歷屆考題
- ●練習題

● 重點整理

一、基本名詞定義

1. 明渠流（open channel flow）

　　於固體邊界內具有自由表面（free surface）之液體受重力作用而流動者。

2. 暗渠或涵洞（culvert）

　　水流遇到較高地勢如道路，構築於地面下之較短渠道。

3. 渠道斷面（channel section）

　　垂直於渠流流動方向之橫斷面積，常以 A 表之。

4. 垂直渠道斷面（vertical channel section）

　　通過渠道斷面底床最低點而垂直於水平地面之垂直斷面。

5. 水流深度（depth of flow）

　　自由水面至垂直渠道斷面底床最低點之距離，通常以 y 表之。

6. 水流斷面深度（depth of flow section）

　　自由水面至渠道斷面底床最低點之垂距，即垂直於水流流動方向之水深度，通常以 d 表之。

7. 渠道坡度（slope of channel）

　　渠道底床最低點與水平地面所夾之角度，常以 $\tan \theta$ 表示。若渠道坡度（或稱為渠底坡度）很小時，即 θ 很小時，$\tan \theta \doteqdot \sin \theta \doteqdot \theta$；當渠道坡度水平時，$y = d$；當渠道坡度很大時，則 $d = y\cos \theta$，渠道坡度很小時，$\cos \theta \approx 1$，則 $y \approx d$。

8. 水面寬度（top width）

   垂直渠道斷面上自由水面之寬，常以 T 或 B 表之。

9. 水位（stage）

   垂直渠道斷面上自由水面之高程，常以 h 表之。

10.潤周或濕周（wetted perimeter）

   垂直於水流流動方向之渠道橫斷面上，水與渠壁接觸部分之總長度，常以 P 表之。

11.水力半徑（hydraulic radius）

   渠道水流橫斷面積 A 與潤周 P 之比值，常以 R 表示，即 $R = \dfrac{A}{P}$。

12.水力深度（hydraulic depth）

   渠道水流橫斷面積 A 與水面寬度 T 之比價，常以 D 表示，即 $D = \dfrac{A}{T}$。

13.複式斷面（compound section）

   垂直於水流方向之渠流橫斷面具有主斷面及副斷面者。

   (1)主斷面：平時或長期輸送正常河水流量之斷面。

   (2)副斷面：納蓄自主斷面溢出之洪流，範束洪水，減少洪災之斷面。

14.定型渠道（prismatic channel）

   渠道斷面形狀、大小及底床坡度不隨流程而變之渠道。大部份人工渠道屬於定型渠道。

15.非定型渠道（non-prismatic channel）

   渠道斷面形狀、大小或底床坡度隨流程而變之渠道。地面上各類天然水路均屬非定型渠道。

16.動床渠道（mobile boundary channel）

   渠道可能因渠流之沖刷或淤積而改變其斷面形狀，包括水深、底

床寬度及縱向渠坡等。

17.定床渠道（rigid boundary channel）

不因渠流作用而改變其斷面形狀、渠道坡度及粗糙率等之渠道。

二、渠流流況分類

1. 依對時間之變化性而分

(1)定量流（steady flow）：在任一渠道斷面上，渠流之流量、流速或

水深不因時間而改變者。其數學表示式為 $\dfrac{\partial Q}{\partial t}=0$ 或 $\dfrac{\partial \vec{V}}{\partial t}=0$ 或

$\dfrac{\partial y}{\partial t}=0$

(2)變量流（unsteady flow）：在任一渠道斷面上，渠流之流量、流

速或水深因時間而變者。其數學表示式為 $\dfrac{\partial Q}{\partial t}\neq 0$ 或 $\dfrac{\partial \vec{V}}{\partial t}\neq 0$ 或

$\dfrac{\partial y}{\partial t}\neq 0$

2. 依位置變化性而分

(1)等速流（uniform flow）：沿渠流方向各斷面之流速或水深均相同，

流線平行者。其數學表示式為 $\dfrac{\partial \vec{V}}{\partial s}=0$ 或 $\dfrac{\partial y}{\partial s}=0$

(2)變速流（non-uniform flow）：渠流之流速或水深沿渠流方向各斷面

改變，流線不平行者。其數學表示式為 $\dfrac{\partial \vec{V}}{\partial s}\neq 0$ 或 $\dfrac{\partial y}{\partial s}\neq 0$

3. 依時間及位置而分

(1)定量等速流（steady uniform flow）：渠流之流量及流速沿渠流各斷

面均相同，不因時間及流程而改變者。其數學表示式為 $\dfrac{\partial Q}{\partial t}=0$ 或

$$\frac{\partial \vec{V}}{\partial s} = 0 \text{ 或 } \frac{\partial y}{\partial s} = 0$$

(2)定量變速流（steady non-uniform flow）：渠流之流量及流速不因時間而變，但隨流程而改變者。其數學表示式為 $\frac{\partial Q}{\partial t} = 0$ 或 $\frac{\partial \vec{V}}{\partial s} \neq 0$ 或 $\frac{\partial y}{\partial s} \neq 0$

(3)變量等速流（unsteady uniform flow）：渠流之流量及流速因時間而變，但不隨流程而改變者。其數學表示式為 $\frac{\partial Q}{\partial t} \neq 0$ 或 $\frac{\partial \vec{V}}{\partial s} = 0$ 或 $\frac{\partial y}{\partial s} = 0$，此種水流於渠道中或天然水路均屬罕見。

(4)變量變速流（unsteady non-uniform flow）：渠流之流量及流速因時間及流程而改變者。其數學表示式為 $\frac{\partial Q}{\partial t} \neq 0$ 或 $\frac{\partial \vec{V}}{\partial s} \neq 0$ 或 $\frac{\partial y}{\partial s} \neq 0$

4. 依黏性影響而分

對黏性之影響一般均用雷諾茲數 R_e（Reynolds number）來表示，即流體運動慣性力（inertial force）與黏性力（viscous force）之比值，可以下式表示

$$R_e = \frac{\rho V L}{\mu}$$

式中，μ 為動力黏滯性係數，ρ 為流體密度，V 為平均流速，L 為特性長度，在明渠中可以水力半徑 R 表之。故

$$R_e = \frac{\rho V R}{\mu}$$

.6. 渠道水力學

(1)層流（laminar flow）：$R_e < 500$

各流線互相平行，似層狀滑動，水流之阻抗以黏滯性為主。

(2)漸變流（transitional flow）：$500 < R_e < 2000$

各流線開始不平行，流體質點之移動呈螺旋狀者。

(3)紊流（turbulent flow）：$R_e > 2000$

流線紊亂且不平行，水流之阻力以亂流應力為主，流體質點之移動呈不規則者，一般明渠水流多屬此類。

5. 依重力影響而分

對重力之影響一般均用福祿數 F_r（Froude number）來表示，即流體運動慣性力與重力之比值，可以下式表示：

$$F_r = \frac{V}{\sqrt{gL}}$$

式中，g 為重力加速度，L 為特性長度，在明渠水流中可以水力深度 D 表之。故

$$F_r = \frac{V}{\sqrt{gD}}$$

(1)亞臨界流（subcrtical flow）：$F_r < 1$

流速較低，渠道中某點受到干擾後，其擾動可藉淺水波傳播至上游及下游。一般渠流，尤其是天然河川，多屬此類。

(2)臨界流（critical flow）：$F_r = 1$

渠道中某點受到干擾後，擾動可在原處形成駐波（standing wave）並向下游傳播。

(3)超臨界流（supercritical flow）：$F_r > 1$

流速較高，渠道中某點受到干擾後，其擾動僅能向下游傳播。常見於山區之緩流及溢洪道或瀉水槽之急流。

三、速度分佈係數

1. 能量係數（energy coefficient or Coriolis coefficient）

由於渠道斷面不均勻之流速分佈，以致渠流單位重之動能（kinetic energy），即速度水頭，通常比根據 $\dfrac{V^2}{2g}$ 所計算之值要來得大，因此在使用能量方程式時，其真正之流速水頭均以 $\alpha\dfrac{V^2}{2g}$ 表之，此係數 α 即稱為能量係數。其公式如下：

$$\alpha = \frac{\int v^3\, dA}{V^3 A} \simeq \frac{\Sigma v^3\, \Delta A}{V^3 A}$$

式中，v 為通過 dA 斷面之流速；

V 為全面積之平均流速。

2. 動量係數（momentum coefficient or Boussinesq coefficient）

同理在應用動量方程式時，均以 $\beta\rho QV$ 表示流體單位時間通過渠道斷面之動量，此係數 β 稱為動量係數。其公式如下：

$$\beta = \frac{\int v^2\, \Delta A}{V^2 A} \simeq \frac{\Sigma v^2\, \Delta A}{V^2 A}$$

3. Rohbock 近似公式

$$\alpha = 1 + 3\varepsilon^2 - 2\varepsilon^3$$

$$\beta = 1 + \varepsilon^2$$

式中，$\varepsilon = V_m / V - 1$

V_m：最大流速；

V：平均流速。

註：全斷面流速愈不等速，α 及 β 值愈大且 $\alpha > \beta > 1$

四、靜水壓力分佈

1. 小坡度渠道

靜水壓力分佈為 $p = \gamma \cdot y$ 或 $\dfrac{p}{\gamma} = y$ （$\because y \approx d$）其中 γ 為水的單位重。

2. 大坡度渠道

靜水壓力分佈為 $p = \gamma \cdot d \cdot \cos \theta = \gamma \cdot y \cdot \cos^2 \theta$ 或 $\dfrac{p}{\gamma} = d \cdot \cos \theta = y \cdot \cos^2 \theta$

3. 彎曲渠道

$$h = h_s \pm \frac{d}{g} \frac{V^2}{r}$$

式中，h：實際壓力水頭；

$\qquad h_s$：靜水壓力水頭；

$\qquad d$：水流斷面深度；

$\qquad g$：重力加速度；

$\qquad V$：平均流速；

$\qquad r$：彎曲半徑。

在凹陷流（concave flow）之渠段，其離心力向下方，加強地心引力之作用，故實際壓力較平行流時之靜水壓力為大，因此上式取正號。反之，凸出流（convex flow）之渠段，離心力之作用向上方，與重力作用相反，故實際壓力較靜水壓力為小，因此上式取負號。

五、基本方程式

1. 連續方程式（continuity equation）

定量流：流量 $Q = A_1 V_1 = A_2 V_2 = $ 定值

不定量流：

$$B\frac{\partial h}{\partial t}+\frac{\partial Q}{\partial x}=0$$

$$\text{或}\quad B\frac{\partial y}{\partial t}+\frac{\partial Q}{\partial x}=0$$

2. 能量方程式（energy equation）

$$H=Z_1+d_1\cos\theta+\alpha_1\frac{V_1^2}{2g}$$

$$=Z_2+d_2\cos\theta+\alpha_2\frac{V_2^2}{2g}+h_L$$

若無能量損失（即 $h_L=0$），渠道坡度平緩（即 θ 很小時），且 $\alpha_1=\alpha_2=1$，則

$$H=Z_1+y_1+\frac{V_1^2}{2g}$$

$$=Z_2+y_2+\frac{V_2^2}{2g}$$

3. 動量方程式（momentum equation）

$$\Sigma\overrightarrow{F_i}=\rho Q\,(\beta_2\overrightarrow{V_2}-\beta_1\overrightarrow{V_1})$$

$$\Rightarrow p_1A_1-p_2A_2+W\sin\theta-F_f=\rho Q(\beta_2V_2-\beta_1V_1)$$

若忽略底床及側壁之摩擦阻力（即 $F_f=0$），水平渠道（即 $\theta=0$）且 $\beta_1=\beta_2=1$，則

$$p_1A_1-p_2A_2=\rho Q(V_2-V_1)$$

$$\Rightarrow\gamma\bar{y}_1A_1-\gamma\bar{y}_2A_2=\rho Q\,(V_2-V_1)$$

式中，$\bar{y}_1$ 和 $\bar{y}_2$ 分別為斷面 1 和斷面 2 自自由水面至該斷面形心位置之水深度。

若渠道為矩形斷面，則改寫成

$$\frac{1}{2}\gamma y_1^2 - \frac{1}{2}\gamma y_2^2 = \rho q\,(V_2 - V_1)$$

其中 $q = \dfrac{Q}{B}$ = 單位寬度之流量

六、水工模型

於明渠水流中，我們常考慮福祿數相似定律，此時：

1. 尺度比

$$L_r = L_m / L_p$$

2. 流速比

$$V_r = V_m / V_p = (L_m / L_p)^{\frac{1}{2}} = L_r^{\frac{1}{2}}$$

3. 單位渠道寬度之流量比

$$q_r = q_m / q_p = L_r^{\frac{3}{2}}$$

4. 總流量比

$$Q_r = Q_m / Q_p = L_r^{\frac{5}{2}}$$

5. 曼寧糙度比

$$n_r = n_m / n_p = L_r^{\frac{1}{6}}$$

6. 坡度比

$$S_r = S_m / S_p = (L_V / L_H)_m / (L_V / L_H)_p = (L_V / L_H)_r$$

若 $(L_V)_r = (L_H)_r$，則 $S_r = 1$

上列諸式中，下標 m 表示模型，下標 p 表原型，下標 r 表模型對原型之比值，下標 V 表垂直方向，下標 H 表水平方向。

七、比能（specific energy）

1. 定義：某斷面相對於渠道底部之每單位重量流體之能量液頭（水頭），即 $z = 0$ 之總能量，常以 E 表之。

2. 公式：$E = d \cos \theta + \alpha \dfrac{V^2}{2g}$

   若 θ 很小且 $\alpha = 1$，則 $E = y + \dfrac{V^2}{2g}$

3. 比能曲線：

   考慮單位寬度流量，坡度平緩且 $\alpha = 1$，則

   $$E = y + \frac{q^2}{2gy^2}$$

   $$\Rightarrow y^2 (E - y) = \frac{q^2}{2g}$$

   若 q 固定後，則 E 為 y 之函數，由 E 與 y 所繪製之曲線，稱為比能曲線。此曲線有二條漸近線：

   (1) $E = y$，即 E 及 y 兩軸之角平分線。

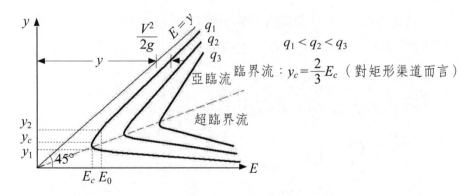

圖1-1　比能曲線圖

   (2) $y = 0$，即水平軸。

4. 交替水深（alternative depth）及臨界水深（critical depth）：

　　　於比能曲線圖中，對某一已知流量而言，任意比能（E_c 除外）均有二個水深與之對應，一為高水位（亞臨界流水深），一為低水位（超臨界流水深），互稱為交替水深，例如上圖中之 y_2 及 y_1。比能最小時（即 E_c），只有一個水位與之對應，此水深稱為臨界水深。

八、比力（specific force）

1. 定義：某斷面上每一單位重量流體所受之力，即渠流動量所引起之力與因重量所引起之靜水壓力之和，常以 F 或 M 表之。

2. 公式：

$$F = M = \frac{Q^2}{gA} + A\bar{y} \quad 或 \quad \frac{q^2}{gy} + \frac{1}{2}y^2 \quad （單位渠寬時）$$

$\dfrac{q^2}{gy}$ 或 $\dfrac{Q^2}{gA}$：單位水重量在單位時間內通過渠段之動量。

$\dfrac{1}{2}y^2$ 或 $A\bar{y}$：單位水重量時之靜水壓力。

3. 比力曲線：

　　　考量一水平渠道，渠段短，摩擦阻抗可忽略不計。

　　　即　$\theta = 0$，$F_f = 0$，$\beta_1 = \beta_2 = 1$，則

　　　M.E.：$P_1 - P_2 = \rho Q(V_2 - V_1)$

$$\Rightarrow \gamma\bar{y}_1 A_1 - \gamma\bar{y}_2 A_2 = \rho Q\left(\frac{Q}{A_2} - \frac{Q}{A_1}\right)$$

$$\Rightarrow \frac{Q^2}{gA_1} + A_1\bar{y}_1 = \frac{Q^2}{gA_2} + A_2\bar{y}_2$$

　　　即　$F = M = \dfrac{Q^2}{gA} + A\bar{y}$

單位渠道寬度時，

$$F = M = \frac{q^2}{gy} + \frac{1}{2}y^2$$

式中，F 稱為比力，而 M 則稱為動量函數。當流量 Q 或 q 固定時，則 F 或 M 為 y 之函數，由 F 或 M 與 y 所繪製之曲線，稱為比力曲線。

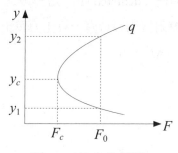

圖1-2　比力曲線圖

4. 共軛水深（conjugate depth）

　　於比力曲線圖中，對某一已知流量而言，任意比力（F_c 除外）均有二個水深與之對應，一為高水位（亞臨界流水深），一為低水位（超臨界流水深），互稱為共軛水深，如上圖中之 y_2 及 y_1。由於比力固定時，水平渠道中之超臨界流（y_1）在下游遇到阻礙時，可經由水躍之發生而變成亞臨界流（y_2），因此常稱水躍前後之水深為共軛水深，又稱持續水深（sequent depth）。

九、比能與比力之應用

1. 下射式閘門：

　　一般毋須考慮內能損失，但閘門阻力不可忽略，故其比能不變，比力會改變。即

　　　　$\Delta E = 0$　且　$\Delta F \neq 0$

2. 水平渠道之水躍或稱簡單水躍（simple hydraulic jump）：

必須考慮內能損失，但因水躍距離很短，底床摩擦阻抗可忽略不計，故其比力不變，比能會改變。即

$\Delta E \neq 0$ 且 $\Delta F = 0$

3. 渠流中有阻體如消力檻（dentated sill）等形成之水躍：

內能損失及摩擦阻抗均須考慮，故比力與比能均會改變。即

$\Delta E \neq 0$ 且 $\Delta F \neq 0$

● 精選例題

例1　一矩形渠道寬度為 B，水流深度為 y_0，流速分佈可以 $v = k_1 \sqrt{y}$ 近似，k_1 為常數。試計算斷面平均流速及修正係數 α 及 β。

解

斷面積 $A = By_0$

平均流速 $V = \dfrac{1}{By_0} \displaystyle\int_0^{y_0} v(Bdy)$

$= \dfrac{1}{y_0} \displaystyle\int_0^{y_0} k_1 \sqrt{y}\, dy$

$= \dfrac{2}{3} k_1 \sqrt{y_0}$

動能修正係數 $\alpha = \dfrac{\displaystyle\int_0^{y_0} v^3 (Bdy)}{V^3 By_0}$

$= \dfrac{\displaystyle\int_0^{y_0} k_1^3 y^{\frac{3}{2}} Bdy}{\left(\dfrac{2}{3} k_1 \sqrt{y_0}\right)^3 By_0}$

$= 1.35$

$$\text{動量修正係數 } \beta = \frac{\int_0^{y_0} v^2 B \, dy}{V^2 B y_0}$$

$$= \frac{\int_0^{y_0} k_1^2 \, y \, B \, dy}{\left(\frac{2}{3} k_1 \sqrt{y_0}\right)^2 B y_0}$$

$$= 1.125$$

例2 有一渠道 100 呎寬，流量為 500 立方呎／秒，水深為 4 呎。今擬設計一模型渠道，渠流設計以重力影響為主，流況為亂流，假設漸變流（transitional flow）之雷諾數值上限為 2000，試求模型之最小尺度比。

解

$$F_{rm} = F_{rp}$$

$$\Rightarrow \frac{V_m}{\sqrt{gD_m}} = \frac{V_p}{\sqrt{gD_p}} \Rightarrow \frac{V_m}{V_p} = \left(\frac{D_m}{D_p}\right)^{\frac{1}{2}} = \left(\frac{L_m}{L_p}\right)^{\frac{1}{2}}$$

$$\therefore \quad V_m = V_p \, (L_m/L_p)^{\frac{1}{2}}$$

又 $V_p = Q/A = 500/(4 \times 100) = 1.25$

$$\therefore \quad V_m = 1.25 \left(\frac{L_m}{L_p}\right)^{\frac{1}{2}}$$

$$\frac{R_m}{R_p} = \frac{A_m/P_m}{A_p/P_p} = \frac{A_m}{A_p} \times \frac{P_p}{P_m} = \left(\frac{L_m}{L_p}\right)^2 \times \frac{L_p}{L_m} = \frac{L_m}{L_p}$$

$$\therefore \quad R_m = R_p(L_m/L_p)$$

又 $R_p = A_p/P_p = (4 \times 100)/(100 + 4 \times 2) = \dfrac{100}{27}$

$$\therefore \quad R_m = \frac{100}{27} \frac{L_m}{L_p}$$

且 $(R_e)_m \geq 2000$

$$\Rightarrow \quad \frac{\rho V_m R_m}{\mu} \geq 2000$$

$$\Rightarrow \quad \frac{\rho}{\mu} \times 1.25 \left(\frac{L_m}{L_p}\right)^{\frac{1}{2}} \times \frac{100}{27} \times \frac{L_m}{L_p} \geq 2000$$

$$\Rightarrow \quad \left(\frac{L_m}{L_p}\right)^{\frac{3}{2}} \geq 432 \frac{\mu}{\rho}$$

$$\therefore \quad \frac{L_m}{L_p} \geq 57.15 \left(\frac{\mu}{\rho}\right)^{\frac{2}{3}}$$

故最小尺度比為 $L_m/L_p = 57.15 \, (\mu/\rho)^{\frac{2}{3}}$

例3 試證明渠道中水流之理論流量為

$$Q = A_2 \sqrt{\frac{2g(\Delta y - h_f)}{1 - (A_2/A_1)^2}}$$

式中，A_1 及 A_2 分別表示斷面 1 及斷面 2 之水流面積；Δy 為二斷面間之水位差。

解

$$\Delta y = (z_1 + y_1) - (z_2 + y_2)$$

C.E.：$Q = A_1 V_1 = A_2 V_2$

$$\therefore \quad V_1 = A_2 V_2 / A_1$$

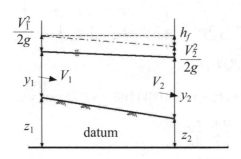

E.E.：$z_1 + y_1 + \dfrac{V_1^2}{2g} = z_2 + y_2 + \dfrac{V_2^2}{2g} + h_f$

$$\Rightarrow \dfrac{V_2^2}{2g} - \dfrac{V_1^2}{2g} = (z_1 + y_1) - (z_2 + y_2) - h_f$$

$$= \Delta y - h_f$$

$$\Rightarrow \dfrac{V_2^2}{2g}\left[1 - \left(\dfrac{V_1}{V_2}\right)^2\right] = \Delta y - h_f$$

$$\Rightarrow \dfrac{V_2^2}{2g}\left[1 - \left(\dfrac{A_2}{A_1}\right)^2\right] = \Delta y - h_f$$

$$\Rightarrow V_2 = \sqrt{\dfrac{2g(\Delta y - h_f)}{1 - (A_2/A_1)^2}}$$

$$\therefore \quad Q = A_2 V_2 = A_2\sqrt{\dfrac{2g(\Delta y - h_f)}{1 - (A_2/A_1)^2}}$$

例4　於觀測站觀測河流在某一時間上漲之洪水流量為 80000cfs，水位上漲率為每小時 1.5ft，河流寬為 1mile，試估算距測站上游 4mile 之流量。

解

$Q_d = 80000\text{cfs}$，$\dfrac{\Delta h}{\Delta t} = 1.5\text{ft/hr} = 1.5 \times \dfrac{1}{3600}\text{ft/sec}$

$B = 1\text{mile} = 5280\text{ft}$，$\Delta x = 4\text{mile} = 4 \times 5280\text{ft}$

C.E.：$B\dfrac{\partial h}{\partial t} + \dfrac{\partial Q}{\partial x} = 0$

$$\Rightarrow B\dfrac{\Delta h}{\Delta t} + \dfrac{\Delta Q}{\Delta x} = 0$$

$$\Rightarrow 5280 \times \dfrac{1.5}{3600} + \dfrac{80000 - Q_u}{4 \times 5280} = 0$$

$$\Rightarrow 2.2 + \dfrac{80000 - Q_u}{21120} = 0$$

$$\therefore \quad Q_u = 126464 \text{(cfs)}$$

例5 橋墩間之中心距為 20 呎，臨近橋墩上游處之水深為 10 呎，流速為 10 呎／秒，水流流至下游未經橋墩擾動處之水深度為 9.5 呎，如不考慮河床坡度及河床阻力，求作用於每一橋墩之推力。

解

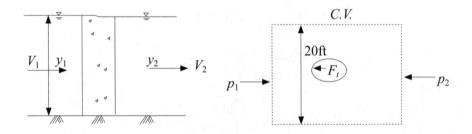

取 $B = 20\text{ft}$，$y_1 = 10\text{ft}$，$V_1 = 10\text{ft/sec}$，$y_2 = 9.5\text{ft}$

C.E.：$q = \dfrac{Q}{B} = V_1 y_1 = V_2 y_2$

$\Rightarrow V_2 = y_1 V_1 / y_2 = 10 \times 10 / 9.5 = 10.53 \text{(ft/sec)}$

$\therefore \quad Q = A_1 V_1 = 20 \times 10 \times 10 = 2000 \text{(cfs)}$

M.E.：$p_1 A_1 - p_2 A_2 - F_t = \rho Q (V_2 - V_1)$

$\Rightarrow \dfrac{1}{2} \gamma y_1^2 B - \dfrac{1}{2} \gamma y_2^2 B - F_t = \rho Q (V_2 - V_1)$

$\Rightarrow \dfrac{1}{2} \times 62.4 \times 10^2 \times 20 - \dfrac{1}{2} \times 62.4 \times 9.5^2 \times 20 - F_t$

$\quad = 1.94 \times 2000 \times (10.53 - 10)$

$\therefore \quad F_t = 4028\text{lb}$

即作用於每根橋墩上之推力為 4028lb，向下游方向

例6 一矩形渠道寬度由 3.5 公尺漸縮至 2.5 公尺,並且底床漸漸抬昇 0.25 公尺。若上游水深為 2.0 公尺,並且下游水位下降 0.20 公尺,試依下列條件求渠道流量:

(1)忽略漸變段能量損失。

(2)能量損失為上游流速水頭之 $\dfrac{1}{10}$

解

$y_1 = 2.0\text{m}$,$y_2 = 2.0 - 0.25 - 0.20 = 1.55$(m)

C.E.:$B_1 y_1 V_1 = B_2 y_2 V_2$

$$\Rightarrow V_1 = \frac{2.5 \times 1.55}{3.5 \times 2.0} V_2 = 0.5536 V_2$$

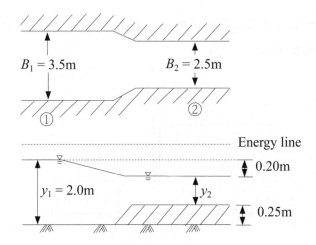

(1)$h_L = 0$:

$$y_1 + \frac{V_1^2}{2g} = \Delta z + y_2 + \frac{V_2^2}{2g}$$

$$\Rightarrow \frac{1}{2g}(V_2^2 - V_1^2) = y_1 - y_2 - \Delta z$$

$$\Rightarrow \frac{V_2^2}{2g}[1 - (0.5536)^2] = 0.2$$

$$\therefore \quad V_2 = 2.379 \text{（m/s）}$$

$$Q = 2.5 \times 1.55 \times 2.379 = 9.217 \text{（m}^3\text{/s）}$$

(2) $h_L = 0.1 \dfrac{V_1^2}{2g}$：

$$y_1 + \frac{V_1^2}{2g} = \Delta z + y_2 + \frac{V_2^2}{2g} + h_L$$

$$\Rightarrow V_2^2 - 0.9 V_1^2 = 2g(y_1 - y_2 - \Delta z)$$

$$\Rightarrow V_2^2 [1 - 0.9 \times (0.5536)^2] = 0.20 \times 2g$$

$$\therefore \quad V_2 = 2.328 \text{（m/s）}$$

$$Q = 2.5 \times 1.55 \times 2.328 = 9.021 \text{（m}^3\text{/s）}$$

例7 試估算水流作用在下射式閘門（sluice gate）之作用力為何？水的比重量為 γ。

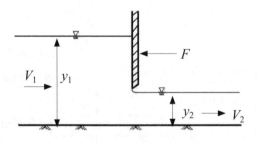

解

設閘門之反作用力為 F，如上圖所示。

C.E.：$q = V_1 y_1 = V_2 y_2$

M.E.：$\dfrac{1}{2}\gamma y_1^2 - \dfrac{1}{2}\gamma y_2^2 - F = \rho q (V_2 - V_1)$

$$\Rightarrow \frac{1}{2}\gamma (y_1^2 - y_2^2) - F = \rho q^2 \left(\frac{1}{y_2} - \frac{1}{y_1}\right)$$

$$\Rightarrow F = \frac{1}{2}\gamma\frac{y_1 - y_2}{y_1 y_2}\left[y_1 y_2(y_1 + y_2) - \frac{2q^2}{g}\right] \quad\cdots\cdots\cdots\cdots①$$

E.E.：$y_1 + \dfrac{V_1^2}{2g} = y_2 + \dfrac{V_2^2}{2g}$

$$\Rightarrow y_1 - y_2 = \frac{1}{2g}\left(\frac{q^2}{y_2^2} - \frac{q^2}{y_1^2}\right) = \frac{q^2}{2g}\times\frac{(y_1 - y_2)(y_1 + y_2)}{y_1^2 y_2^2}$$

$$\Rightarrow \frac{q^2}{g} = \frac{2y_1^2 y_2^2}{y_1 + y_2}$$

代入①式，得

$$F = \frac{1}{2}\gamma\frac{y_1 - y_2}{y_1 y_2}\left[y_1 y_2(y_1 + y_2) - \frac{4y_1^2 y_2^2}{y_1 + y_2}\right]$$

$$= \frac{1}{2}\gamma\frac{(y_1 - y_2)^3}{y_1 + y_2}$$

即水流作用在下射式閘門之作用力為 $\dfrac{\gamma(y_1 - y_2)^3}{2(y_1 + y_2)}$，向下游方向

例8 水流流經一溢洪道，如下圖所示。水深為 y_1 及 y_2，上游接近流
速為 V_1，試推估作用於此溢洪道水工結構物之水平推力。

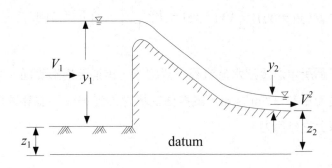

解

設作用在溢洪道之水平力為 F_t，向下游方向，則

M.E.：$p_1A_1 - p_2A_2 - F_t = \rho Q(V_2 - V_1)$

考慮單位寬度，上式變成：

$$\frac{1}{2}\gamma y_1^2 - \frac{1}{2}\gamma y_2^2 - F_t = \rho q(V_2 - V_1) \cdots\cdots\cdots ①$$

C.E.：$q = V_1 y_1 = V_2 y_2$

$$\therefore V_2 = V_1 y_1 / y_2 \cdots\cdots\cdots ②$$

②式代入①式：

$$\frac{1}{2}\gamma\,(y_1^2 - y_2^2) - F_t = \rho\,V_1\,y_1\left(\frac{V_1\,y_1}{y_2} - V_1\right)$$

$$= \rho V_1^2 y_1\left(\frac{y_1}{y_2} - 1\right)$$

$$\Rightarrow F_t = \frac{\gamma}{2}\,(y_1^2 - y_2^2) - \rho V_1^2 y_1\left(\frac{y_1}{y_2} - 1\right)$$

$$= \frac{\gamma}{2}\,(y_1^2 - y_2^2) - \rho V_1^2 \frac{y_1}{y_2}\,(y_1 - y_2)$$

$$= \rho\,(y_1 - y_2)\left[\frac{g}{2}(y_1 + y_2) - V_1^2 \frac{y_1}{y_2}\right]$$

即 $F_t = \rho\,(y_1 - y_2)\left[\dfrac{g}{2}(y_1 + y_2) - V_1^2 \dfrac{y_1}{y_2}\right]$，向下流方向

例9 如下圖所示之浸沒水流流經一銳緣堰，渠道為矩形斷面。若單位寬度流量為 $3.5\text{m}^3/\text{s/m}$，試推估此堰之能量損失，並計算作用在此堰上之作用力。

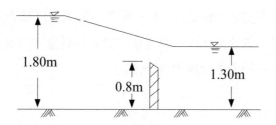

解

(1)$H_1 = H_2 + h_L$

$$\Rightarrow \quad z_1 + y_1 + \frac{V_1^2}{2g} = z_2 + y_2 + \frac{V_2^2}{2g} + h_L$$

又 $q = V_1 y_1 = V_2 y_2$，$y_1 = 1.80\text{m}$，$y_2 = 1.30\text{m}$，

$q = 3.5\text{cms/m}$，$z_1 = z_2$

$$\therefore \quad h_L = \left(y_1 + \frac{v_1^2}{2g}\right) - \left(y_2 + \frac{v_2^2}{2g}\right)$$

$$= \left(y_1 + \frac{q^2}{2g\,y_1^2}\right) - \left(y_2 + \frac{q^2}{2g\,y_2^2}\right)$$

$$= \left(1.8 + \frac{3.5^2}{2 \times 9.81 \times 1.8^2}\right) - \left(1.3 + \frac{3.5^2}{2 \times 9.81 \times 1.3^2}\right)$$

$$= 0.32\text{(m)}$$

故能量損失為 0.32m

(2)設作用於銳緣堰之作用力為 F_t，向下游方向，則

$$\frac{1}{2}\gamma y_1^2 - \frac{1}{2}\gamma y_2^2 - F_t = \rho q(V_2 - V_1)$$

$$\Rightarrow \quad F_t = \frac{1}{2}\gamma\,(y_1^2 - y_2^2) - \rho q^2\left(\frac{1}{y_2} - \frac{1}{y_1}\right)$$

$$= \frac{1}{2} \times 9810 \times (1.8^2 - 1.3^2) - 1000 \times 3.5^2\left(\frac{1}{1.3} - \frac{1}{1.8}\right)$$

$$= 4985\text{(Nt/m)}$$

故作用於銳緣堰單位寬度之作用力為 4985Nt

例10 某溢洪道捲斗（bucket）有一曲率半徑 R 如下圖所示。若假設於捲斗段之流速及水深均為定值，試求與垂直方向夾 θ 角之壓力分佈，並求於點 2 之壓力 p_2 為何？

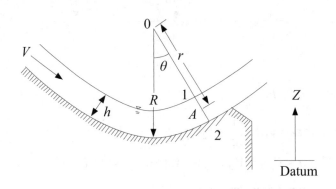

解

由 Euler's equation：

$$-\frac{\partial}{\partial n}(p+\gamma z)=\rho a_n$$

由於 r 之方向與 n 相反，即 $\vec{r}=-\vec{n}$，因此

$$\frac{\partial}{\partial r}(p+\gamma z)=\rho a_n \quad\cdots\cdots\cdots\cdots\cdots\cdots\cdots\cdots\cdots\cdots ①$$

又 $a_n=v^2/r$，代入①式，並積分之，得

$$\frac{p}{\gamma}+z=\int \frac{v^2}{gr}dr+\text{const.}$$

令 $v=V=$ 定值，代入上式

$$\frac{p}{\gamma}+z=\int \frac{V^2}{gr}dr+\text{const.}$$

$$=\frac{V^2}{g}\ln r+k$$

在點 $1：\dfrac{p}{\gamma}=0$ ，$z=z_1$ ，$r=R-h$

$\therefore\quad k=z_1-\dfrac{V^2}{g}\ln(R-h)$

於任意點 A，曲率半徑 $OA=r$，其壓力分佈為

$$\dfrac{p}{\gamma}=z_1-z+\dfrac{V^2}{g}\ln\!\left(\dfrac{r}{R-h}\right)$$

但 $z_1-z=(r-R+h)\cos\theta$

$$\therefore\quad \dfrac{p}{\gamma}=(r-R+h)\cos\theta+\dfrac{V^2}{g}\ln\!\left(\dfrac{r}{R-h}\right)$$

於點 2：$r=R$，$p=p_2$，代入上式，則

$$\dfrac{p_2}{\gamma}=(R-R+h)\cos\theta+\dfrac{V^2}{g}\ln\!\left(\dfrac{R}{R-h}\right)$$

$$\therefore\quad \dfrac{p_2}{\gamma}=h\cos\theta+\dfrac{V^2}{g}\ln\!\left(\dfrac{R}{R-h}\right)$$

例11 有一銳緣堰下游流況如下圖所示，試計算緊鄰此堰下游之水深 y_p 為何？

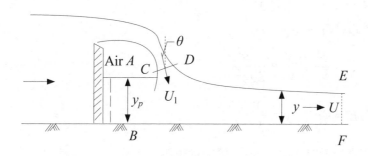

解

對銳緣堰下游取控制體積 $ABCDEF$，則

$$\text{M.E.} : \frac{1}{2}\gamma y_p^2 - \frac{1}{2}\gamma y^2 = \rho q\,(U - U_1 \sin\theta)$$

$$\Rightarrow y_p^2 - y^2 = \frac{2}{g}Uy\,(U - U_1 \sin\theta)$$

由於 θ 角通常非常小，所以 $\sin\theta \approx 0$，故

$$y_p^2 - y^2 = \frac{2U^2 y}{g}$$

$$\Rightarrow \left(\frac{y_p}{y}\right)^2 = 1 + \frac{2U^2}{g\,y} = 1 + 2F_r^2$$

$$\therefore \quad y_p = y\sqrt{1 + 2F_r^2}$$

例12 試推導無因次比能方程式。

解

由比能方程式：（考慮緩坡及 $\alpha = 1$）

$$E = y + \frac{V^2}{2g}$$

取單位渠寬，則

$$E = y + \frac{q^2}{2g\,y^2}$$

同除以臨界水深 y_c，

$$\frac{E}{y_c} = \frac{y}{y_c} + \frac{q^2}{2g\,y^2 y_c}$$

令 $E' = \dfrac{E}{y_c}$，$y' = \dfrac{y}{y_c}$

於臨界流況時，$q^2 = g y_c^3$（爾後會證明），故

$$\frac{E}{y_c} = \frac{y}{y_c} + \frac{g y_c^3}{2g\,y^2 y_c}$$

$$\Rightarrow \quad E' = y' + \frac{1}{2y'^2}$$

此式即為無因次比能方程式。

例13　試推導無因次比力方程式。

解

由比力方程式：（考慮 $\theta = 0$ 及 $\beta_1 = \beta_2 = 1$）

$$F = \frac{Q^2}{gA} + A\bar{y}$$

取單位渠寬，則

$$F = \frac{q^2}{gy} + \frac{1}{2}y^2$$

同除以臨界水深之平方 y_c^2

$$\frac{F}{y_c^2} = \frac{q^2}{gy\,y_c^2} + \frac{y^2}{2y_c^2}$$

令 $F' = F/y_c^2$，$y' = y/y_c$

於臨界流況時，$q^2 = gy_c^3$，故

$$\frac{F}{y_c^2} = \frac{gy_c^3}{gy\,y_c^2} + \frac{y^2}{2y_c^2}$$

$$\Rightarrow F' = \frac{1}{y'} + \frac{1}{2}y'^2$$

此式即為無因次比力方程式。

例14　已知某渠道之福祿數 $F_r^2 = Q^2B/gA^3$ 不論水深 y 如何變化均保持定值，試推導由 $B\text{-}y$ 關係建立之斷面：

(1)若流量 Q 固定，則因水面寬 B 為虛數，故無此斷面存在。

(2)若比能 E 固定，則所需斷面方程式滿足

$$\frac{B}{B_0} = \left(\frac{E}{E-y}\right)^{1+F_r^2/2}$$

式中，B_0 為斷面之底寬。

解

(1)∵　$F_r^2 = \dfrac{Q^2 B}{gA^3}$

∴　$gF_r^2 A^3 = Q^2 B$ ···①

由①式 $\Rightarrow A = \left(\dfrac{Q^2}{gF_r^2}\right)^{\frac{1}{3}} B^{\frac{1}{3}}$ ·············②

將①式對 y 微分，得

$$gF_r^2 \cdot 3A^2 \frac{dA}{dy} = Q^2 \frac{dB}{dy}$$ ·······················③

∵　$B = \dfrac{dA}{dy}$，$A^2 = \left(\dfrac{Q^2}{gF_r^2}\right)^{\frac{2}{3}} \cdot B^{\frac{2}{3}}$　（由②式）

代入③式，得

$$\frac{3gF_r^2}{Q^2} \times \left(\frac{Q^2}{gF_r^2}\right)^{\frac{2}{3}} \times B^{\frac{5}{3}} = \frac{dB}{dy}$$

$$\Rightarrow 3\left(\frac{gF_r^2}{Q^2}\right)^{\frac{1}{3}} \times B^{\frac{5}{3}} = \frac{dB}{dy}$$ ·····················④

令　$C = 3\left(\dfrac{gF_r^2}{Q^2}\right)^{\frac{1}{3}}$，則 ∵ $g > 0$，$F_r^2 > 0$，$Q^2 > 0$，

∴　$C = 3\left(\dfrac{gF_r^2}{Q^2}\right)^{\frac{1}{3}} > 0$

④式可改寫成

$$CB^{\frac{5}{3}} = dB/dy$$

$$\Rightarrow \frac{dB}{B^{\frac{5}{3}}} - Cdy$$

$$\Rightarrow -\frac{3}{2} B^{-\frac{2}{3}} = Cy$$

$$\Rightarrow B^{\frac{2}{3}} = -\frac{3}{2} \frac{1}{Cy}$$

$$\Rightarrow B^2 = -\frac{27}{8} C^{-3} y^{-3}$$

$$\Rightarrow B = \pm \sqrt{-\frac{27}{8} C^{-3} y^{-3}}$$

$$= \pm \sqrt{\frac{27}{8} C^{-3} y^{-3}} \, i \quad (\because C > 0 \, \text{,} \, y > 0)$$

因寬度 B 為虛數，不具物理意義，故無此斷面存在。

(2) $E = y + \dfrac{Q^2}{2g\,A^2} = \text{const.}$

$$\Rightarrow E = y + \frac{Q^2 B}{g A^3} \times \frac{A}{2B} = \frac{F_r^2}{2} \frac{A}{B} + y$$

對 y 微分

$$\Rightarrow 0 = 1 + \frac{F_r^2}{2} \left(\frac{1}{B} \frac{dA}{dy} - \frac{A}{B^2} \frac{dB}{dy} \right)$$

$$= 1 + \frac{F_r^2}{2} \left(1 - \frac{A}{B^2} \frac{dB}{dy} \right) \quad \left(\because B = \frac{dA}{dy} \right)$$

$$= 1 + \frac{F_r^2}{2} - \frac{F_r^2 A}{2B^2} \frac{dB}{dy}$$

$$\Rightarrow 1 + \frac{F_r^2}{2} = \frac{F_r^2 A}{2B^2} \frac{dB}{dy}$$

又 $\dfrac{F_r^2 A}{2B} = E - y$ 代入上式

$$1 + \frac{F_r^2}{2} = \frac{E-y}{B} \frac{dB}{dy}$$

$$\Rightarrow \frac{\left(1+\dfrac{F_r^2}{2}\right)dy}{E-y} = \frac{dB}{B}$$

$$\Rightarrow \left(1+\frac{F_r^2}{2}\right)[\ln E - \ln(E-y)] = \ln B - \ln B_0$$

$$\Rightarrow \left(\frac{E}{E-y}\right)^{1+\frac{F_r^2}{2}} = \frac{B}{B_0}$$

$$\therefore \quad \frac{B}{B_0} = \left(\frac{E}{E-y}\right)^{1+\frac{F_r^2}{2}}$$

● 歷屆試題

題1	解釋名詞：(1)臨界水深與正常水深　(2)等速流與變速流　(3)定量流與變量流　　　　　　　　　　　　　　　　【69 年高考】

解

(1)臨界水深：對於某一已知流量，任意比能均有兩個水深與之對應，僅僅在比能為最小時，只有一個水深與之相對應，此水深稱為臨界水深（critical depth）。

正常水深：渠道中循水流方向任一斷面之水深、斷面積、速度及流量均保持均一不變者稱為等速流（uniform flow）。等速渠流之水深度稱為正常水深（normal depth）。

(2)等速流：（見正常水深之描述）或沿渠流方向各斷面水深相同，流線平行，$\dfrac{\partial y}{\partial s} = 0$。

變速流：水深沿渠流方向變化，流線不平行，$\dfrac{\partial y}{\partial s} \neq 0$。

(3)定量流：渠流之流動情形不隨時間而改變。換言之，即渠流水

　　力要素如水深、流速等，沿渠道各點雖未必一致，但依

　　不同時間而言，則並無變異者。$\dfrac{\partial Q}{\partial t}=0$ 或 $\dfrac{\partial y}{\partial t}=0$。

變量流：渠流之水力要素，隨時間而變異者，稱為變量流，

$\dfrac{\partial Q}{\partial t}\neq 0$ 或 $\dfrac{\partial y}{\partial t}\neq 0$。

題2　　如圖求 A 點之水壓力 p_A，$\theta=30°$　　　　【72 年高考】

解

$$p_A=\gamma\cdot h\cos\theta=\gamma\cdot h\cdot\cos 30°=\frac{\sqrt{3}}{2}\gamma h$$

題3　　解釋名詞：(1)比能曲線　(2)緩變流　　　　　【77 高考】

解

(1)比能曲線：以渠底為基準，量度每一單位重量水流含有之能

　　量，即為比能。對緩坡而言，比能 E 可表示為：

$$E=y+\frac{V^2}{2g}=y+\frac{Q^2}{2gA^2}$$

對單位寬度渠流而言，

$$E=y+\frac{q^2}{2gy^2}\Rightarrow(E-y)y^2=\frac{q^2}{2g}$$

當 q = 常數時，E 為 y 之函數，由 E 與 y 所繪製之曲線稱為比能曲線，如下圖所示。

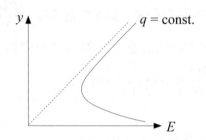

(2)緩變流：即為緩變速流，分為定量緩變速流及變量緩變速流。渠流在極短之距離內，水深變化緩和者，稱為緩變速流。定量緩變速流如渠道斷面改變之漸變段水流；變量緩變速流如路邊溝水流及一般之洪水渡。

題4 解釋名詞：(1)R 水力半徑（Hydraulic radius） (2)S_f 能量坡降（Energy gradient） (3)h_f 損失水頭（friction head loss） (4)N_R 雷諾茲數（Reynolds number） (5)N_f 福氏指數（Froude number） 【75 高考】

解

(1)水力半徑 R：水流面積 A 與潤周 P 之比值，即 $R = A/P$

(2)能量坡降 S_f：表示渠流總水頭 H 之連線，稱為能量線，能量線之坡降稱為能量坡降，以 S_f 表之。

(3)損失水頭 h_f：渠流總能量水頭包括①勢能水頭：含高度及壓力水頭；②動能，亦稱速度水頭；③剩餘之能量則用於克服渠流之阻抗及其它損失，通稱為能量損失或損失水頭 h_f。

(4)雷諾茲數 N_R：渠流之質點狀態或行為主要受到黏性及慣性力之影響時，一般均用雷諾茲數 N_R 來表示，即

$$N_R = \frac{慣性力}{黏性力} = \frac{\rho VL}{\mu} \Rightarrow \frac{\rho VR}{\mu}$$

式中，ρ：密度，V：平均流速，μ：黏性係數，L：特性長度，渠流中常用水力半徑 R 表之。

在渠力上，$N_R < 500$ 表層流，$N_R > 2000$ 表紊流。

(5)福氏指數 N_f：渠流之質點狀態或行為主要受到重力及慣性力之影響時，一般均用福氏指數 N_f 來表示，即

$$N_f = \left(\frac{慣性力}{重力}\right)^{\frac{1}{2}} = \frac{V}{\sqrt{gL}} \Rightarrow \frac{V}{\sqrt{gD}}$$

式中，g：重力加速度，其它符號同上。

在渠流中，特性長度用水力深度 D 表之。

$N_f > 1$ 表超臨界流；$N_f = 1$ 表臨界流；$N_f < 1$ 表亞臨界流。

題5　(1)說明雷諾數 N_R 及福祿數 N_F 之意義。

(2)證明其為無因次。　　　　　　　　【80 年技師】

解

(1)詳見前述之重點整理或解釋名詞。

①　$N_R = \dfrac{\rho VL}{\mu}$

式中，$[\rho] = \dfrac{M}{L^3}$，$[V] = \dfrac{L}{T}$，$[L] = L$

$$[\mu] = \frac{F/L^2}{L/T/L} = \frac{M \cdot L/T^2 \cdot L}{L^2} = \frac{M}{TL}$$

$$\therefore \quad [N_R] = \frac{M/L^3 \cdot L/T \cdot L}{M/TL} = \frac{M/TL}{M/TL} = 1$$

即 N_R 為無因次

② $N_F = \dfrac{V}{\sqrt{gL}}$

式中，$[V] = L/T$，$[g] = L/T^2$，$[L] = L$

$$\therefore \quad [N_F] = \frac{L/T}{(L/T^2 \cdot L)^{\frac{1}{2}}} = \frac{L/T}{L/T} = 1$$

即 N_F 為無因次

題6 下圖之梯形斷面，計算其水力半徑（hydraulic radius）R，水力深度（hydraulic mean depth）D，與臨界渠流計算之斷面因數（section factor for critical flow computation）Z，假設水流深度 y = 6ft 【83 年檢覈】

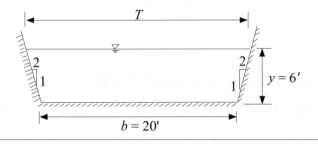

解

$$R = \frac{A}{P} = \frac{\frac{1}{2} \times (20 + 20 + 2 \times 6 \times 2) \times 6}{20 + 2 \times \sqrt{5} \times 6} = \frac{192}{46.83} = 4.10 \text{(ft)}$$

$$D = \frac{A}{T} = \frac{\frac{1}{2} \times (20 + 20 + 2 \times 6 \times 2) \times 6}{20 + 2 \times 6 \times 2} = 4.36 \text{(ft)}$$

$$Z = A\sqrt{D} = \frac{1}{2} \times (20 + 20 + 2 \times 6 \times 2) \times 6 \times \sqrt{4.36}$$

$$= 400.91\,(\mathrm{ft}^{\frac{5}{2}})$$

題7 如下圖所示，推求一通過矩形渠道之寬頂量水堰每單位寬度之流量方程式。 【69 年高考】

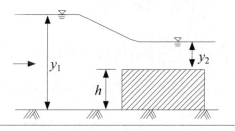

解

假設底床摩擦力可忽略不計

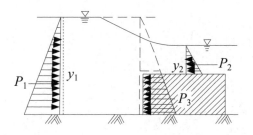

$$P_1 = \frac{1}{2}\gamma y_1^2$$

$$P_2 = \frac{1}{2}\gamma y_2^2$$

$$P_3 = \frac{1}{2}\gamma h\,[y_1 + (y_1 - h)]$$

$$= \frac{1}{2}\gamma h(2y_1 - h)$$

$$P_1 - P_2 - P_3 = \rho q\,(V_2 - V_1) = \rho q\left(\frac{q}{y_2} - \frac{q}{y_1}\right)$$

$$\Rightarrow \frac{1}{2}\rho g y_1^2 - \frac{1}{2}\rho g y_2^2 - \frac{1}{2}\rho g h(2y_1 - h) = \rho q^2\left(\frac{1}{y_2} - \frac{1}{y_1}\right)$$

$$\Rightarrow q^2 = \frac{g}{2}\frac{y_1 y_2}{(y_1 - y_2)}\left[y_1^2 - y_2^2 - h(2y_1 - h)\right]$$

$$= \frac{g}{2}\frac{y_1 y_2}{y_1 - y_2}[(y_1 - h)^2 - y_2^2]$$

$$\therefore \quad q = \sqrt{\frac{g}{2}}\sqrt{\frac{y_1 y_2}{y_1 - y_2}}[(y_1 - h)^2 - y_2^2]^{\frac{1}{2}}$$

註：本題斷面②，即寬頂堰上之水深為 y_2，非臨界水深 y_c

題8　在一觀測站觀測某一大河，在某一時間上漲之洪水流量為 11000cms，水位上漲率為每小時 0.5 公尺，河幅水面寬度平均約為 1000m，試估算距觀測站 8000m 上游處之流量為多少？

【75 年高考】

解

由連續方程式：

$$B\frac{\partial y}{\partial t} + \frac{\partial Q}{\partial x} = 0$$

$$\Rightarrow B\frac{\Delta y}{\Delta t} + \frac{\Delta Q}{\Delta x} = 0$$

$$\Rightarrow \frac{1000 \times 0.5}{3600} + \frac{Q_d - Q_u}{8000} = 0$$

$$\Rightarrow \frac{5}{36} + \frac{11000 - Q_u}{8000} = 0$$

$$\therefore \quad Q_u = 12111(\text{cms})$$

題9 下圖所示，一寬廣渠道單位寬度流量 $q = 3\text{cfs/ft}$，斷面①及②處之渠床坡度為水平，假設無能量損失。 【79 年高考】

(1)試繪出總能量線

(2)求斷面②及③處之水深

(3)求斷面②處之 F_r（Froude number）

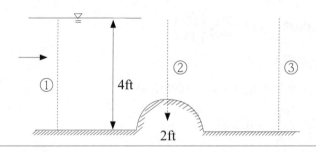

解

$$V = q/y = \frac{3}{4} = 0.75(\text{ft/s}) \;;\; y_c = \sqrt[3]{\frac{q^2}{g}} = \sqrt[3]{\frac{9}{32.2}} = 0.65(\text{ft})$$

$$V^2/2g = \frac{0.75^2}{2 \times 32.2} = 0.0087(\text{ft})$$

於斷面①及②間應用連續方程式及能量方程式：

$$\begin{cases} 3 = V_2 \cdot y_2 \\ 4 + 0.0087 = 2 + y_2 + \dfrac{V_2^2}{2g} \end{cases}$$

$$\Rightarrow 4.0087 - 2 = 2.0087 = y_2 + \frac{1}{64.4}\left(\frac{3}{y_2}\right)^2$$

$$\Rightarrow 2.0087 = y_2 + \frac{0.13975}{y_2^2}$$

由試誤法得：

$$y_2 = 1.973(\text{ft}) \Rightarrow V_2 = 1.52(\text{ft/s})$$

$$\therefore \quad \frac{V_2^2}{2g} = 0.036(\text{ft})$$

於斷面①及③間應用連續方程式及能量方程式：

$$\begin{cases} 3 = V_3 \cdot y_3 \\ 4 + 0.0087 = y_3 + \dfrac{V_3^2}{2g} \end{cases}$$

$$\Rightarrow 4.0087 = y_3 + \frac{1}{64.4}\left(\frac{9}{y_3^2}\right)$$

由試誤法得：

$$y_3 = 4.0(\text{ft}) \Rightarrow V_3 = 0.75(\text{ft/s})$$

$$\therefore \quad \frac{V_3^2}{2g} = 0.0087$$

(1)總能量線如下圖所示：

　　∵假設無能量損失　∴總能量線平行於渠底坡度

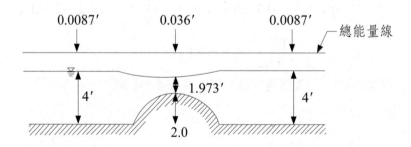

(2)斷面②水深為 $y_2 = 1.973\text{ft}$

　　斷面③水深為 $y_3 = 4.0\text{ft}$

(3)斷面②之 F_r：

$$F_r = \frac{V}{\sqrt{gy}} = \frac{1.52}{\sqrt{32.2 \times 1.973}} = 0.19$$

題10 有一河川模型，已知模型與原型比 $L_r = \dfrac{1}{90}$，原型流量 2000cms，粗糙率 $0.03\text{sec}/\text{m}^{\frac{1}{3}}$，求模型之流量及粗糙率為何？

【75 年高考】

解

河川模型考量福祿數相等

$$F_{rm} = F_{rp}$$

$$\Rightarrow \frac{V_m}{\sqrt{gD_m}} = \frac{V_p}{\sqrt{gD_p}}$$

$$\Rightarrow V_m = V_p \sqrt{D_m/D_p} = V_p \sqrt{L_m/L_p}$$

$$\therefore \quad Q_m = A_m V_m = \frac{A_m}{A_p} \times A_p \times V_p \sqrt{L_m/L_p}$$

$$= Q_p \frac{L_m^2}{L_p^2} \sqrt{L_m/L_p} = Q_p \left(\frac{L_m}{L_p}\right)^{\frac{5}{2}}$$

$$= Q_p \, (L_r)^{\frac{5}{2}} = 2000 \times \left(\frac{1}{90}\right)^{\frac{5}{2}}$$

$$= 0.026 \text{(cms)}$$

由曼寧公式知：

$$V_r = \frac{1}{n_r} R_r^{\frac{2}{3}} S_r^{\frac{1}{2}}$$

假設模型與原型幾何相似，則

$$R_r = L_r，S_r = 1$$

$$\Rightarrow n_r = R_r^{\frac{2}{3}}/V_r = L_r^{\frac{2}{3}}/L_r^{\frac{1}{2}} = L_r^{\frac{1}{6}}$$

$$\Rightarrow n_m = n_p \times L_r^{\frac{1}{6}} = 0.03 \times \left(\frac{1}{90}\right)^{\frac{1}{6}} = 0.014 (\text{sec}/\text{m}^{\frac{1}{3}})$$

題11 已知月球之重力加速度小於地球之重力加速度。今欲將在地球
上研究矩形水平渠道之水躍移至月球上研究，但知其在地球及
月球之水躍前水深 y_1 及速度 V_1 均相同。試問：

(1)在月球上之水躍後水深 $(y_2)_M$ 會小於、相等或大於地球上之水
躍後水深 $(y_2)_E$？說明其依據。

(2)在月球上之因水躍產生之能量損失 $(\Delta E)_M$ 會小於、相等或大
於地球上之能量損失 $(\Delta E)_E$？說明其依據。

【83 年高考二級】

解

$\because V_1 \cdot y_1$ 均相同　$\therefore q = y_1 V_1$ 亦都相同

(1) $\dfrac{y_2}{y_1} = \dfrac{1}{2}\left(-1 + \sqrt{1 + 8F_{r_1}^2}\right) > 1$，$F_{r_1}^2 = \dfrac{q^2}{g y_1^3}$

$\because \quad g_M < g_E \Rightarrow \dfrac{1}{g_M} > \dfrac{1}{g_E} \Rightarrow (F_{r_1}^2)_M > (F_{r_1}^2)_E$

$\therefore \quad \dfrac{(y_2)_M}{(y_2)_E} = \dfrac{\sqrt{1 + 8(F_{r_1}^2)_M} - 1}{\sqrt{1 + 8(F_{r_1}^2)_E} - 1} > 1$

故　$(y_2)_M > (y_2)_E$

(2) $\Delta E = \dfrac{(y_2 - y_1)^3}{4 y_1 y_2}$，$y_2 > y_1 > 0$

$\therefore \quad (y_2)_M > (y_2)_E > y_1$

$(\Delta E)_M - (\Delta E)_E = \dfrac{[(y_2)_M - y_1]^3}{4 y_1 (y_2)_M} - \dfrac{[(y_2)_E - y_1]^3}{4 y_1 (y_2)_E}$

$C = \dfrac{1}{4 y_1}\left\{ \dfrac{[(y_2)_M - y_1]^3}{(y_2)_M} - \dfrac{[(y_2)_E - y_1]^3}{(y_2)_E} \right\}$

$= \dfrac{1}{4 y_1}\left\{ (y_2)_M^2\left[1 - \dfrac{y_1}{(y_2)_M}\right]^3 - (y_2)_E^2\left[1 - \left(\dfrac{y_1}{y_2}\right)_E\right]^3 \right\}$

$$\therefore \frac{(y_2)_M}{y_1} > \frac{(y_2)_E}{y_1} > 1$$

$$\Rightarrow \frac{y_1}{(y_2)_M} < \frac{y_1}{(y_2)_E} < 1 \Rightarrow 1 - \frac{y_1}{(y_2)_M} > 1 - \frac{y_1}{(y_2)_E}$$

$$\Rightarrow \left[1 - \frac{y_1}{(y_2)_M}\right]^3 > \left[1 - \frac{y_1}{(y_2)_E}\right]^3$$

$$\Rightarrow (y_2)_M^2\left[1 - \frac{y_1}{(y_2)_M}\right]^3 > (y_2)_E^2\left[1 - \frac{y_1}{(y_2)_E}\right]^3$$

$$\therefore (\Delta E)_M - (\Delta E)_E > 0 \Rightarrow (\Delta E)_M > (\Delta E)_E$$

題12 一洩洪道模型比例尺為 $\frac{1}{100}$ ，試驗流量為 0.6m³/sec-m，如下圖所示，水頭 $H_m = 10$cm，點 A 之流速為 1.2m/sec。試求原型之單位寬度流量、水頭及對應模型 A 點處之流速。

【85 年高考三級】

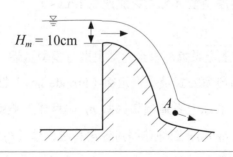

解

$$L_r = \frac{1}{100} \quad , \quad q_m = 0.6\text{m}^2/\text{s} \quad , \quad H_m = 10\text{cm} = 0.1\text{m}$$

$$(V_A)_m = 1.2\text{m/s}$$

考慮福祿數相等，則

$$\frac{V_m}{\sqrt{gL_m}}=\frac{V_p}{\sqrt{gL_p}} \Rightarrow \frac{V_m}{V_p}=\left(\frac{L_m}{L_p}\right)^{\frac{1}{2}}=L_r^{\frac{1}{2}}$$

$$\therefore \quad (V_A)_p = (V_A)_m \times L_r^{-\frac{1}{2}}$$

$$= 1.2 \times \left(\frac{1}{100}\right)^{-\frac{1}{2}} = 12(\text{m/s})$$

$$q_r = V_r \cdot L_r = L_r^{\frac{1}{2}} \cdot L_r = L_r^{\frac{3}{2}}$$

$$\Rightarrow \frac{q_m}{q_p}=L_r^{\frac{3}{2}} \Rightarrow q_p = q_m \times L_r^{-\frac{3}{2}} = 0.6 \times \left(\frac{1}{100}\right)^{-\frac{3}{2}} = 600(\text{m}^2/\text{s})$$

$$\frac{H_m}{H_p}=\frac{L_m}{L_p} \Rightarrow H_p = H_m \times L_r^{-1} = 0.1 \times \left(\frac{1}{100}\right)^{-1} = 10(\text{m})$$

即原型之單位寬度流量為 $600\text{m}^3/\text{s/m}$，

原型之水頭為 10m，

原型之對應模型 A 點處之流速為 12m/s。

題13　一在地球上之渠道將移至月球上進行模型試驗。

(1)試應用曼寧公式及福祿定律（Froude law）推導在等比模型條件下，地球上渠道糙率係數 n_E 與月球上渠道糙率係數 n_M 之比值（n_E/n_M）以地球與月球之長度比值（L_E/L_M）以及地球與月球之重力加速度比值（g_E/g_M）表亦之。

(2)若 $L_E/L_M = 100$，$g_E/g_M = 6$，且 $n_E = 0.0528$，試求 n_M。

【84 年高考二級】

解

(1) $V=\dfrac{1}{n}R^{\frac{2}{3}}S^{\frac{1}{2}}$，$F=\dfrac{V}{\sqrt{gy}}$

$$F_E = F_M \Rightarrow \frac{V_E}{\sqrt{g_E y_E}} = \frac{V_M}{\sqrt{g_M y_M}} \Rightarrow \frac{\frac{1}{n_E} R_E^{\frac{2}{3}} S_E^{\frac{1}{2}}}{\sqrt{g_E y_E}} = \frac{\frac{1}{n_M} R_M^{\frac{2}{3}} S_M^{\frac{1}{2}}}{\sqrt{g_M y_M}}$$

$$\therefore \quad \frac{R_E}{R_M} = \frac{L_E}{L_M} \ , \ \frac{y_E}{y_M} = \frac{L_E}{L_M} \ , \ \frac{S_E}{S_M} = 1$$

$$\therefore \quad \frac{n_E}{n_M} = \left(\frac{R_E}{R_M}\right)^{\frac{2}{3}} \left(\frac{g_M}{g_E}\right)^{\frac{1}{2}} \left(\frac{y_M}{y_E}\right)^{\frac{1}{2}} \left(\frac{S_E}{S_M}\right)^{\frac{1}{2}}$$

$$= \left(\frac{L_E}{L_M}\right)^{\frac{2}{3}} \left(\frac{g_M}{g_E}\right)^{\frac{1}{2}} \left(\frac{L_M}{L_E}\right)^{\frac{1}{2}} \times 1$$

$$= \left(\frac{L_E}{L_M}\right)^{\frac{1}{6}} \left(\frac{g_M}{g_E}\right)^{\frac{1}{2}}$$

(2)將 $L_E/L_M = 100$，$g_E/g_M = 6$，$n_E = 0.0528$ 代入

$$\frac{0.0528}{n_M} = 100^{\frac{1}{6}} \times \left(\frac{1}{6}\right)^{\frac{1}{2}}$$

$$\Rightarrow n_M = 0.06$$

題14 某矩形碼頭長 12ft，寬 4ft，水深 9ft，模型比 $\frac{1}{16}$，模型中流速為 2.5ft/sec 且作用於模型之力為 0.9lb，試求：

(1)原型之流速及作用力？

(2)假設模型駐波高 0.16ft，則碼頭之波高為何？

(3)拖曳阻力係數為何？ 【71 年檢覈】

解

$L_p = 12\text{ft}$，$B_p = 4\text{ft}$，$y_p = 9\text{ft}$，$L_r = \frac{1}{16}$，$V_m = 2.5\text{ft/sec}$

$F_m = 0.9\text{lb}$

(1)考慮福祿數相等：

$$(F_r)_m = (F_r)_p \Rightarrow \frac{V_m}{\sqrt{gL_m}} = \frac{V_p}{\sqrt{gL_p}}$$

$$\Rightarrow \frac{V_m}{V_p} = \left(\frac{L_m}{L_p}\right)^{\frac{1}{2}} = (L_r)^{\frac{1}{2}}$$

$$\Rightarrow V_p = V_m \times L_r^{-\frac{1}{2}} = 2.5 \times \left(\frac{1}{16}\right)^{-\frac{1}{2}} = 10\text{ft/sec}$$

$$\frac{F_m}{F_p} = \frac{\gamma_m L_m^3}{\gamma_p L_p^3} = L_r^3 \quad (\because \gamma_m = \gamma_p)$$

$$\therefore \quad F_p = F_m \times L_r^{-3} = 0.9 \times \left(\frac{1}{16}\right)^{-3} = 3686.4(\text{lb})$$

(2)波高：

$$\frac{H_m}{H_p} = \frac{L_m}{L_p} = L_r$$

$$\therefore \quad H_p = H_m \times L_r^{-1} = 0.16 \times \left(\frac{1}{16}\right)^{-1} = 2.56(\text{ft})$$

(3)拖曳力：

$$F_D = \frac{1}{2} C_D A \rho V^2$$

$$\Rightarrow 0.9 = \frac{1}{2} \times C_D \times \left(\frac{4}{16} \times \frac{9}{16}\right) \times 1.94 \times 2.5^2$$

$$\Rightarrow C_D = 1.056$$

題15 水流流經下射式閘門，並於其下游形成水躍，如下圖。

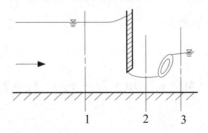

試繪出其比能及比力曲線圖後，標示斷面 1、2 及 3 之位置，並
說明其理由（20 分）　　　　　　　　　　　【85 年技師】

解

下射式閘門之比力及比能曲線圖如下：

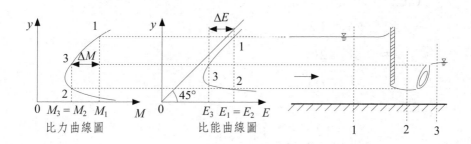

比力曲線圖　　　　比能曲線圖

說明：

水流由上游流經下射式閘門時，由於閘門之摩擦阻力作用，使得斷面 1，2 之比力不同，但因能量損失很小通常忽略之，故其比能不變；而由斷面 2 流至斷面 3 時，因為形成水躍，所以比能發生變化，但因其距離甚短，通常底床及側壁之摩擦阻力忽略不計，故其比力不變。

題16 如下圖為渠道中之下射式閘門（Sluice gate），其上、下游之水深分別為 8 呎及 2 呎，渠道斷面為矩形，寬度為 10 呎，計算通過閘門之流量。（20 分）　　　　【85 年技師】

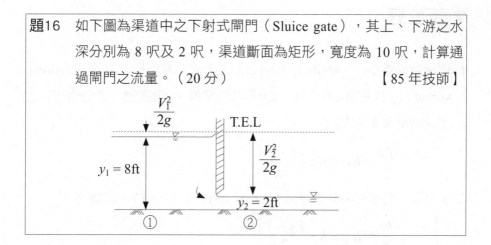

解

$y_1 = 8\text{ft}$，$y_2 = 2\text{ft}$，$B = 10\text{ft}$

C.E.：

$$V_1 y_1 = V_2 y_2$$

$$\Rightarrow \quad 8V_1 = 2V_2$$

$$\therefore \quad V_2 = 4V_1$$

E.E.：

$$y_1 + \frac{V_1^2}{2g} = y_2 + \frac{V_2^2}{2g}$$

$$\Rightarrow 8 + \frac{V_1^2}{2 \times 32.2} = 2 + \frac{16V_1^2}{2 \times 32.2}$$

$$\Rightarrow V_1 = \sqrt{6 \times 64.4/15}$$

$$= 5.075(\text{ft/s})$$

∴通過閘門之流量為

$$10 \times 8 \times 5.075 = 406(\text{cfs})$$

● 練習題

1. 假設溢洪道捲斗（spillway bucket）之水流為非旋性渦流（irrotational vortex），其流速分佈為 $v = C/r$，C 為常數，r 為距離，於彎曲部分之水深為定值 h，試證明：

$$\frac{p_2}{\gamma} = h \cos \theta + \frac{V_1^2 - V_2^2}{2g}$$

2. 承上題，若水流為強制渦流（forced vortex），$v = Cr$，試證明：

$$\frac{p_2}{\gamma} = h \cos \theta + \frac{V_2^2 - V_1^2}{2g}$$

3. 於觀測站觀測某一河渠在某一時間上漲之洪水流量為 75,000cfs（每秒立方呎），水位上漲率為每小時 1 呎，河渠水面寬度為半哩，試估算距觀測站上游 5 哩處之流量。　　　　　　　　　【83 年高考二級】

Ans：94,360cfs

4. 某擴張之渠道斷面，橫斷面積上 $\dfrac{1}{4}$ 之流速為零，其餘 $\dfrac{3}{4}$ 之斷面積，流速均勻份佈。試問動能修正係數 α 及動量修正係數 β 為何？

Ans：$\alpha = 1.78$，$\beta = 1.33$

5. 某一陡槽（chute）其傾斜角度為 45°，水流斷面深度為 0.75m，試求其槽底靜水壓力為若干？

Ans：5203Nt/m^2

6. 一陡峻渠道，水流斷面深度為 h，傾斜坡度為 θ，求其作用在側壁上單位長度之傾倒力矩（overturning moment）為若干？

Ans：$\dfrac{1}{6}\gamma h^3 \cos\theta$

7. 承上題，若水流斷面深度 h 改成水流深度 y，則其傾倒力矩為何？

Ans：$\dfrac{1}{6}\gamma y^3 \cos^4\theta$

8. 一 3m 寬矩形渠道之流速為 2.0m/s，水深滿 2.5m。若渠寬擴大至 3.5m，則通過該斷面之流量為多少？

Ans：15.0m^3/s

9. 一控制小水池之下射式閘門，渠道斷面為 10.0m^2，流速為 4.0m/s。若此水池之水面面積為 1.0 公頃（hectare），則此水池之水面降低率為何？

Ans：4mm/s

10. 一陡峻之矩形斷面渠道，坡度為 30°，有一斷面渠底高程為 1.20m，水流斷面深度為 0.70m，流量為 3.10m^3/s/m，$\alpha = 1.10$，求其總能量水頭

為何？

Ans：2.91m

11.某矩形斷面渠道，其寬度由 3.5m 漸變至 2.5m，若此漸變段上游水深為 1.5m，請問欲使下游水面與上游水面同高，則下游底床須同時升高多少公尺？

Ans：−0.6m

12.設有一混凝土溢水道頂長 L = 500 呎，最大溢流量 Q = 200,000 立方呎／秒，流量係數 C_d = 3.8，如擬建造此溢水道之可能最小模型，試求：

(1)長度比尺 L_r

(2)模型溢流之最大水頭 H_m

(3)模型之相當流量 Q_m，但抽水機之最大供水量為 5 立方呎／秒。

Ans：(1) $L_r = \dfrac{1}{70}$　　(2)H_m = 0.319ft　　(3)Q_m = 4.93cfs

Chapter 2

臨界流

- 重點整理
- 精選例題
- 歷屆考題
- 練習題

● 重點整理

一、臨界流之特性

1. 福祿數 $F_r = 1$

2. 已知流量時之比能為最小

3. 已知流量時之比力為最小

4. 已知比能時之流量為最大

5. 對緩坡度之渠道而言，流速水頭為水力深度之半。

6. 當渠道坡度不大時，臨界流之流速為局部擾動之微小振幅重力波之波速。

二、基本名詞定義

1. 臨界斷面（critical section）

於臨界流況時對應之渠流斷面謂之臨界斷面。

2. 臨界渠流（critical flow）

渠流之臨界狀況存在於渠道全段或某一渠段，則在此渠道中之渠流稱之為臨界渠流。

3. 臨界坡度（critical slope）S_c

當流量不變時，臨界渠流之水深依渠道之幾何條件 A 與 D 而變；由於在均一坡度之定型渠道中任一點之臨界水深均相等，故在定型渠道中之臨界渠流必為等速流，此時渠道之坡度承受一等速流及臨界水深之已知流量，稱之為臨界坡度。

4. 緩坡或亞臨界渠坡（mild or subcritical slope）

　　渠道之坡度小於臨界坡度時，將導致在已知流量下發生流速較慢之亞臨界流，稱此渠坡為緩坡或亞臨界渠坡。

5. 陡坡或超臨界渠坡（steep or supercritical slope）

　　渠道之坡度大於臨界坡度時，會產生較快流速之超臨界流，稱此渠坡為陡坡或超臨界渠坡。

三、福祿數之表示式

1. 基本表示式：$F_r = \dfrac{V}{\sqrt{gL}}$，其中 L 為特性長度。

2. 當渠坡 $\theta \doteq 0$ 且能量修正係數 $\alpha = 1$ 時：$F_r = \dfrac{V}{\sqrt{gD}}$，其中 D 為水力深度。

3. 當 $\theta \neq 0$ 且 $\alpha \neq 1$ 時：$F_r = \dfrac{V}{\sqrt{gD\cos\theta/\alpha}}$

4. 當 $\theta \neq 0$ 且 $\alpha = 1$ 時：$F_r = \dfrac{V}{\sqrt{gD\cos\theta}}$

5. 以流量 Q 為變數且 $\alpha = 1$ 時：$F_r^2 = \dfrac{Q^2 T}{gA^3}$，其中 T 為水面寬度。

6. 以流量 Q 為變數且 $\alpha \neq 1$ 時：$F_r^2 = \alpha\dfrac{Q^2 T}{gA^3}$

7. 以單位流量 q 為變數且 $\alpha = 1$ 時：$F_r^2 = \dfrac{q^2}{gy^3}$

8. 以單位流量 q 為變數且 $\alpha \neq 1$ 時：$F_r^2 = \alpha\dfrac{q^2}{gy^3}$

四、臨界流數學條件式

1. 福祿數 $F_r = 1$

2. 當渠坡 $\theta \doteqdot 0$ 且能量修正係數 $\alpha = 1$ 時：$\dfrac{V^2}{2g} = \dfrac{D}{2}$

3. 當 $\theta \neq 0$ 且 $\alpha \neq 1$ 時：$\alpha \dfrac{V^2}{2g} = \dfrac{D}{2} \cos \theta$

4. 當 $\theta \neq 0$ 且 $\alpha = 1$ 時：$\dfrac{V^2}{2g} = \dfrac{D}{2} \cos \theta$

5. 以流量 Q 為變數且 $\alpha = 1$ 時：$Q^2 T_c = g A_c^3$

6. 以流量 Q 為變數且 $\alpha \neq 1$ 時：$\alpha Q^2 T_c = g A_c^3$

7. 以單位流量 q 為變數且 $\alpha = 1$ 時：$q^2 = g y_c^3$

8. 以單位流量 q 為變數且 $\alpha \neq 1$ 時：$\alpha q^2 = g y_c^3$

五、臨界流計算之斷面因數（section factor for critical flow）Z

1. 定義：$Z = A\sqrt{D}$

2. 應用：

(1)當渠坡 $\theta \doteqdot 0$ 且 $\alpha = 1$ 時：$Z = \dfrac{Q}{\sqrt{g}}$

(2)當渠坡 $\theta \neq 0$ 且 $\alpha = 1$ 時：$Z = \dfrac{Q}{\sqrt{g \cos \theta}}$

(3)當渠坡 $\theta \doteqdot 0$ 且 $\alpha \neq 1$ 時：$Z = \dfrac{Q}{\sqrt{g/\alpha}}$

(4)當渠坡 $\theta \neq 0$ 且 $\alpha \neq 1$ 時：$Z = \dfrac{Q}{\sqrt{g \cos \theta/\alpha}}$

六、臨界流之水力指數（hydraulic exponent）M

臨界流計算之斷面因素 Z 為水深 y 之函數，故可表示如下：

$$Z^2 = cy^M$$

其中，c 為比例常數；M 為臨界流計算之水力指數。

將上式取自然對數後，再微分，可得：

$$\frac{d(\ln Z)}{dy} = \frac{M}{2y}$$

又 $Z = A\sqrt{D} = A\sqrt{A/T} = A^{3/2}T^{-1/2}$

$$\Rightarrow \frac{d(\ln Z)}{dy} = \frac{3}{2}\frac{T}{A} - \frac{1}{2T}\frac{dT}{dy}$$

$$\therefore \frac{M}{2y} = \frac{3}{2}\frac{T}{A} - \frac{1}{2T}\frac{dT}{dy}$$

故 $\boxed{M = \frac{y}{A}\left(3T - \frac{A}{T}\frac{dT}{dy}\right)}$ ～臨界流水力指數之一般式

七、控制斷面（control section）

1. 定義：在渠道中明示渠流狀況之建立，亦即渠流之水位與流量間保有明確之關係；當渠流具有上述之控制關係於某一斷面時，稱此斷面為控制斷面。

2. 應用：通常水位站設置於控制斷面，以測計流量率定曲線（discharge rating curve）。

3. 控制斷面控制渠流之方法，在於渠流狀況改變時之影響向上游或下游傳播。

4. 控制斷面一般發生於水庫出口、坡度變化、渠寬變化、攔水壩、下射式閘門或跌水等處。

八、臨界流發生之條件

1. 固定寬度、底床高程改變之矩形斷面渠道（見圖 2-1）

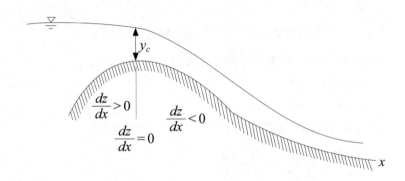

圖2-1

假設無能量損失，則

$$\frac{dH}{dx} = \frac{d}{dx}(E+z) = \frac{dE}{dx} + \frac{dz}{dx} = 0$$

又　$$\frac{dE}{dx} = \frac{dE}{dy}\frac{dy}{dx}$$

$$\frac{dE}{dy} = \frac{d}{dy}\left(y + \frac{q^2}{2gy^2}\right) = 1 - \frac{q^2}{gy^3} = 1 - F_r^2$$

$$\therefore \quad \frac{dE}{dx} + \frac{dz}{dx} = (1 - F_r^2)\frac{dy}{dx} + \frac{dz}{dx} = 0$$

於底床最高點處（crest）：$\frac{dz}{dx} = 0$

$$\Rightarrow (1 - F_r^2)\frac{dy}{dx} = 0$$

$$\Rightarrow 1 - F_r^2 = 0 \quad \text{or} \quad \frac{dy}{dx} = 0$$

$$\therefore \quad \frac{dy}{dx} \neq 0 \quad \therefore \quad F_r^2 = 1$$

即 $F_r = 1$ 在最高點處為臨界流

2. 水平底床、寬度改變之矩形斷面渠道（見圖 2-2）

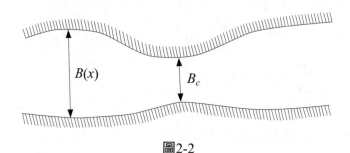

圖2-2

假設無能量損失，則

$$\frac{dH}{dx} = \frac{d}{dx}\left(z + y + \frac{q^2}{2gy^2}\right) = 0$$

∵ 水平渠坡 ∴ $\frac{dz}{dx} = 0$

$Q = q \times B = $ const. 但 $B = B(x)$ ∴ $q = q(x) \neq$ const.

$$\Rightarrow \frac{dQ}{dx} = B\frac{dq}{dx} + q\frac{dB}{dx} = 0$$

$$\Rightarrow \frac{dq}{dx} = -\frac{q}{B}\frac{dB}{dx}$$

代入 $\frac{dH}{dx} = 0$ 中，得

$$\frac{dy}{dx} - \frac{q^2}{gy^3}\frac{dy}{dx} + \frac{q}{gy^2}\frac{dq}{dx} = 0$$

$$\Rightarrow (1 - F_r^2)\frac{dy}{dx} + \frac{q}{gy^2}\left(-\frac{q}{B}\frac{dB}{dx}\right) = 0$$

$$\Rightarrow (1 - F_r^2)\frac{dy}{dx} - F_r^2\frac{y}{B}\frac{dB}{dx} = 0$$

於渠寬最大收縮處：$\dfrac{dB}{dx} = 0$

$$\Rightarrow (1 - F_r^2) \dfrac{dy}{dx} = 0$$

$$\Rightarrow 1 - F_r^2 = 0 \quad \text{or} \quad \dfrac{dy}{dx} = 0$$

$$\because \quad \dfrac{dy}{dx} \neq 0 \quad \therefore F_r^2 = 1$$

即 $F_r = 1$ 於渠寬最大收縮處為臨界流。

3. 非矩形或不規則斷面之臨界流條件

已知流量 Q 為定值，則曲比能方程式

$$E = y + \alpha \dfrac{Q^2}{2gA^2}$$

$$\Rightarrow \dfrac{dE}{dy} = 1 - \alpha \dfrac{Q^2}{gA^3} \dfrac{dA}{dy}$$

當比能 E 極小時，有臨界流發生，即 $\dfrac{dE}{dy} = 0$

$$\Rightarrow 1 - \alpha \dfrac{Q^2}{gA^3} \dfrac{dA}{dy} = 0 \quad \text{又} \quad dA = Tdy$$

$$\Rightarrow \boxed{\alpha \dfrac{Q^2 T}{gA^3} = 1} \text{～非矩形斷面之臨界流條件}$$

若 $\alpha = 1$，則 $\dfrac{Q^2 T}{gA^3} = 1$

$$\Rightarrow Q^2 = gA^3 / T$$

$$\Rightarrow V^2 = g \dfrac{A}{T} = gD$$

$$\therefore \quad V = \boxed{V_c = \sqrt{gD}} \text{～非矩形斷面之臨界流流速}$$

九、漸變段問題（Transition Problem）

1. 定義

　　其範圍包括渠道斷面擴張（expansion）、收縮（contraction）、底床上升階梯（bed raising）及底床下降階梯（bed lowering）。

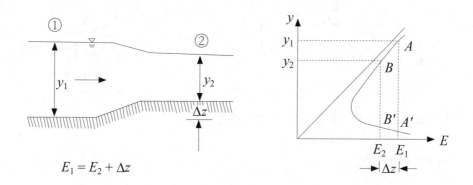

$$E_1 = E_2 + \Delta z$$

水流由斷面①流至斷面②，斷面②之水深 y_2 有二個可能答案：B 點或 B' 點；若渠底緩慢升高至階梯時，直接由 A 點跳至 B' 點是不可能的，除非

(1)渠底暫時突增高於階梯（step），或

(2)渠寬縮狹

2. 說明

   (1)上升階梯

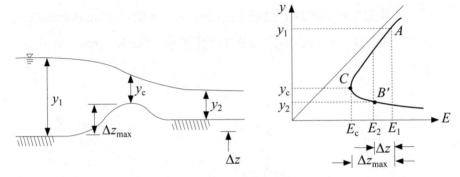

     註：$\Delta z > \Delta z_{max}$ 時，會影響並改變上游流況

   (2)收縮漸變段

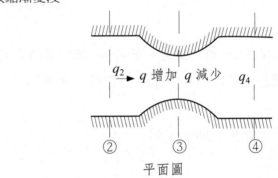

平面圖

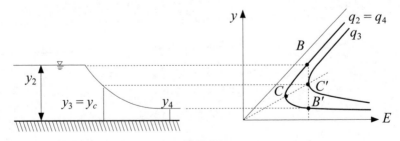

側視圖

     註：y'_c 為另一流況（q_3）之臨界水深，即 C' 點，非原流況（q_2）之 y_c（C
     點）。

⇒此時流況可能為 $B{\to}C'{\to}B'$ 或 $B{\to}C'{\to}B$

3. 漸變段問題解之存在性

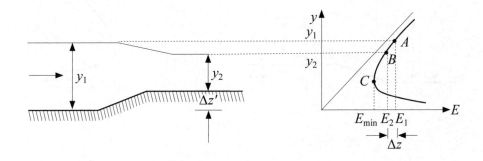

　　若 Δz 太大（大於 Δz_{max}），則 E_2 可能會小於 E_{min} ⇒無解，即表預先設定之 $q, E_1, \Delta z$ 三者不能同時存在。當阻礙太厲害時，水會回升（backup）直到另一穩定（steady）狀態達成。此時有二種可能情況：

(1)q 減小　(2)E_1 增大。茲分述如次：

(1)q 減小⇒擴寬下游渠寬

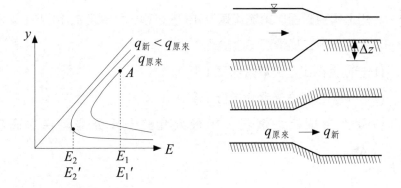

註：q 減小⇒y_c 變小

※E_2 與原來的 $E{\sim}y$ 曲線沒有交點，要有解，渠道須放寬。

(2)E_1 增大（q 不變）⇒阻塞現象（choking effect）

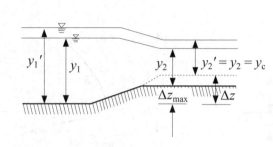 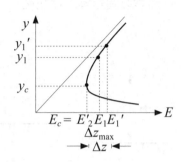

註：q 不變⇒y_c 不變

若 $\Delta z > \Delta z_{max}$ 則 E_2 與 $E\sim y$ 曲線無交點⇒在原來 q 之 $E\sim y$ 曲線上無解⇒可能 E_1 增大變為 E_1'

註：上游流況會改變，但是在斷面②處，仍有臨界流，即 $y_2' = y_2 = y_c$

● 精選例題

例1　一矩形渠道斷面之渠流流速為 10 呎／秒，水深度為 10 呎，求水深度在下述二種情況下之變化：

(1)一向上凸出之光滑階梯高 1 呎。

(2)一向下凹陷之光滑階梯低 1 呎。

(3)就上游渠流之情況，求最大允許凸出光滑階梯之高度 Δz_{max}。

解

(1)

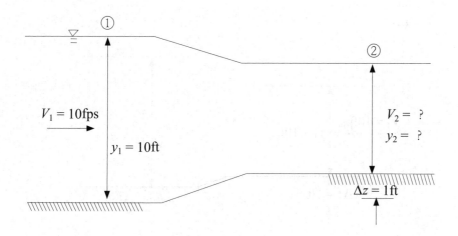

$$F_{r_1} = \frac{V_1}{\sqrt{g\,y_1}} = \frac{10}{\sqrt{32.2 \times 10}} = 0.56 < 1$$

∴流況為亞臨界流

$$E_1 = E_2 + \Delta z$$

$$\Rightarrow y_1 + \frac{V_1^2}{2g} = y_2 + \frac{V_2^2}{2g} + \Delta z$$

$$\Rightarrow 10 + \frac{10^2}{2 \times 32.2} = y_2 + \frac{(10 \times 10)^2}{2 \times 32.2 \times y_2^2} + 1$$

$$\Rightarrow y_2 + \frac{155.3}{y_2^2} = 10.55$$

由試誤法解得：

$$y_2 = 8.292\text{ft} \quad 或 \quad 5.59\text{ft}$$

又 $y_c = \sqrt[3]{q^2/g} = \sqrt[3]{\frac{100^2}{32.2}} = 6.77\text{(ft)}$

因為亞臨界流之水深大於臨界水深，所以取 $y_2 = 8.292\text{ft}$

即下游水深度變為 8.292ft

(2)

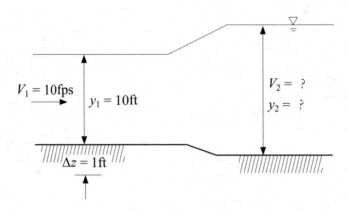

$$E_1 + \Delta z = E_2 \quad \Rightarrow \quad y_1 + \frac{V_1^2}{2g} + \Delta z = y_2 + \frac{V_2^2}{2g}$$

$$\Rightarrow 10 + \frac{10^2}{2 \times 32.2} + 1 = y_2 + \frac{100^2}{2 \times 32.2 \times y_2^2}$$

$$\Rightarrow y_2 + \frac{155.3}{y_2^2} = 12.55$$

由試誤法解得：

$y_2 = 11.346\text{ft}$ 或 4.352ft

由於流況為亞臨界流，且 $y_c = 6.77\text{ft}$，

故取下游水深 $y_2 = 11.346\text{ft}$

(3)

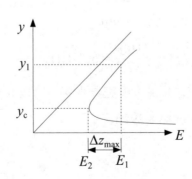

$$E_1 = E_2 + \Delta z_{max}$$

$$\Rightarrow y_1 + \frac{V_1^2}{2g} = y_2 + \frac{V_2^2}{2g} + \Delta z_{max}$$

由比能曲線知：當 $\Delta z = \Delta z_{max}$ 時，$y_2 = y_c$，$V_2 = V_c$

且對矩形斷面而言，

$$E_2 = E_c = \frac{3}{2} y_c$$

$$\Rightarrow 10 + \frac{10^2}{2 \times 32.2} = \frac{3}{2} y_c + \Delta z_{max}$$

$$\Rightarrow \Delta z_{max} = 10 + \frac{100}{64.4} - \frac{3}{2} \times 6.77 = 1.398$$

即最大允許凸出高度為 1.398ft

例2 一矩形渠道斷面之渠流流速為 10 呎／秒，水深度為 10 呎，渠道
寬度為 10 呎，求在下述情況下，水深度之變化：

(1)渠寬漸縮為 9 呎。

(2)渠寬漸擴為 11 呎。

(3)求最大允許收縮之寬度，亦即最小渠道寬度 B_{min}。

解

(1)

$$F_{r_1} = \frac{V_1}{\sqrt{g y_1}} = \frac{10}{\sqrt{32.2 \times 10}} = 0.56 < 1$$

∴流況為亞臨界流

$$E_1 = y_1 + \frac{V_1^2}{2g} = 10 + \frac{10^2}{2 \times 32.2}$$

$$= 11.55 = E_2 \text{（∵渠寬收縮，比能不變）}$$

$$q_1 = V_1 y_1 = 10 \times 10 = 100(\text{cfs/ft})$$

$$q_2 = \frac{b_1}{b_2} q_1 = \frac{10}{9} \times 100 = 111.11(\text{cfs/ft})$$

$$\Rightarrow E_2 = y_2 + \frac{q_2^2}{2g y_2^2} = y_2 + \frac{111.11^2}{2 \times 32.2 \times y_2^2}$$

$$= y_2 + \frac{191.7}{y_2^2} = 11.55$$

由試誤法求得：

$$y_2 = 9.367\text{ft} \quad \text{或} \quad 5.747\text{ft}$$

臨界水深

$$y_c = \sqrt[3]{\frac{q^2}{g}} = \sqrt[3]{\frac{111.11^2}{32.2}} = 7.265(\text{ft})$$

因為流況為亞臨界流且渠寬漸縮，故取下游水深度 y_2 為 9.367ft

$(2) E_1 = 11.55\text{ft}$，$q_1 = 100\text{cfs/ft}$，$q_2 = \frac{10}{11} \times 100 = 90.91(\text{cfs/ft})$

$$\Rightarrow E_2 = y_2 + \frac{q_2^2}{2g y_2^2} = y_2 + \frac{128.3}{y_2^2} = 11.55$$

由試誤法求得：

$$y_2 = 10.355\text{ft} \quad \text{或} \quad 4.169\text{ft}$$

因為流況為亞臨界流，所以取

$$y_2 = 10.355\text{ft} > y_c = \sqrt[3]{\frac{90.91^2}{32.2}} = 6.355(\text{ft})$$

即下游水深度變為 10.355ft

(3)

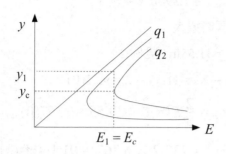

$E_1 = 11.55\text{ft} = E_c$

$$y_c = \frac{2}{3}E_c = \frac{2}{3} \times 11.55 = 7.7\text{(ft)}$$

$$q_c = \sqrt{gy_c^3} = \sqrt{32.2 \times 7.7^3} = 121.2\text{(cfs/ft)}$$

又 $\quad q_c b_c = q_1 b_1$

$$\Rightarrow b_c = \frac{100 \times 10}{121.2} = 8.25\text{(ft)}$$

即最小渠道寬度 $B_{\min} = b_c = 8.25\text{ft}$

例3 一矩形渠道斷面,渠寬為 10 呎,流速為 10 呎／秒,水深度為 10 呎。若底床上有一凸出之光滑階梯高 2 呎,請問渠道寬度應同時漸擴為多寬,才可保持上游之流況不變?

解

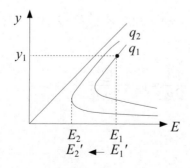

由於 $\Delta z = 2\text{ft} > \Delta z_{max} = 1.398\text{ft}$（見例 1）

因此斷面寬度需同時擴大

$$E'_1 = E_1 = 11.55\text{ft}（見例 2）$$

$$E'_2 = E'_1 - \Delta z = 11.55 - 2 = 9.55(\text{ft})$$

$$y_c = \frac{2}{3}E_c = \frac{2}{3}E'_2 = \frac{2}{3} \times 9.55 = 6.367(\text{ft})$$

$$q_c = \sqrt{gy_c^3} = \sqrt{32.2 \times 6.367^3} = 91.16(\text{cfs/ft})$$

$$b_2 \geq b_c = \frac{q_1 b_1}{q_c} = \frac{100 \times 10}{91.16} = 10.97(\text{ft})$$

即渠道寬度應同時擴寬為 10.97ft 以上才可保持上游流況不變。

例4　某湖泊以 2000cfs 之流量排入一陡峻之渠道，渠道斷面為梯形，側坡比為 $2H:1V$，湖面於放流口位置高於渠底 8ft，試求其渠底寬度。

解

湖水排入陡坡之渠道，其流量受臨界流控制，即 $Q = Q_c = 2000\text{cfs}$

臨界流條件：

$$Q^2 T = g A_c^3$$

$$T = b + 2 \times 2y_c = b + 4y_c$$

$$A_c = \frac{1}{2} \times y_c \times (T + b) = y_c(b + 2y_c)$$

$$\therefore\ 2000^2(b + 4y_c) = 32.2 \times y_c^3(b + 2y_c)^3 \cdots\cdots\cdots\cdots\cdots\cdots ①$$

忽略能量損失，則

$$E_c = y_c + \frac{V_c^2}{2g} = y_c + \frac{Q^2}{2gA_c^2}$$

$$\Rightarrow 8 = y_c + \frac{2000^2}{64.4 \times y_c^2(b+2y_c)^2}$$

$$\Rightarrow (8-y_c)y_c^2(b+2y_c)^2 = \frac{2000^2}{64.4} \quad \cdots\cdots\cdots\cdots\cdots\cdots ②$$

①式 ÷ ②式：

$$y_c(b+2y_c) = 2(b+4y_c)(8-y_c)$$

$$\Rightarrow b = \frac{10y_c^2 - 64y_c}{16 - 3y_c}$$

代入②式

$$\Rightarrow y_c^4(8-y_c)^3 = 3881.99(16-3y_c)^2$$

由試誤法得知：

$$y_c = 5.9\text{ft}$$

$$\therefore \quad b = \frac{10 \times 5.9^2 - 64 \times 5.9}{16 - 3 \times 5.9} = 17.35(\text{ft})$$

註：$y_c = \frac{2}{3}E_c$ 僅適用於矩形斷面渠道。

例5 一梯形斷面渠道，底寬 20ft，側坡比 $2H：1V$，流量為 2000cfs，水深為 8ft，下游斷面漸縮，底床高程及側坡不改變，試求不影響上游流況之最大允許束縮底寬。若渠道底寬僅束縮上述之半，求下流水深為何？

解

(1) $b_1 = 20\text{ft}$，$Q = 2000\text{cfs}$，$y_1 = 8\text{ft}$

$$E_1 = y_1 + \frac{V_1^2}{2g} = 8 + \frac{2000^2}{64.4 \times 8^2(20+16)^2} = 8.749(\text{ft})$$

$$E_2 = E_c = y_c + \frac{Q^2}{2gA_c^2} = y_c + \frac{2000^2}{64.4y_c^2(b+2y_c)^2} = E_1 = 8.749 \cdots ①$$

臨界流條件：

$$Q^2B_c = gA_c^3 \Rightarrow 2000^2(b + 4y_c) = 32.2y_c^3(b + 2y_c)^3 \cdots\cdots\cdots ②$$

由①、②式聯立解得 $y_c = 6.574\text{ft}$ 及 $b = 12.57\text{ft}$

即最大允許束縮底寬為 12.57ft

(2) $b = \dfrac{1}{2}(20 + 12.57) = 16.285\text{ft}$

$$E_2 = y_2 + \frac{Q^2}{2gA_2^2} = y_2 + \frac{2000^2}{64.4 \times y_2^2(16.285 + 2y_2)^2} = 8.749$$

$$\Rightarrow y_2 + \frac{62111.8}{y_2^2(16.285 + 2y_2)^2} = 8.749$$

由試誤法求得 $y_2 = 7.71\text{ft}$

即下游水深度為 7.71ft

例6 某 10ft 寬之長矩形渠道，水深 5ft，流量 300cfs，

(1)計算在渠底上建造一平頂突出部分之最小高度俾可發生臨界水流，如突出部分之高度低於高於此計算之最小高度則結果如何？

(2)如用縮狹渠道斷面之方法，以產生臨界水深則最大之收縮寬度為何？

解

$B_1 = 10\text{ft}$，$y_1 = 5\text{ft}$，$Q = 300\text{cfs}$

(1) $V_1 = \dfrac{Q}{A} = \dfrac{300}{(10 \times 5)} = 6(\text{ft/s})$

$$y_c = \sqrt[3]{\frac{q^2}{g}} = \sqrt[3]{\frac{Q^2}{B_1^2 g}} = \sqrt[3]{\frac{300^2}{(10^2 \times 32.2)}} = 3.03(\text{ft})$$

設突出物之最小高度為 h，則由比能方程式

$E_1 = E_2 + h$

$$\Rightarrow y_1 + \frac{V_1^2}{2g} = E_2 + h$$

∵ 臨界流須發生

∴ $E_2 = E_c = \frac{3}{2} y_c$

$$\Rightarrow 5 + \frac{36}{2 \times 32.2} = \frac{3}{2} \times 3.03 + h$$

∴ $h = 1.01(\text{ft})$

若 $h > 1.01\text{ft}$ 時，

則平頂上仍為臨界水流，且其臨界水深 y_c 不變。

若 $h < 1.01\text{ft}$ 時，

則平頂上不會發生臨界水流，其水深會大於臨界水深 y_c。

(2)C.E.：$Q = q_1 B_1 = q_2 B_2$

$$\Rightarrow q_2 = \frac{300}{B_2}，B_2 \text{ 為最大收縮之渠道寬度}$$

若發生臨界流，則比能不變，即

$$E_1 = E_2 = E_c = \frac{3}{2} y_c = \frac{3}{2} \sqrt[3]{\frac{q_2^2}{g}}$$

$$\Rightarrow 5 + \frac{36}{2 \times 32.2} = \frac{3}{2} \times \sqrt[3]{\frac{300^2}{B_2^2 \times 32.2}}$$

$$\Rightarrow B_2 = 7.41(\text{ft})$$

例7 已知流量之一矩形斷面渠道，若 F_{r_1} 及 F_{r_2} 為相對於交替水深 y_1 及 y_2 之福祿數，證明

$$\left(\frac{F_{r_2}}{F_{r_1}} \right)^{\frac{2}{3}} = \frac{2 + F_{r_2}^2}{2 + F_{r_1}^2}$$

解

∵交替水深之比能相同

∴由比能力程式知：$E_1 = E_2$

$$\Rightarrow y_1 + \frac{V_1^2}{2g} = y_2 + \frac{V_2^2}{2g}$$

$$\Rightarrow y_1 + \frac{q^2}{2g y_1^2} = y_2 + \frac{q^2}{2g y_2^2}$$

$$\Rightarrow y_1 + \frac{y_1}{2} \times \frac{q^2}{g y_1^3} = y_2 + \frac{y_2}{2} \times \frac{q^2}{g y_2^3}$$

$$\Rightarrow y_1 \left(1 + \frac{F_{r_1}^2}{2}\right) = y_2 \left(1 + \frac{F_{r_2}^2}{2}\right)$$

$$\Rightarrow \frac{y_1}{y_2} = \frac{1 + F_{r_2}^2/2}{1 + F_{r_1}^2/2} = \frac{2 + F_{r_2}^2}{2 + F_{r_1}^2}$$

又 $\quad F_{r_1}^2 = \frac{q^2}{g y_1^3} \Rightarrow y_1 = \left(\frac{q^2}{g F_{r_1}^2}\right)^{\frac{1}{3}}$

$$F_{r_2}^2 = \frac{q^2}{g y_2^3} \Rightarrow y_2 = \left(\frac{q^2}{g F_{r_2}^2}\right)^{\frac{1}{3}}$$

$$\Rightarrow \frac{y_1}{y_2} = \frac{(q^2/g F_{r_1}^2)^{\frac{1}{3}}}{(q^2/g F_{r_2}^2)^{\frac{1}{3}}} = \frac{F_{r_2}^{\frac{2}{3}}}{F_{r_1}^{\frac{2}{3}}} = \left(\frac{F_{r_2}}{F_{r_1}}\right)^{\frac{2}{3}}$$

$$\therefore \quad \left(\frac{F_{r_2}}{F_{r_1}}\right)^{\frac{2}{3}} = \frac{2 + F_{r_2}^2}{2 + F_{r_1}^2}$$

例8 若 y_1 及 y_2 為一矩形渠道之交替水深，推導

$$y_c^3 = \frac{2 y_1^2 y_2^2}{y_1 + y_2}$$

並因此導出比能

$$E = \frac{y_1^2 + y_1 y_2 + y_2^2}{y_1 + y_2}$$

解

由比能方程式

$$E = y + \frac{V^2}{2g}$$

知 $E_1 = E_2$，則

$$y_1 + \frac{V_1^2}{2g} = y_2 + \frac{V_2^2}{2g}$$

$$\Rightarrow y_1 + \frac{q^2}{2g y_1^2} = y_2 + \frac{q^2}{2g y_2^2}$$

$$\Rightarrow \frac{q^2}{2g} \left(\frac{1}{y_1^2} - \frac{1}{y_2^2} \right) = y_2 - y_1$$

$$\Rightarrow \frac{q^2}{2g y_1^2 y_2^2} (y_2^2 - y_1^2) = y_2 - y_1$$

$$\Rightarrow q^2 = 2g y_1^2 y_2^2 / (y_1 + y_2)$$

由臨界流條件：$q^2 = g y_c^3$

上式變成

$$g y_c^3 = 2g y_1^2 y_2^2 / (y_1 + y_2)$$

$$\Rightarrow y_c^3 = \frac{2 y_1^2 y_2^2}{y_1 + y_2}$$

比能

$$E = y_1 + \frac{q^2}{2g y_1^2} = y_1 + \frac{1}{2 y_1^2} \times \frac{2 y_1^2 y_2^2}{y_1 + y_2}$$

$$= y_1 + \frac{y_2^2}{y_1 + y_2}$$

$$= \frac{y_1^2 + y_1 y_2 + y_2^2}{y_1 + y_2}$$

得證。

例9　一矩形渠道寬 2.5m，流量 6.0cms，水深 0.5m，若欲使某斷面發生臨界流時，底床須設計一平頂之突出物，求其高度為多少？由於此突出物之能量損失為 0.1 倍之上游流速水頭。

解

$B = 2.5m$，$Q = 6.0cms$，$y_1 = 0.5m$

$$\Rightarrow q = \frac{Q}{B} = \frac{6.0}{2.5} = 2.4(cms/m)$$

$$V_1 = \frac{q}{y_1} = \frac{2.4}{0.5} = 4.8(m/s)$$

$$\frac{V_1^2}{2g} = \frac{4.8^2}{2 \times 9.81} = 1.174(m)$$

$$\therefore \quad F_{r_1} = \frac{V_1}{\sqrt{gy_1}} = \frac{4.8}{\sqrt{9.81 \times 0.5}} = 2.17 > 1$$

∴流況為超臨界流

$$E_1 = y_1 + \frac{V_1^2}{2g} = 0.5 + 1.174 = 1.674(m)$$

於斷面 2 發生臨界流：$E_2 = E_c$，$y_2 = y_c$

$$y_c = \sqrt[3]{\frac{q^2}{g}} = \sqrt[3]{\frac{2.4^2}{9.81}} = 0.837(m)$$

$$E_c = \frac{3}{2} \times y_c = 1.5 \times 0.837 = 1.256(m)$$

$$\therefore \quad E_1 - 0.1\frac{V_1^2}{2g} = E_c + h$$

其中 h 為突出物之高度。

$$\Rightarrow 1.674 - 0.1 \times 1.174 = 1.256 + h$$

$$\therefore \quad h = 0.3(m)$$

例10 一流量為 16.0cms，水深為 2.0m 之矩形渠道，寬 4m，於下游端斷面收縮成 3.5m 寬，且底床抬高 Δz。試依下列條件分析漸變段後之水位高程：(1)$\Delta z = 0.20$m 及(2)$\Delta z = 0.35$m。

解

$Q = 16.0$cms

上游段：$y_1 = 2.0$m，$B_1 = 4$m

$$\therefore \quad V_1 = \frac{Q}{B_1 y_1} = \frac{16}{4 \times 2} = 2(\text{m/s}), q_1 = \frac{Q}{B_1} = \frac{16}{4} = 4(\text{cms/m})$$

$$\therefore \quad F_{r_1} = \frac{V_1}{\sqrt{g y_1}} = \frac{2}{\sqrt{9.81 \times 2}} = 0.45 < 1$$

∴上游流況為亞臨界流

$$E_1 = y_1 + \frac{V_1^2}{2g} = 2.0 + \frac{2^2}{2 \times 9.81} = 2.204(\text{m})$$

下游段：$B_2 = 3.5$m

$$q_2 = \frac{Q}{B_2} = \frac{16}{3.5} = 4.571(\text{cms/m})$$

$$y_{c2} = \sqrt[3]{\frac{q_2^2}{g}} = \sqrt[3]{\frac{4.571^2}{9.81}} = 1.287(\text{m})$$

$$E_{c2} = \frac{3}{2} y_{c2} = \frac{3}{2} \times 1.287 = 1.930(\text{m})$$

(1)$\Delta z = 0.20$m：

$$E_2 = E_1 - \Delta z = 2.204 - 0.20 = 2.004(\text{m}) > E_{c2}$$

∴$y_2 > y_{c2}$，且 y_1 不變

$$y_2 + \frac{V_2^2}{2g} = y_2 + \frac{q^2}{2g y_2^2} = E_1 - \Delta z$$

$$\Rightarrow y_2 + \frac{(4.571)^2}{2 \times 9.81 \times y_2^2} = 2.204 - 0.20 = 2.004$$

$$\Rightarrow y_2 + \frac{1.065}{y_2^2} = 2.004$$

由試誤法得

$$y_2 = 1.575\text{m} \Rightarrow h_2 = y_2 + \Delta z = 1.775(\text{m})$$

故 $\Delta z = 0.20\text{m}$ 時，

$$y_1 = 2.0\text{m} , y_2 = 1.575\text{m} , h_2 = 1.775\text{m}$$

(2)$\Delta z = 0.35\text{m}$：

$$E_2 = E_1 - \Delta z = 2.204 - 0.35 = 1.854(\text{m}) < E_{c2}$$

∴於收縮段會發生阻塞現象，上游水位必須抬升以產生較大之

能量，且斷面 2 會發生臨界水流，

故 $y_2 = y_{c2} = 1.287\text{m} , E_2 = E_{c2} = 1.930\text{m}$

由 $E_1 = E_2 + \Delta z$

$$\Rightarrow y_1 + \frac{q_1^2}{2gy_1^2} = 1.930 + 0.35$$

$$\Rightarrow y_1 + \frac{16}{2 \times 9.81 \times y_1^2} = 2.28$$

$$\Rightarrow y_1 + \frac{0.8155}{y_1^2} = 2.280$$

由試誤法得

$$y_1 = 2.094\text{m} , h_2 = y_2 + \Delta z = 1.287 + 0.35 = 1.637(\text{m})$$

故 $\Delta z = 0.35\text{m}$ 時，

$$y_1 = 2.094\text{m} , y_2 = 1.287\text{m} , h_2 = 1.637\text{m}$$

● 歷屆試題

題1　(1)詳述渠流在臨界流況時之各種特徵。

　　　(2)舉例詳細說明渠流經常發生臨界流況之地點。　【78 年高考】

解

(1)渠流在臨界流況時之各種特徵如下：

　①福祿數（Froude number）$F_r = 1$

　②流量固定時，比能為最小。

　③流量固定時，比力為最小。

　④比能固定時，流量為最大。

　⑤於緩坡渠道中，速度水頭等於水力深度（Hydraulic Depth）

　　之半。$\left(\dfrac{V^2}{2g} = \dfrac{D}{2} \right)$

　⑥在緩坡且流速均勻分佈之渠道中，流速將等於局部干擾之重

　　力波的傳播速度。（$V_c = C = \sqrt{gy}$）

(2)臨界流況在明渠流中常發生之地點：

　①水庫出口或湖泊放流口。

　②攔水壩或溢流堰頂。

　③渠道坡度變化或寬度變化處。

　④自由跌水處。

題2　臨界流受擾動時，擾動波向上、下游傳播之波速及波動傳送之

　　　情況？　　　　　　　　　　　　　　　　　　【71 年技師】

解

對矩形斷面而言，臨界流狀況下之渠流速度為 $V = \sqrt{gy_c}$

由波浪學理論知，對於小振幅重力波而言，其波速為 $C = \sqrt{gy}$，因此在臨界流受擾動時，擾動波向上游傳播之波速為 $-C = -\sqrt{gy_c}$

而向下游傳播之波速為 $+C = +\sqrt{gy_c}$，故波動傳送之情況為：

向上游無波傳（因 $V - C = 0$），向下游波傳為 $2\sqrt{gy_c}$（因 $V + C = 2\sqrt{gy_c}$）。

題3　試推導臨界流（critical flow）的公式，並指出臨界流之特徵。

【82 年高考一級】

解

(1)流量固定時，比能 E 為最小。

$$E = y + \frac{Q^2}{2gA^2} \Rightarrow \frac{dE}{dy} = 1 - \frac{Q^2}{gA^3} \frac{dA}{dy}$$

$\because$　$dA = T \cdot dy$

$\therefore$　$\dfrac{dE}{dy} = 1 - \dfrac{Q^2 T}{gA^3}$

於臨界流時，比能最小，即 $\dfrac{dE}{dy} = 0$

$\therefore$　$1 - \dfrac{Q^2 T}{gA^3} = 0$　即　$\dfrac{Q^2}{g} = \dfrac{A^3}{T}$

(2)流量固定時，比力 M 為最小。

$$M = \frac{Q^2}{gA} + A\bar{y} , \ \bar{y} \ \text{為水流斷面之重心處水深}$$

$$\frac{dM}{dy} = -\frac{Q^2}{gA^2} \frac{dA}{dy} + \frac{d(A\bar{y})}{dy} = 0$$

$$d(A\bar{y}) = A(\bar{y} + dy) + T\frac{(dy)^2}{2} - A\bar{y} \doteqdot Ady$$

於臨界流發生時比力為最小，即 $\dfrac{dM}{dy} = 0$

$$\therefore \quad \frac{dM}{dy} = -\frac{Q^2}{gA^2}\frac{dA}{dy} + A = 0$$

$$\frac{dA}{dy} = T \text{，} \frac{Q}{A} = V \text{，} \frac{A}{T} = D$$

$$\therefore \quad \frac{V^2}{2g} = \frac{D}{2} \sim \text{於緩坡渠道中，速度水頭等於水力深度之半}$$

(3)比能固定時，流量為最大。

$$E = E_0 = y + \frac{Q^2}{2gA^2} = \text{const.}$$

$$\Rightarrow E_0 = y + \frac{q^2}{2gy^2} \Rightarrow q^2 = 2gy^2(E_0 - y)$$

對 y 微分得

$$\Rightarrow 2q\frac{dq}{dy} = 4gyE_0 - 6gy^2$$

於臨界流發生時，流量為最大，即 $\dfrac{dq}{dy} = 0$

$$\therefore \quad \frac{dq}{dy} = 0 \Rightarrow 4gy_cE_0 = 6gy_c^2 \Rightarrow y_c = \frac{2}{3}E_0$$

（對矩形渠道而言）

$$\text{或} \quad E_0 = \frac{3}{2}y_c = y_c + \frac{1}{2}y_c \text{，} \frac{V_c^2}{2g} = \frac{y_c}{2}$$

(4)福祿數 $F_r = \dfrac{V}{\sqrt{gD}} = 1$

即 $\dfrac{V^2}{2g} = \dfrac{D}{2}$ 或 $V = \sqrt{gD}$ 或 $V = \sqrt{gy}$（矩形渠道）

(5)在緩坡且流速均勻分佈之渠道中，流速將等於局部干擾之重力波的傳播速度，即 $V_c = C = \sqrt{gy}$。

題4 (1)何謂交替水深（Alternative depth）及共軛水深（Conjugate depth）？試繪圖說明之。

(2)試推導在 90° 三角形渠道（見下圖）流動之臨界水深公式以流量 Q 及重力加速度 g 表示之。　　　　【84 年技師】

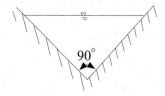

解

(1)交替水深：如比能曲線圖所示，除去臨界點 C，對已知流量 Q，任意比能 E_0 均有兩個水深與之對應，此二水深，一為高水位（y_2），一為低水位（y_1），二者互稱為交替水深。

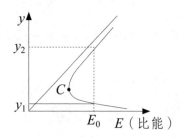

共軛水深：於比力曲線圖中，除去臨界點 c，對已知流量 Q，任意比力 F_0 均有兩個水深與之對應，此二水深，一為高水位

（y_2），一為低水位（y_1），二者互稱為共軛水深。常指水躍發生前後之水深。

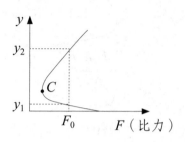

(2)臨界流況：$F_r^2 = \dfrac{Q^2 T}{gA^3} = 1$

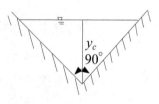

$$\Rightarrow Q^2(2y_c) = g\left(\frac{1}{2} \times 2y_c \times y_c\right)^3$$

$$\Rightarrow y_c^5 = 2Q^2/g$$

$$\therefore \quad y_c = (2Q^2/g)^{\frac{1}{5}}$$

題5	寬度不變之矩形渠道，假設無能量損失且流量一定，試問底床如有昇降時水深如何變化？試就亞臨界流及超臨界流之狀況分別說明之，並說明臨界水深發生之條件。 【81 年技師】

解

(1)亞臨界流：如圖(一)所示

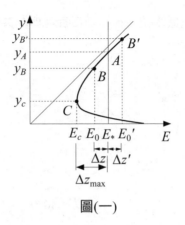

圖(一)

①當底床上昇時，比能由原來之 E_* 減少 Δz 至 E_0，水深由原來
之 y_A 下降至 y_B，即由比能由線上之 A 點變化至 B 點。

②當底床下降時，比能由原來之 E_* 增加 $\Delta z'$ 至 E_0'，水深由原來
之 y_A 上升至 $y_{B'}$，即由比能曲線上之 A 點變化至 B' 點。

(2)超臨界流：如圖(二)所示

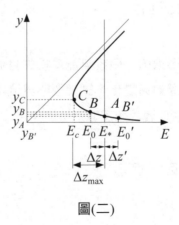

圖(二)

①當底床上昇時，比能由原來之 E_* 減少 Δz 至 E_0，水深由原來
之 y_A 上升至 y_B，即由比能曲線上之 A 點變化至 B 點。

②當底床下降時，比能由原來之 E_* 增加 $\Delta z'$ 至 E_0'，水深由原來之 y_A 下降至 $y_{B'}$，即由比能曲線上之 A 點變化至 B' 點。

(3)如圖(一)及圖(二)所示，當底床上升 Δz_{max} 時，比能由原來之 E_* 減少 Δz_{max} 至 E_c，水深由原來之 y_A 變化至 y_c，即 $\Delta z = \Delta z_{max}$ 時，$E = E_1$ 發生臨界水深 $y = y_c$。

題6 設比能量一定，試證最大流量產生於臨界水流發生時。

【82 年檢覈】

解

$$E = y + \frac{V^2}{2g} \quad (\text{設 } \theta \fallingdotseq 0 \text{，} \alpha = 1)$$

$$= y + \frac{Q^2}{2gA^2} = y + \frac{q^2}{2gy^2} \quad (\text{取單位渠寬})$$

$$= E_0 = \text{const.}$$

當 $y \to E_0 \Rightarrow q \to 0$

當 $y \to 0 \Rightarrow q \to 0$

又 $q > 0$，$\therefore$ 對一已知 E_0 有一極大值 q

$$E_0 = y + \frac{q^2}{2gy^2} \Rightarrow q^2 = 2gy^2(E_0 - y)$$

q 對 y 微分，得

$$2q\frac{dq}{dy} = 4gyE_0 - 6gy^2$$

q 為最大時，$\frac{dq}{dy} = 0$，故得：

$$4gyE_0 - 6gy^2 = 0$$

$$\Rightarrow y = \frac{2}{3}E_0 \quad 或 \quad E_0 = \frac{3}{2}y$$

因此

$$E_0 = \frac{3}{2}y = y + \frac{q^2}{2gy^2}$$

$$\Rightarrow q^2 = gy^3$$

$$\Rightarrow F_r^2 = \frac{q^2}{gy^3} = 1 \sim 臨界條件$$

即「最大流量產生於臨界流發生時」得證

題7 考慮坡度及能量係數 α，且在比能（Specific Energy）不變之條件下，試證臨界流況時之流量為最大。 【83 年技師】

解

$$E_0 = d\cos\theta + \alpha\frac{V^2}{2g} = d\cos\theta + \alpha\frac{Q^2}{2gA^2} = h + \alpha\frac{Q^2}{2gA^2}$$

當 $h \to E_0 \Rightarrow Q \to 0$

當 $h \to 0(i.e.A \to 0) \Rightarrow Q \to 0$

又 $Q > 0$ $\therefore$ Q 存在一最大值

以 δ 表微分符號，且將比能公式改寫如下：

$$Q^2 = (E_0 - d\cos\theta)\frac{2g}{\alpha}A^2$$

$$\Rightarrow 2Q\frac{\delta Q}{\delta d} = \frac{2g}{\alpha}\left(E_0 \cdot 2A\frac{\delta A}{\delta y}\frac{\delta y}{\delta d} - \cos\theta A^2 - d\cos\theta \cdot 2A\frac{\delta A}{\delta y}\frac{\delta y}{\delta d}\right)$$

$$= \frac{2g}{\alpha}(2E_0 AT - \cos\theta A^2 - 2dAT\cos\theta)$$

欲流量最大，則令 $\frac{\delta Q}{\delta d} = 0$

$$\Rightarrow 2E_0 AT = \cos\theta A^2 + 2dAT\cos\theta$$

$$\Rightarrow E_0 = \frac{\cos\theta}{2T}(A + 2dT) = \frac{D}{2}\cos\theta + d\cos\theta$$

又 $E_0 = d\cos\theta + \alpha\dfrac{V^2}{2g}$

$$\Rightarrow \frac{D}{2}\cos\theta = \alpha\frac{V^2}{2g}$$

or $F_r = \dfrac{V}{\sqrt{gD\cos\theta/\alpha}} = 1$ 〜表臨界流況

故臨界流況時之流量為最大得證。

註：$D = \dfrac{A}{T}$，$\dfrac{\delta A}{\delta y} = T$，$\dfrac{\delta y}{\delta d} = 1$

題8　一水平渠道，流量 $Q = 800\text{cfs}$，渠道斷面形狀及相關尺寸如圖示。試計算福祿數及臨界水深。　　　　　【83 年高考一級】

解

$$T = 20 + 2 \times 8 \times 2 = 52(\text{ft})$$

$$A = \frac{1}{2}(52 + 20) \times 8 = 288(\text{ft}^2)$$

$$D = \frac{A}{T} = \frac{288}{52} = 5.54\,(\text{ft})$$

$$F_r = \frac{V}{\sqrt{gD}} = \frac{Q/A}{\sqrt{gD}}$$

$$= \frac{800/288}{\sqrt{32.2 \times 5.54}} = 0.21$$

臨界條件：$Q^2 T = g A^3$

$$\Rightarrow 800^2 \times (20 + 2 \times 2y_c) = 32.2 \times \left[\frac{1}{2}(20 + 20 + 4y_c) \times y_c\right]^3$$

$$\Rightarrow 800^2 \times 4(5 + y_c) = 32.2(10 + y_c)^3 y_c^3 \times 2^3$$

$$\Rightarrow 9937.888(5 + y_c) = (10 + y_c)^3 y_c^3$$

由試誤法可得：

$$y_c = 3.276(\text{ft})$$

題9 如圖，水流流經一寬頂堰，其高度為 b，堰上臨界水深 y_c 已知，試求堰前之接近水深 y_0 為何？ 【70 年技師】

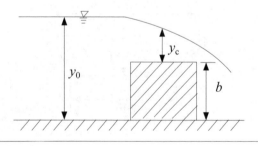

解

C.E.：$V_0 y_0 = V_c y_c$ $\cdots\cdots\cdots\cdots\cdots\cdots\cdots\cdots\cdots\cdots\cdots\cdots\cdots$ ①

E.E.：$y_0 + \dfrac{V_0^2}{2g} = b + y_c + \dfrac{V_c^2}{2g}$ $\cdots\cdots\cdots\cdots\cdots\cdots\cdots\cdots$ ②

利用臨界流特性：$V_c = \sqrt{gy_c}$

① $\Rightarrow V_0 = \dfrac{1}{y_0}\sqrt{gy_c} \cdot y_c = \dfrac{1}{y_0}\sqrt{g}\, y_c^{\frac{3}{2}}$ 代入②

② $\Rightarrow y_0 + \dfrac{1}{2g}\dfrac{1}{y_0^2} \times g \cdot y_c^3 = b + y_c + \dfrac{1}{2}y_c$

$\Rightarrow y_0 + \dfrac{y_c^3}{2y_0^2} = b + \dfrac{3}{2}y_c$

$\Rightarrow (y_0 - b) + \dfrac{y_c^3}{2y_0^2} = \dfrac{3}{2}y_c$

$\Rightarrow \dfrac{y_c^3}{2y_0^2} = \dfrac{3}{2}y_c - (y_0 - b)$

$\Rightarrow \dfrac{2y_0^2}{y_c^3} = \dfrac{1}{\dfrac{3}{2}y_c - (y_0 - b)}$

$\therefore \quad y_0 = \left[\dfrac{y_c^3}{3y_c - 2(y_0 - b)}\right]^{\frac{1}{2}}$

題10 一梯形渠道如圖所示，流量 $Q = 500$ 每秒立方呎，能量修正係數 $\alpha = 1.1$，試計算：(1)臨界水深 y_c　(2)最小比能 $E_{\min}$

【85 年高考三級】

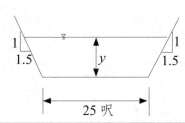

解

(1) $T = 25 + 2 \times 1.5 y_c = 25 + 3 y_c$

$$A = \frac{1}{2}(25 + 25 + 3y_c)y_c = \frac{1}{2}(50 + 3y_c)y_c$$

$$\alpha\frac{Q^2T}{gA^3} = 1 \sim 臨界流條件$$

$$\Rightarrow 1.1 \times 500^2 \times (25 + 3y_c) = 32.2 \times \frac{1}{8}(50 + 3y_c)^3 y_c^3$$

$$\Rightarrow 68322.98(25 + 3y_c) = (50 + 3y_c)^3 y_c^3$$

由試誤法求得 $y_c = 2.28(ft)$

(2) $E_{\min} = y_c + \alpha\dfrac{V_c^2}{2g} = y_c + \dfrac{D_c}{2}$

$$= y_c + \frac{1}{2}\frac{A_c}{T_c} = y_c + \frac{1}{2} \times \frac{\frac{1}{2}(50 + 3y_c)y_c}{25 + 3y_c}$$

$$= 2.28 + \frac{1}{4} \times \frac{(50 + 3 \times 2.28) \times 2.28}{25 + 3 \times 2.28}$$

$$= 3.298(ft)$$

題11　一梯形渠道如圖所示。流量 $Q = 32m^3/s$，渠底與水平成角 $\theta = 12°$，能量校正係數 $\alpha = 1.105$，試計算：(1)臨界水深 y_c；(2)最小比能 $E_{\min}$　　　　　　　【85 年技師檢覈】

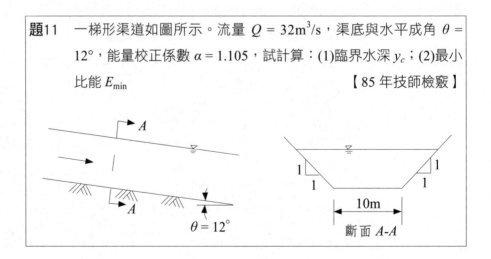

斷面 A-A

解

(1)　　$T = 10 + 2 \times y_c$

$$A = \frac{1}{2}(10 + 2y_c + 10) \times y_c = (10 + y_c)y_c$$

臨界流條件：

$$F_r = \frac{V}{\sqrt{gD \cos \theta / \alpha}} = 1$$

$$\Rightarrow \frac{Q/A}{\sqrt{g \dfrac{A}{T} \cos \theta / \alpha}} = 1$$

$$\Rightarrow \frac{32}{(10 + y_c)y_c} = \sqrt{9.81 \times \frac{(10 + y_c)y_c}{10 + 2y_c} \cos 12° / 1.105}$$

$$\Rightarrow \frac{117.92}{(10 + y_c)^2 y_c^2} = \frac{(10 + y_c)y_c}{10 + 2y_c}$$

由試誤法得：

$y_c = 1.02\text{(m)}$

(2)$E_{\min} = y_c \cos \theta + \alpha \dfrac{V_c^2}{2g}$

$$= y_c \cos \theta + \frac{D}{2} \cos \theta$$

$$= \left(y_c + \frac{1}{2} \frac{A}{T} \right) \cos \theta$$

$$= \left(1.02 + \frac{1}{2} \times \frac{(10 + 1.02) \times 1.02}{10 + 2 \times 1.02} \right) \cos 12°$$

$$= 1.454\text{(m)}$$

題12　如圖所示之渠道，矩形斷面，原設計之流量 5.5CMS，水深 2 公尺，寬度 3 公尺，今因地形限制，①、②之間須縮窄。請求出通過 5.5CMS 流量之允許最小寬度。但①、②間底床為水平，且

可忽略各種能量損失。　　　　　　　　　　　　【82 年技師】

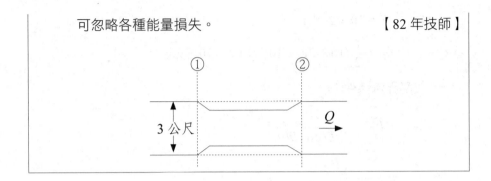

解

$Q = 5.5\text{cms}$，$y = 2\text{m}$，$B = 3\text{m}$

$\Rightarrow q = \dfrac{Q}{B} = \dfrac{5.5}{3}$

最小寬度 ⇒ 臨界流產生

$$\therefore \quad q_*^2 = gy_c^3 \Rightarrow \left(\frac{5.5}{B_{\min}}\right)^2 = 9.81 \times y_c^3 \cdots\cdots\cdots\cdots\cdots\cdots\cdots\cdots\cdots (1)$$

又　$E = y + \dfrac{V^2}{2g} = E_c = \dfrac{3}{2}y_c$

$$\Rightarrow 2 + \frac{\left[\dfrac{5.5}{(2 \times 3)}\right]^2}{2 \times 9.81} = \frac{3}{2}y_c \Rightarrow y_c = 1.36(\text{m})\ \text{代入(1)式}$$

$$\frac{5.5^2}{B_{\min}^2} = 9.81 \times 1.36^3 \Rightarrow B_{\min} = 1.107(\text{m})$$

另解

最小寬度時有臨界流發生，且 $E = E_c$

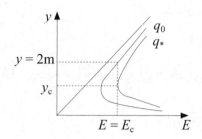

$$E = y + \frac{V^2}{2g} = 2 + \frac{5.5^2}{2 \times 9.81 \times (2 \times 3)^2} = 2.04\text{(m)}$$

$$y_c = \frac{2}{3}E_c = \frac{2}{3}E = \frac{2}{3} \times 2.04 = 1.36\text{(m)}$$

$$B_{\min} = \frac{Q}{q_*} = \frac{5.5}{(9.81 \times 1.36^3)^{\frac{1}{2}}} = 1.107\text{(m)}$$

題13　已知流量 Q，試求拋物線渠道斷面 $x^2 = ay$ 之臨界水深 h_c。

【82 年檢覈】

解

$$dA = xdy \text{，} x^2 = ay \Rightarrow x = \pm\sqrt{ay}$$

$$A = \int dA = \int_0^h xdy = 2\int_0^h \sqrt{ay}\,dy = \frac{4}{3}\sqrt{a}\,h^{\frac{3}{2}}$$

$$T = 2x\bigg|_{y=h} = 2 \times \sqrt{ah}$$

臨界流時，$y = h = h_c$，則

$$\Rightarrow Q^2 T = gA^3$$

$$\Rightarrow Q^2 \cdot 2\sqrt{ah_c} = g\left(\frac{4}{3}\sqrt{a}h_c^{\frac{3}{2}}\right)^3 = \frac{64}{27}ga^{\frac{3}{2}}h_c^{\frac{9}{2}}$$

$$\Rightarrow Q^2 = \frac{32}{27}gah_c^4$$

$$\therefore \quad h_c = \left(\frac{27Q^2}{32ga}\right)^{\frac{1}{4}}$$

另解

臨界條件：$Q^2 T = gA^3$，$y = h_c$

$(x, y) = \left(\frac{T}{2}, h_c\right)$ 代入 $x^2 = ay$，得 $\frac{T^2}{4} = ah_c$　or　$T^2 = 4ah_c$

$A = \frac{2}{3}Th_c$ ～拋物線面積公式

代入 $Q^2 T = gA^3$，得

$$Q^2 T = g\left(\frac{2}{3}Th_c\right)^3 = \frac{8}{27}gT^3h_c^3$$

$$\Rightarrow Q^2 = g\frac{8}{27}T^2h_c^3 = g \times \frac{8}{27} \times 4ah_c \times h_c^3 = \frac{32}{27}agh_c^4$$

$$\therefore \quad h_c = \left(\frac{27Q^2}{32ag}\right)^{\frac{1}{4}}$$

題14　水流自一湖引入一陡峻之渠道，渠底 10ft 寬，湖面水位高出跌口（outfall）之渠底 10ft，求流出量為若干？　　【80 年技師】

解

由題意知渠坡為陡坡，故跌口處為控制斷面，水深為臨界水深 y_c

$$E_c = 10\text{ft}，\quad y_c = \frac{2}{3}E_c = \frac{2}{3} \times 10 = \frac{20}{3}\text{(ft)}$$

$$Q^2 = gy_c^3 \cdot b^2 = 32.2 \times \left(\frac{20}{3}\right)^3 \times 10^2 = 954074$$

$$\therefore \quad Q = 976.8 \text{(cfs)}$$

題15 一梯形渠道如圖所示。流量 $Q = 42\text{m}^3/\text{s}$，渠底坡降（與水平呈角）$\theta = 12°$，能量校正係數 $\alpha = 1.065$，試計算臨界水深 y_c。

【84 年高考二級】

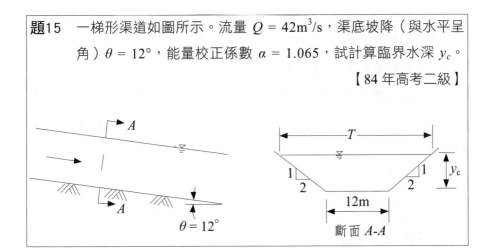

$$斷面 A\text{-}A$$

解

臨界條件：$F_r = 1$

$$\Rightarrow \frac{V}{\sqrt{gD\cos\theta/\alpha}} = 1 \quad \left(\because \alpha\frac{V^2}{2g} = \frac{D}{2}\cos\theta\right)$$

$$\Rightarrow \frac{Q}{A} = \sqrt{gD\cos\theta/\alpha} = \sqrt{g\frac{A}{T}\cos\theta/\alpha}$$

$$\Rightarrow \frac{Q^2}{A^2} = g\frac{A}{T}\cos\theta/\alpha$$

$$\Rightarrow \alpha Q^2 = gA^3\cos\theta / T$$

$$\Rightarrow 1.065 \times 42^2 = 9.81 \times (12 + 2y_c)^3 y_c^3 \times \cos 12° / (12 + 4y_c)$$

$$\Rightarrow 195.78(12 + 4y_c) = (12 + 2y_c)^3 y_c^3$$

由試誤法求得

$$y_c = 1.042 \text{(m)}$$

題16 如下圖所示，試求梯形渠道斷面之：

(1)通水面積 A（2分）

(2)潤濕周邊 P（2分）

(3)水力半徑 R（2分）

(4)水力深度 D（2分）

(5)斷面因子 $Z = A\sqrt{D}$（2分）

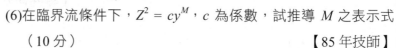

(6)在臨界流條件下，$Z^2 = cy^M$，c 為係數，試推導 M 之表示式

（10分）　　　　　　　　　　　　　　　　【85 年技師】

解

$T = b + 2zy$

$(1)A = \dfrac{1}{2}(T+b)y = \dfrac{1}{2}(b+2zy+b)y = (b+zy)y$

$(2)P = b + 2\sqrt{z^2+1}\,y$

$(3)R = \dfrac{A}{P} = \dfrac{(b+zy)y}{b+2\sqrt{z^2+1}y}$

$(4)D = \dfrac{A}{T} = \dfrac{(b+zy)y}{b+2zy}$

$(5)Z = A\sqrt{D} = (b+zy)y \cdot \sqrt{(b+zy)y/(b+2zy)}$

$\qquad = (b+zy)^{\frac{3}{2}}y^{\frac{3}{2}}(b+2zy)^{-\frac{1}{2}}$

$(6)Z^2 = cy^M$

二邊取自然對數後再對 y 微分，得

$$2\frac{d(\ln Z)}{dy} = \frac{M}{y}$$

$$\Rightarrow \frac{d(\ln Z)}{dy} = \frac{M}{2y} \quad\cdots\cdots\cdots\cdots\cdots\cdots\cdots\cdots\cdots\cdots\cdots① $$

又　$Z = A\sqrt{D} = A\sqrt{\dfrac{A}{T}} = A^{\frac{3}{2}}T^{-\frac{1}{2}}$

二邊取自然對數後再對 y 微分，得

$$\frac{d(\ln Z)}{dy} = \frac{3}{2}\frac{1}{A}\frac{dA}{dy} - \frac{1}{2}\frac{1}{T}\frac{dT}{dy}$$

$\because$ $dA = ydT$ 代入上式，則

$$\frac{d(\ln Z)}{dy} = \frac{3T}{2A} - \frac{1}{2T}\frac{dT}{dy} \cdots\cdots\cdots\cdots\cdots\cdots\cdots ②$$

①式 = ②式，得

$$M = \frac{y}{A}\left(3T - \frac{A}{T}\frac{dT}{dy}\right)$$

● 練習題

1. 證明矩形斷面渠道之臨界水深與臨界流速分別為：

$$y_c = \sqrt[3]{\frac{\alpha Q^2}{gB^2}}$$

$$V_c = \sqrt{\frac{gy_c}{\alpha}} = \sqrt[3]{\frac{Qg}{\alpha B}}$$

2. 一矩形斷面渠道，寬 12ft，流量為 200cfs，求其臨界水深及臨界流速。

Ans：2.05ft，8.12ft/sec

3. 一 5ft 高之水平寬頂堰，構築於 20ft 寬之矩形渠道中，若堰頂水深 2.5ft 即為臨界水深，求其流量及堰上游之水深。

Ans：448.6cfs，8.645ft

4. 水流自一湖泊排入一陡峻之矩形渠道，渠寬 10ft，湖面水位高出最高 渠底處 10ft，求其流量。

Ans：978cfs

5. 某下射式閘門之上、下游水深分別為 8ft 及 2ft，矩形斷面渠道之寬度
為 10ft，求閘門之流出量。

Ans：406cfs

6. 某矩形渠道，寬 10ft，於比能為 6.6ft 時之最大流量為多少？

Ans：524cfs

7. 一矩形斷面渠道，寬度為 30ft，水深為 3ft，流量為 270cfs 時，求：
(1)比能　(2)流況為亞臨界流或超臨界流。

Ans：(1)3.14ft　(2)亞臨界流

8. 下圖所示，臨近下射式閘門之上游水深為 y，流速為 V，水流平順地自
一垂直渠道引走，求恰在閘門上游處之水面升高 Δy 為多少？

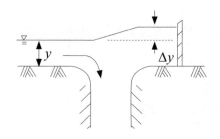

Ans：$\Delta y = \dfrac{V^2}{2g}$

9. 證明一梯形斷面渠道之最小比能 E_c 以及臨界水深之關係式為

$$\frac{E_c m}{B} = \frac{3\eta_c + 5\eta_c^2}{2(1 + 2\eta_c)} \ , \ \eta_c = \frac{m y_c}{B}$$

10. 一指數形斷面渠道，斷面積 $A = k_1 y^a$，k_1 及 a 為常數，證明其臨界水深
y_c 滿足下式

$$y_c = \left(\frac{Q^2}{g} \frac{a}{k_1^2} \right)^{\frac{1}{2a+1}}$$

11. 證明指數形斷面渠道（$A = k_1 y^a$）之交替水深滿足下式

$$\frac{2ay_1^{2a}y_2^{2a}(y_1 - y_2)}{(y_1^{2a} - y_2^{2a})} = y_c^{2a+1}$$

12. 欲設計一渠道在任意水位時皆為臨界流，試證明其斷面必滿足

$$T^2 h^3 = \frac{Q^2}{8g}$$

其中，T 為水面寬，h 為能量線與水面線之距離。

13. 證明指數形斷面渠道（$A = k_1 y^a$）之最小比能 E_c 與臨界水深 y_c 之關係式為

$$\frac{E_c}{y_c} = 1 + \frac{1}{2a}$$

14. 一指數形斷面渠道（$A = k_1 y^a$）之水流，於水深 y_0 時之福祿數為 F_{r0}，證明其臨界水深為

$$y_c = y_0 F_{r0}^{(2/(2a+1))}$$

15. 一梯形斷面渠道，底寬 6m，側坡比$(H : V) = 2 : 1$，輸運流量為 60cms，水深為 2.5m。今於下游端漸變銜接一寬 6m 之矩形渠道，底床以漸漸下降 0.6m，(1)求矩形渠段之水深之水面變化　(2)若水面限制下降 0.3m，求底床須下降多少？

【假設無損失】

Ans：(1)2.573m，0.527m　(2)0.864m

Chapter 3

等速流

- 重點整理
- 精選例題
- 歷屆考題
- 練習題

● 重點整理

一、定義

渠道中水流沿流程之任一斷面上之水深、通水面積、流速、流量及坡度等均保持一定不變者，稱為等速流或均勻流（uniform flow)。

二、等速流之特性

1. 等速流之能量線、水面線及渠道縱坡三者相互平行，亦即坡度相等：

$$S_f = S_w = S_0$$

2. 等速流係指平均流速沿流程各斷面均相等而言。

3. 等速流之先決條件為定量流，變量流況很少可能為等速流。

三、等速流公式

1. Chezy 公式

$$V = C\sqrt{RS_0}$$

式中，$C = \sqrt{\dfrac{\gamma}{\rho k}}$ 為 Chezy 阻力係數；k 為與底床表面及水流參數有關的係數。

2. 曼寧（Manning）公式

$$V = \frac{1}{n} R^{\frac{2}{3}} S_0^{\frac{1}{2}} \quad （公制）$$

$$V = \frac{1.486}{n} R^{\frac{2}{3}} S_0^{\frac{1}{2}} \quad （英制）$$

3. 曼寧公式適用於所有完全粗糙之渠流，其數學條件式為

$$n^6 \sqrt{RS_f} > 1.87 \times 10^{-13}$$

4. 曼寧公式與 Chezy 公式之關係

$$C = R^{\frac{1}{6}}/n \quad （公制）$$

5. Darcy-Weisbach 公式

$$h_f = f\frac{L}{D}\frac{V^2}{2g}$$

式中，h_f = 管流之摩擦損失水頭；

L = 管長；

D = 圓管直徑；

f = Darcy-Weisbach 摩擦因子；

V = 平均流速；

g = 重力加速度。

6. Chezy 阻力係數 C 與 Darcy-Weisbach 摩擦因子 f 之關係

$$h_f = f\frac{L}{D}\frac{V^2}{2g} = f\frac{L}{4R}\frac{V^2}{2g} = \frac{1}{8}f\frac{L}{R}\frac{V^2}{g}$$

$$又 V = C\sqrt{RS_f}$$

$$\Rightarrow V^2 = C^2 R S_f = C^2 R \frac{h_f}{L}$$

$$= C^2 R \frac{1}{8} f \frac{1}{R} \frac{V^2}{g} = \frac{1}{8} C^2 f \frac{V^2}{g}$$

$$\Rightarrow C^2 = \frac{8g}{f}$$

$$\therefore \boxed{C = \sqrt{\frac{8g}{f}}}$$

本關係式僅適用於相當光滑表面之明渠流。

四、等價糙率（Equivalent roughness）

1. 假設各副斷面之平均流速與全斷面之平均流速相等，即

$$V_1 = V_2 = \cdots = V_i = \cdots = V_N = V$$

由曼寧公式可推得等價糙率 n 為

$$n = \frac{(\sum n_i^{\frac{3}{2}} P_i)^{\frac{2}{3}}}{P^{\frac{2}{3}}}$$

2. 假設總流量為各副斷面分流量之總和，即

$$Q = Q_1 + Q_2 + \cdots + Q_N$$

由曼寧公式可推得等價糙率 n 為

$$n = \frac{PR^{\frac{5}{3}}}{\sum(P_i R_i^{\frac{5}{3}} / n_i)}$$

3. 假設流動之總阻抗力為各副斷面阻抗力之總和，即

$$F_f = F_{f1} + F_{f2} + \cdots + F_{fN}$$

$$\Rightarrow \tau_0 P = \tau_{01} P_1 + \tau_{02} P_2 + \cdots + \tau_{0N} P_N$$

$$\Rightarrow kV^2 P = k_1 V_1^2 P_1 + k_2 V_2^2 P_2 + \cdots + k_N V_N^2 P_N$$

由曼寧公式知：

$$V^2 = \frac{1}{n^2} R^{\frac{4}{3}} S$$

由 Chezy 公式知：

$$V^2 = C^2 RS = \frac{g}{k} RS$$

$$\therefore k = \frac{n^2 g}{R^{\frac{1}{3}}}$$

$$\Rightarrow \frac{n^2 g V^2 P}{R^{\frac{1}{3}}} = \frac{n_1^2 g V_1^2 P_1}{R_1^{\frac{1}{3}}} + \frac{n_2^2 g V_2^2 P_2}{R_2^{\frac{1}{3}}} + \cdots + \frac{n_N^2 g V_N^2 P_N}{R_N^{\frac{1}{3}}}$$

$$令 V = V_1 = V_2 = \cdots = V_N$$

$$R = R_1 = R_2 = \cdots = R_N$$

$$\Rightarrow n^2 P = n_1^2 P_1 + n_2^2 P_2 + \cdots + n_N^2 P_N$$

$$\therefore n = \frac{(\sum n_i^2 P_i)^{\frac{1}{2}}}{P^{\frac{1}{2}}}$$

五、等速流之輸水容量（conveyance）K

1. 一般式：$K = CAR^x$，用以表示渠道斷面輸水能力之量度，與流量 Q 成正比。

2. 由 Chezy 公式之表示式

$$Q = AV = AC\sqrt{RS_0} = K\sqrt{S_0}$$

$$\therefore K = \frac{Q}{\sqrt{S_0}} = CAR^{\frac{1}{2}}$$

3. 由曼寧公式之表示式

$$K = \frac{1}{n}AR^{\frac{2}{3}} \quad （公制）$$

$$K = \frac{1.486}{n}AR^{\frac{2}{3}} \quad （英制）$$

六、等速流計算之斷面因素 $AR^{\frac{2}{3}}$

$$AR^{\frac{2}{3}} = \frac{nQ}{\sqrt{S_0}} \quad （公制）$$

$$AR^{\frac{2}{3}} = \frac{nQ}{1.486\sqrt{S_0}} \quad （英制）$$

七、名詞解釋

1. 正常水深（normal depth）

　　當 n, Q, S_0 已知時、僅可能存在一種水深使渠流維持為等速流之

流況，此種水深稱為正常水深。

2. 正常流量（normal discharge）

當 n, S_0 已知時，僅有一種流量能夠維持渠流為等速流，使渠流通過一已知之渠道斷面，此流量稱為正常流量。

3. 正常渠坡（normal slope）S_n 或 S_0

當流量 Q，曼寧糙度 n 已知時，用曼寧公式可求得在已知正常水深 y_n 下之能量坡降，此坡降即稱為正常渠坡。

4. 臨界渠坡（critical slope）S_c

變化渠道之坡度至某一定值，可以改變正常水深而使已知流量與糙率之等速流發生臨界流況，此時之渠坡稱為臨界渠坡。

5. 正常水深之臨界渠坡 S_{cn}

調整渠道坡度與流量，可得到在已知正常水深下之臨界等速流，此時之渠坡稱為正常水深之臨界渠坡。

6. 限界渠坡（limit slope）S_L

對一已知形狀與糙率 n 之最小臨界渠坡稱為限界渠坡。

八、等速流之水力指數

1. 定義：$K^2 = Cy^N$

式中，K 為輸水容量；

C 為比例常數；

y 為水深；

N 為等速流之水力指數。

2. 公式：應用曼寧公式時，

$$N = \frac{2y}{3A}\left(5T - 2R\frac{dP}{dy}\right)$$

九、最佳水力斷面

1. 定義：

　　若渠道之斷面積 A 為一定，而潤周 P 最小時，其水力半徑 R 為最大，由等速流公式知流量亦為最大，如此之斷面即為最佳水力斷面。其物理意義有二點：

(1)以經濟觀點而言，最佳水力斷面由於開挖之土石方及內面工之面積為最小，故最合乎工程經濟原則。

(2)以力學觀點而言，在相同斷面積之條件下，輸送之流量為最大。

3. 應用：

(1)各種不同形狀之斷面有同一之通水面積時，以半圓形之潤周為最小。

(2)梯形斷面之最佳水力斷面

　　①對任意側坡角 θ 之梯形斷面

　　　底寬　　　$b = 2y \tan \dfrac{\theta}{2}$

　　　水面寬　$T = 2y \csc \theta$

　　　邊坡長　$a = y \csc \theta = \dfrac{T}{2}$

　　②所有梯形斷面之最佳水力斷面

　　　$\theta = 60°$ 時，即正六角形之半的梯形斷面為所有梯形斷面之最佳水力斷面。

(3)矩形斷面之最佳水力斷面

　　①$b = 2y$

　　②$\theta = 90°$

　　矩形斷面之最佳水力斷面，其水深恰為水面寬之半。

(4)三角形之最佳水力斷面

等腰直角三角形為最佳水力斷面，水面寬 $T = 2y$。

十、安定水力斷面（stable hydraulic section）

1. 定義：

一易受沖刷之渠道斷面，在輸運已知流量而有最小渠道斷面積，但未有沖刷現象發生時稱為安定水力斷面。

2. 方程式：$y = y_0 \cos\left(\dfrac{\tan\theta}{y_0}x\right)$

其中，y_0 為中心處水深，θ 為渠床材料之休止角。

十一、渠道坡度的分類

1. 渠坡之分類相依於流量，即非固定不變。

(1)已知流量 Q，由曼寧公式求出 y_0（或 y_n）。

(2)由臨界條件（$Q^2 B_c = g A_c^3$ 或 $q^2 = g y_c^3$）求出 y_c。

①$y_0 > y_c$：緩坡（mild slope）

②$y_0 = y_c$：臨界坡（critical slope）

③$y_0 < y_c$：陡坡（steep slope）

2. 渠坡分類除用水深來決定外，亦可用坡度來判別：

(1)$S_0 < S_c$：緩坡

(2)$S_0 = S_c$：臨界坡

(3)$S_0 > S_c$：陡坡

3. 寬廣矩形渠道時，亦可用下式來判別：

$$S_c = 21.3 n^2 q^{-\frac{2}{9}} \text{（英制）}$$

$$S_c = 12.6 n^2 q^{-\frac{2}{9}} \text{（公制）}$$

求出 S_c 後將 S_0 與 S_c 作比較再分類。

註：y_0（或 y_n）為正常水深，y_c 為臨界水深；S_0 為渠道底床坡度，S_c 為臨界坡度。

4. 說明：

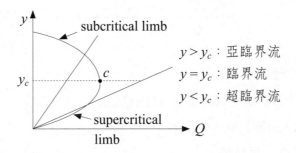

$y > y_c$：亞臨界流
$y = y_c$：臨界流
$y < y_c$：超臨界流

　　若曼寧公式與上圖 $Q \sim y$ 曲線交於 subcritical limb 則為緩坡；若交於 supercitical limb 則為陡坡。

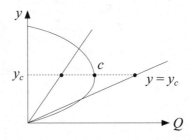

　　若曼寧公式交 $y = y_c$ 線於 C 點左邊，則為緩坡，
　　若曼寧公式交 $y = y_c$ 線於 C 點右邊，則為陡坡。

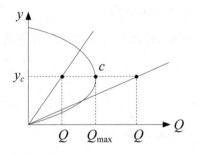

實際應用步驟：

(1)先假設為臨界流，求出 y_c 及 $Q_c(= Q_{max})$

(2)將 y_c 代入曼寧公式，求出 Q

(3)將 Q 與 Q_{max} 做比較：

　　若 $Q < Q_{max}$，則為緩坡，用解緩坡流量之方法求 Q

　　若 $Q > Q_{max}$，則為陡坡，流量 $Q = Q_c = Q_{max}$

5. 緩坡流量之求解：

　　已知：n, S_0, A

　　未知：Q, y_0

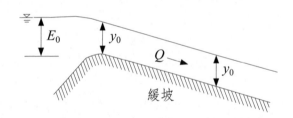

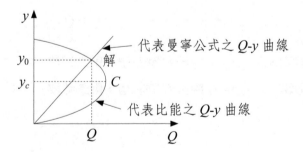

利用比能及曼寧公式：

$$\begin{cases} E_0 = y_0 + \dfrac{Q^2}{2gA^2} \\[3mm] Q = \dfrac{1}{n} A R^{\frac{2}{3}} S^{\frac{1}{2}} \end{cases}$$

求得 Q 及 y_0

6. 陡坡流量之求解：

已知：n, S_0, A

未知：y_c, y_0, Q

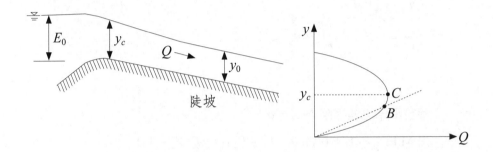

陡坡

(1) B 點不是答案，即陡坡時不是由此決定，答案是 C 點。

(2)求解：利用臨界流條件及比能方程式

$$\begin{cases} Q^2 B_c = g A_c^3 \\[3mm] E_0 = y_c + \dfrac{Q^2}{2gA_c^2} \end{cases}$$

求出 y_c 及 Q 後，再代入曼寧公式 $Q = \dfrac{1}{n} A R^{\frac{2}{3}} S_0^{\frac{1}{2}}$，求出 y_0

若斷面為矩形時，

$$E_0 = \frac{3}{2} y_c \Rightarrow y_c$$

$$q^2 = g y_c^3 \Rightarrow q \Rightarrow Q$$

再代入曼寧公式，求得 y_0

● 精選例題

例1　試推導等速流之 Chezy 公式。

解

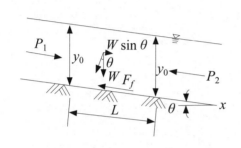 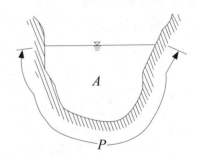

假設渠床之摩擦阻力 $\tau_0 = k\rho V^2$

由 M.E.：$P_1A_1 + W\sin\theta - F_f - P_2A_2 = \rho Q(V_2 - V_1)$

等速流 $\Rightarrow V_1 = V_2$　且　$P_1 = P_2$, $\sin\theta = S_0$

$\therefore\quad W\sin\theta = F_f$

$\Rightarrow \gamma A L S_0 = \tau_0 P L$

$\Rightarrow \gamma\left(\dfrac{A}{P}\right)S_0 = \tau_0$

$\Rightarrow \boxed{\tau_0 = \gamma R S_0}$

$\Rightarrow k\rho V^2 = \gamma R S_0$

$\Rightarrow V = \sqrt{\dfrac{\gamma}{\rho k} R S_0}$

令　$C = \sqrt{\dfrac{\gamma}{\rho k}}$

$\therefore\quad \boxed{V = C\sqrt{R S_0}}$ ～Chezy 公式

例2 一矩形渠道 20ft 寬，$n = 0.015$，求：

(1)流量為 200cfs，正常水深為 1.23ft 時之正常渠坡 $S_n = ?$

(2)流量為 200cfs 時之臨界渠坡 S_c 及相對應之正常水深 $y_n = ?$

(3)正常水深為 1.23ft 之臨界渠坡 S_{cn} 及相對應之流量 $Q = ?$

〈技巧說明〉

1. 將臨界水深 y_c 代入曼寧公式所求得之渠坡即為 S_c。

2. 把正常水深 y_n 當作 y_c，可求得臨界流速 V_c 之值，以 V_c 代入曼寧公式之 V，所求得之渠坡即為 S_{cn}。

解

$B = 20\text{ft}$，$n = 0.015$

(1)$Q = 200\text{cfs}$，$y_n = 1.23\text{ft}$

由曼寧公式：

$$Q = AV = A \times \frac{1.486}{n} R^{\frac{2}{3}} S_n^{\frac{1}{2}}$$

$$\Rightarrow 200 = (20 \times 1.23) \times \frac{1.486}{0.015} \times \left(\frac{20 \times 1.23}{20 + 2 \times 1.23}\right)^{\frac{2}{3}} \times S_n^{\frac{1}{2}}$$

$$\Rightarrow S_n = 0.006$$

(2) $y_c = \sqrt[3]{\frac{q^2}{g}} = \sqrt[3]{\frac{Q^2}{(B^2 g)}} = \sqrt[3]{\frac{200^2}{(20^2 \times 32.2)}} = 1.46(\text{ft})$

代入曼寧公式：

$$200 = (20 \times 1.46) \times \frac{1.486}{0.015} \times \left(\frac{20 \times 1.46}{20 + 2 \times 1.46}\right)^{\frac{2}{3}} \times S_c^{\frac{1}{2}}$$

$$\Rightarrow S_c = 0.0035$$

相對應之正常水深 $y_n = y_c = 1.46\text{ft}$

(3)令 $y_c = y_n = 1.23\text{ft}$

$$\Rightarrow V_c = \sqrt{g y_c} = \sqrt{32.2 \times 1.23} = 6.29(\text{ft/s})$$

代入曼寧公式：

$$6.29 = \frac{1.486}{0.015} \times \left(\frac{20 \times 1.23}{20 + 2 \times 1.23}\right)^{\frac{2}{3}} \times S_{cn}^{\frac{1}{2}}$$

$$\Rightarrow S_{cn} = 0.0036$$

$$Q = A \times V_c = (20 \times 1.23) \times 6.29 = 154.7(\text{cfs})$$

例3　一梯形渠道，渠底 1.5m，邊坡比 ($H : V$) = 3：1，水深 1.50m，渠床縱坡 $S_0 = 0.0016, n = 0.015$，求：

(1)於正常流況下，該渠流之平均流速為若干？

(2)正常流量為若干？

(3)渠床上平均剪應力為若干？

(4)該渠流為亞臨界流、臨界流或超臨界流？

(5)每 1000 公尺長之渠流總能量損失為若干 kw？

解

$$b = 1.5\text{m}, y_0 = 1.50\text{m}, S_0 = 0.0016, n = 0.015$$

$$(1)A = \frac{1}{2}(1.5 + 2 \times 1.5 \times 3 + 1.5) \times 1.5 = 9.0(\text{m}^2)$$

$$P = 2 \times \sqrt{(1.5)^2 + (4.5)^2} + 1.5 = 10.99(\text{m})$$

由曼寧公式：

$$V = \frac{1}{n} R^{\frac{2}{3}} S_0^{\frac{1}{2}} = \frac{1}{0.015} \times \left(\frac{9}{10.99}\right)^{\frac{2}{3}} \times (0.0016)^{\frac{1}{2}} = 2.33(\text{m/s})$$

$$(2)Q = A \times V = 9 \times 2.33 = 20.97(\text{cms})$$

$$(3)\tau_0 = \gamma R S_0 = (1000 \times 9.81) \times \left(\frac{9.0}{10.99}\right) \times 0.0016 = 12.85(\text{Nt/m}^2)$$

$(4) D = \dfrac{A}{T} = \dfrac{9}{(1.5 + 6 \times 1.5)} = 0.857 \text{(m)}$

$F_r = \dfrac{V}{\sqrt{gD}} = \dfrac{2.33}{\sqrt{9.81 \times 0.857}} = 0.8 < 1$

∴流況為亞臨界流

(5)能量損失 $\Delta H = \gamma Q h_f = \rho g Q S_0 L$

$\qquad\qquad = 1000 \times 9.81 \times 20.97 \times 0.0016 \times 1000$

$\qquad\qquad = 329145 \text{(Nt-m/sec)}$

$\qquad\qquad = 329145 \text{(watts)}$

$\qquad\qquad = 329.145 \text{(kw)}$

註：$1\text{Nt} = 1\text{kg-m/sec}^2$

$\qquad 1\text{Nt-m/sec} = 1\text{watt}$

例4 試解釋等速流為何在下列二種情況無法產生：

(1)完全光滑無摩擦力之渠道

(2)水平渠底而無坡度之渠道

解

(1)由 Chezy 及 Darcy-Weisbach 公式之關係知

$$C = \sqrt{\dfrac{8g}{f}}$$

由曼寧公式及 Chezy 公式之關係知

$$C = \dfrac{R^{\frac{1}{6}}}{n} \quad （公制）$$

$$\therefore \quad \dfrac{R^{\frac{1}{6}}}{n} = \sqrt{\dfrac{8g}{f}}$$

$$\Rightarrow n = \dfrac{R^{\frac{1}{6}}}{\sqrt{8g/f}}$$

$$或 \quad f = \frac{8gn^2}{R^{\frac{1}{3}}}$$

若渠道完全光滑無摩擦力，則 $f = 0$ $\quad \therefore n = 0$

由等速流計算斷面因素知

$$A R^{\frac{2}{3}} = \frac{nQ}{\sqrt{S_0}} = 0$$

由 A 及 R 均為水深 y 之函數，故 $y = 0$，

即無等速流發生。

(2)由等速流計算斷面因素知

$$A R^{\frac{2}{3}} = \frac{nQ}{\sqrt{S_0}}$$

若 $S_0 = 0$，則

$$A R^{\frac{2}{3}} \to \infty，故 y \to \infty$$

此種流況不存在，即無等速流發生。

例5　證明 Darcy-Weisbach 公式中之摩擦因子 f 與曼寧公式中糙率 n 值
之關係式為

$$f = 116 n^2 R^{-\frac{1}{3}}$$

〈技巧說明〉

　　由於曼寧公式分為公制及英制兩種，此題係用英制加以證明，必須
牢記，以免考場浪費時間。

解

　　由 Darcy-Weisbach 公式

$$h_f = f \frac{L}{D} \frac{V^2}{2g}$$

且　$D = 4R$

$$\Rightarrow S = \frac{h_f}{L} = f \frac{1}{4R} \frac{V^2}{2g} = \frac{f}{8g} \frac{V^2}{R} \cdots\cdots\cdots\cdots\cdots\cdots\cdots ①$$

由曼寧公式知

$$V = \frac{1.486}{n} R^{\frac{2}{3}} S^{\frac{1}{2}}$$

$$\Rightarrow S = \frac{n^2 V^2 R^{-\frac{4}{3}}}{(1.486)^2} \cdots\cdots\cdots\cdots\cdots\cdots\cdots\cdots ②$$

①式 = ②式：

$$\frac{f}{8g} \frac{V^2}{R} = \frac{n^2 V^2 R^{-\frac{4}{3}}}{(1.486)^2}$$

$$\Rightarrow f = \frac{8gRn^2 R^{-\frac{4}{3}}}{(1.486)^2} = \frac{116n^2}{R^{\frac{1}{3}}}$$

例6　證明在已知正常水深 y_n 時之臨界渠坡 S_{cn}，可以下式表示

$$S_{cn} = \frac{14.5 n^2 D_n}{R_n^{\frac{4}{3}}}$$

寬廣渠道時，

$$S_{cn} = \frac{14.5 n^2}{y_n^{\frac{1}{3}}}$$

解

本題須使用英制之曼寧公式

$$V = \frac{1.486}{n} R^{\frac{2}{3}} S_{cn}^{\frac{1}{2}} \cdots\cdots\cdots\cdots\cdots\cdots\cdots\cdots ①$$

又由題意知　$y_c = y_n$　或　$D_c = D_n$

$$\Rightarrow V = V_c = \sqrt{gD_c} = \sqrt{gD_n} \cdots\cdots\cdots\cdots\cdots\cdots\cdots\cdots ②$$

①式＝②式，得

$$\sqrt{gD_n} = \frac{1.486}{n} R^{\frac{2}{3}} S_{cn}^{\frac{1}{2}}$$

$$\Rightarrow S_{cn} = \frac{n^2 g D_n}{(1.486)^2 R^{\frac{4}{3}}} = \frac{14.5 n^2 D_n}{R^{\frac{4}{3}}}$$

寬廣渠道時，$R \doteqdot y_n$，且 $D_n \doteqdot y_n$，則上式變成

$$S_{cn} = \frac{14.5 n^2 y_n}{y_n^{\frac{4}{3}}} = \frac{14.5 n^2}{y_n^{\frac{1}{3}}}$$

例7 證明

$$\frac{V}{V_*} = \sqrt{\frac{8}{f}} = \frac{R^{\frac{1}{6}}}{3.8n}$$

式中，V：平均流速，V_*：剪力速度，R：水力半徑

n：糙率係數，f：摩擦因子

解

本題使用之曼寧公式為公制

$$(1) V_* = \sqrt{\frac{\tau_0}{\rho}} = \sqrt{\frac{\gamma RS}{\rho}} = \sqrt{gRS}$$

又 $\tau_0 = \frac{1}{8} f \rho V^2 = \gamma RS$

$$\therefore V = \sqrt{\frac{8g}{f}} \sqrt{RS}$$

$$\Rightarrow \frac{V}{V_*} = \sqrt{\frac{8}{f}}$$

(2)由曼寧公式知

$$V = \frac{1}{n} R^{\frac{2}{3}} S^{\frac{1}{2}}$$

又　$V = \sqrt{\frac{8g}{f}} \sqrt{RS}$

$\therefore$　$\sqrt{\frac{8g}{f}} \sqrt{RS} = \frac{1}{n} R^{\frac{2}{3}} S^{\frac{1}{2}}$

$\Rightarrow \sqrt{\frac{8}{f}} = \frac{R^{\frac{1}{6}}}{n\sqrt{g}} = \frac{R^{\frac{1}{6}}}{3.8n}$

例8　一梯形渠道，邊坡比 $(V：H) = 2：3$，渠底寬 10ft，渠深 5ft，$n = 0.017$, $\rho = 1.94 \text{slug/ft}^3$，$\mu = 2.34 \times 10^{-5} \text{lb-sec/ft}^2$，如欲使模型產生亂流，則最小之比例多少？假設模型與原型所用之水均為 $60°\text{F}$，渠坡為 0.1%。

解

考慮福祿數相等，即

$$(F_r)_m = (F_r)_p$$

$$\Rightarrow \frac{V_m}{V_p} = \frac{\sqrt{gD_m}}{\sqrt{gD_p}} = \left(\frac{D_m}{D_p}\right)^{\frac{1}{2}} = \left(\frac{L_m}{L_p}\right)^{\frac{1}{2}} = (L_r)^{\frac{1}{2}}$$

$\therefore$　$V_m = \sqrt{L_r} V_p$

又由曼寧公式知

$$V_p = \frac{1.486}{n} R^{\frac{2}{3}} S^{\frac{1}{2}}$$

$$= \frac{1.486}{0.017} \left[\frac{2.5(10+25)}{10+2 \times 9}\right]^{\frac{2}{3}} \times (0.001)^{\frac{1}{2}}$$

$$= 5.91(\text{ft/s})$$

$\therefore$　$V_m = 5.91 L_r^{\frac{1}{2}}$

水力半徑：$\dfrac{R_m}{R_p} = \dfrac{L_m}{L_p} = L_r$

$\therefore \quad R_m = \dfrac{2.5(10+25)}{10+2 \times 9} L_r = 3.125 L_r$

又 $\quad \rho_m = \rho_p = 1.94\,\text{slug/ft}^3$，$\mu_m = \mu_p = 2.34 \times 10^{-5}\,\text{lb-sec/ft}^2$

由亂流條件：

$$R_e = \dfrac{\rho_m V_m R_m}{\mu_m} \geq 2000$$

$$\Rightarrow \dfrac{1.94 \times 5.91 L_r^{\frac{1}{2}} \times 3.125 L_r}{2.34 \times 10^{-5}} \geq 2000$$

$$\Rightarrow L_r^{\frac{3}{2}} \geq 0.001306$$

$$\therefore \quad L_r \geq 0.012 = \dfrac{3}{250}$$

故最小之模型比例為 $\dfrac{3}{250}$

例9 一梯形渠道斷面積 $A = 100\text{ft}^2$，邊坡 $\theta = 45°$，求其最大流量？假
設 $n = 0.016$ 且坡度 $S_0 = 0.001$

解

梯形之最佳水力斷面條件為 $b = 2y\tan\dfrac{\theta}{2}$，$R = \dfrac{y}{2}$，

欲求最大流量，即求最佳水力斷面時之流量。

$$b = 2y\tan\dfrac{\theta}{2} = 2y\tan\dfrac{45°}{2} = 0.83y$$

$$A = \dfrac{y}{2}(b+T) = 100$$

$$\Rightarrow \dfrac{y}{2}(0.83y + 2y + 0.83y) = 100$$

$$\Rightarrow 1.83y^2 = 100$$

$$\therefore \quad y = 7.39(\text{ft})$$

$$b = 6.14(\text{ft})$$

由曼寧公式知

$$Q = A \times V = A \times \frac{1.486}{n} R^{\frac{2}{3}} S_0^{\frac{1}{2}}$$

$$= 100 \times \frac{1.486}{n} \times \left(\frac{y}{2}\right)^{\frac{2}{3}} \times S_0^{\frac{1}{2}}$$

$$= 100 \times \frac{1.486}{0.016} \times \left(\frac{7.39}{2}\right)^{\frac{2}{3}} \times (0.001)^{\frac{1}{2}}$$

$$= 702(\text{cfs})$$

故最大流量為 702cfs

例10 一梯形渠道，輸運流量 500cfs，邊坡比$(H：V) = 3：1, n = 0.03$,
$S_0 = 0.0009$，求其最佳之斷面。

解

梯形之最佳斷面條件為 $b = 2y \tan \frac{\theta}{2}, R = \frac{y}{2}$

$$b = 2y \tan \frac{\theta}{2}, \theta = \tan^{-1} \frac{1}{3} = 18.43°$$

$$\Rightarrow b = 2y \tan \frac{18.43°}{2} = 0.325y$$

$$\Rightarrow A = \frac{1}{2}(b + T)y$$

$$= 0.5y(0.325y + 0.325y + 6y)$$

$$= 3.325y^2$$

$$R = 0.5y$$

$$\therefore \quad Q = A \times \frac{1.486}{n} \times R^{\frac{2}{3}} \times S_0^{\frac{1}{2}}$$

$$\Rightarrow 500 = 3.325y^2 \times \frac{1.486}{0.03} \times (0.5y)^{\frac{2}{3}} \times (0.0009)^{\frac{1}{2}}$$

$$\Rightarrow y^{\frac{8}{3}} = 161$$

$$\therefore \quad y = 6.72 \text{(ft)}$$

$$b = 0.325y = 2.18 \text{(ft)}$$

$$A = 3.325y^2 = 150.15 \text{(ft}^2)$$

故最佳斷面之水深為 6.72 ft，底寬為 2.18 ft，通水斷面積為 150.15ft^2

例11 試分析圓形渠道中之最大流量。

〈技巧說明〉

最大流量 $Q_m \Rightarrow \dfrac{dQ}{d\theta} = 0$

假設 n 及 S_0 為常數，則由曼寧公式知：

$$\frac{dQ}{d\theta} = 0 \Rightarrow \frac{d}{d\theta}(A R^{\frac{2}{3}}) = 0 \Rightarrow \frac{d}{d\theta}\left(\frac{A^5}{P^2}\right) = 0$$

解

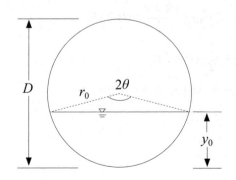

$$A = \frac{1}{2}r_0^2 2\theta - \frac{1}{2} \times 2r_0 \sin\theta \cdot r_0 \cos\theta$$

$$= \frac{1}{2}(r_0^2 \cdot 2\theta - r_0^2 \sin 2\theta)$$

$$= \frac{D^2}{8}(2\theta - \sin 2\theta)$$

$$P = 2r_0\theta = D\theta$$

欲求最大流量

$$\Rightarrow \frac{dQ}{d\theta} = 0 \Rightarrow \frac{d}{d\theta}\left(\frac{A^5}{P^2}\right) = 0$$

$$\Rightarrow 5P\frac{dA}{d\theta} - 2A\frac{dP}{d\theta} = 0$$

$$\Rightarrow 5D\theta\frac{D^2}{8}(2 - 2\cos 2\theta) - 2 \times \frac{D^2}{8}(2\theta - \sin 2\theta)D = 0$$

$$\Rightarrow 3\theta - 5\theta\cos 2\theta + \sin 2\theta = 0$$

由試誤法求得

$$\theta = 151°11'$$

$$\frac{y_0}{D} = \frac{1 - \cos\theta}{2} = 0.938$$

因此最大流量之水深為 $y_0 = 0.938D$

$$於 \quad \frac{y_0}{D} = 0.938, \quad \frac{AR^{\frac{2}{3}}}{D^{\frac{8}{3}}} = 0.3353$$

$$於 \quad \frac{y_0}{D} = 1.0, \quad \frac{AR^{\frac{2}{3}}}{D^{\frac{8}{3}}} = 0.3117$$

$$\frac{Q_m}{Q_F} = \frac{最大流量}{滿管流量} = \frac{0.3353}{0.3117} = 1.0757$$

即最大流量比滿管流量多出 7.57%

例12 已知一複式斷面如下圖，$S_0 = 0.0011$，中間深槽 $n = 0.025$，兩邊淺灘 $n = 0.060$，求其總流量。

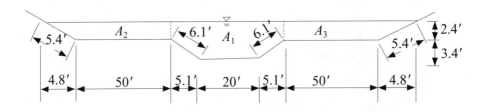

解

	深槽	淺灘
A	158	251
P	32.2	110.8
R	4.92	2.27

$$\therefore \quad Q = 158 \times \frac{1.486}{0.025} \times (4.92)^{\frac{2}{3}} \times (0.0011)^{\frac{1}{2}}$$

$$+ 251 \times \frac{1.486}{0.06} \times (2.27)^{\frac{2}{3}} \times (0.0011)^{\frac{1}{2}}$$

$$= 901 + 356$$

$$= 1257(cfs)$$

註：於算潤周 P 時，深槽與淺灘之交界（即虛線部分）不必計算。

例13 應用 Chezy 公式，證明水力指數 N 之一般式為：

$$N = \frac{y}{A}\left(3T - R\frac{dP}{dy}\right)$$

解

由　$K^2 = Cy^N$

$\Rightarrow 2\ln K = \ln C + N \ln y$

$$\Rightarrow \frac{d(\ln K)}{dy} = \frac{N}{2y} \quad\cdots\cdots\cdots\cdots\cdots\cdots\cdots\cdots\cdots\cdots\cdots\text{①}$$

應用 Chezy 公式，$K = \frac{Q}{\sqrt{S_0}} = C A R^{\frac{1}{2}}$

$$\Rightarrow \ln K = \ln C + \ln A + \frac{1}{2}\ln R$$

$$\Rightarrow \frac{d(\ln K)}{dy} = \frac{1}{A}\frac{dA}{dy} + \frac{1}{2R}\frac{dR}{dy}$$

$$\because \quad R = \frac{A}{P} \quad \therefore \frac{dR}{dy} = \frac{1}{P}\frac{dA}{dy} - \frac{A}{P^2}\frac{dP}{dy} = \frac{T}{P} - \frac{R}{P}\frac{dP}{dy}$$

又 $\quad \frac{dA}{dy} = T$

$$\therefore \quad \frac{d(\ln K)}{dy} = \frac{T}{A} + \frac{1}{2R}\left(\frac{T}{P} - \frac{R}{P}\frac{dP}{dy}\right)$$

$$= \frac{T}{A} + \frac{T}{2A} - \frac{1}{2P}\frac{dP}{dy}$$

$$= \frac{3}{2}\frac{T}{A} - \frac{R}{2A}\frac{dP}{dy} \quad\cdots\cdots\cdots\cdots\cdots\cdots\cdots\text{②}$$

①式 = ②式：

$$\frac{N}{2y} = \frac{1}{2A}\left(3T - R\frac{dP}{dy}\right)$$

$$\therefore \quad N = \frac{y}{A}\left(3T - R\frac{dP}{dy}\right)$$

例14 水流自一湖泊流入一梯形斷面渠道，底寬 15ft，側坡 $1\frac{1}{2}$H：1V，$n = 0.023$, $S_0 = 0.0005$，湖面於放流口位置高於渠底 10ft，試求渠道輸水容量。

解

$B = 15$ft，側坡 $1\frac{1}{2}$H：1V, $n = 0.023$, $S_0 = 0.0005$, $E_0 = 10$ft

假設臨界流況：

$$\begin{cases} \dfrac{Q_c^2 T}{gA^3} = \dfrac{Q_c^2(15+3y_c)}{32.2 \times (15+1.5y_c)^3 y_c^3} = 1 \cdots\cdots\cdots\cdots① \\[4mm] E_0 = y_c + \dfrac{V_c^2}{2g} = y_c + \dfrac{Q_c^2}{2 \times 32.2 \times (15+1.5y_c)^2 y_c^2} \cdots② \end{cases}$$

①、②式聯立解得

$$y_c = 7.4\text{ft}, \ Q_c = 2497\text{cfs} = Q_{\max}$$

又由曼寧公式：

$$Q = \frac{1.486}{0.023}(15+1.5 \times 7.4) \times 7.4 \times \left[\frac{(15+1.5 \times 7.4) \times 7.4}{15+2\sqrt{1^2+1.5^2} \times 7.4}\right]^{\frac{2}{3}} \sqrt{0.0005}$$

$$= 775.5(\text{cfs}) < Q_{\max}$$

故渠坡為緩坡，由曼寧公式及比能方程式聯立：

$$\begin{cases} Q = \dfrac{1.486}{0.023} \dfrac{[(15+1.5y_0)\,y_0]^{\frac{5}{3}}}{(15+2\sqrt{3.25}\,y_0)^{\frac{2}{3}}} \times \sqrt{0.0005} \cdots\cdots\cdots③ \\[4mm] 10 = y_0 + \dfrac{Q^2}{2 \times 32.2 \times (15+1.5y_0)^2 y_0^2} \cdots\cdots\cdots\cdots④ \end{cases}$$

③及④式聯立解得

$$y_0 = 9.668\text{ft}, \ Q = 1318\text{cfs}$$

故渠道輸水容量為 1318cfs

例15 證明一矩形斷面渠道之均勻流福祿數最大值發生於水深 $y = \dfrac{B}{6}$，B 為渠寬。

解

均勻流：

$$V = \frac{1}{n} R^{\frac{2}{3}} S_0^{\frac{1}{2}}$$

$$= \frac{\sqrt{S_0}}{n} \frac{B^{\frac{2}{3}} y^{\frac{2}{3}}}{(B+2y)^{\frac{2}{3}}} \quad \cdots\cdots\cdots\cdots\cdots\cdots\cdots\cdots\cdots\cdots\cdots ①$$

福祿數：

$$F_r = \frac{V}{\sqrt{gy}}$$

$$\Rightarrow F_r^2 = \frac{V^2}{gy} \quad \cdots\cdots\cdots\cdots\cdots\cdots\cdots\cdots\cdots\cdots\cdots\cdots ②$$

①式代入②式，得

$$F_r^2 = \frac{S_0 B^{\frac{4}{3}}}{gyn^2} \times \frac{y^{\frac{4}{3}}}{(B+2y)^{\frac{4}{3}}}$$

$$= \frac{S_0 B^{\frac{4}{3}}}{n^2 g} \times \frac{y^{\frac{1}{3}}}{(B+2y)^{\frac{4}{3}}}$$

二邊對 y 微分：

$$2F_r \frac{dF_r}{dy} = \frac{S_0 B^{\frac{4}{3}}}{n^2 g} \times \left[\frac{1}{3} \frac{1}{(B+2y)^{\frac{4}{3}} y^{\frac{2}{3}}} - \frac{y^{\frac{1}{3}} \times \frac{4}{3} \times 2}{(B+2y)^{\frac{7}{3}}} \right]$$

令 $\dfrac{dF_r}{dy} = 0$：

$$\frac{1}{(B+2y)^{\frac{4}{3}} y^{\frac{2}{3}}} = \frac{8y^{\frac{1}{3}}}{(B+2y)^{\frac{7}{3}}}$$

$$\Rightarrow B + 2y = 8y$$

$$\Rightarrow y = \frac{B}{6}$$

得證。

● 歷屆試題

題1　Chezy 與阻力係數與 Reynold number 關係繪圖説明。

【76 年技師】

解

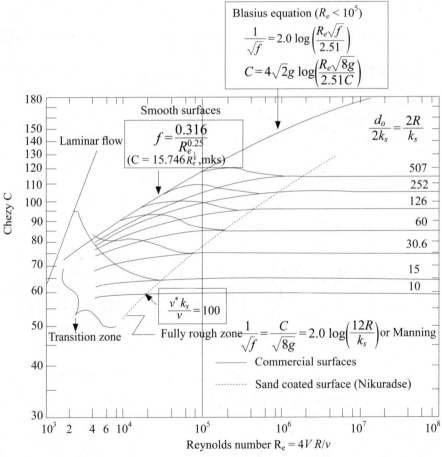

Modified Moody Diagram Showing the Behavior of the Chezy C after Henderson

$$C=\sqrt{\frac{8g}{f}} \;;\; R_e=\frac{4VR}{v}$$

$R_e < 10^5$：

$$f=\frac{0.316}{R_e^{\frac{1}{4}}} \text{ or } C=28.6R_e^{\frac{1}{8}} \cdots\cdots\cdots\cdots\cdots\cdots\cdots\cdots (1)$$

$R_e > 10^5$：

$$\frac{1}{\sqrt{f}}=2.0\log_{10}\left(\frac{R_e\sqrt{f}}{2.51}\right) \text{ or } C=4\sqrt{2g}\log_{10}\left(\frac{R_e\sqrt{8g}}{2.51C}\right)\cdots\cdots (2)$$

fully rough：

$$\frac{1}{\sqrt{f}}=\frac{C}{\sqrt{8g}}=2\log_{10}\left(\frac{12R}{k_s}\right)\cdots\cdots\cdots\cdots\cdots\cdots\cdots (3)$$

commercial surfaces：

$$\frac{C}{\sqrt{8g}}=-2\log_{10}\left(\frac{k_s}{12R}+\frac{2.5}{R_e\sqrt{f}}\right)\cdots\cdots\cdots\cdots\cdots (4)$$

transition region：

$$4<\frac{V^*k_s}{v}<100\cdots\cdots\cdots\cdots\cdots\cdots\cdots\cdots\cdots\cdots (5)$$

題2 下圖之梯形斷面渠道，已知：能量係數 $\alpha = 1.1$, $y = 2\text{m}$, $\theta = 30°$, $b = 10\text{m}$, $Q = 100\text{cms}$，求福祿數 F_r 及曼寧係數 $n = ?$

【72 年技師】

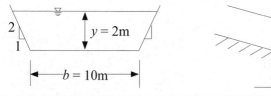
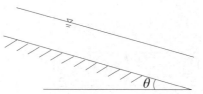

解

$$A = \frac{1}{2}(10 + 12) \times 2 = 22(\mathrm{m}^2)$$

$$V = \frac{Q}{A} = \frac{100}{22} = 4.55(\mathrm{m/s})$$

$$T = 10 + 2 \times 1 = 12(\mathrm{m})$$

$$D = \frac{A}{T} = \frac{22}{12} = 1.83(\mathrm{m})$$

$$\therefore F_r = \frac{V}{\sqrt{gD\cos\theta/\alpha}} = \frac{4.55}{\sqrt{9.81 \times 1.83 \times \cos 30°/1.1}} = 1.21$$

又　$P = 10 + 2 \times \sqrt{1^2 + 2^2} = 10 + 2\sqrt{5} = 14.47(\mathrm{m})$

$$R = \frac{A}{P} = \frac{22}{14.47} = 1.52(\mathrm{m})$$

由曼寧公式：

$$V = \frac{1}{n}R^{\frac{2}{3}}S^{\frac{1}{2}}$$

$$\Rightarrow 4.55 = \frac{1}{n}(1.52)^{\frac{2}{3}}(\tan 30°)^{\frac{1}{2}}$$

$$\Rightarrow \quad n = 0.22$$

題3　一渠流其斷面形狀及有關尺寸如下圖所示，設能量係數 $\alpha =$
1.10，試計算：

(1)福祿數　(2)曼寧糙率 n 值　　　　　【83 年檢覈】

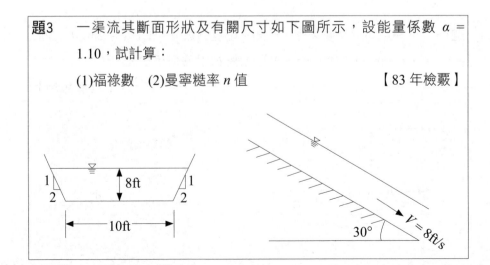

解

$$T = 10 + 2 \times 16 = 42 (\text{ft})$$

$$A = \frac{1}{2}(10 + 42) \times 8 = 208 (\text{ft}^2)$$

$$D = \frac{A}{T} = \frac{208}{42} = 4.95 (\text{ft})$$

$$F_r = \frac{V}{\sqrt{gD\cos\theta/\alpha}} = \frac{8}{\sqrt{32.2 \times 4.95 \times \cos 30°/1.1}} = 0.714$$

$$R = \frac{A}{P} = \frac{208}{10 + 2 \times \sqrt{8^2 + 16^2}} = 4.54 (\text{ft})$$

由曼寧公式：

$$V = \frac{1.486}{n} R^{\frac{2}{3}} S^{\frac{1}{2}}$$

$$\Rightarrow 8 = \frac{1.486}{n} 4.54^{\frac{2}{3}} (\tan 30°)^{\frac{1}{2}}$$

$$\Rightarrow n = 0.387$$

題4 下圖所示斷面尺寸，當水深 1m 時恰為臨界流況，$S_0 = 0.001$，求

(1)流量 Q　(2)曼寧糙度 n　(3)摩擦數 f？　　【71 年技師】

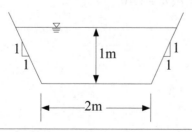

解

(1)臨界流條件，$Q^2T = gA^3$

$$T = 2 + 2 \times 1 = 4(m)$$

$$A = \frac{1}{2}(4+2)\times 1 = 3(m^2)$$

$$\therefore \quad Q^2 \times 4 = 9.81 \times 3^3$$

$$\Rightarrow Q = 8.14(cms)$$

(2)$Q = A \cdot V = \frac{1}{n}A^{\frac{5}{3}}S_0^{\frac{1}{2}}P^{-\frac{2}{3}}$

$$\Rightarrow 8.14 = \frac{1}{n}3^{\frac{5}{3}} \times 0.001^{\frac{1}{2}} \times (2 + 2 \times \sqrt{2})^{-\frac{2}{3}}$$

$$\therefore \quad n = 0.0085$$

(3)$\dfrac{1}{\sqrt{f}} = \dfrac{C}{\sqrt{8g}} = \dfrac{R^{\frac{1}{6}}/n}{\sqrt{8g}}$

$$\Rightarrow \sqrt{f} = \frac{\sqrt{8g} \times n}{R^{\frac{1}{6}}} = \frac{\sqrt{8 \times 9.81} \times 0.0085}{\left[\dfrac{3}{(2+2\sqrt{2})}\right]^{\frac{1}{6}}} = 0.0815$$

$$\therefore \quad f = 0.0066$$

題5 一渠流其斷面形狀及有關尺寸如下圖所示，試計算福祿數及曼寧 n 值。設能量係數 $\alpha = 1.10$　　　【77 年技師】

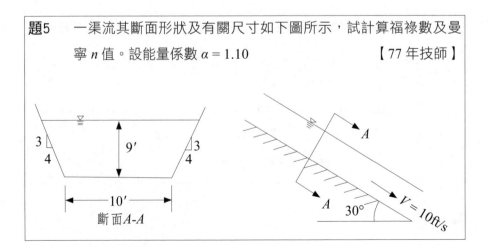

斷面 A-A

解

$$A = \frac{1}{2}(10 + 34) \times 9 = 198(ft^2)$$

$$V = 10ft/s$$

$$T = 10 + 4 \times 3 \times 2 = 34(ft)$$

$$D = \frac{A}{T} = \frac{198}{34} = 5.82(ft)$$

$$\therefore F_r = \frac{V}{\sqrt{gD\cos\theta/\alpha}} = \frac{10}{\sqrt{32.2 \times 5.82 \times \cos 30°/1.1}} = 0.823$$

又 $P = 10 + 2 \times \sqrt{9^2 + 12^2} = 40(ft)$

$$R = \frac{A}{P} = \frac{198}{40} = 4.95(ft)$$

由曼寧公式：

$$V = \frac{1.486}{n} R^{\frac{2}{3}} S^{\frac{1}{2}}$$

$$\Rightarrow 10 = \frac{1.486}{n} 4.95^{\frac{2}{3}} (\tan 30°)^{\frac{1}{2}}$$

$$\Rightarrow n = 0.328$$

題6 有一混凝土明渠（ $n = 0.014$ ），其斷面為梯形，底寬 5ft，水深 4ft，邊坡與水平線成 60°，流量為 125ft³/s，試求：

(1)通水斷面之各種水理幾何特性。

(2)底床坡降。

註：(1)項包括通水斷面積、濕周、水力半徑及水力均深 （Hydraulic mean depth） 【83 年檢覈】

解

(1)$n = 0.014$, $Q = 125\text{ft}^3/\text{s}$

通水斷面積

$$A = \frac{4}{2}\left(5 + 5 + 2 \times \frac{4}{\sqrt{3}}\right)$$

$$= 29.24(\text{ft}^2)$$

濕周

$$P = 5 + 2 \times \frac{4}{\sqrt{3}} \times 2 = 14.24(\text{ft})$$

水力半徑

$$R = \frac{A}{P} = \frac{29.24}{14.24} = 2.05(\text{ft})$$

水力均深

$$D = \frac{A}{T} = \frac{29.24}{5 + 2 \times \dfrac{4}{\sqrt{3}}} = 3.04(\text{ft})$$

(2)$Q = A \cdot V = A \cdot \dfrac{1.486}{n} R^{\frac{2}{3}} S^{\frac{1}{2}}$

$$\Rightarrow 125 = 29.24 \times \frac{1.486}{0.014} \times 2.05^{\frac{2}{3}} \times S^{\frac{1}{2}}$$

$\therefore \quad S = 0.0006$

即底床坡降為 0.0006

題7 複式斷面河道如下圖，河道坡度 0.64×10^{-3}，$n_1 = 0.025$，$n_2 = 0.040$，求流量。　　　　　　　　　　　　　　　【74 年高考】

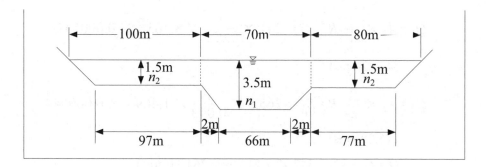

解

$$Q = Q_1 + Q_2 = A_1 \times \frac{1}{n_1} R_1^{\frac{2}{3}} S_0^{\frac{1}{2}} + A_2 \times \frac{1}{n_2} R_2^{\frac{2}{3}} S_0^{\frac{1}{2}}$$

$S_0 = 0.00064$

斷　面	$A(\text{m}^2)$	$P(\text{m})$	$R = \dfrac{A}{P}$	n	$Q(\text{cms})$
主深槽	241	71.66	3.363	0.025	547.42
淺　灘	265.5	180.71	1.469	0.040	216.99

$$A_1 = 70 \times 1.5 + \frac{1}{2} \times (70 + 66) \times (3.5 - 1.5) = 241(\text{m}^2)$$

$$A_2 = \frac{1}{2} \times (100 + 97) \times 1.5 + \frac{1}{2} \times (80 + 77) \times 1.5$$

$$= 265.5(\text{m}^2)$$

$$P_1 = 2 \times \sqrt{4 + 4} + 66 = 71.66(\text{m})$$

$$P_2 = \sqrt{9 + 1.5^2} + 97 + 77 + \sqrt{9 + 1.5^2} = 180.71(\text{m})$$

$$R_1 = \frac{A_1}{P_1} = \frac{241}{71.66} = 3.363(\text{m})$$

$$R_2 = \frac{A_2}{P_2} = \frac{265.5}{180.71} = 1.469(\text{m})$$

$$Q_1 = A_1 \times \frac{1}{n_1} R_1^{\frac{2}{3}} S_0^{\frac{1}{2}} = 241 \times \frac{1}{0.025} \times 3.363^{\frac{2}{3}} \times 0.00064^{\frac{1}{2}}$$

$$= 547.42(\text{cms})$$

$$Q_2 = A_2 \times \frac{1}{n_2} R_2^{\frac{2}{3}} S_0^{\frac{1}{2}} = 265.5 \times \frac{1}{0.040} \times 1.469^{\frac{2}{3}} \times 0.00064^{\frac{1}{2}}$$

$$= 216.99(\text{cms})$$

$$\therefore \quad Q = Q_1 + Q_2 = 547.42 + 216.99 = 764.41(\text{cms})$$

題8 主槽 $n = 0.02$，邊槽 $n = 0.04$，邊槽底高出 2ft，總流量 400cfs，求水深？斷面如下圖示。（$S_0 = 0.001$） 【76 年技師】

解

$Q = 400\text{cfs}$, $S_0 = 0.001$, $n_1 = 0.02$, $n_2 = 0.04$

$Q = A_1 V_1 + A_2 V_2 = 10yV_1 + 10(y - 2)V_2 = 400$

$\Rightarrow V_1 y + V_2(y - 2) = 40$ ·· ①

$$V_1 = \frac{1.486}{n_1} R_1^{\frac{2}{3}} S_0^{\frac{1}{2}} = \frac{1.486}{0.02} \left(\frac{10y}{12 + y}\right)^{\frac{2}{3}} \times 0.001^{\frac{1}{2}} \quad ·········② $$

$$V_2 = \frac{1.486}{n_2} R_2^{\frac{2}{3}} S_0^{\frac{1}{2}} = \frac{1.486}{0.04} \left(\frac{10(y - 2)}{10 + y - 2}\right)^{\frac{2}{3}} \times 0.001^{\frac{1}{2}} \quad ·······③ $$

將②、③式代入①式，得

$$2.3496y\left(\frac{10y}{12+y}\right)^{\frac{2}{3}}+1.175\,(y-2)\left(\frac{10y-20}{8+y}\right)^{\frac{2}{3}}=40$$

由試誤法得：

$$y = 5.917\text{(ft)}$$

題9 對於各濕周 P_i，糙率 n_i 之對應面積不明確之河川渠道，假設各分割斷面之平均流速與全斷面之平均流速相等，試以曼寧公式導出全斷面之等價糙率（Equivalent roughness）n 的公式。（假設河川渠道之斷面可分割 N 個斷面）　　　　【84 年乙特】

解

由曼寧公式：

$$S_0^{\frac{1}{2}}=\frac{n_1V_1}{R_1^{\frac{2}{3}}}=\frac{n_2V_2}{R_2^{\frac{2}{3}}}=\cdots=\frac{n_iV_i}{R_i^{\frac{2}{3}}}=\cdots=\frac{n_NV_N}{R_N^{\frac{2}{3}}}=\frac{nV}{R^{\frac{2}{3}}}\cdots\cdots①$$

假設　$V_1 = V_2 = \cdots = V_i = V_N = V$

由①式知：

$$\left(\frac{A_i}{A}\right)^{\frac{2}{3}}=\frac{n_iP_i^{\frac{2}{3}}}{nP^{\frac{2}{3}}}\Rightarrow A_i=A\times\frac{n_i^{1.5}P_i}{n^{1.5}P}$$

$$\sum_{i=1}^{N}A_i=A=A\times\frac{\displaystyle\sum_{i=1}^{N}n_i^{1.5}P_i}{n^{1.5}P}$$

$$\therefore\quad n=\frac{\left(\displaystyle\sum_{i=1}^{N}n_i^{1.5}P_i\right)^{\frac{2}{3}}}{P^{\frac{2}{3}}}$$

題10 一梯形渠道其底寬為 8m，邊坡為 1 比 1，曼寧 n 值為0.03，此渠道在等速流時要能輸送 40cms 之流量，若最大容許流速為 1.5m/sec，試求最大之容許坡度。　　　　【76 年高考】

解

$$A = (b + y)y = (8 + y)y$$

$$Q = A \cdot V \Rightarrow A = \frac{Q}{V} \Rightarrow (8+y)y = \frac{40}{1.5} \Rightarrow y = 2.53\text{(m)}$$

$$R = \frac{A}{P} = \frac{(8+2.53) \times 2.53}{8 + 2 \times \sqrt{2} \times 2.53} = 1.76\text{(m)}$$

$$V = \frac{1}{n}R^{\frac{2}{3}}S_0^{\frac{1}{2}} \Rightarrow 1.5 = \frac{1}{0.03} \times 1.76^{\frac{2}{3}} \times S_0^{\frac{1}{2}}$$

$$\therefore \quad S_0 = 0.00095$$

題11 一梯形渠道斷面如下圖所示，渠底寬度 $b = 20\text{ft}$，邊坡 $z = 2$，渠底坡度 $S_0 = 0.0009$，曼寧 $n = 0.01486$，運輸流量 $Q = 322\text{cfs}$，試計算臨界水深 y_c 及正常水深 y_n。　　　　【77 年技師】

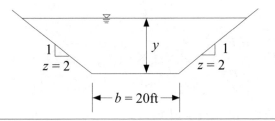

解

$$b = 20\text{ft}, \ n = 0.01486, \ Q = 322\text{cfs}, \ S_0 = 0.0009$$

$$T = 20 + 2 \times 2y = 20 + 4y$$

$$P = 20 + 2 \times \sqrt{5}y = 20 + 2\sqrt{5}y$$

$$A = \frac{1}{2}(20 + 20 + 4y) \times y = (20 + 2y)y$$

$$Q = A \cdot V = A \cdot \frac{1.486}{n} R^{\frac{2}{3}} S_0^{\frac{1}{2}} = \frac{1.486}{n} A^{\frac{5}{3}} P^{-\frac{2}{3}} S_0^{\frac{1}{2}}$$

$$\Rightarrow 322 = \frac{1.486}{0.01486}(20 + 2y_n)^{\frac{5}{3}} y_n^{\frac{5}{3}} (20 + 2\sqrt{5}y_n)^{-\frac{2}{3}} \cdot \sqrt{0.0009}$$

$$\Rightarrow 107.33 = (20 + 2y_n)^{\frac{5}{3}} y_n^{\frac{5}{3}} (20 + 2\sqrt{5}y_n)^{-\frac{2}{3}}$$

由試誤法得：

$$y_n = 2.612(ft) \sim 正常水深$$

由臨界流條件：

$$Q^2 T = gA^3$$

$$\Rightarrow 322^2 \times (20 + 4y_c) = 32.2 \times (20 + 2y_c)^3 y_c^3$$

$$\Rightarrow 1610 \times (5 + y_c) = (10 + y_c)^3 y_c^3$$

由試誤法得

$$y_c = 1.877(ft) \sim 臨界水深$$

題12 渠道常因淤積及雜草叢生而減少輸水能力。有一矩形斷面之渠道，原設計之流量為 Q_0，曼寧糙率係數為 0.014，今因淤積及雜草叢生，以致曼寧糙率係數成為0.025，深度亦因淤積而減少 10%，若坡度及寬度不變，請問此一渠道可輸送之流量 Q 及原設計流量 Q_0 之比值 $\dfrac{Q}{Q_0} = ?$ 　　　　【82 年技師】

解

$$Q_0 = A_0 V_0 = A_0 \cdot \frac{1}{n_0} R_0^{\frac{2}{3}} S_0^{\frac{1}{2}} = \frac{\sqrt{S_0}}{n_0} \frac{A_0^{\frac{5}{3}}}{P_0^{\frac{2}{3}}}$$

$$Q = A \cdot V = A \cdot \frac{1}{n} R^{\frac{2}{3}} S^{\frac{1}{2}} = \frac{\sqrt{S}}{n} \frac{A^{\frac{5}{3}}}{P^{\frac{2}{3}}}$$

而　$A_0 = B_0 y_0,\ P_0 = B_0 + 2y_0,\ n_0 = 0.014$

$A \cdot y = B_0 \times (0.9 y_0) = 0.9 B_0 y_0,$

$P = B + 2y = B_0 + 2(0.9 y_0) = B_0 + 1.8y$

$n = 0.025,\ S = S_0$

$$\therefore\quad \frac{Q}{Q_0} = \frac{\dfrac{\sqrt{S_0}}{0.025} \dfrac{(0.9 B_0 y_0)^{\frac{5}{3}}}{(B_0 + 1.8 y_0)^{\frac{2}{3}}}}{\dfrac{\sqrt{S_0}}{0.014} \dfrac{(B_0 y_0)^{\frac{5}{3}}}{(B_0 + 2y_0)^{\frac{2}{3}}}} = \frac{14 \times 0.9^{\frac{5}{3}} (B_0 + 2y_0)^{\frac{2}{3}}}{25 \times (B_0 + 1.8 y_0)^{\frac{2}{3}}}$$

$$= 0.47 \left(\frac{B_0 + 2y_0}{B_0 + 1.8 y_0} \right)^{\frac{2}{3}}$$

題13　梯形斷面渠道底寬 5m，水深 2m，側壁坡度 1：1.5($V：H$)，曼寧糙度係數 $n = 0.015$。如欲通過 40cms 之流量，其渠道底床坡度應為多少？　【83 年檢覈】

解

$b = 5\text{m},\ y = 2\text{m},\ n = 0.015,\ Q = 40\text{cms}$

$T = 5 + 2 \times 1.5 \times 2 = 11(\text{m})$

$A = \dfrac{1}{2}(5 + 11) \times 2 = 16(\text{m}^2)$

$P = 5 + 2 \times \sqrt{1 + 1.5^2} \times 2 = 12.21(\text{m})$

由曼寧公式得

$$Q = A \cdot V = A \cdot \frac{1}{n} R^{\frac{2}{3}} S_0^{\frac{1}{2}}$$

$$\Rightarrow 40 = 16 \times \frac{1}{0.015} \times \left(\frac{16}{12.21}\right)^{\frac{2}{3}} S_0^{\frac{1}{2}}$$

$$\Rightarrow S_0 = 0.00098$$

題14 舉出二種估計渠流之曼寧糙度（Manning Roughness）n 值之方法，請詳加說明。　　　　　　　　　　　　【75 年技師】

解

(1)用曼寧公式計算 n 值：

實測流速 V，水深 y 及斷面地形以計算通水斷面積 A，

濕周 P，水力半徑 R，量測底床高程計算渠坡 S_0，

計算能量坡降 S_f，再以曼寧公式計算糙度 n：

$$n = R^{\frac{2}{3}} S_f^{\frac{1}{2}} / V \quad （公制）$$

$$n = 1.486 R^{\frac{2}{3}} S_f^{\frac{1}{2}} / V \quad （英制）$$

(2)用經驗公式推估 n 值：

例如：採取河床質做粒徑分析，求出 d_{50} 之後，代入 Strickler 公式，即可求出 n 值。

$$n = \frac{d_{50}^{\frac{1}{6}}}{21.1} = 0.047 d_{50}^{\frac{1}{6}} \quad （公制）$$

$$[d_{50}] = m$$

$$n = 0.034 d_{50}^{\frac{1}{6}} \quad （英制）$$

$$[d_{50}] = ft$$

> **題15** 證明一寬廣渠道（即 $R \div y$）其坡度為陡坡（Steep slope）或緩坡（Mild slope），端賴 S_0（均勻等速渠流坡度）大於或小於 $21.3n^2q^{-\frac{2}{9}}$ 值而定（英制）。（n 為曼寧粗糙係數，q 為單位寬度流量，R 為水力半徑，y 為水深）　　【85 年高考三級】

解

寬廣渠道之臨界水深

$$y_c = \sqrt[3]{\frac{q^2}{g}} = q^{\frac{2}{3}}g^{-\frac{1}{3}} \cdots\cdots\cdots\cdots\cdots\cdots\cdots\cdots ①$$

由曼寧公式：

$$q = \frac{1.49}{n}R^{\frac{2}{3}}S_0^{\frac{1}{2}}y_n \div \frac{1.49}{n}y_n^{\frac{5}{3}}S_0^{\frac{1}{2}} \cdots\cdots\cdots\cdots\cdots ②$$

當 $y_n = y_c$ 時，$S_0 = S_c$　代入②式

$$q = \frac{1.49}{n}y_c^{\frac{5}{3}}S_c^{\frac{1}{2}}$$

$$\Rightarrow S_c = \frac{n^2}{1.49^2}q^2 y_c^{-\frac{10}{3}} = \frac{n^2}{1.49^2}q^2 \times (q^{\frac{2}{3}}g^{-\frac{1}{3}})^{-\frac{10}{3}} \text{（①式代入）}$$

$$= \frac{n^2}{1.49^2}q^{2-\frac{20}{9}} \times g^{\frac{10}{9}} = \frac{(32.2)^{\frac{10}{9}}}{1.49^2}n^2 \cdot q^{-\frac{2}{9}} = 21.3n^2q^{-\frac{2}{9}}$$

因此，當　$S_0 > S_c = 21.3n^2q^{-\frac{2}{9}}$ 時，坡度為陡坡

$$S_0 < S_c = 21.3n^2q^{-\frac{2}{9}} \text{ 時，坡度為緩坡}$$

> **題16** 底寬 5m，粗糙係數 $n = 0.025$，底床坡度 $\frac{1}{1600}$ 之矩形斷面渠道，通過之流量為 5.0m³/sec，(1)試求正常水深；(2)此水流屬於亞臨界流或超臨界流？；(3)求此渠道之臨界水深、臨界流速及臨界坡度。　　【81 年技師】

解

$$b = 5\text{m}, n = 0.025, S_0 = \frac{1}{1600}, Q = 5.0\text{cms}$$

(1)$Q = A \cdot V = A \cdot \frac{1}{n} R^{\frac{2}{3}} S_0^{\frac{1}{2}}$

$$\Rightarrow 5.0 = 5 \times y_n \times \frac{1}{0.025} \times \left(\frac{5 \times y_n}{5 + 2y_n}\right)^{\frac{2}{3}} \times \left(\frac{1}{1600}\right)^{\frac{1}{2}}$$

$$\Rightarrow 1.0 = y_n \cdot \left(\frac{5y_n}{5 + 2y_n}\right)^{\frac{2}{3}}$$

由試誤法得：$y_n = 1.165\text{m}$

(2)$F_r = \frac{V}{\sqrt{gy}} \Rightarrow F_r^2 = \frac{q^2}{gy^3} = \frac{(5/5)^2}{9.81 \times 1.165} = 0.0645$

$$\Rightarrow F_r = 0.254 < 1 \quad \therefore 屬於亞臨界流$$

(3)臨界水深

$$y_c = \sqrt[3]{\frac{q^2}{g}} = \sqrt[3]{\frac{1^2}{9.81}} = 0.467\text{(m)}$$

臨界流速

$$V_c = \sqrt{gy_c} = \sqrt{9.81 \times 0.467} = 2.14\text{(m/s)}$$

臨界坡度　S_c：

$$V_c = \frac{1}{n} R^{\frac{2}{3}} S_c^{\frac{1}{2}}$$

$$\Rightarrow 2.14 = \frac{1}{0.025} \times \left(\frac{5 \times 0.467}{5 + 2 \times 0.467}\right)^{\frac{2}{3}} \times S_c^{\frac{1}{2}}$$

$$\Rightarrow S_c = 0.0099$$

題17　混凝土矩形渠道，底寬 2.5m, $y_n = 1.8$m, $n = 0.012$, $S_0 = 0.0036$

求：(1)渠道平均流速及流量

(2)渠流比能量

(3)輸送第一項之流量時，渠道之臨界坡度 S_c。

【75 年技師】

解

$$(1) V = \frac{1}{n} R^{\frac{2}{3}} S_0^{\frac{1}{2}} = \frac{1}{0.012} \times \frac{(2.5 \times 1.8)^{\frac{2}{3}}}{(2.5 + 2 \times 1.8)^{\frac{2}{3}}} \times 0.0036^{\frac{1}{2}}$$

$$= 4.082 \text{(m/s)}$$

$$Q = A \cdot V = 2.5 \times 1.8 \times 4.082 = 18.369 \text{(cms)}$$

$$(2) E = y + \frac{V^2}{2g} = 1.8 + \frac{4.082^2}{2 \times 9.81} = 2.65 \text{(m)}$$

$$(3) q = \frac{Q}{B} = \frac{18.369}{2.5} = 7.348 \text{(cms)}$$

$$y_c = \sqrt[3]{\frac{q^2}{g}} = \sqrt[3]{\frac{7.348^2}{9.81}} = 1.766 \text{(m)}$$

$$V = \frac{q}{y_c} = \frac{7.348}{1.766} = 4.16 \text{(m/s)}$$

$$V = \frac{1}{n} R^{\frac{2}{3}} S_c^{\frac{1}{2}} \Rightarrow 4.16 = \frac{1}{0.012} \times \frac{(2.5 \times 1.766)^{\frac{2}{3}}}{(2.5 + 2 \times 1.766)^{\frac{2}{3}}} \times S_c^{\frac{1}{2}}$$

$$\therefore \quad S_c = 0.00378$$

題18　一矩形渠道自一湖泊引水，湖面（水）與渠道入口（渠底）的

標高分別等於 150 呎與 100 呎。渠寬等於 50 呎，粗糙度 n 等於

0.014，渠底坡度 $S_0 = 0.005$：

(1)在此有效水頭之下，求最大流量 $Q_{\max}$ 等於多少？

(2)要輸送最大流量 $Q_{\max}$ 時，渠道坡度 S_c。　　　　【83 年技師】

解

$$H = 150 - 100 = 50\text{(ft)}$$

$$B = 50\text{ft}, n = 0.014, S_0 = 0.005$$

$$(1)E_c = H = \frac{3}{2}y_c \Rightarrow y_c = \frac{2}{3}H = \frac{2}{3} \times 50 = \frac{100}{3}$$

$$Q_{\max} = q \cdot B = \sqrt{gy_c^3} \cdot B = \sqrt{32.2 \times \left(\frac{100}{3}\right)^3} \times 50$$

$$= 54602.9\text{(cfs)}$$

$$(2)Q_{\max} = A \cdot V = By_c \times \frac{1.486}{n}\left(\frac{By_c}{B+2y_c}\right)^{\frac{2}{3}} \times S_c^{\frac{1}{2}}$$

$$\Rightarrow 54602.9 = 50 \times \frac{100}{3} \times \frac{1.486}{0.014} \times \left(\frac{50 \times \frac{100}{3}}{5 + 2 \times \frac{100}{3}}\right)^{\frac{2}{3}} \times S_c^{\frac{1}{2}}$$

$$\Rightarrow S_c = 0.00275$$

題19　下圖，側坡為 $1:2$ 之三角形渠道，試求流量 $0.3\text{m}^3/\text{sec}$ 時之臨界水深 h_c 與臨界坡度 S_c。（已知，曼寧糙率 $n = 0.014$，能量係數 $\alpha = 1.1$）　　　　【84 年乙特】

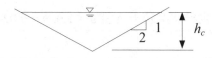

解

$$Q = 0.3\text{cms}$$

$$A = \frac{1}{2} \times 2h_c \times 2 \times h_c = 2h_c^2$$

$$P = 2 \times \sqrt{5}\, h_c = 2\sqrt{5}\, h_c$$

$$T = 2 \times 2h_c = 4h_c$$

$$n = 0.014, \; \alpha = 1.1$$

由臨界條件：

$$F_r^2 = \alpha \frac{Q^2 T}{gA^3} = 1$$

$$\Rightarrow 1.1 \times \frac{0.3^2 \times 4h_c}{9.81 \times 8h_c^6} = 1$$

$$\Rightarrow h_c = 0.347\text{(m)}$$

由曼寧公式：

$$Q = A \cdot V = A \cdot \frac{1}{n} R^{\frac{2}{3}} S_c^{\frac{1}{2}}$$

$$\Rightarrow Q = \frac{1}{n} \frac{A^{\frac{5}{3}}}{P^{\frac{2}{3}}} S_c^{\frac{1}{2}}$$

$$\Rightarrow 0.3 = \frac{1}{0.014} \times \frac{2^{\frac{5}{3}}(0.347)^{\frac{10}{3}}}{(2\sqrt{5})^{\frac{2}{3}}(0.347)^{\frac{2}{3}}} S_c^{\frac{1}{2}}$$

$$\Rightarrow S_c = 0.00365$$

題20 梯形渠道底邊 5m，側邊坡度 1：1.5，當其流量為 20m³/s時，其臨界水深及臨界坡度若干？設 $\alpha = 1.0, \, n = 0.024$　【74 年高考】

解

$$T = 5 + 2 \times 1.5 y_c = 5 + 3y_c$$

$$A = \frac{1}{2}(5 + 5 + 3y_c) \times y_c = (5 + 1.5y_c)y_c$$

由臨界流條件：

$$F_r = \frac{V}{\sqrt{gD/\alpha}} = 1$$

$$\Rightarrow \frac{\dfrac{20}{(5+1.5y_c)y_c}}{\sqrt{\dfrac{9.81}{1.0} \times \dfrac{(5+1.5y_c)y_c}{5+3y_c}}} = 1$$

$$\Rightarrow \frac{400}{(5+1.5y_c)^2 y_c^2} = 9.81 \times \frac{(5+1.5y_c)y_c}{5+3y_c}$$

$$\Rightarrow 40.77(5+3y_c) - (5+1.5y_c)^3 y_c^3 = 0$$

由試誤法得：

$$y_c = 1.053(m)$$

$$P = 5 + 2 \times \sqrt{1^2 + 1.5^2} \times 1.053 = 8.797(m)$$

$$A = (5 + 1.5 \times 1.053) \times 1.053 = 6.928(m^2)$$

$$R = \frac{A}{P} = 0.7875(m)$$

$$Q = A \cdot V = A \cdot \frac{1}{n}R^{\frac{2}{3}}S_c^{\frac{1}{2}}$$

$$\Rightarrow 20 = (5 + 1.5 \times 1.053) \times 1.053 \times \frac{1}{0.024} \times 0.7875^{\frac{2}{3}} \times S_c^{\frac{1}{2}}$$

$$\therefore S_c = 0.0066$$

題21 梯形最佳水力斷面為六邊形之半，證明之。　　【69 年高考】

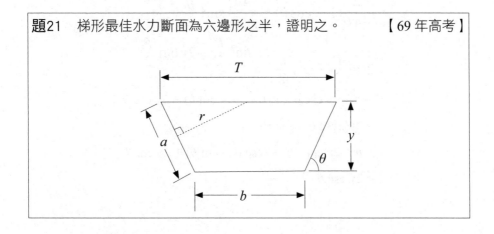

解

(1)對任意斜坡角 θ 之梯形而言

$$A = \frac{1}{2}(b + T)y \cdots\cdots\cdots\cdots\cdots\cdots\cdots\cdots\cdots\cdots\cdots\cdots\cdots ①$$

$$P = b + 2y \csc \theta \cdots\cdots\cdots\cdots\cdots\cdots\cdots\cdots\cdots\cdots\cdots\cdots ②$$

$$T = b + 2y \cot \theta \cdots\cdots\cdots\cdots\cdots\cdots\cdots\cdots\cdots\cdots\cdots\cdots ③$$

將③式代入①式，得

$$b = \frac{A}{y} - y \cot \theta \cdots\cdots\cdots\cdots\cdots\cdots\cdots\cdots\cdots\cdots\cdots ④$$

將④式代入②式，得

$$P = b + 2y\csc\theta = \frac{A}{y} + 2y\csc\theta - y\cot\theta$$

$\because A$、θ 為一定，且 P 為最小值，可令 $\dfrac{dP}{dy} = 0$，則

$$\frac{dP}{dy} = -\frac{A}{y^2} + 2\csc \theta - \cot \theta = 0$$

$\therefore A = y^2(2 \csc \theta - \cot \theta)$代入④式，得

$$b = y(2 \csc \theta - \cot \theta) - y \cot \theta$$

$$= 2y(\csc \theta - \cot \theta)$$

$$= 2y\left(\frac{1}{\sin \theta} - \frac{\cos \theta}{\sin \theta}\right)$$

$$= \frac{2y}{\sin \theta}(1 - \cos \theta) = \frac{4y}{\sin \theta} \sin^2 \frac{\theta}{2}$$

$$= \frac{4y}{2\sin \dfrac{\theta}{2} \cdot \cos \dfrac{\theta}{2}} \times \sin^2 \frac{\theta}{2} = 2y \tan \frac{\theta}{2}$$

又　$P = b + 2y \csc \theta = 2y(\csc \theta - \cot \theta) + 2y \csc \theta$

$$= 2y(2\csc \theta - \cot \theta)$$

$T = b + 2y \cot \theta = 2y(\csc \theta - \cot \theta) + 2y \cot \theta$

$$= 2y \csc \theta$$

故邊坡長 $a = y \csc\theta = \dfrac{T}{2}$，即邊坡長恰為水面寬之半。

(2)若 θ 亦為變數，即何種角度時為最佳水力斷面，則

$$\frac{dP}{d\theta} = 2y(-2\csc\theta\cot\theta + \csc^2\theta)$$

$$= -2y\csc\theta(2\cot\theta - \csc\theta)$$

令 $\dfrac{dP}{d\theta} = 0$，則 $2\cot\theta - \csc\theta = 0$

$$\Rightarrow \frac{1}{\sin\theta}(2\cos\theta - 1) = 0$$

$$\therefore\quad 2\cos\theta - 1 = 0 \Rightarrow \cos\theta = \frac{1}{2}\quad \therefore \theta = 60°$$

此時，

$$b = 2y\tan\frac{60°}{2} = \frac{2}{\sqrt{3}}y$$

$$a = y\csc 60° = \frac{2}{\sqrt{3}}y$$

$$\therefore\quad a = b$$

故當邊坡角 $\theta = 60°$ 時，亦即恰為正六邊形之半的梯形斷面為所有梯形斷面之最佳水力斷面。

題22　梯形兩邊之坡度各為 $1 : 1$，渠底坡度 $= \dfrac{1}{1000}$，試求流量 $=$ 30cms 情況下之最佳水力斷面（The best Hydraulic Section）。（已知曼寧糙率 $n = 0.016$）　　　　　　　　【84 年乙特】

解

$$A = (b + y)y \Rightarrow b = \frac{A}{y} - y$$

$$P = b + 2\sqrt{2}\,y$$

最佳水力斷面條件：固定 A，求最小 P

因此,

$$P = b + 2\sqrt{2}\, y = \frac{A}{y} - y + 2\sqrt{2}\, y$$

$$\Rightarrow \frac{dP}{dy} = -\frac{A}{y^2} - 1 + 2\sqrt{2} = 0$$

$$\Rightarrow \frac{(b+y)y}{y^2} = 2\sqrt{2} - 1$$

$$\Rightarrow b = (2\sqrt{2} - 1)y - y = 2(\sqrt{2} - 1)y$$

又 $Q = A \cdot V = A \cdot \frac{1}{n} R^{\frac{2}{3}} S_0^{\frac{1}{2}} = \frac{\sqrt{S_0}}{n} \frac{A^{\frac{5}{3}}}{P^{\frac{2}{3}}}$

$$\Rightarrow 30 = \frac{\sqrt{0.001}}{0.016} \frac{(2\sqrt{2}-1)^{\frac{5}{3}} y^{\frac{10}{3}}}{2^{\frac{2}{3}}(2\sqrt{2}-1)^{\frac{2}{3}} y^{\frac{2}{3}}} = \frac{\sqrt{0.001}(2\sqrt{2}-1) y^{\frac{8}{3}}}{0.016 \times 2^{\frac{2}{3}}}$$

$$\Rightarrow y^{\frac{8}{3}} = 13.178$$

$$\therefore \quad y = 2.63(\text{m}) \Rightarrow b = 2(\sqrt{2} - 1) \times 2.63 = 2.18(\text{m})$$

$$A = (b+y)y = (2.18 + 2.63) \times 2.63 = 12.65(\text{m}^2)$$

故最佳水力斷面為底寬 2.18m,高度為 2.63m,面積為 12.65m²

另解

$$b = 2y \tan\frac{\theta}{2}, \quad \theta = 45°$$

$$\Rightarrow b = 2\tan 22.5°\, y = 0.828y$$

$$T = 0.828y + 2y = 2.828y$$

$$R = \frac{y}{2}$$

$$\therefore \quad A = \frac{1}{2}(b + T)y = 1.828y^2$$

代入 Manning 公式:

$$Q = A \cdot \frac{1}{n} R^{\frac{2}{3}} S^{\frac{1}{2}}$$

$$\Rightarrow 30 = 1.828y^2 \times \frac{1}{0.016} \times \left(\frac{y}{2}\right)^{\frac{2}{3}} \times (0.001)^{\frac{1}{2}}$$

$$\Rightarrow y^{\frac{8}{3}} = 13.18$$

$$\therefore \quad y = 2.63\text{m}$$

$$\Rightarrow b = 0.828 \times 2.63 = 2.18(\text{m})$$

$$T = 2.828 \times 2.63 = 7.438(\text{m})$$

$$A = 1.828 \times 2.63^2 = 12.644(\text{m}^2)$$

題23　有一梯形渠道如下圖所示，其斷面積為 100m^2，試求其經濟斷面之幾何形狀 ϕ，再求 d 及 b？　　　【85年高考三級、水資源】

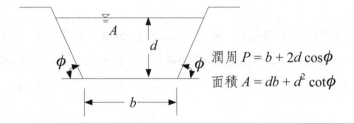

潤周 $P = b + 2d\cos\phi$

面積 $A = db + d^2\cot\phi$

解

$$A = bd + d^2 \cot\phi \Rightarrow b = \frac{A}{d} - d\cot\phi = \frac{100}{d} - d\cot\phi$$

$$P = b + 2d\cos\phi = \frac{100}{d} - d\cot\phi + 2d\csc\phi$$

$$\Rightarrow \frac{dP}{d\phi} = d\csc^2\phi - 2d\csc\phi\cot\phi$$

欲得經濟斷面，即使 P 為最小，故令 $\dfrac{dP}{d\phi} = 0$，即

$$d\csc^2\phi - 2d\csc\phi\cot\phi = 0$$

$$\Rightarrow d\csc\phi(\csc\phi - 2\cot\phi) = 0$$

$$\because \quad d\csc\phi \neq 0 \quad \therefore \csc\phi - 2\cot\phi = 0$$

$$\Rightarrow \frac{1}{\sin\phi} - 2 \times \frac{\cos\phi}{\sin\phi} = 0$$

$$\Rightarrow \cos\phi = \frac{1}{2} \Rightarrow \phi = 60°$$

$$P = \frac{100}{d} - d \cot 60° + 2d \csc 60°$$

$$= \frac{100}{d} - 0.577d + 2.309d$$

令 $\dfrac{dP}{dd} = 0$

$$-\frac{100}{d^2} - 0.577 + 2.309 = 0 \Rightarrow d = 7.598(\text{m})$$

$$b = \frac{100}{d} - d \cot\phi = \frac{100}{7.598} - 7.598 \times \cot 60° = 8.77(\text{m})$$

題24 推導表示水力指數（Hydraulic Exponent）N 之公式，假設曼寧公式可用。並求渠道為無限寬廣時（Infinite wide channel）之 N 值。　　　　　　　　　　　　　　　　　　　　　　　　【79 年高考】

解

輸水容量：$K = CAR^x$ 為水深 y 之函數，可表為

$$K^2 = Cy^N \quad\cdots\cdots\cdots\cdots\cdots\cdots\cdots\cdots\cdots\cdots\cdots① $$

式中，C：比例常數，N：等速流之水力指數。

對①式兩邊取對數後，再對 y 微分，則

$$2 \ln K = \ln C + N \ln y$$

$$\Rightarrow 2\frac{d\ln K}{dy} = \frac{N}{y} \quad \text{or} \quad \frac{d\ln K}{dy} = \frac{N}{2y} \quad\cdots\cdots\cdots\cdots\cdots② $$

又由曼寧公式：

$$K = \frac{1.486}{n} AR^{\frac{2}{3}}$$

取對數

$$\ln K = \ln \frac{1.486}{n} + \ln A + \frac{2}{3}\ln R$$

對 y 微分

$$\frac{d\ln K}{dy} = \frac{1}{A}\frac{dA}{dy} + \frac{2}{3}\frac{1}{R}\frac{dR}{dy} \quad\cdots\cdots\cdots\cdots\cdots\cdots ③$$

$$\because \quad \frac{dA}{dy} = T \;,\; R = \frac{A}{P}$$

$$\Rightarrow \frac{dR}{dy} = \frac{dA}{dy}\frac{1}{P} - \frac{A}{P^2}\frac{dP}{dy} = T\frac{R}{A} - A\frac{R^2}{A^2}\frac{dP}{dy}$$

$\therefore$③式可寫成

$$\frac{d\ln K}{dy} = \frac{T}{A} + \frac{2}{3}\frac{1}{R}\left(T\frac{R}{A} - \frac{R^2}{A}\frac{dP}{dy}\right)$$

$$= \frac{5}{3}\frac{T}{A} - \frac{2}{3}\frac{R}{A}\frac{dP}{dy} \quad\cdots\cdots\cdots\cdots\cdots\cdots ④$$

②＝④得

$$\frac{N}{2y} = \frac{5}{3}\frac{T}{A} - \frac{2}{3}\frac{R}{A}\frac{dP}{dy}$$

$$\Rightarrow N = \frac{2y}{3A}\left(5T - 2R\frac{dP}{dy}\right) \sim 等速流水力指數 N 之一般式$$

$$\because \quad P = b + 2y$$

無限寬廣渠道時

$$b \gg y \Rightarrow P \doteqdot b \Rightarrow \frac{dP}{dy} = 0$$

又　$A = b \cdot y$，$T \doteqdot b$，代入 N 之一般式，得

$$N = \frac{2y}{3 \times by}(5b - 0) = \frac{10}{3}$$

題25　流量為 28cms 之土渠（$n = 0.022$），其斷面為梯形，底寬為 3m，邊坡斜率為 1：2(V：H)，試求其臨界水深與臨界底床坡度。　　　　　　　　　　　　　　　　　　　【82 年高考】

解

$b = 3m, Q = 28cms, n = 0.022$

$T = 3 + 2 \times 2y_c = 3 + 4y_c, P = 3 + 2 \times \sqrt{5}y_c$

$A = \dfrac{1}{2}[(3 + 4y_c) + 3] \times y_c$

$\quad = 0.5y_c(6 + 4y_c) = y_c(3 + 2y_c)$

臨界流條件：

$$Q^2 T = gA^3$$

$$\Rightarrow 28^2 \times (3 + 4y_c) = 9.81 \times y^3_c(3 + 2y_c)^3$$

由試誤法得：

$$y_c = 1.495(m) \sim 臨界水深$$

由曼寧公式：

$$Q = A \cdot V = A \cdot \frac{1}{n} R^{\frac{2}{3}} S_c^{\frac{1}{2}}$$

$$\Rightarrow Q = \frac{1}{n} A^{\frac{5}{3}} P^{-\frac{2}{3}} S_c^{\frac{1}{2}}$$

$$\Rightarrow 28 = \frac{1}{0.022} \times 1.495^{\frac{3}{5}}(3 + 2 \times 1.495)^{\frac{3}{5}}$$

$$\times (3 + 2\sqrt{5} \times 1.495)^{-\frac{2}{3}} S_c^{\frac{1}{2}}$$

$$\therefore \quad S_c = 0.00525 \sim 臨界渠坡$$

題26　有一甚長之明渠，其均勻流水深為 1.5m，渠寬為 3m，坡度為 0.001，糙度係數 $n = 0.015$，試求使此水流產生臨界水深所需底床局部抬昇之最小高度。　　　　　【82 年高考二級】

解

$A = 3 \times 1.5 = 4.5, S_0 = 0.001, n = 0.015$

$R = \dfrac{A}{P} = \dfrac{4.5}{(3 + 2 \times 1.5)} = 0.75$

$$q = V \cdot y_0 = \frac{1}{n} R^{\frac{2}{3}} S_0^{\frac{1}{2}} \times y_0$$

$$= \frac{1}{0.015} \times 0.75^{\frac{2}{3}} \times 0.01^{\frac{1}{2}} \times 1.5$$

$$= 2.61(\text{cms/m})$$

$$y_c = \sqrt[3]{\frac{q^2}{g}} = \sqrt[3]{\frac{2.61^2}{9.81}} = 0.886(\text{m})$$

$$E_c = \frac{3}{2} y_c = \frac{3}{2} \times 0.886 = 1.329(\text{m})$$

$$E_0 = y_0 + \frac{V^2}{2g} = 1.5 + \frac{\left(\frac{2.61}{1.5}\right)^2}{2 \times 9.81} = 1.654$$

$$\Rightarrow z = E_0 - E_c = 1.654 - 1.329 = 0.325(\text{m})$$

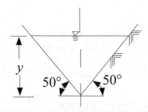

題27 如下圖所示，一50° 三角形渠道，其流量 $Q = 16\text{m}^3/\text{s}$，曼寧糙率
係數 $n = 0.018$，渠底坡度 $S_0 = 0.0016$，試計算：
(1)臨界水深 y_c（10 分）
(2)正常水深 y_n（10 分）　　　　　　　　　　　　【85 年技師】

解

$Q = 16\text{cms}$, $n = 0.018$, $S_0 = 0.0016$

(1)由臨界流條件：

$$Q^2 T = gA^3$$

$$\Rightarrow 16^2 \times 2y_c \tan 40° = 9.81 \times \left(\frac{1}{2} \times 2y_c \tan 40° \times y_c\right)^3$$

$$\Rightarrow y_c^5 = (\tan 40°)^{-2} \times 2 \times 256/9.81$$

$$\therefore \quad y_c = 2.366(m) \sim 臨界水深$$

(2)由曼寧公式：

$$Q = A \times V = \frac{1}{n} A R^{\frac{2}{3}} S_0^{\frac{1}{2}} = \frac{1}{n} \frac{A^{\frac{5}{3}}}{P^{\frac{2}{3}}} S_0^{\frac{1}{2}}$$

$$\Rightarrow 16 = \frac{1}{0.018} \times \frac{\left(\frac{1}{2} \times 2y_n \tan 40° \times y_n\right)^{\frac{5}{3}}}{\left(2 \times \frac{y_n}{\sin 50°}\right)^{\frac{2}{3}}} \times (0.0016)^{\frac{1}{2}}$$

$$\Rightarrow y_n^{\frac{8}{3}} = 16 \times 0.018 \times \frac{1}{(0.0016)^{\frac{1}{2}}} \times \frac{1}{(\tan 40°)^{\frac{5}{3}}} \times \frac{2^{\frac{2}{3}}}{(\sin 50°)^{\frac{2}{3}}}$$

$$\Rightarrow y_n^{\frac{8}{3}} = 18.288$$

$$\therefore y_n = 2.974(m) \sim 正常水深$$

● 練習題

1. 應用曼寧公式，證明圓形涵管最大流量及最大流速之相當水深度分別為 $0.938D$ 及 $0.81D$，其中 D 為圓形管之直徑。

2. 證明安定水力斷面方程式為 $y = y_0 \cos\left(\frac{\tan\theta}{y_0} x\right)$。

3. 應用 $v = 5.75 V_f \log \frac{30y}{k}$，證明在寬而粗糙渠道中之理論流速分佈係數可以下式表之：

$$\alpha = 1 + 3\varepsilon^2 - 2\varepsilon^3$$

$$\beta = 1 + \varepsilon^2$$

式中，$\varepsilon = 2.5V_f/V$。

並證明

$$\varepsilon = \frac{14.2}{C} = 0.883\sqrt{f} = 9.5\frac{n}{R^{\frac{1}{6}}} = \frac{V_M}{V} - 1$$

其中，V_M = 最大流速，V = 平均流速。

4. 一實驗矩形水槽寬 0.84m，側壁為水力平滑，底床以人工方式增加其糙率。若 $Q = 0.028\text{m}^3/\text{s}$, $S_0 = 0.00278$, $y = 0.091\text{m}$，試推估底床之摩擦因子 f_b 及剪力流速 V_{*b} 為何？

Ans：$f_b = 0.14$, $V_{*b} = 0.049\text{m/s}$

5. 應用 Chezy 公式，證明圓形涵管最大流量發生在 $y = 0.95D$，D 為直徑。

6. 證明三角形之最佳水力斷面之水力半徑 $R = \dfrac{y}{2\sqrt{2}}$

7. 一已知流量之矩形渠道，若其潤周為最小時，求其臨界水深 y_c 為何？

Ans：$\dfrac{3B}{4}$

8. 一梯形渠道之底寬為 4.0m，側坡比$(H：V) = 1.5：1$，底床之 $n_1 = 0.025$，側壁之 $n_2 = 0.012$，求水深為 1.50m 時之等價糙度為多少？

Ans：0.0181

9. 一矩形渠道寬 3.6m，雜草叢生，曼寧 n 值為 0.030，今將底床加以內面工整治，n 值變成 0.015，若整治前後之水深均為 1.2m，求流量之增加率？

Ans：100%

10. 試推導三角形斷面渠道，側坡比 $(H：V) = m：1$，其正常水深 y_0 之表示如下：

$$y_0 = 1.1892 \left(\frac{Qn}{\sqrt{S_0}} \right)^{\frac{3}{8}} \left(\frac{m^2+1}{m^5} \right)^{\frac{1}{8}}$$

11. 一混凝土圓形管（$n = 0.015$）欲輸送流量 $Q = 2.0\text{m}^3/\text{s}$，若水深為 0.9
倍之直徑，坡度為 0.0002，求此管徑應為多少？

Ans：2.0m

12. 一矩形斷面渠道（$n = 0.020$）輸送流量為 $25.0\text{m}^3/\text{s}$，坡度 $S_0 = 0.0004$，若水深等於渠寬，求其福祿數為多少？

Ans：0.197

13. 一混凝土暴雨排水管（$n = 0.012$），直徑為 0.75m，流量為 $0.10\text{m}^3/\text{s}$，
若欲使水流深度不超過 0.8 倍之管徑，則最小之坡度應為何？

Ans：7.196×10^{-5}

14. 一矩形斷面渠道，寬 5.0m，渠坡 0.001，若均勻流之福祿數 $F_r = 0.5$，
試求其可能水深為何？假設曼寧糙度 $n = 0.015$。

Ans：0.25m 或 2.3m

15. 一頂點為 90 度之三角形斷面渠道，臨界水深為 1.35m，求其臨界
坡度？若依此坡度，水深為 2.0m 之均勻流福祿數應為何？假設 $n = 0.02$。

Ans：1.07

16. 一梯形斷面渠道，側坡比為 2H：1V，縱坡為 $\frac{1}{1600}$，流量為 $36\text{m}^3/\text{s}$，
Chezy's 係數 C = 50，求其最佳水力斷面。

Ans：$y = 3.067$m, $b = 1.448$m

17. 一 10ft 寬之矩形斷面渠道，$n = 0.014$, $S_0 = 0.001$，渠道入口處連接一
水庫，水庫水面高於渠道入口處底床 10ft，求渠道中之流量為若干？

Ans：674cfs

Chapter 4

水 躍

- ●重點整理
- ●精選例題
- ●歷屆考題
- ●練習題

● 重點整理

一、動量方程式

假設靜水壓力分佈，

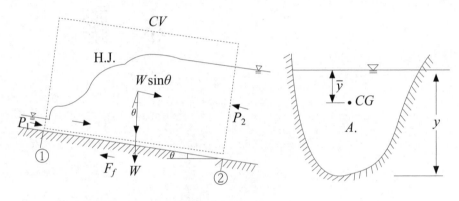

圖4-1　水躍現象

沿著流程方向之線性動量方程式為

$$P_1 - P_2 + W\sin\theta - F_f = M_2 - M_1$$

式中，P_1 = 斷面 1 之壓力 = $\gamma A_1 \bar{y}_1 \cos\theta$

P_2 = 斷面 2 之壓力 = $\gamma A_2 \bar{y}_2 \cos\theta$

$W\sin\theta$ = 沿流程方向水體之重力分量

F_f = 渠道邊界之摩擦剪阻力

M_2 = 沿流程方向於斷面 2 流出之動量通量 = $\beta_2 \rho Q V_2$

M_1 = 沿流程方向於斷面 1 流入之動量通量 = $\beta_1 \rho Q V_1$

1. 由於水躍屬急變速流，相較於緩變速流而言，水躍長度很短，因此摩擦阻力 F_f 常可忽略。

2. 若 θ 很 小，則壓力 $P \doteq \gamma A \bar{y}$，且 $(W \sin\theta - F_f)$ 也小到可忽略。

3. 水平渠道時，$\theta = 0$ 且 $W \sin\theta = 0$

二、矩形渠道之水躍

考慮一水平、光滑之矩形渠道，取單位渠寬，則動量方程式變成

$$\frac{1}{2} \gamma y_1^2 - \frac{1}{2} \gamma y_2^2 = \beta_2 \rho q V_2 - \beta_1 \rho q V_1$$

連續方程式為

$$q = V_1 y_1 = V_2 y_2$$

依上述二方程式可推得：

1. 共軛水深比

$$\frac{y_2}{y_1} = \frac{1}{2} \left(-1 + \sqrt{1 + 8F_{r_1}^2} \right)$$

或

$$\frac{y_1}{y_2} = \frac{1}{2} \left(-1 + \sqrt{1 + 8F_{r_2}^2} \right)$$

式中，y_1 = 水躍前之水深

y_2 = 水躍後之水深

$$F_{r_1} = \frac{V_1}{\sqrt{g y_1}}$$

$$F_{r_2} = \frac{V_2}{\sqrt{g y_2}}$$

2. 水躍能量損失

$$E_L = E_1 - E_2 = (y_2 - y_1)^3 / 4y_1 y_2$$

3. 相對能量損失

$$\frac{E_L}{E_1} = \frac{(E_1 - E_2)}{E_1} = \frac{(-3 + \sqrt{1 + 8F_{r_1}^2})^3}{8(2 + F_{r_1}^2)(-1 + \sqrt{1 + 8F_{r_1}^2})}$$

4. 相對水躍高度

$$(y_2 - y_1)/E_1$$

5. 水躍效率

$$\frac{E_2}{E_1} = \frac{(8F_{r_1}^2 + 1)^{\frac{3}{2}} - 4F_{r_1}^2 + 1}{8F_{r_1}^2(2 + F_{r_1}^2)}$$

三、水躍型式之分類

依水躍前水流之福祿數 F_{r_1} 之大小，水躍可分成五種型式：

1. 波狀水躍（undular jump）：$1.0 < F_{r_1} \le 1.7$

     水面形成漣漪（ripple）之波狀前進。

2. 弱水躍（weak jump）：$1.7 < F_{r_1} \le 2.5$

     水面形成一串小滾動，下游則甚平穩。

3. 搖擺水躍（oscillating jump）：$2.5 < F_{r_1} \le 4.5$

     渠流內部有射流，衝擊水面及渠底。

4. 穩定水躍（steady jump）：$4.5 < F_{r_1} \le 9$

     水表面有強烈滾動之渦流，但整個水躍位置則甚固定。

5. 強烈水躍（strong jump）：$F_{r_1} > 9$

     除有強大滾動之水流渦漩於水躍處外，下游水面波動甚劇。

四、非定型渠道水躍發生位置

1. 利用比能方程式分別求出上、下游比能。

2. 假設距離 x 發生水躍，由 x 求 $B(x)$，再求上、下游滿足比能之低、高

水深。

3. 代入比力方程式，若上、下游之比力相等，則 x 即為水躍發生位置。

　　若比力不等，再假設另一個 x 值，重複步驟 2。

五、非矩形斷面渠道之水躍

　　由動量方程式或比力相等，可推導得共軛水深 y_1 及 y_2 之關係式：

$$\frac{A_2}{A_1}\frac{\overline{y}_2}{\overline{y}_1} - 1 = F_{r_1}^2\left(\frac{A_1/T_1}{\overline{y}_1}\right)\left(1 - \frac{A_1}{A_2}\right)$$

　　其中，$F_{r_1}^2 = Q^2 T_1/gA_1^3$，

　　　　$\overline{y}_1$ 及 $\overline{y}_2$ 為斷面 1 及 2 之形心深度，與水深 y_1 及 y_2 有關。

六、斜坡水躍（jump on a sloping floor）

　　假設靜水壓力分佈，且取單位寬度分析

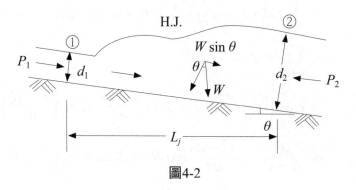

圖4-2

　　動量方程式：

$$P_1 - P_2 + W\sin\theta = M_2 - M_1 \cdots\cdots\cdots\cdots\cdots\cdots\cdots\cdots\text{①}$$

　　式中，$P_1 = \dfrac{1}{2}\gamma d_1^2\cos\theta$

$$P_2 = \frac{1}{2}\gamma d_2^2 \cos\theta$$

$$W = \frac{1}{2}\gamma L_j K(d_1 + d_2) \text{，} K \text{ 為形狀及斜坡修正因子}$$

$$M_2 = \beta_2 \rho q V_2 = \rho q V_2 \text{（取 } \beta_2 = 1\text{）}$$

$$M_1 = \beta_1 \rho q V_1 = \rho q V_1 \text{（取 } \beta_1 = 1\text{）}$$

連續方程式

$$q = V_1 d_1 = V_2 d_2$$

$$\Rightarrow V_1 = \frac{q}{d_1}, \; V_2 = \frac{q}{d_2} \cdots\cdots\cdots\cdots\cdots\cdots\cdots\cdots\cdots\cdots ②$$

②式代入①式，得

$$\frac{1}{2}\gamma \cos\theta \, (d_1^2 - d_2^2) + \frac{1}{2}\gamma L_j K \sin\theta \, (d_1 + d_2)$$

$$= \rho q^2 \left(\frac{1}{d_2} - \frac{1}{d_1} \right)$$

$$\Rightarrow \frac{1}{2}\cos\theta \, (d_1^2 - d_2^2) + \frac{1}{2}L_j K \sin\theta \, (d_1 + d_2)$$

$$= \frac{q^2}{g d_1^3} \times d_1^3 \times \frac{d_1 - d_2}{d_1 d_2}$$

$$\Rightarrow \cos\theta \left(\frac{d_1^2 - d_2^2}{d_1^2} \right) + L_j K \sin\theta \, \frac{d_1 + d_2}{d_1^2} = 2F_{r_1}^2 \left(\frac{d_1 - d_2}{d_2} \right)$$

$$\Rightarrow \frac{d_2}{d_1 - d_2} \times \frac{d_1^2 - d_2^2}{d_1^2} \left(\cos\theta + L_j K \sin\theta \times \frac{1}{d_1 - d_2} \right) = 2F_{r_1}^2$$

$$\Rightarrow \left(\frac{d_2}{d_1} \right)^2 + \frac{d_2}{d_1} = \frac{2F_{r_1}^2}{\cos\theta - \dfrac{K L_j \sin\theta}{d_2 - d_1}}$$

$$令 \quad G^2 = \frac{F_{r_1}^2}{\cos\theta - \dfrac{K L_j \sin\theta}{d_2 - d_1}} \quad 代入上式$$

$$\Rightarrow \left(\frac{d_2}{d_1}\right)^2 + \frac{d_2}{d_1} - 2G^2 = 0$$

$$\therefore \quad \frac{d_2}{d_1} = \frac{1}{2}\left(-1 + \sqrt{1 + 8G^2}\right)$$

七、傾角水躍（oblique jump）

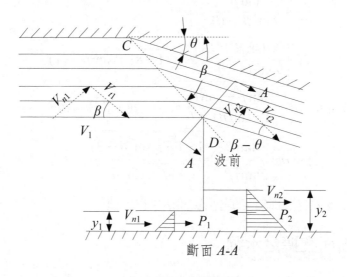

斷面 *A-A*

圖4-3

水躍前之流速為 V_1，垂直於波前之流速為 $V_{n_1} = V_1 \sin\beta$，故水躍以垂直於波前之福祿數 F_{n_1} 為

$$F_{n_1} = \frac{V_{n_1}}{\sqrt{gy_1}} = \frac{V_1 \sin\beta}{\sqrt{gy_1}} = F_{r_1} \sin\beta$$

因此，

$$\frac{y_2}{y_1} = \frac{1}{2}\left(-1 + \sqrt{1 + 8F_{n_1}^2}\right) = \frac{1}{2}\left(-1 + \sqrt{1 + 8F_{r_1}^2 \sin^2\beta}\right)$$

又由圖 4-3 得知：

$$V_{n_1} = V_{t_1} \tan\beta, \; V_{n_2} = V_{t_2} \tan(\beta - \theta)$$

由於平行於波前方向無動量變化，故 $V_{t_1} = V_{t_2}$，即

$$\frac{V_{n_1}}{V_{n_2}} = \frac{\tan\beta}{\tan(\beta - \theta)}$$

由連續方程式：$V_{n_1} y_1 = V_{n_2} y_2$ 代入上式，則

$$\frac{y_2}{y_1} = \frac{\tan\beta}{\tan(\beta - \theta)}$$

$$\therefore \boxed{\frac{\tan\beta}{\tan(\beta - \theta)} = \frac{1}{2}\left(\sqrt{1 + 8F_{r_1}^2 \sin^2\beta} - 1\right)}$$

將 $\tan(\beta - \theta) = \dfrac{\tan\beta - \tan\theta}{1 + \tan\beta\tan\theta}$ 代入上式，整理可得

$$\boxed{\tan\theta = \frac{\tan\beta\left(\sqrt{1 + 8F_{r_1}^2 \sin^2\beta} - 3\right)}{2\tan^2\beta + \sqrt{1 + 8F_{r_1}^2 \sin^2\beta} - 1}}$$

當 θ 及 F_{r_1} 已知時，即可由試誤法求得 β 值。

八、斷面突擴之水躍

假設：1.斷面 1 至 3 之間摩擦阻力可忽略

2.動量修正係數 $\beta_1 = \beta_3 = 1$

3.水深 $y_1 = y_2$

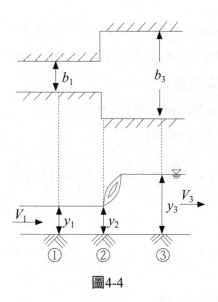

圖4-4

應用連續方程式及動量方程式可推導得

$$F_{r_1}^2 = \frac{\dfrac{b_3}{b_1}\dfrac{y_3}{y_1}\left[1-\left(\dfrac{y_3}{y_1}\right)^2\right]}{2\left(\dfrac{b_1}{b_3}-\dfrac{y_3}{y_1}\right)}$$

九、底床突升之水躍

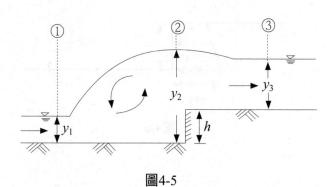

圖4-5

1. 斷面 1 及 2 間用動量方程式，並求出作用在底床突出部分之水平力。

2. 將 1 所得之結果應用在斷面 2 及 3 間之動量方程式。

3. 應用連續方程式於各斷面。

4. 不可令 $y_2 = y_3 + h$ 除非題目給定此條件。

   應用上述方法，可推導得到

$$F_{r_1}^2 = \left[1 - \frac{2hy_2}{y_1^2} + \left(\frac{h}{y_1} \right)^2 - \left(\frac{y_3}{y_1} \right)^2 \right] \Big/ 2 \left(\frac{y_1}{y_3} - 1 \right)$$

或

$$\left(\frac{y_3}{y_1} \right)^2 = 1 + 2F_{r_1}^2 \left(1 - \frac{y_1}{y_3} \right) + \frac{h}{y_1} \left(\frac{h}{y_1} + 1 - \sqrt{1 + 8F_{r_1}^2} \right)$$

十、底床突降之水躍

1. 水躍發生在上游端

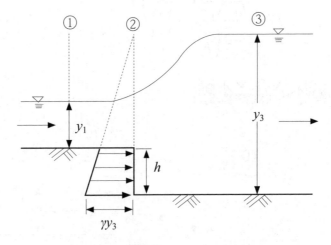

圖4-6

$$F_{r_1}^2 = \frac{\left(\dfrac{y_3}{y_1} - \dfrac{h}{y_1}\right)^2 - 1}{2\left(1 - \dfrac{y_1}{y_3}\right)}$$

2. 水躍發生在下游端

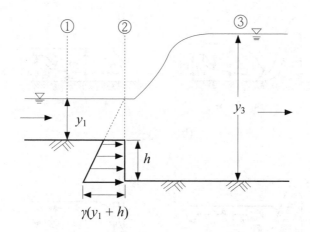

圖4-7

$$F_{r_1}^2 = \frac{\left(\dfrac{y_3}{y_1}\right)^2 - \left(1 + \dfrac{h}{y_1}\right)^2}{2\left(1 - \dfrac{y_1}{y_3}\right)}$$

十一、水躍發生位置

1. 水流經溢洪道或下射式閘門之後，發生水躍之位置，視下游尾水深

（y_2'）而定，可分為如下圖4-8中三種情形：

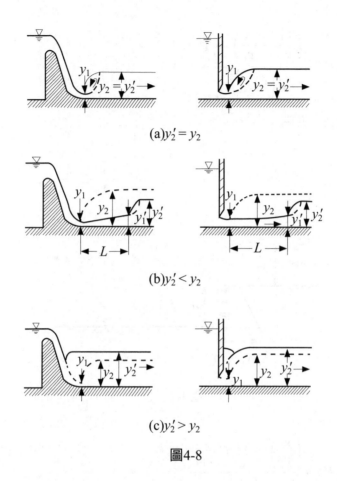

(a)$y_2' = y_2$

(b)$y_2' < y_2$

(c)$y_2' > y_2$

圖4-8

(1)當尾水水深與共軛水深相等（即 $y_2' = y_2$），水躍發生於溢洪道趾部或下射式閘門水深收縮處，如圖 4-8(a) 所示。

$$y_2' = y_2 = \frac{y_1}{2}\left(-1 + \sqrt{1 + 8F_{r_1}^2}\right)$$

(2)當尾水水深小於共軛水深（即 $y_2' < y_2$），水流仍以超臨界流繼續向下游流動一段距離，經由摩擦阻力消耗部分能量，使水深上升至與尾水深形成新的共軛關係之 y_1' 為止，如圖 4-8(b) 所示。

$$y_1' = \frac{y_2'}{2}(-1 + \sqrt{1 + 8F_{r_2}^2}), E_1' = y_1' + \frac{q^2}{2gy_1'^2}$$

$$E_1 = y_1 + \frac{q^2}{2gy_1^2}, S_f = \frac{n^2 V^2}{1.486^2 R^{\frac{4}{3}}}$$

$$L = (E_1' - E_1)/(S_0 - \bar{S}_f), \bar{S}_f = \frac{1}{2}(S_{f1} + S_{f1}')$$

(3)當尾水水深大於共軛水深（即 $y_2' > y_2$ ），水躍即被浸沒
（submergence）或淹沒（drowning），如上圖4-8(c)所示。

2. 水流自陡坡流向緩坡發生水躍時，其水躍發生位置可能在緩坡（如下
圖4-9(a)或可能在陡坡（如下圖4-9(b)）。

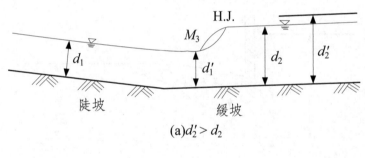

(a)$d_2' > d_2$

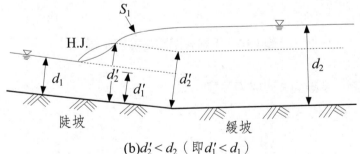

(b)$d_2' < d_2$（即$d_1' < d_1$）

圖4-9　水躍發生之可能位置

圖 4-9 中，d_2' 為 d_1 之共軛水深；d_2 為 d_1' 之共軛水深。水躍發生位置之

判別方法有二：

(1)若陡坡正常水深 d_1 之共軛水深 d_2' 大於緩坡之正常水深 d_2，則水躍
發生在緩坡；反之，則發生在陡坡。即

$$d_2' > d_2 \Rightarrow \text{緩坡；} d_2' < d_2 \Rightarrow \text{陡坡}$$

(2)若陡坡段之比力 M_1 大於緩坡段之比力 M_2，則水躍發生在緩坡；反
之，則發生在陡坡。即

$$M_1 > M_2 \Rightarrow \text{緩坡；} M_1 < M_2 \Rightarrow \text{陡坡}$$

十二、淹沒水躍（drowned or submerged hydraulic jump）

考慮一水平、矩形斷面渠道，如下圖4-10所示。

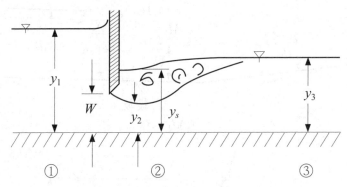

圖4-10　下射式閘門之淹沒水躍

斷面 1 及斷面 2 比能 E 不變，即

$$E_1 = E_2$$

$$\Rightarrow y_1 + \frac{q^2}{2gy_1^2} = y_s + \frac{q^2}{2gy_2^2}$$

斷面 2 及斷面 3 比力 M 不變，即

$$M_2 = M_3$$

$$\Rightarrow \frac{q^2}{gy_2} + \frac{y_s^2}{2} = \frac{q^2}{gy_3} + \frac{y_3^2}{2}$$

浸沒水躍之能量損失：

$$\Delta E = E_2 - E_3$$

$$= \left(y_s + \frac{q^2}{2gy_2^2} \right) - \left(y_3 + \frac{q^2}{2gy_3^2} \right)$$

上列諸式中須注意與靜水壓力項有關者，水深須用 y_s 而非 y_2，因浸沒後斷面 2 之壓力增加，且將導致流量減少。

● 精選例題

例1　一水躍發生於一 10ft 寬之矩形斷面渠道，水深由 3.0ft 變成 5.2ft，試求其流速？

解

$$y_1 = 3.0\text{ft}, \ y_2 = 5.2\text{ft}$$

$$y_2 = \frac{y_1}{2} \left(-1 + \sqrt{1 + 8\frac{V_1^2}{gy_1}} \right)$$

$$\Rightarrow 5.2 = \frac{3.0}{2} \left(-1 + \sqrt{1 + 8\frac{V_1^2}{32.2 \times 3}} \right)$$

$$\Rightarrow V_1 = 15.13\text{(ft/s)}$$

由 C.E.：$A_1 V_1 = A_2 V_2$

$$\Rightarrow 10 \times 3 \times 15.13 = 10 \times 5.2 \times V_2$$

$$\Rightarrow V_2 = 8.73\text{(ft/s)}$$

即水躍前之流速為 15.13ft/s，水躍後之流速為 8.73ft/s

例2 如下圖，水流經閘門之損失不計，$y_0 = 20\text{ft}$, $y_1 = 2\text{ft}$, $\dfrac{V_0^2}{2g}$ 可略而不計，求 y_2 及 ΔE，並解釋 $\dfrac{V_0^2}{2g}$ 為何可以不計？

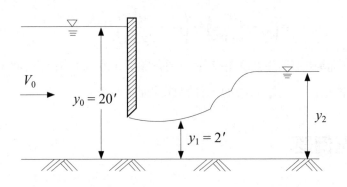

解

C. E.：$V_0 y_0 = V_1 y_1 \Rightarrow V_0 \times 20 = V_1 \times 2 \Rightarrow V_0 = \dfrac{1}{10} V_1$

$$\therefore \quad V_0^2 = \dfrac{1}{100} V_1^2$$

故忽略 $\dfrac{V_0^2}{2g}$ 僅有 1% 誤差，因此可不計。

E. E.：$\dfrac{V_0^2}{2g} + y_0 = \dfrac{V_1^2}{2g} + y_1$

$$\Rightarrow \dfrac{V_1^2}{2g} = y_0 - y_1 = 20 - 2 = 18$$

$$\therefore \quad V_1 = \sqrt{2 \times 32.2 \times 18} = 34.05(\text{ft/s})$$

$$y_2 = \dfrac{y_1}{2}\left(-1 + \sqrt{1 + 8\dfrac{V_1^2}{g y_1}}\right)$$

$$= \frac{2}{2} \left(-1 + \sqrt{1 + 8\frac{34.05^2}{32.2 \times 2}} \right) = 11.04 \text{(ft)}$$

$$\Delta E = (y_2 - y_1)^3 / 4y_1 y_2$$

$$= (11.04 - 2)^3 / (4 \times 2 \times 11.04) = 8.36 \text{(ft)}$$

例3 一矩形斷面渠道，寬 8ft，流量 100cfs，水深 0.5ft，連接至 10ft 寬之矩形斷面渠道，若漸變段之側壁仍保持直立，下游渠道水深為 4ft。忽略所有摩擦損失，求水躍發生之位置。

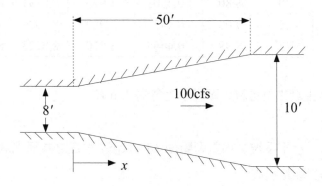

解

水躍發生於比力　$F_1 = F_2$

$B_1 = 8\text{ft}, y_1 = 0.5\text{ft}, B_2 = 10\text{ft}, y_2 = 4\text{ft}$

$L = 50\text{ft}, Q = 100\text{cfs}, B(x) = 8 + \dfrac{x}{25}$

$$E = y + \frac{Q^2}{2gB^2 y^2} = y + \frac{100^2}{2 \times 32.2 \times B^2 \times y^2} = y + \frac{155.28}{B^2 y^2}$$

$$E_1 = 0.5 + \frac{155.28}{64 \times 0.5^2} = 10.2 \text{(ft)} = y_1 + \frac{155.28}{B^2 y_1^2}$$

$$E_2 = 4 + \frac{155.28}{100 \times 4^2} = 4.1(\text{ft}) = y_2 + \frac{155.28}{B^2 y_2^2}$$

$$F_1 = \frac{q_1^2}{g y_1} + \frac{1}{2} y_1^2 = \frac{(100/B)^2}{32.2 \times y_1} + \frac{1}{2} y_1^2 = \frac{310.56}{B^2 y_1} + 0.5 y_1^2$$

$$F_2 = \frac{q_2^2}{g y_2} + \frac{1}{2} y_2^2 = \frac{(100/B)^2}{32.2 \times y_2} + \frac{1}{2} y_2^2 = \frac{310.56}{B^2 y_2} + 0.5 y_2^2$$

距離 $x(\text{ft})$	寬度 $B(\text{ft})$	低水深 $y_1(\text{ft})$	高水深 $y_2(\text{ft})$	比力 F_1	比力 F_2
20	8.80	0.450	3.975	9.0131	8.9092
25	9.00	0.443	3.980	8.7529	8.8835
22	8.88	0.449	3.970	8.8723	8.8725

故水躍發生位置為距漸變段上游端 22ft 處。

例4 求一水平渠坡之指數型斷面 $(A = k_1 y^a)$ 渠道之共軛水深表示式及相對能量損失。

解

$$A = k_1 y^a$$

$$\Rightarrow T = \frac{dA}{dy} = k_1 a y^{a-1}$$

$$\therefore \quad \frac{A}{T} = \frac{y}{a}$$

$$\bar{y} = \frac{1}{A} \int_0^y t\,(y - h)\,dh \, , \, t\,為水深\,h\,時之水面寬。$$

$$\Rightarrow \bar{y} = \frac{1}{A} \int_0^y k_1 a h^{a-1}\,(y - h)\,dh$$

$$= y/(a + 1)$$

由比力相等，得

$$\frac{Q^2}{gA} + A_1 \bar{y}_1 = \frac{Q^2}{gA_2} + A_2 \bar{y}_2$$

$$\Rightarrow A_2 \bar{y}_2 - A_1 \bar{y}_1 = \frac{Q^2}{g}\left(\frac{1}{A_1} - \frac{1}{A_2}\right)$$

$$\Rightarrow A_1 \bar{y}_1 \left(\frac{A_2 \bar{y}_2}{A_1 \bar{y}_1} - 1\right) = \frac{Q^2}{g}\left(\frac{A_2 - A_1}{A_1 A_2}\right)$$

令 $F_{r_1}^2 = \dfrac{Q^2 T_1}{g A_1^3}$ 表福祿數

$$\Rightarrow \frac{A_2}{A_1} - \frac{\bar{y}_2}{\bar{y}_1} - 1 = F_{r_1}^2\left(\frac{A_1/T_1}{\bar{y}_1}\right)\left(1 - \frac{A_1}{A_2}\right)$$

將 $T_1, A_1, A_2, \bar{y}_1, \bar{y}_2$ 代入上式，得

$$\frac{y_2^a}{y_1^a} \times \frac{y_2}{y_1} - 1 = F_{r_1}^2 \frac{y_1/a}{y_1/(a+1)}\left(1 - \frac{y_1^a}{y_2^a}\right)$$

$$\Rightarrow \boxed{\left(\frac{y_2}{y_1}\right)^{a+1} - 1 = F_{r_1}^2\left(\frac{a+1}{a}\right)\left[1 - \left(\frac{y_1}{y_2}\right)^a\right]}$$

$$E_L = E_1 - E_2 = (y_1 - y_2) + \frac{Q^2}{2g}\left(\frac{1}{A_1^2} - \frac{1}{A_2^2}\right)$$

$$\Rightarrow \boxed{\frac{E_L}{E_1} = \frac{2a\left(1 - \dfrac{y_2}{y_1}\right) + F_{r_1}^2\left[1 - \left(\dfrac{y_1}{y_2}\right)^{2a}\right]}{2a + F_{r_1}^2}}$$

例5　若 F_{r_1} 及 F_{r_2} 分別表矩形斷面渠道中發生水躍前後之水流福祿數，證明其間之關係式可表成下式：

$$(1) F_{r_2}^2 = \frac{8F_{r_1}^2}{(-1 + \sqrt{1 + 8F_{r_1}^2})^3}$$

$$(2)F_{r_1}^2 = \frac{8F_{r_2}^2}{(-1+\sqrt{1+8F_{r_2}^2})^3}$$

解

(1)水躍之共軛水深可表為

$$\frac{y_2}{y_1} = \frac{1}{2}(-1+\sqrt{1+8F_{r_1}^2})$$

又　$F_{r_1}^2 = \frac{q^2}{gy_1^3}, \ F_{r_2}^2 = \frac{q^2}{gy_2^3}$

$$\Rightarrow \left(\frac{y_2}{y_1}\right)^3 = \frac{F_{r_1}^2}{F_{r_2}^2}$$

$$\therefore \ \left(\frac{y_2}{y_1}\right)^3 = \frac{1}{8}(-1+\sqrt{1+8F_{r_1}^2})^3 = \frac{F_{r_1}^2}{F_{r_2}^2}$$

$$\Rightarrow F_{r_2}^2 = \frac{8F_{r_1}^2}{(-1+\sqrt{1+8F_{r_1}^2})^3}$$

(2)將共軛水深關係式表成

$$\frac{y_1}{y_2} = \frac{1}{2}(-1+\sqrt{1+8F_{r_2}^2})$$

且　$F_{r_1}^2 = \frac{q^2}{gy_1^3}, \ F_{r_2}^2 = \frac{q^2}{gy_2^3}$

$$\Rightarrow \left(\frac{y_1}{y_2}\right)^3 = \frac{F_{r_2}^2}{F_{r_1}^2}$$

$$\therefore \ \left(\frac{y_1}{y_2}\right)^3 = \frac{1}{8}(-1+\sqrt{1+8F_{r_2}^2})^3 = \frac{F_{r_2}^2}{F_{r_1}^2}$$

$$\Rightarrow F_{r_1}^2 = \frac{8F_{r_2}^2}{(-1+\sqrt{1+8F_{r_2}^2})^3}$$

例6 試推導水躍效率（Efficiency of hydraulic jump）表示式如下：

$$\frac{E_2}{E_1} = \frac{(8F_1^2+1)^{\frac{3}{2}} - 4F_1^2 + 1}{8F_1^2(2+F_1^2)}$$

解

$$\frac{E_2}{E_1} = \frac{y_2 + \dfrac{V_2^2}{2g}}{y_1 + \dfrac{V_1^2}{2g}} = \frac{y_2 + \dfrac{q^2}{2gy_2^2}}{y_1 + \dfrac{q^2}{2gy_1^2}}$$

$$\because \quad \frac{q^2}{gy_1y_2} = \frac{1}{2}(y_1+y_2)$$

$$\therefore \quad \frac{E_2}{E_1} = \frac{y_2 + \dfrac{1}{4}\dfrac{y_1}{y_2}(y_1+y_2)}{y_1 + \dfrac{1}{4}\dfrac{y_2}{y_1}(y_1+y_2)}$$

同除以 y_1：

$$\Rightarrow \frac{E_2}{E_1} = \frac{\dfrac{y_2}{y_1} + \dfrac{1}{4}\dfrac{y_1}{y_2}\left(\dfrac{y_2}{y_1}+1\right)}{1 + \dfrac{1}{4}\dfrac{y_2}{y_1}\left(\dfrac{y_2}{y_1}+1\right)} \quad \text{又} \quad \left(\frac{y_2}{y_1}\right)^2 + \frac{y_2}{y_1} = 2F_1^2$$

$$= \frac{\dfrac{y_2}{y_1} + \dfrac{1}{4}\left(\dfrac{y_1}{y_2}\right)\left(\dfrac{y_2}{y_1}+1\right)}{1 + \dfrac{1}{4}(2F_1^2)}$$

引入 $\dfrac{y_2}{y_1} = \dfrac{1}{2}(-1+\sqrt{8F_1^2+1})$

$$\Rightarrow \frac{E_2}{E_1} = \frac{\dfrac{1}{2}(-1+\sqrt{8F_1^2+1}) + \dfrac{1}{4} \times \dfrac{2}{-1+\sqrt{8F_1^2+1}} \times (1+\sqrt{8F_1^2+1}) \times \dfrac{1}{2}}{1 + \dfrac{1}{2}F_1^2}$$

$$= \frac{\frac{1}{2}[(-1+\sqrt{8F_1^2+1})^2 + \frac{1}{2}(1+\sqrt{8F_1^2+1})]}{\frac{1}{2}(2+F_1^2)(-1+\sqrt{8F_1^2+1})}$$

$$= \frac{\left(1 - 2\sqrt{8F_1^2+1} + 8F_1^2 + 1 + \frac{1}{2} + \frac{1}{2}\sqrt{8F_1^2+1}\right)(-1-\sqrt{8F_1^2+1})}{(2+F_1^2)[(-1)^2 - (8F_1^2+1)]}$$

$$= \frac{\frac{5}{2} + 8F_1^2 - \frac{3}{2}\sqrt{8F_1^2+1} + \frac{5}{2}\sqrt{8F_1^2+1} + 8F_1^2\sqrt{8F_1^2+1} - \frac{3}{2}(8F_1^2+1)}{-8F_1^2(2+F_1^2)}$$

$$= \frac{(8F_1^2+1)^{\frac{3}{2}} - 4F_1^2 + 1}{8F_1^2(2+F_1^2)}$$

例7 試推導水躍之相對高度（relative hydraulic jump height）表示式如下：

$$\frac{h_j}{E_1} = \frac{y_2 - y_1}{E_1} = \frac{\sqrt{8F_1^2+1} - 3}{2+F_1^2}$$

解

$$\frac{y_2 - y_1}{E_1} = \frac{y_2 - y_1}{y_1 + \frac{q^2}{2gy_1^2}} = \frac{y_2 - y_1}{y_1 + \frac{1}{2y_1^2} \times \frac{1}{2}y_1 y_2(y_1 + y_2)}$$

同除以 y_1

$$= \frac{\frac{y_2}{y_1} - 1}{1 + \frac{1}{4}\frac{y_2}{y_1}\left(1 + \frac{y_2}{y_1}\right)} = \frac{\frac{y_2}{y_1} - 1}{1 + \frac{1}{2}F_1^2}$$

$$= \frac{\frac{1}{2}(-1 + \sqrt{8F_1^2+1} - 2)}{\frac{1}{2}(2+F_1^2)} = \frac{\sqrt{8F_1^2+1} - 3}{2+F_1^2}$$

例8 一靜水池後連接一底床抬高 h 之矩形水平渠道，且在池內發生水躍如下圖所示。假設斷面 1，2 及 3 均為靜水壓力分佈，試證明 y_1 及 y_3 滿足下式：

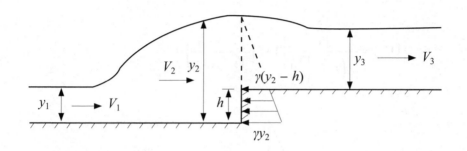

$$\left(\frac{y_3}{y_1}\right)^2 = 1 + 2F_1^2\left(1 - \frac{y_1}{y_3}\right) + \frac{h}{y_1}\left(\frac{h}{y_1} - \sqrt{1 - 8F_1^2} + 1\right)$$

解

假設底床摩擦阻力 F_f 可忽略

C.E.：$q = V_1 y_1 = V_3 y_3$

M.E.：$\rho q(V_3 - V_1) = P_1 - P_2 - P_3 - F_f$

$$\Rightarrow \rho V_1 y_1 V_1\left(\frac{y_1}{y_3} - 1\right) = \frac{1}{2}\gamma y_1^2 - \frac{1}{2}\gamma\,[y_2 + (y_2 - h)]h - \frac{1}{2}\gamma y_3^2$$

$$\Rightarrow \frac{V_1^2}{g y_1}\left(\frac{y_1}{y_3} - 1\right) = \frac{1}{2}\left[1 - \frac{h}{y_1}\left(\frac{2y_2}{y_1} - \frac{h}{y_1}\right) - \left(\frac{y_3}{y_1}\right)^2\right]$$

$$\Rightarrow \boxed{F_1^2 = \frac{1}{2}\left[1 - \frac{2hy_2}{y_1^2} + \frac{h^2}{y_1^2} - \left(\frac{y_3}{y_1}\right)^2\right]\bigg/\left(\frac{y_1}{y_3} - 1\right)}$$

or $2\left(\dfrac{y_1}{y_3} - 1\right)F_1^2 = 1 - \dfrac{h}{y_1}\cdot\dfrac{2y_2}{y_1} + \dfrac{h^2}{y_1^2} - \left(\dfrac{y_3}{y_1}\right)^2$

$$= 1 + \frac{h}{y_1} \times (-\sqrt{1 + 8F_1^2} + 1) + \frac{h^2}{y_1^2} - \left(\frac{y_3}{y_1}\right)^2$$

$$\Rightarrow \left(\frac{y_3}{y_1}\right)^2 = 1 + 2F_1^2\left(1 - \frac{y_1}{y_3}\right) + \frac{h}{y_1}\left(\frac{h}{y_1} - \sqrt{1 + 8F_1^2} + 1\right)$$

例9　證明突降渠道發生水躍時，滿足下列各式：

$$(1)F_{r_1}^2 = \frac{\dfrac{y_3}{y_1}}{2\left(1 - \dfrac{y_3}{y_1}\right)}\left[1 - \left(\frac{y_3}{y_1} - \frac{h}{y_1}\right)^2\right]$$

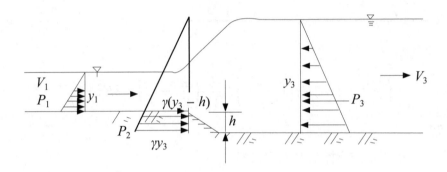

$$(2)F_{r_1}^2 = \frac{\dfrac{y_3}{y_1}}{2\left(1 - \dfrac{y_3}{y_1}\right)}\left[\left(1 + \frac{h}{y_1}\right)^2 - \left(\frac{y_3}{y_1}\right)^2\right]$$

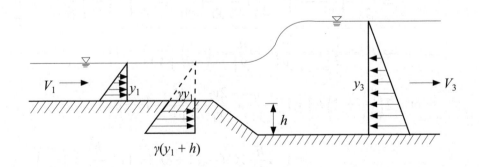

解

(1)C. E.：$q = V_1 y_1 = V_3 y_3$

M. E.：$\rho q(V_3 - V_1) = P_1 + P_2 - P_3$

$$\Rightarrow \rho V_1 y_1 \left(\frac{V_1 y_1}{y_3} - V_1 \right) = \frac{1}{2}\gamma y_1^2 + \frac{1}{2}\gamma[(y_3 - h) + y_3]\,h - \frac{1}{2}\gamma y_3^2$$

二邊同除以 γy_1^2：

$$\Rightarrow \frac{V_1^2}{g y_1}\left(\frac{y_1}{y_3} - 1\right) = \frac{1}{2}\left[1 + \frac{h}{y_1}\left(\frac{2y_3}{y_1} - \frac{h}{y_1}\right) - \left(\frac{y_3}{y_1}\right)^2\right]$$

$$= \frac{1}{2}\left[1 - \left(\left(\frac{y_3}{y_1}\right)^2 - \frac{2hy_3}{y_1^2} + \frac{h^2}{y_1^2}\right)\right]$$

$$= \frac{1}{2}\left[1 - \left(\frac{y_3}{y_1} - \frac{h}{y_1}\right)^2\right]$$

$$\therefore \quad \boxed{F_{r_1}^2 = \frac{1}{2}\,\frac{\dfrac{y_3}{y_1}}{1 - \dfrac{y_3}{y_1}}\left[1 - \left(\frac{y_3}{y_1} - \frac{h}{y_1}\right)^2\right]}$$

(2)C. E.：$q = V_1 y_1 = V_3 y_3$

M. E.：$\rho q(V_3 - V_1) = P_1 + P_2 - P_3$

$$\Rightarrow \rho V_1 y_1 \cdot V_1\left(\frac{y_1}{y_3} - 1\right) = \frac{1}{2}\gamma y_1^2 + \frac{1}{2}\gamma\,[y_1 + (y_1 + h)] \cdot h - \frac{1}{2}\gamma y_3^2$$

$$\Rightarrow \frac{V_1^2}{g y_1}\left(\frac{y_1}{y_3} - 1\right) = \frac{1}{2}\left(1 + \frac{2h}{y_1} + \frac{h^2}{y_1^2} - \frac{y_3^2}{y_1^2}\right) = \frac{1}{2}\left[\left(1 + \frac{h}{y_1}\right)^2 - \frac{y_3^2}{y_1^2}\right]$$

$$\therefore \quad \boxed{F_{r_1}^2 = \frac{1}{2}\,\frac{\dfrac{y_3}{y_1}}{1 - \dfrac{y_3}{y_1}}\left[\left(1 + \frac{h}{y_1}\right)^2 - \frac{y_3^2}{y_1^2}\right]}$$

例10 一水平矩形渠道發生傾斜水躍如下圖，已知水深 $y_1 = 10$ft，流速 $V_1 = 107.8$ft/s，福祿數 $F_{r_1} = 6.0$，$\beta = 30°$，能量係數 $\alpha = 1$，求水深 y_2，傾角 θ，下游渠寬 W_2，流速 V_2，福祿數 F_{r2}，水頭損失 H_L 及能量之消耗率各為多少？

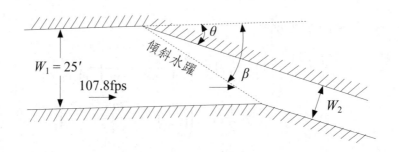

解

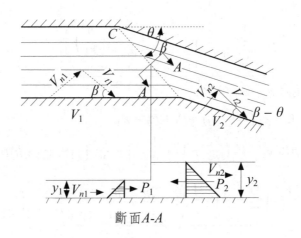

斷面A-A

$$y_2 = \frac{y_1}{2}\left(-1 + \sqrt{1 + 8F_{r_1}^2 \sin^2\beta}\right)$$

$$= \frac{10}{2}\left(-1 + \sqrt{1 + 8 \times 36 \times 0.5^2}\right) = 37.72(\text{ft})$$

$$\frac{y_2}{y_1}=\frac{\tan\beta}{\tan(\beta-\theta)}\Rightarrow\frac{37.72}{10}=\frac{\tan30°}{\tan(30°-\theta)} \qquad \therefore\theta=21.3°$$

$\because \quad V_{t1}=V_{t2}\Rightarrow V_1\cos\beta=V_2\cos(\beta-\theta)$

$\Rightarrow \quad 107.8\times\cos30°=V_2\cos(30°-21.3°)$

$\therefore \quad V_2=94.44(\text{ft/s})$

$$F_{r_2}=\frac{V_2}{\sqrt{gy_2}}=\frac{94.44}{\sqrt{32.2\times37.72}}=2.71$$

C. E. ： $V_1W_1y_1=V_2W_2y_2$

$\Rightarrow \quad 107.8\times25\times10=94.44\times W_2\times37.72$

$\therefore \quad W_2=7.57(\text{ft})$

$$H_L=E_1-E_2=\left(y_1+\frac{V_1^2}{2g}\right)-\left(y_2+\frac{V_2^2}{2g}\right)$$

$$=10+\frac{107.8^2}{64.4}-\left(37.72+\frac{94.44^2}{64.4}\right)$$

$$=190.45-176.21$$

$$=14.24(\text{ft})$$

能量消散率 $=\dfrac{H_L}{E_1}=\dfrac{14.24}{190.45}=0.075=7.5\%$

例11 應用動量原理與連續方程式，證明發生在下射式閘門出口處而
進入矩形渠槽中之浸沒水躍（Submerged Hydraulic Jump）方程
式為

$$\frac{y_s}{y_2}=\sqrt{1+2F_2^2\left(1-\frac{y_2}{y_1}\right)}$$

如下圖所示：

y_s：浸沒水深，y_1：閘門開度，y_2：尾水深度，$F_2^2 = \dfrac{q^2}{g y_2^3}$，$q =$ 單

位渠寬之流量，渠床摩擦阻力 F_f 可忽略不計。

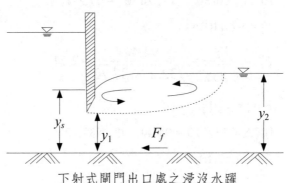

下射式閘門出口處之浸沒水躍

解

C. E.：$q = V_1 y_1 = V_2 y_2 \Rightarrow V_1 = \dfrac{q}{y_1}$，$V_2 = \dfrac{q}{y_2}$

M. E.：$\dfrac{1}{2}\gamma y_s^2 - \dfrac{1}{2}\gamma y_2^2 = \rho q\,(V_2 - V_1)$

$$\Rightarrow y_s^2 - y_2^2 = \dfrac{2q}{g}\left(\dfrac{q}{y_2} - \dfrac{q}{y_1}\right) = \dfrac{2q^2}{g}\left(\dfrac{1}{y_2} - \dfrac{1}{y_1}\right)$$

同除以 $y_2^2 \Rightarrow \dfrac{y_s^2}{y_2^2} - 1 = \dfrac{2q^2}{g y_2^2}\left(\dfrac{1}{y_2} - \dfrac{1}{y_1}\right) = \dfrac{2q^2}{g y_2^3}\left(1 - \dfrac{y_2}{y_1}\right)$

$$\Rightarrow \dfrac{y_s^2}{y_2^2} = 2F_2^2\left(1 - \dfrac{y_2}{y_1}\right) + 1$$

$$\Rightarrow \dfrac{y_s}{y_2} = \pm\sqrt{1 + 2F_2^2\left(1 - \dfrac{y_2}{y_1}\right)}$$

$\because\ \ y_s > 0,\, y_2 > 0$

$\therefore\ \ $ 負值不合，祇取正值

$$故 \quad \frac{y_s}{y_2} = \sqrt{1 + 2F_2^2\left(1 - \frac{y_2}{y_1}\right)}$$

例12 一寬矩形斷面渠道（$n = 0.025$），坡度由 $S_1 = 0.01$ 變化至 $S_2 = 0.002$，於下游段均勻流之水深為 5ft，求水躍發生位置。

解

$n = 0.025, S_1 = 0.01, S_2 = 0.002, y_2 = 5\text{ft}$

寬矩形渠道 $\Rightarrow R \fallingdotseq y$

$$\therefore \quad q = V_2\, y_2 = \frac{1.486}{n} y_2^{\frac{2}{3}} S_2^{\frac{1}{2}} y_2$$

$$= \frac{1.486}{0.025} \times 5^{\frac{5}{3}} \times 0.002^{\frac{1}{2}} = 38.86(\text{cfs/ft})$$

C. E.：

$$q = V_1\, y_1 = \frac{1.486}{0.025} \times y_1^{\frac{5}{3}} \times (0.01)^{\frac{1}{2}} = 38.86$$

$$\Rightarrow \quad y_1 = 3.08(\text{ft})$$

比力：

$$M = \frac{q^2}{gy} + \frac{1}{2}y^2$$

$$M_1 = \frac{38.86^2}{32.2 \times 3.08} + \frac{1}{2} \times 3.08^2 = 19.97$$

$$M_2 = \frac{38.86^2}{32.2 \times 5} + \frac{1}{2} \times 5^2 = 21.88$$

$$\therefore \quad M_1 < M_2$$

$\therefore$水躍發生在上游坡段（$S_1 = 0.01$）

● 歷屆試題

> **題1** 水躍發生前之水深 y_1，速度 V_1，水躍發生後之水深 y_2，求 y_2 與 y_1，V_1 之關係式。　　　　　　　　　　　　　　　　【69 年高考】

解

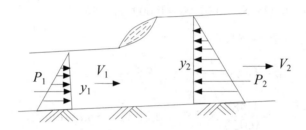

C. E.：$V_1 y_1 = V_2 y_2$ ···①

M. E.：$\dfrac{1}{2}\gamma y_1^2 - \dfrac{1}{2}\gamma y_2^2 = \rho q(V_2 - V_1)$ ·································②

由①：$V_2 = \dfrac{V_1 y_1}{y_2}$ ···③

③代入②並且各項除以 ρ：

$$\frac{1}{2}gy_1^2 - \frac{1}{2}gy_2^2 = V_1 y_1 \left(\frac{V_1 y_1}{y_2} - V_1\right)$$

$$\Rightarrow y_1^2 - y_2^2 = \frac{2}{g}V_1^2 y_1^2\left(\frac{1}{y_2} - \frac{1}{y_1}\right) = \frac{2}{g}V_1^2 y_1^2 \times \frac{1}{y_1 y_2}(y_1 - y_2)$$

$$\Rightarrow y_1 + y_2 = \frac{2V_1^2 y_1}{g y_2}$$

$$\Rightarrow gy_2^2 + gy_1 y_2 - 2V_1^2 y_1 = 0 \Rightarrow y_2^2 + y_1 y_2 - \frac{2V_1^2 y_1}{g} = 0$$

$$\Rightarrow y_2 = \frac{-y_1 \pm \sqrt{y_1^2 + 8V_1^2 y_1/g}}{2} \quad （負值不合）$$

$$\therefore \quad y_2 = \frac{-y_1 + \sqrt{y_1^2 + 8\dfrac{V_1^2 y_1}{g}}}{2}$$

註：$\dfrac{y_2}{y_1} = \dfrac{-1 + \sqrt{1 + 8F_{r_1}^2}}{2}$ ；$F_{r_1}^2 = \dfrac{V_1^2}{gy_1}$

題2　下射式閘門上游水深為 8ft，下游水深為 2ft，渠道斷面為矩形，寬度為 10ft，求通過閘門之流量？　　　【72 年檢覈】

解

C. E.：$8 \times 10 \times V_1 = 2 \times 10 \times V_2 \Rightarrow 4V_1 = V_2$ ·························①

E. E.：$8 + \dfrac{V_1^2}{2g} = 2 + \dfrac{V_2^2}{2g} \Rightarrow V_2^2 = 12g + V_1^2$ ·····················②

①式代入②式：

$$16V_1^2 = V_1^2 + 12g$$

$$\Rightarrow V_1 = \sqrt{\frac{12}{15} \times 32.2} = 5.08(\text{ft/sec})$$

$$\therefore \quad Q = A_1 V_1 = 8 \times 10 \times 5.08 = 406.4(\text{cfs})$$

題3　試推導簡單水躍之能量損失表示式如下所示。

$$\Delta E = \frac{(y_2 - y_1)^3}{4y_1 y_2} \qquad 【81 年技師】$$

解

$$M_1 = M_2$$

$$\Rightarrow \frac{q^2}{g y_1} + \frac{y_1^2}{2} = \frac{q^2}{g y_2} + \frac{y_2^2}{2}$$

$$\Rightarrow \frac{q^2}{g}\left(\frac{1}{y_1} - \frac{1}{y_2}\right) = \frac{1}{2}\left(y_2^2 - y_1^2\right)$$

$$\Rightarrow \frac{q^2}{g y_1 y_2}(y_2 - y_1) = \frac{1}{2}(y_2 - y_1)(y_1 + y_2)$$

$$\Rightarrow \frac{q^2}{g} = \frac{1}{2}y_1 y_2(y_1 + y_2) \Rightarrow \frac{V_1^2}{2g} = \frac{y_2}{4}\left(\frac{y_2}{y_1} + 1\right) \cdots\cdots\cdots\cdots ①$$

$$\Delta E = \left(y_1 + \frac{V_1^2}{2g}\right) - \left(y_2 + \frac{V_2^2}{2g}\right)$$

$$= (y_1 - y_2) + \frac{1}{2g}\left(V_1^2 - V_2^2\right)$$

$$= (y_1 - y_2) + \frac{V_1^2}{2g}\left[1 - \left(\frac{V_2}{V_1}\right)^2\right]$$

$$= (y_1 - y_2) + \frac{y_2}{4}\left(\frac{y_2}{y_1} + 1\right)\left[1 - \left(\frac{y_1}{y_2}\right)^2\right]$$

（$\because V_1 y_1 = V_2 y_2$ 及①式代入）

$$= (y_1 - y_2) + \frac{1}{4}\frac{1}{y_1 y_2}(y_1 + y_2)(y_2^2 - y_1^2)$$

$$= (y_2 - y_1)\left[-1 + \frac{1}{4 y_1 y_2}(y_1 + y_2)^2\right]$$

$$= \frac{(y_2 - y_1)^3}{4 y_1 y_2}$$

題4　試求水躍之共軛水深比 $\dfrac{y_2}{y_1}$ 及水躍所產生之能量損失。

【80 年技師、81 年技師、82 年高考】

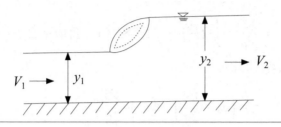

解

假設底床及側壁之摩擦損失可忽略

由 M. E.：

$$P_1 A_1 - P_2 A_2 = \rho Q(V_2 - V_1)$$

考慮單位寬度，則上式變成

$$\frac{1}{2}\gamma y_1^2 - \frac{1}{2}\gamma y_2^2 = \rho V_1 y_1 \left(\frac{V_1 y_1}{y_2} - V_1\right)$$

$$= \rho \frac{y_1}{y_2} \cdot V_1^2 (y_1 - y_2)$$

$$\Rightarrow \frac{1}{2}g(y_1 + y_2)(y_1 - y_2) = V_1^2(y_1 - y_2)\frac{y_1}{y_2}$$

$$\therefore \quad (y_1 + y_2)y_2 = \frac{2y_1 V_1^2}{g} \cdots\cdots\cdots\cdots\cdots\cdots\cdots\cdots\cdots\cdots\cdots (A)$$

二邊同加 $\dfrac{1}{4}y_1^2$：

$$\frac{y_1^2}{4} + y_1 y_2 + y_2^2 = \frac{2y_1 V_1^2}{g} + \frac{y_1^2}{4}$$

$$\Rightarrow \left(y_2 + \frac{y_1}{2}\right)^2 = \left(\frac{y_1}{2}\right)^2 \left(1 + \frac{8V_1^2}{g y_1}\right)$$

$$\Rightarrow y_2 + \frac{y_1}{2} = \pm \frac{y_1}{2}\sqrt{1 + 8F_1^2}$$

$$\Rightarrow \frac{y_2}{y_1} = \frac{1}{2}\left(-1 + \sqrt{1 + 8F_1^2}\right) \text{（負值不合）}$$

水躍損失：

$$h_L = \left(y_1 + \frac{V_1^2}{2g}\right) - \left(y_2 + \frac{V_2^2}{2g}\right)$$

$$= (y_1 - y_2) + \frac{1}{2g}\left(V_1^2 - V_2^2\right)$$

$$= (y_1 - y_2) + \frac{V_1^2}{2g}\left[1 - \left(\frac{V_2}{V_1}\right)^2\right]$$

$$= (y_1 - y_2) + \frac{V_1^2}{2g}\left[1 - \left(\frac{y_1}{y_2}\right)^2\right] \text{（考慮單位渠寬）}$$

$$= (y_1 - y_2) + \frac{V_1^2}{2g y_2^2}\left(y_2^2 - y_1^2\right)$$

$$= (y_2 - y_1)\left[-1 + \frac{(y_1 + y_2)^2}{4 y_1 y_2}\right] \text{（利用(A)式）}$$

$$= \frac{(y_2 - y_1)^3}{4 y_1 y_2}$$

〈比較〉：

$$\frac{1}{2}\gamma\left(y_1^2 - y_2^2\right) = \rho q^2 \left(\frac{1}{y_2} - \frac{1}{y_1}\right)$$

$$\Rightarrow \frac{y_1^2 - y_2^2}{y_1^2} = \frac{2q^2}{g y_1^3}\frac{y_1 - y_2}{y_2}$$

$$\Rightarrow \frac{(y_1 + y_2)(y_1 - y_2)}{y_1^2} = 2F_1^2 \frac{y_1 - y_2}{y_2}$$

$$\Rightarrow 2F_1^2 = \frac{y_2}{y_1^2}(y_1 + y_2) = \left(\frac{y_2}{y_1}\right)^2 + \frac{y_2}{y_1}$$

$$\Rightarrow \left(\frac{y_2}{y_1}\right)^2 + \frac{y_2}{y_1} + \frac{1}{4} = 2F_1^2 + \frac{1}{4}$$

$$\Rightarrow \left(\frac{y_2}{y_1} + \frac{1}{2}\right)^2 = \frac{1}{4}(1 + 8F_1^2)$$

$$\therefore \quad \frac{y_2}{y_1} = -\frac{1}{2} \pm \frac{1}{2}\sqrt{1 + 8F_1^2} = \frac{1}{2}(-1 + \sqrt{1 + 8F_1^2})$$

（負值不合）

題5 如下圖所示，一臥箕溢洪道高 $H_d = 40$ 呎，其所受水頭 $h = 8$ 呎，流量係數 $C_w = 3.9$，接下游等寬水平矩形渠道。試計算在溢洪道下游形成水躍之能量損失。假設尾水深度等於水躍後水深 y_2。　　　　　　　　　　　　　　　　　　　【83 年高考一級】

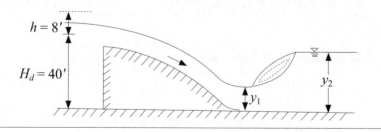

解

$$Q = C_w L h^{\frac{3}{2}} \Rightarrow q = \frac{Q}{L} = C_w h^{\frac{3}{2}} = 3.9 \times 8^{\frac{3}{2}} = 88.25 \text{(cfs/ft)}$$

$$40 + 8 = y_1 + \frac{V_1^2}{2g} = y_1 + \frac{q^2}{2g\,y_1^2}$$

$$\Rightarrow 48 = y_1 + \frac{7788.06}{64.4\,y_1^2}$$

由試誤法得：

$$\Rightarrow y_1 = 1.615\text{(ft)}$$

$$\Rightarrow y_2 = \frac{y_1}{2}\left(-1 + \sqrt{1 + 8F_{r_1}^2}\right)$$

$$= \frac{1.615}{2}\left(-1 + \sqrt{1 + 8 \times \frac{88.25^2}{32.2 \times 1.615^3}}\right)$$

$$\Rightarrow y_2 = 16.52\text{(ft)}$$

水躍之能量損失

$$\Delta E = \frac{(y_2 - y_1)^3}{4y_1 y_2} = \frac{(16.52 - 1.615)^3}{4 \times 1.615 \times 16.52} = 31.03\text{(ft)}$$

題6　設一梯形渠槽底寬 20ft，連坡為 2：1（水平：垂直）。若欲形成水躍，使其下游水深為 7.5ft，流量為 1,000ft³/s，試求上游水深、水頭損失及水躍之馬力消滅。　　　　【82 年檢覈】

解

水躍前後之比力 M 相等，則

$$M_1 = M_2$$

$$M = \frac{Q^2}{gA} + A\bar{y}, \quad \bar{y} = \frac{y^2}{6A}(2my + 3b)$$

$$A = \frac{1}{2}(b + b + 2my)y = (b + my)y$$

又　$m = 2, b = 20\text{ft}, Q = 1000\text{cfs}, g = 32.2\text{ft/sec}^2, y_2 = 7.5\text{ft}$

$$M_2 = \frac{1000^2}{32.2 \times (20 + 2 \times 7.5) \times 7.5} + \frac{7.5^2}{6}(2 \times 2 \times 7.5 + 3 \times 20)$$

$$= 962.06(\text{ft}^3)$$

$$M_1 = \frac{1000^2}{32.2(20 + 2y_1)y_1} + \frac{y_1^2}{6}(2 \times 2 \times y_1 + 3 \times 20)$$

$$= 962.06$$

$$\Rightarrow \frac{15527.95}{(10 + y_1)y_1} + \frac{y_1^2}{3}(2y_1 + 30) = 962.06$$

由試誤法得：

$$y_1 = 1.445(\text{ft})$$

水頭損失：

$$h_L = E_1 - E_2 = y_1 + \frac{V_1^2}{2g} - \left(y_2^2 + \frac{V_2^2}{2g}\right)$$

$$= 1.445 + \frac{1000^2}{2 \times 32.2 \times (20 + 2 \times 1.445)^2 \times 1.445^2}$$

$$- \left[7.5 + \frac{1000^2}{2 \times 32.2 \times (20 + 2 \times 7.5)^2 \times 7.5^2}\right]$$

$$= 7.913(\text{ft})$$

馬力消減：

$$\Delta P = \frac{\gamma Q h_L}{550} = \frac{62.4 \times 1000 \times 7.913}{550} = 897.76(\text{HP})$$

題7 一矩形渠道其上游寬為 2m，水深 0.2m，下游寬為 3m，水深 1.4m，中接以轉變段 15m 長之矩形渠道，水流量為 3cms，

(1)若渠流除於轉變段發生水躍之能量損失較大外，其餘水流各種能量損失不計，試求水躍發生之位置。

(2)若欲消除水躍形成，應以何法為之？　　　　【71 年高考】

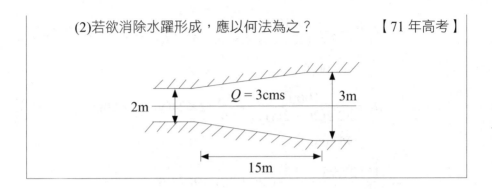

解

$(1)B_1 = 2\text{m}, y_1 = 0.2\text{m}, B_2 = 3\text{m}, y_2 = 1.4\text{m}, L = 15\text{m}, Q = 3\text{cms}$

$$E = y + \frac{V^2}{2g} = y + \frac{Q^2}{2gA^2} = y + \frac{Q^2}{2g\,B^2 y^2} = y + \frac{0.459}{B^2 y^2}$$

$$B(x) = 2 + \frac{x}{15}$$

矩形斷面：

$$M = \frac{q^2}{gy} + \frac{y^2}{2} = \frac{Q^2}{gy\,B^2} + \frac{y^2}{2} = \frac{0.917}{B^2 y} + \frac{y^2}{2}$$

$$E_1 = y_1 + \frac{V_1^2}{2g} = 0.2 + \frac{3^2}{2 \times 9.81 \times 2^2 \times 0.2^2} = 3.067\,(\text{m})$$

$$E_2 = y_2 + \frac{V_2^2}{2g} = 1.4 + \frac{3^2}{2 \times 9.81 \times 3^2 \times 1.4^2} = 1.426\,(\text{m})$$

距離 x(m)	斷面寬度 B(m)	低水位 y_1(m) $E_1 = 3.067$m	比力 M_1	高水位 y_2(m) $E_2 = 1.426$m	比力 M_2
2.00	2.133	0.187	1.0950	1.373	1.0893
2.22	2.148	0.186	1.0858	1.373	1.0873
2.20	2.147	0.186	1.0872	1.373	1.0875

∴　水躍發生位置在距漸變段上游端 2.20m 處。

(2)消除水躍之方法可將底床糙度增加或下游底床抬高。

題8　　下圖渠道中，求(1)水躍發生位置　(2)消除水躍之方法

【71 年技師】

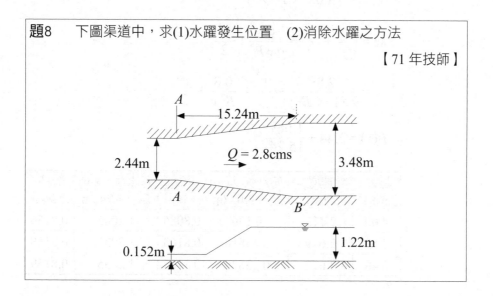

解

(1)$Q = 2.8$cms, $L = 15.24$m, $B_1 = 2.44$m, $B_2 = 3.48$m

$y_1 = 0.152$m, $y_2 = 1.22$m

$$E_1 = y_1 + \frac{V_1^2}{2g} = y_1 + \frac{Q^2}{2g B_1^2 y_1^2}$$

$$= 0.152 + \frac{2.8^2}{19.62 \times 2.44^2 \times 0.152^2} = 3.057\text{(m)}$$

$$E_2 = y_2 + \frac{V_2^2}{2g} = y_2 + \frac{Q^2}{2g B_2^2 y_2^2}$$

$$= 1.22 + \frac{2.8^2}{19.62 \times 3.48^2 \times 1.22^2} = 1.242\text{(m)}$$

$$E = y + \frac{V^2}{2g} = y + \frac{Q^2}{2g B^2 y^2}$$

$$= y + \frac{2.8^2}{19.62 \times B^2 \times y^2} = y + \frac{0.4}{B^2 y^2}$$

$$M = \frac{q^2}{g\,y} + \frac{y^2}{2} = \frac{Q^2}{g\,y\,B^2} + \frac{y^2}{2}$$

$$= \frac{2.8^2}{9.81 \times B^2 y} + \frac{y^2}{2} = \frac{0.8}{B^2 y} + \frac{y^2}{2}$$

$$B(x) = 2.44 + \frac{1.04x}{15.24}$$

距離 x(m)	斷面寬度 B(m)	低水位 y_1(m) $E_1 = 3.057$m	比力 M_1	高水位 y_2(m) $E_2 = 1.242$m	比力 M_2
4.00	2.713	0.136	0.8085	1.2045	0.8156
3.50	2.679	0.13818	0.8163	1.2035	0.8168
3.48	2.677	0.13829	0.8165	1.2035	0.8169

∴　水躍發生位置在距漸變段上游端 3.48m 處。

(2)消除水躍之方法可將底床糙度增加或下游底床抬高。

題9　有一消能設施如下圖，水平渠道末端有一 50 公分台階，設水躍恰發生於台階上端，已知水躍前之水深為 30cm，$V = 10$m/sec，若設渠道水壓為靜壓力分布。且忽略床底摩擦力，試計算水躍後水深 y_2。　　　　　　　　　　　　【77 年高考】

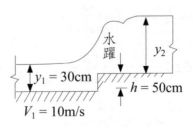

解

C. E.：

$$V_1 y_1 = V_2 y_2 \Rightarrow V_2 = 10 \times 0.3/y_2 = \frac{3}{y_2}$$

M. E.：

$$\frac{1}{2}\gamma y_1^2 - \frac{1}{2}\gamma y_2^2 - \frac{1}{2}\gamma h[(y_2 + h) + y_2] = \rho q(V_2 - V_1)$$

$$\Rightarrow \frac{1}{2}\times 9.81 \times 0.3^2 - \frac{1}{2}\times 9.81 \times y_2^2 - \frac{1}{2}\times 9.81 \times 0.5(y_2 + 0.5 + y_2)$$

$$= 10 \times 0.3 \times \left(\frac{10 \times 0.3}{y_2} - 10\right)$$

$$\Rightarrow 0.441 - 4.905 y_2^2 - 1.226 - 4.905 y_2 = \frac{9}{y_2} - 30$$

$$\Rightarrow 4.905 y_2^2 + 4.905 y_2 + \frac{9}{y_2} - 29.215 = 0$$

由試誤法得：

$$y_2 = 0.333(m) \quad 或 \quad 1.774(m)$$

∵ y_2 為水躍後亞臨界流水深

∴ $y_2 = 0.333$m 不合

$$(\because y_2 > y_c = \sqrt[3]{\frac{q^2}{g}} = \sqrt[3]{\frac{3^2}{9.81}} = 0.97m)$$

故 $y_2 = 1.774$m

題10 求下圖所示在溢洪道趾處形成水躍之能量損失，$h = 4$ft，採用溢洪道流量係數 $C_d = 3.5$ 　　　　　　　　【72 年技師】

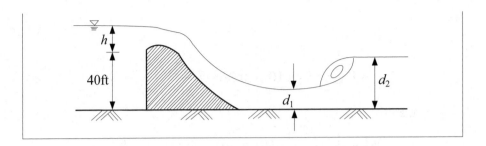

解

$$q = C_d h^{\frac{3}{2}} = 3.5 \times 4^{\frac{3}{2}} = 28 (\text{cfs/ft})$$

C. E.：

$$q = V_0(40 + 4) = V_1 d_1$$

$$\Rightarrow V_1 = \frac{28}{d_1} \cdots\cdots\cdots\cdots\cdots\cdots\cdots\cdots\cdots\cdots\cdots\cdots\cdots\cdots\cdots ①$$

E. E.：

$$(40+4) + \frac{28^2}{44^2 \times 2 \times 32.2} = d_1 + \frac{V_1^2}{2g}$$

$$\Rightarrow d_1 + \frac{V_1^2}{64.4} = 44 \cdots\cdots\cdots\cdots\cdots\cdots\cdots\cdots\cdots\cdots\cdots\cdots ②$$

①式代入②式：

$$d_1 + 12.17 \frac{1}{d_1^2} = 44$$

$$\Rightarrow d_1 = 0.529(\text{ft})$$

$$\therefore \quad V_1 = \frac{28}{0.529} = 52.93(\text{ft/s})$$

$$\Rightarrow F_{r_1}^2 = \frac{52.93^2}{32.2 \times 0.529} = 164.47$$

$$d_2 = \frac{d_1}{2}(-1 + \sqrt{1 + 8F_{r_1}^2}) = \frac{0.529}{2}(-1 + \sqrt{1 + 8 \times 164.47})$$

$$= 9.33(\text{ft})$$

$$\Delta E = \frac{(d_2 - d_1)^3}{4d_1 d_2} = \frac{(9.33 - 0.529)^3}{4 \times 0.529 \times 9.33} = 34.53(\text{ft})$$

題11 一寬廣矩形渠道以下射式閘門控制流量，請見下圖，若上游水深 y_1 為 5m，閘門開口 W 為 0.3m，束縮係數為0.95，下游水深 y_3 為 4m，試問此時水躍是否被浸溺？若有此現象，則單位寬度流量應為多少？ 　　　　　　　　　　　　　　【76 年高考】

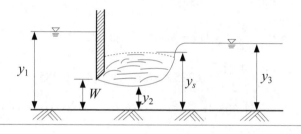

解

$$y_1 = 5\text{m}, W = 0.3\text{m}, C_c = 0.95, y_3 = 4\text{m}$$

$$y_2 = C_c W = 0.95 \times 0.3 = 0.285(\text{m})$$

先假設無浸溺現象，則　　$E_1 = E_2$

$$\Rightarrow y_1 + \frac{q^2}{2g\,y_1^2} = y_2 + \frac{q^2}{2g\,y_2^2}$$

$$\Rightarrow q^2 = 2gy_1^2y_2^2/(y_1 + y_2)$$

$$\therefore \quad q = \sqrt{2 \times 9.81 \times 5^2 \times 0.285^2/(5 + 0.285)}$$

$$= 2.746(\text{cms/m})$$

$$F_r^2 = \frac{q^2}{g\,y_2^3} = \frac{2.746^2}{9.81 \times 0.285^3} = 33.2$$

$$y_2 \text{ 之共軛水深} = \frac{0.285}{2}(-1+\sqrt{1+8\times 33.2}) = 2.18(m) < y_3$$

∴ 水躍會被浸溺

故 $E_1 = E_2$ 重寫如下：

$$y_1 + \frac{q^2}{2gy_1^2} = y_s + \frac{q^2}{2gy_2^2} \Rightarrow 5 - y_s = 0.625q^2 \cdots\cdots\cdots\cdots ①$$

$M_2 = M_3$：

$$\frac{q^2}{gy_2} + \frac{y_s^2}{2} = \frac{q^2}{gy_3} + \frac{y_3^2}{2}$$

$$\Rightarrow q^2 = \frac{g}{2}y_2 y_3(y_3^2 - y_s^2)/(y_3 - y_2)$$

$$= \frac{9.81}{2}\times 0.285\times 4(16 - y_s^2)/(4 - 0.285)$$

$$= 1.505(16 - y_s^2) \cdots\cdots\cdots\cdots\cdots\cdots\cdots\cdots\cdots ②$$

②式代入①式：

$$5 - y_s = 0.625\times 1.505(16 - y_s^2) = 0.94(16 - y_s^2)$$

$$\Rightarrow y_s = 3.843(m)$$

$$\Rightarrow q = \sqrt{1.505(16 - 3.843^2)} = 1.36(cms/m)$$

題12　寬闊之排水閘門下游渠床縱坡為 $S_0 = 0.0009$，曼寧糙率 $n = 0.015$，若排水閘門上游水深為 10m，閘口高度為 1m，閘口脈縮斷面係數 $C_c = 0.65$，距脈縮斷面之處將發生水躍，水躍後之渠流則為等速流況，試求

(1)每公尺寬之渠道流量 q

(2)水躍之前深 y_1 及後深 y_2

(3)脈縮斷面至水躍之距離 L　　　　　　　　　　【78 年高考】

解

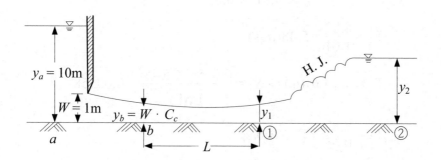

$$S_0 = 0.0009, \; n = 0.015, \; y_a = 10\text{m}, \; W = 1\text{m}, \; C_c = 0.65$$

$$\Rightarrow y_b = W \times C_c = 1 \times 0.65 = 0.65(\text{m})$$

(1) $\because$ $E_a = E_b$

$\therefore$ $10 + \dfrac{q^2}{2 \times 9.81 \times 10^2} = 0.65 + \dfrac{q^2}{2 \times 9.81 \times 0.65^2}$

$\Rightarrow q = 8.82(\text{cms/m})$

(2) $q = \dfrac{1}{n} R^{\frac{2}{3}} S_0^{\frac{1}{2}} y_2 \doteqdot \dfrac{1}{n} y_2^{\frac{5}{3}} S_0^{\frac{1}{2}}$

$\Rightarrow 8.82 = \dfrac{1}{0.015} \times y_2^{\frac{5}{3}} \times 0.0009^{\frac{1}{2}}$

$\Rightarrow y_2 = 2.436(\text{m})$

$y_1 = y_2 \left(-1 + \sqrt{1 + 8 F_{r_2}^2}\right)/2$

$\qquad = 2.436 \left[-1 + \sqrt{1 + 8 \times \dfrac{8.82^2}{9.81 \times 2.436^3}} \right] \Big/ 2$

$\qquad = 1.61(\text{m})$

(3) $E_1 = 1.61 + \dfrac{8.82^2}{2 \times 9.81 \times 1.61^2} = 3.14(\text{m})$

$$E_b = 0.65 + \frac{8.82^2}{2 \times 9.81 \times 0.65^2} = 10.03(\text{m})$$

$$V_1 = \frac{8.82}{1.61} = 5.48(\text{m/s})$$

$$R_1 \doteqdot y_1 = 1.61(\text{m}) \Rightarrow S_{f_1} = \frac{0.015^2 \times 5.48^2}{1.61^{\frac{4}{3}}} = 0.00358$$

$$V_b = \frac{8.82}{0.65} = 13.57(\text{m/s})$$

$$R_b \doteqdot y_b = 0.65(\text{m}) \Rightarrow S_{f_b} = \frac{0.015^2 \times 13.57^2}{0.65^{\frac{4}{3}}} = 0.07358$$

$$\therefore \quad \bar{S}_f = \frac{1}{2}(S_{f_1} + S_{f_b}) = 0.03858$$

$$\frac{\Delta E}{\Delta x} = S_0 - \bar{S}_f$$

$$\Rightarrow \Delta x = \frac{3.14 - 10.03}{0.0009 - 0.03858} = 182.86(\text{m}) = L$$

即脈縮斷面至水躍之距離 $L \doteqdot 182.86\text{m}$

題13 已知水躍公式：$\frac{y_2}{y_1} = \frac{1}{2}(-1 + \sqrt{1 + 8F_{r_1}^2})$，若渠床平滑或渠底

加鋪摩擦網，試問兩者之 $\frac{y_2}{y_1}$，何者最大？為什麼？

【79 年技師】

解

設平滑底床發生水躍之比力為 F_1，共軛水深為 y_1, y_2

渠底加鋪摩擦網時發生水躍之比力為 F_2，共軛水深為 y_1', y_2'

則由比力圖知：摩擦阻力 $\frac{F_f}{\gamma} = F_1 - F_2$

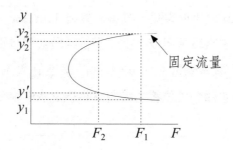

由於加摩擦網時，摩擦阻力 F_f 不可忽略，故

$$\frac{F_f}{\gamma} = F_1 - F_2 > 0$$

$$\therefore \quad F_1 > F_2$$

由比力圖知：

$$y_1' > y_1, \, y_2' < y_2$$

$$\Rightarrow \frac{y_2}{y_1} > \frac{y_2'}{y_1'}$$

若考慮福祿數，$F_r' = \dfrac{V_1'}{\sqrt{g y_1'}}$

$$\because \quad y_1' > y_1 \Rightarrow V_1' < V_1 \quad (\because 流量不變)$$

$$\Rightarrow F_r' = \frac{V_1'}{\sqrt{g y_1'}} < F_{r_1} = \frac{V_1}{\sqrt{g y_1}}$$

$$\therefore \quad \frac{y_2}{y_1} = \frac{1}{2}\left(-1 + \sqrt{1 + 8 F_{r_1}^2}\right) > \frac{y_2'}{y_1'} = \frac{1}{2}\left(-1 + \sqrt{1 + 8 F_{r_1}'^2}\right)$$

即渠床平滑之 $\dfrac{y_2}{y_1}$ 大於渠底加鋪摩擦網之 $\dfrac{y_2'}{y_1'}$

題14 某一寬 3m 之矩形渠道，其輸水量為 12m³/sec，該渠道係由兩不同坡度之長渠段所組成，上、下游渠段坡度分別 0.02 和 0.001，又曼寧粗糙率係數為 0.02。假設渠道的入流及出流皆為等速流。試求水躍發生位置並繪製該渠道之水面縱剖線。

【80 年高考】

解

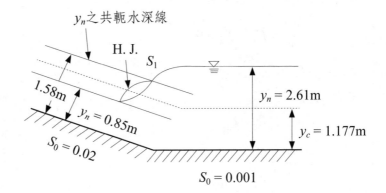

$B = 3\text{m}, Q = 12\text{m}^3/\text{sec} \Rightarrow q = \dfrac{12}{3} = 4(\text{cms/m})$

$n = 0.02$

(1)上游段：$S_0 = 0.02$

$$y_c = \sqrt[3]{\frac{q^2}{g}} = \sqrt[3]{\frac{16}{9.81}} = 1.177(\text{m})$$

$$q = V \cdot y_n = \frac{1}{n} R^{\frac{2}{3}} S_0^{\frac{1}{2}} y_n = \frac{\sqrt{S_0}}{n} \frac{B^{\frac{2}{3}} y_n^{\frac{2}{3}}}{(B + 2y_n)^{\frac{2}{3}}} \times y_n$$

$$\Rightarrow 4 = \frac{\sqrt{0.02}}{0.02} \times \frac{3^{\frac{2}{3}} y_n^{\frac{5}{3}}}{(3 + 2y_n)^{\frac{2}{3}}} \Rightarrow 0.272\,(3 + 2y_n)^{\frac{2}{3}} = y_n^{\frac{5}{3}}$$

$\Rightarrow y_n = 0.85(m)$

$\because \quad y_c > y_n \quad \therefore$ 屬於陡坡

$$F_r^2 = \frac{q^2}{g y_n^3} = \frac{16}{9.81 \times 0.85^3} = 2.66$$

(2)下游段：$S_0 = 0.001$

$$y_c = \sqrt[3]{\frac{q^2}{g}} = \sqrt[3]{\frac{16}{9.81}} = 1.177(m)$$

$$q = V \cdot y_n = \frac{\sqrt{S_0}}{n} \frac{B^{\frac{2}{3}} y_n^{\frac{5}{3}}}{(B + 2y_n)^{\frac{2}{3}}}$$

$$\Rightarrow 4 = \frac{\sqrt{0.001}}{0.02} \times \frac{3^{\frac{2}{3}} y_n^{\frac{5}{3}}}{(3 + 2y_n)^{\frac{2}{3}}} \Rightarrow 1.216 (3 + 2y_n)^{\frac{2}{3}} = y_n^{\frac{5}{3}}$$

$\Rightarrow y_n = 2.61(m)$

$\because \quad y_n > y_c \quad \therefore$ 屬於緩坡

(3)上游段 y_n 之共軛水深 $= \dfrac{0.85}{2} (-1 + \sqrt{1 + 8 \times 2.66}) = 1.58$ (m)

　　< 下游段之正常水深　$\therefore$ 水躍發生位置在上游段，如上圖所示。

題15　一三角形渠道發生水躍，其側坡為 $45°$，試推導共軛水深 y_1, y_2 與流量 Q 之關係。　　　　　　　　　　【81 年高考一級】

解

假設忽略渠床摩擦阻力，並假設為水平渠道

由 M. E.：$P_1 - P_2 = \rho Q(V_2 - V_1)$

$$\Rightarrow \gamma A_1 \bar{y}_1 - \gamma A_2 \bar{y}_2 = \rho Q^2 \left(\frac{1}{A_2} - \frac{1}{A_1} \right)$$

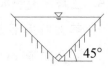

$$\Rightarrow \frac{Q^2}{gA_1} + A_1\bar{y}_1 = \frac{Q^2}{gA_2} + A_2\bar{y}_2$$

$$\Rightarrow \frac{Q^2}{g \times \left(\frac{1}{2} \times 2y_1 \times y_1\right)} + \left(\frac{1}{2} \times 2y_1 \times y_1\right) \times \frac{y_1}{3}$$

$$= \frac{Q^2}{g \times \left(\frac{1}{2} \times 2y_2 \times y_2\right)} + \left(\frac{1}{2} \times 2y_2 \times y_2\right) \times \frac{y_2}{3}$$

$$\Rightarrow \frac{Q^2}{gy_1^2} + \frac{y_1^3}{3} = \frac{Q^2}{gy_2^2} + \frac{y_2^3}{3}$$

$$\Rightarrow \frac{Q^2}{g}\left(\frac{1}{y_1^2} - \frac{1}{y_2^2}\right) = \frac{1}{3}(y_2^3 - y_1^3) \quad\cdots\cdots\cdots\cdots\cdots\cdots\cdots ①$$

若以 $F_{r_1} = \dfrac{V_1}{\sqrt{gD_1}}$ 表示，

$$D_1 = \frac{A_1}{T_1} = \frac{\frac{1}{2} \times 2y_1 \times y_1}{2y_1} = \frac{y_1}{2}$$

$$F_{r_1}^2 = \frac{Q^2 T_1}{gA_1^3} = \frac{Q^2(2y_1)}{g \cdot y_1^6} = \frac{2Q^2}{gy_1^5}$$

①式 $\Rightarrow \dfrac{3}{2}\dfrac{2Q^2}{gy_1^5}\left(1 - \dfrac{y_2^2}{y_1^2}\right) = \dfrac{y_2^2}{y_1^2}\left(1 - \dfrac{y_2^3}{y_1^3}\right)$

或 $\quad \dfrac{y_2^2}{y_1^2}\left(1 - \dfrac{y_2^3}{y_1^3}\right) = \dfrac{3}{2}F_{r_1}^2\left(1 - \dfrac{y_2^2}{y_1^2}\right)$

題16 二維淹沒洩水流（Two dimensional drowned sluice gate fow），
其上游與下游水深分別為 y_1 與 y_3，這兩水深為已知；同時
閘門間隙（Opening）W 亦為已知，且收縮係數（contraction

coefficient）C_c 以 0.6 計。試求單位寬度流量 q 與淹沒水深 y（即
緊接閘門下游面的水位）。　　　　　　　　　【82 年高考一級】

解

$C_c = 0.6$

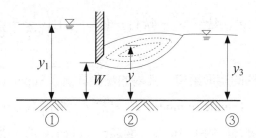

$E_1 = E_2$：

$$y_1 + \frac{q^2}{2gy_1^2} = y + \frac{q^2}{2g(0.6W)^2}$$

$$\Rightarrow q^2 = 2g(y - y_1) \Big/ \left(\frac{1}{y_1^2} - \frac{1}{0.36W^2}\right) \cdots\cdots\cdots\cdots\cdots\cdots ①$$

$M_2 = M_3$：

$$\frac{q^2}{g \times 0.6W} + \frac{y^2}{2} = \frac{q^2}{gy_3} + \frac{y_3^2}{2}$$

$$\Rightarrow q^2 \left(\frac{1}{0.6W} - \frac{1}{y_3}\right) = \frac{g}{2}(y_3^2 - y^2) \cdots\cdots\cdots\cdots\cdots\cdots ②$$

①式代入②式，得

$$2g(y - y_1)\left(\frac{1}{y_1^2} - \frac{1}{0.36W^2}\right)\left(\frac{1}{0.6W} - \frac{1}{y_3}\right) = \frac{g}{2}(y_3^2 - y^2)$$

令　$k = \left(\frac{1}{0.6W} - \frac{1}{y_3}\right) \Big/ \left(\frac{1}{y_1^2} - \frac{1}{0.36W^2}\right)$ 已知，則

$$4(y - y_1)k = y_3^2 - y^2 \Rightarrow y^2 + 4ky - (4ky_1 + y_3^2) = 0$$

$$\therefore \quad y = -2k + \sqrt{4k^2 + y_3^2 + 4ky_1} \quad 代入①式,$$

$$q^2 = 2g\left[\sqrt{4k^2 + y_3^2 + 4ky_1} - (2k + y_1)\right]\left(\frac{1}{y_1^2} - \frac{1}{0.36W^2}\right)$$

$$\therefore \quad q = \left\{2g\left[\sqrt{4k^2 + y_3^2 + 4ky_1} - (2k + y_1)\right]\left(\frac{1}{y_1^2} - \frac{1}{0.36W^2}\right)\right\}^{\frac{1}{2}}$$

題17 一非常寬的矩形渠道,其內的超臨界流(Supercritical flow)的福祿數(Froude number)F_r 等於 4,深度為五十公分。今其中一岸邊突然向內折 10 度,變成一 concave 角,因此形成一傾斜水躍,試推導所須的方程式,並求水躍角度與深度。

【82 年高考一級】

解

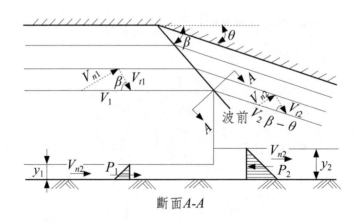

斷面A-A

水躍前:

$$F_{rn_1} = \frac{V_{n_1}}{\sqrt{gy_1}} = \frac{V_1 \sin\beta}{\sqrt{gy_1}} = F_{r_1}\sin\beta$$

$$\frac{y_2}{y_1} = \frac{1}{2} \left(-1 + \sqrt{1 + 8F_{r_1}^2 \sin^2 \beta} \right) \cdots\cdots\cdots\cdots\cdots\cdots\cdots ①$$

又平行於波前之方向無動量變化，故 $V_{t_1} = V_{t_2}$

$$\Rightarrow \frac{V_{n_1}}{\tan \beta} = \frac{V_{n_2}}{\tan(\beta - \theta)} \Rightarrow \frac{V_{n_1}}{V_{n_2}} = \frac{\tan \beta}{\tan(\beta - \theta)}$$

由連續方程式：

$$V_{n_1} y_1 = V_{n_2} y_2$$

$$\Rightarrow \frac{y_2}{y_1} = \frac{V_{n_1}}{V_{n_2}} = \frac{\tan \beta}{\tan(\beta - \theta)} \cdots\cdots\cdots\cdots\cdots\cdots\cdots ②$$

① = ②：

$$\frac{\tan \beta}{\tan(\beta - \theta)} = \frac{1}{2} \left(\sqrt{1 + 8F_{r_1}^2 \sin^2 \beta} - 1 \right)$$

$$\Rightarrow \frac{\tan \beta (1 + \tan \beta \tan \theta)}{\tan \beta - \tan \theta} = \frac{1}{2} \left(\sqrt{1 + 8F_{r_1}^2 \sin^2 \beta} - 1 \right)$$

$$\Rightarrow 2\tan \beta + 2\tan^2 \beta \tan \theta = \left(\sqrt{1 + 8F_{r_1}^2 \sin^2 \beta} - 1 \right)(\tan \beta - \tan \theta)$$

$$\Rightarrow \tan \theta = \frac{\tan \beta \left(\sqrt{1 + 8F_{r_1}^2 \sin^2 \beta} - 3 \right)}{2\tan^2 \beta + \sqrt{1 + 8F_{r_1}^2 \sin^2 \beta} - 1}$$

$F_r = 4$, $y_1 = 50\text{cm} = 0.5\text{m}$, $\theta = 10°$

由 $\dfrac{\tan \beta}{\tan(\beta - \theta)} = \dfrac{1}{2} \left(\sqrt{1 + 8F_{r_1}^2 \sin^2 \beta} - 1 \right)$

$$\Rightarrow \frac{\tan \beta}{\tan(\beta - 10°)} = \frac{1}{2} \left(\sqrt{1 + 128 \sin^2 \beta} - 1 \right)$$

由試誤法求出

$$\beta = 23.5°$$

$$\frac{y_2}{y_1} = \frac{\tan 23.5°}{\tan(23.5° - 10°)} = 1.81$$

$$\Rightarrow y_2 = 1.81 \times 0.5 = 0.905 \text{(m)}$$

即水躍傾斜角度為 23.5 度，水躍後水深為 0.905 公尺。

題18　渠流自溢洪道流下後，流入一寬 10m 之水平矩形渠槽，其水深
由 1.56m 經水躍消能後變成 5.44m，試求：
(1)渠槽流量　(2)消能效果　(3)水躍損失功率
(4)臨界水深　(5)判斷水躍形態　　　　　　【85 年高考三級】

解

$B = 10\text{m}$, $y_1 = 1.56\text{m}$, $y_2 = 5.44\text{m}$

$$(1) \frac{y_2}{y_1} = \frac{1}{2}(-1 + \sqrt{1 + 8F_{r1}^2})$$

$$\Rightarrow F_{r1}^2 = \frac{1}{8}\left[\left(2\frac{y_2}{y_1} + 1\right)^2 - 1\right]$$

$$\Rightarrow q^2 = \frac{1}{8}gy_1^3\left[\left(2\frac{y_2}{y_1} + 1\right)^2 - 1\right]$$

$$= \frac{1}{8} \times 9.81 \times 1.56^3\left[\left(2 \times \frac{5.44}{1.56} + 1\right)^2 - 1\right]$$

$$\Rightarrow q = 17.07 \text{(cms/m)}$$

$$\therefore Q = B \cdot q = 10 \times 17.07 = 170.7 \text{(cms)}$$

$$(2) \Delta E = \frac{(y_2 - y_1)^3}{4y_1y_2} = \frac{(5.44 - 1.56)^3}{4 \times 1.56 \times 5.44} = 1.72 \text{(m)}$$

(3)水躍損失功率 $= \gamma Q \Delta E$

$$= 1000 \times 9.81 \times 170.7 \times \frac{1.72}{1000} = 2880 \text{(kw)}$$

(4)臨界水深 $y_c = \sqrt[3]{\dfrac{q^2}{g}} = \sqrt[3]{\dfrac{17.07^2}{9.81}} = 3.1(m)$

(5)$\because$ $F_{r_1} = \dfrac{V_1}{\sqrt{gy_1}} = \dfrac{\dfrac{q}{y_1}}{\sqrt{gy_1}} = \dfrac{\dfrac{17.07}{1.56}}{\sqrt{9.81 \times 1.56}} = 2.8$

$\therefore$ $2.5 < F_{r_1} \leq 4.5$

$\Rightarrow$ 水躍形態屬於搖擺水躍（Oscillating jump）

題19　一水平矩形渠流流量 $14m^3/s$，渠寬 5m，曼寧糙率係數 $n = 0.02$，水深 0.5m，今在下游建造一低過水壩使其壩前水深變成 1.2m。

(1)試問是否發生水躍？若發生水躍，計算水躍後水深。

(2)若發生水躍，試計算自低過水壩至發生水躍處之距離。假設水躍長度為水躍後水深之 4.5 倍。又計算平均能量坡降所使用之平均流速及水力半徑分別以

$\overline{V} = \dfrac{V_i + V_{i+1}}{2}$　　及　$\overline{R} = \dfrac{R_i + R_{i+1}}{2}$ 計算。　　【85 年檢覈】

解

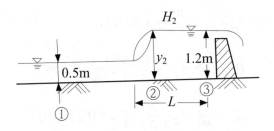

$Q = 14m^3/s$, $B = 5m$, $n = 0.02$, $y_1 = 0.5m$, $S_0 = 0$, $y_3 = 1.2m$

$$(1)F_{r_1} = \frac{V_1}{\sqrt{gy_1}} = \frac{\dfrac{14}{5 \times 0.5}}{\sqrt{9.81 \times 0.5}} = 2.53 > 1$$

∴ 斷面①水流為超臨界流

$$F_{r_3} = \frac{V_3}{\sqrt{gy_3}} = \frac{\dfrac{14}{5 \times 1.2}}{\sqrt{9.81 \times 1.2}} = 0.68 < 1$$

∴ 斷面③水流為亞臨界流

水流由超臨界流轉變為亞臨界流，故會發生水躍。

水躍後之水深 y_2 為

$$y_2 = \frac{y_1}{2}(-1 + \sqrt{1 + 8F_{r_1}^2}) = \frac{0.5}{2}(-1 + \sqrt{1 + 8 \times 2.53^2})$$

$$= 1.556(m)$$

$(2)y_2 = 1.556m$

$$V_2 = \frac{Q}{By_2} = \frac{14}{5 \times 1.556} = 1.799(m/s)$$

$$E_2 = y_2 + \frac{V_2^2}{2g} = 1.72(m)$$

$$y_3 = 1.2m, V_3 = \frac{14}{5 \times 1.2} = 2.333(m/s)$$

$$E_3 = y_3 + \frac{V_3^2}{2g} = 1.477(m)$$

$$R_2 = \frac{A_2}{P_2} = \frac{5 \times 1.556}{5 + 2 \times 1.556} = 0.959$$

$$R_3 = \frac{A_3}{P_3} = \frac{5 \times 1.2}{5 + 2 \times 1.2} = 0.811(m)$$

$$\therefore \overline{V} = \frac{V_2 + V_3}{2} = \frac{1.799 + 2.333}{2} = 2.066(m/s)$$

$$\overline{R} = \frac{R_2 + R_3}{2} = \frac{0.959 + 0.811}{2} = 0.885(\text{m})$$

$$\Rightarrow S_f = \frac{n^2 \overline{V}^2}{\overline{R}^{\frac{4}{3}}} = \frac{0.02^2 \times 2.066^2}{0.885^{\frac{4}{3}}} = 0.002$$

$$\Delta x = \frac{\Delta E}{S_0 - \overline{S}_f} = \frac{1.447 - 1.72}{0 - 0.002} = 121.5(\text{m})$$

水躍長度為

$$4.5 y_2 = 4.5 \times 1.556 = 7.002(\text{m})$$

故自低過水壩至發生水躍之距離為

$$121.5 + 7.002 = 128.5(\text{m})$$

題20　(1)試推導如下圖所示矩形渠道水躍（Jump at an abrupt drop）之

F_1^2 公式以 $\dfrac{y_3}{y_1}$ 及 $\dfrac{\Delta z}{y_1}$ 表示之，並列出使用之假設。F_1 為斷面

①處之福祿數，其餘符號如下圖所示。

(2)若 $y_1 = 0.5\text{m}, \Delta z = 1\text{m}, y_3 = 4\text{m}$，試求 F_1^2。　　　【84 年技師】

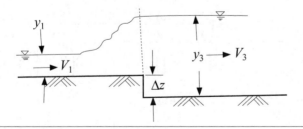

解

(1)由動量方程式：

$$P_1 + P_2 - P_3 - P_f = \rho Q(\beta_3 V_3 - \beta_1 V_1) \cdots\cdots\cdots\cdots\cdots\cdots ①$$

假設：忽略底床摩擦阻力，則 $P_f = 0$

動量修正係數　$\beta_1 = \beta_3 = 1$

水躍後水深　$y_2 = y_3 - \Delta z$

連續方程式：

$$q = V_1 y_1 = V_3 y_3 \cdots\cdots\cdots\cdots\cdots\cdots\cdots\cdots\cdots\cdots\cdots\cdots ②$$

將②式代入①式，則①式可化簡得

$$\frac{1}{2}\gamma y_1^2 + \frac{1}{2}\gamma[(y_3 - \Delta z) + y_3]\Delta z - \frac{1}{2}\gamma y_3^2$$

$$= \rho V_1 y_1 \left(\frac{V_1 y_1}{y_3} - V_1\right)$$

二邊同除以 γy_1^2 得：

$$\Rightarrow \frac{V_1^2}{gy_1}\left(\frac{y_1}{y_3} - 1\right) = \frac{1}{2}\left[1 + \frac{\Delta z}{y_1}\left(\frac{2y_3}{y_1} - \frac{\Delta z}{y_1}\right) - \left(\frac{y_3}{y_1}\right)^2\right]$$

$$= \frac{1}{2}\left[1 - \left(\left(\frac{y_3}{y_1}\right)^2 - 2\frac{y_3}{y_1}\times\frac{\Delta z}{y_1} + \left(\frac{\Delta z}{y_1}\right)^2\right)\right]$$

$$= \frac{1}{2}\left[1 - \left(\frac{y_3}{y_1} - \frac{\Delta z}{y_1}\right)^2\right]$$

$$\Rightarrow F_1^2 = \frac{1 - \left(\frac{y_3}{y_1} - \frac{\Delta z}{y_1}\right)^2}{2\left(\frac{y_1}{y_3} - 1\right)} = \frac{\frac{y_3}{y_1}\left[1 - \left(\frac{y_3}{y_1} - \frac{\Delta z}{y_1}\right)^2\right]}{2\left(1 - \frac{y_3}{y_1}\right)}$$

(2) $y_1 = 0.5m$, $\Delta z = 1m$, $y_3 = 4m$

$$\therefore \quad \frac{y_3}{y_1} = \frac{4}{0.5} = 8 \,, \, \frac{\Delta z}{y_1} = \frac{1}{0.5} = 2$$

$$\therefore \quad F_1^2 = \frac{8[1 - (8 - 2)^2]}{2(1 - 8)} = 20$$

題21　(1)一水平矩形突擴（Abrupt expansion）渠道如圖所示。試推導

F_1^2 以$\dfrac{y_3}{y_1}$及$\dfrac{b_3}{b_1}$表示之公式並寫出使用之假設。F_1 為斷面①處

之福祿數，其餘符號如下圖所示。

(2)若$\dfrac{y_3}{y_1}=8$，$\dfrac{b_3}{b_1}=2.5$，試求 F_1^2。　　　　【85 年檢覈】

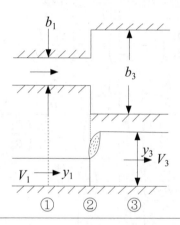

解

(1)C.E.：

$$V_1 y_1 b_1 = V_3 y_3 b_3 \Rightarrow V_3 = \frac{V_1 y_1 b_1}{y_3 b_3} \cdots\cdots\cdots\cdots\cdots\cdots\cdots ①$$

M.E.：

$$\frac{1}{2}\gamma y_1^2 b_1 - \frac{1}{2}\gamma y_3^2 b_3 + \frac{1}{2}\gamma y_2^2 (b_3 - b_1) - F_f$$

$$= \rho Q(\beta_3 V_3 - \beta_1 V_1) \cdots\cdots\cdots\cdots\cdots\cdots\cdots ②$$

假設①～③間之摩擦阻力 F_f 可忽略，動量校正係數 $\beta_1 = \beta_3 = 1$

又假設 $y_1 = y_2$，則②式可改寫成

$$\frac{1}{2}\gamma y_1^2 b_1 - \frac{1}{2}\gamma y_3^2 b_3 + \frac{1}{2}\gamma y_1^2(b_3 - b_1) = \rho Q(V_3 - V_1)$$

$$\Rightarrow \frac{1}{2}gy_1^2 b_3 - \frac{1}{2}gy_3^2 b_3 = Q\left(\frac{V_1 y_1 b_1}{y_3 b_3} - V_1\right) \text{（①式代入）}$$

$$\Rightarrow \frac{1}{2}gb_3(y_1^2 - y_3^2) = V_1^2 y_1 b_1\left(\frac{y_1}{y_3}\frac{b_1}{b_3} - 1\right)$$

除以 $gy_1^2 b_1$，並令 $F_1^2 = \dfrac{V_1^2}{gy_1}$，則可得

$$\frac{1}{2}\frac{b_3}{b_1}\left(1 - \frac{y_3^2}{y_1^2}\right) = F_1^2\left(\frac{y_1}{y_3}\frac{b_1}{b_3} - 1\right)$$

$$\Rightarrow F_1^2 = \frac{\dfrac{b_3}{b_1}\left[1 - \left(\dfrac{y_3}{y_1}\right)^2\right]}{2\left(\dfrac{y_1}{y_3}\dfrac{b_1}{b_3} - 1\right)} = \frac{\dfrac{b_3}{b_1}\left[1 - \left(\dfrac{y_3}{y_1}\right)^2\right]}{2\dfrac{y_1}{y_3}\left(\dfrac{b_1}{b_3} - \dfrac{y_3}{y_1}\right)}$$

$$= \frac{\dfrac{b_3}{b_1}\dfrac{y_3}{y_1}\left[1 - \left(\dfrac{y_3}{y_1}\right)^2\right]}{2\left(\dfrac{b_1}{b_3} - \dfrac{y_3}{y_1}\right)}$$

$$(2)\, F_1^2 = \frac{2.5 \times 8\,(1 - 8^2)}{2\left(\dfrac{1}{2.5} - 8\right)} = 82.89$$

● 練習題

1. 一矩形斷面渠道，已知水流為超臨界流，今擬設計發生一水躍以消散
其能量，若水躍能量損失水頭為 5.0m，上游福祿數為 8.5，求下游持
續水深。

Ans：$y_1 = 0.198\text{m}, y_2 = 2.277\text{m}$

2. 證明矩形斷面渠道中發生水躍峙，滿足下式：

$$\frac{16g^{\frac{1}{3}}E_L}{q^{\frac{2}{3}}}=\frac{1}{F_{r_1}^{\frac{2}{3}}}\frac{(-3+\sqrt{1+8F_{r_1}^2})^3}{(-1+\sqrt{1+8F_{r_1}^2})}$$

3. 水流由一低壩排放至一水平矩形渠道，中間穿過一下射式閘門，若閘門上游水深為 16.0m，閘門開度為 1.5m，此閘門可假設為銳緣形，若一水躍恰發生在閘門下游，求其持續水深及水躍能量損失百分比。

Ans：$y_1 = 0.9$m, $y_2 = 6.94$m，55%

4. 一寬矩形斷面渠道（$n = 0.025$），坡度由 $S_1 = 0.03$ 變化至 $S_2 = 0.002$，於下游段均勻流之水深為 5ft，求水躍發生位置。

Ans：$S_2 = 0.002$ 渠段

5. 一梯形斷面渠道底寬 3m，邊坡比（$H:V$）= 1.5：1，水深 0.5m，流量為 20m³/s，求持續水深。

Ans：2.658m

6. 一寬矩形斷面渠道，底床坡度 $S_0 = 0.0005$，$n = 0.02$ 其上游端有一閘門控制流量。於某時刻，閘門調整流量為 7.0m³/s/m，收縮處水深為 0.4m，求水躍發生位置。

Ans：92.66m

7. 一寬矩形斷面之陡坡渠道（$\tan\theta = 0.20$）有一水平護坦（apron），其流堡 2.47m³/s/m 流經陡坡段時，水深為 0.3m (1)欲使水躍完全發生在水平護坦內時，最大尾水深應為多少？ (2)若欲使水躍完全發生在陡坡渠段內，則尾水深應為多少？

Ans：(1)1.892m (2)3.595m

8. 流量 6.65m³/s/m 從低溢洪道流入一水平護坦，水深為 0.5m，尾水深為 3.0m，求靜水池必須比原渠道底床低多少，方可使水躍發生於池內。

Ans：0.94m

9. 有一 10ft 寬之水平矩形渠道，發生水躍之共軛水深分別為 1.5ft 及 5ft，求(1)流量 (2)能量消散率。

Ans：(1)280cfs (2)45.8HP

10.有一水躍發生於漸變段斷面直立壁以 1：5 逐漸擴大之矩形渠道，若水躍趾部（toe）之寬度為 3.5m，水深為 0.75m，流速為 7.5m/s，求持續水深及水躍能量損失。

Ans：$y_2 = 2.433m$, $E_L = 0.869m$

Chapter 5

緩變速流及水面剖線

- ●重點整理
- ●精選例題
- ●歷屆考題
- ●練習題

● 重點整理

一、定量緩變速流（steady gradually varied flow）

1. 假設條件

   (1)等速流公式（如曼寧公式或 Chezy 公式）及其糙率係數適用於緩變速渠流。

   (2)若渠床坡度較緩時，則

   　　a.渠流垂直水深 y 與渠流斷面水深 d 可視為相等，即 $y \doteq d$。

   　　b.水壓力可視為靜水壓力分佈。

   　　c.渠流無夾氣現象發生，故水流之密度毋需修正。

   (3)渠道為稜柱體之定型渠道。

   (4)輸水容量 K 及斷面因數 Z 為水流深度之指數函數。

   (5)渠道糙率係數 n 不因水深而改變，且在一渠段中可視為定值。

   (6)渠道斷面內之流速分佈係數（α 及 β）為定值。

2. 控制方程式

$$\frac{dy}{dx} = \frac{S_0 - S_f}{1 - F_r^2}$$

   式中，y 表水深之變數；

   　　　　x 表沿渠道之距離變數；

   　　　　S_0 表渠底縱坡；

   　　　　S_f 表能量坡降，由 Manning 或 Chezy 公式求得；

   　　　　F_r 表福祿數，由 $F_r = \dfrac{V}{\sqrt{gD}}$ 求得。

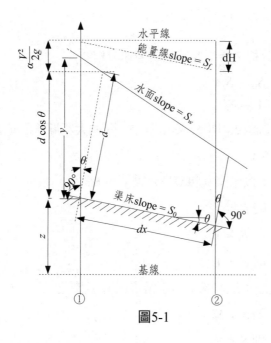

圖5-1

二、水面剖線之分析

1. 分析目的：

　　當渠流受到下游阻礙（如水工結構物或斷面、坡度改變時）而使水面抬升或因下游水面之突降而漸減其深度時，渠流上游與下游之水面剖線將受到影響。如何合理地描繪出渠流水深逐漸變化之水面剖線成為水面剖線分析之主要目的。可歸納成下列三點：

(1)便於渠道設計及計算流量。

(2)河流築堰或壩後，估算其上游河水水面壅高之情形亦即推算迴水實際影響之範圍。

(3)從河口上溯描繪洪水水位線，作為改變河道及防洪之依據。

2. 曲線分類：

　　水面剖線分析主要根據定量緩變速方程式

$$\frac{dy}{dx} = \frac{S_0 - S_f}{1 - F_r^2}$$

　　因此如何判斷 S_0 與 S_f 及 1 與 F_r^2 間的大小關係，成為判斷之關鍵，茲分述如下：

(1) F_r 值之判斷：以水深 y 與臨界水深 y_c 判斷之

　　a.當 $y < y_c$　則 $F_r > 1$

　　b.當 $y = y_c$　則 $F_r = 1$

　　c.當 $y > y_c$　則 $F_r < 1$

(2) S_0 與 S_f 之判斷：以水深 y 與正常水深 y_n 判斷之

　　a.當 $y < y_n$　則 $S_f > S_0$

　　b.當 $y > y_n$　則 $S_f < S_0$

(3) 水面剖線之分類：

　　a.當 $y_n > y_c$ 或 $S_0 < S_c$ 即渠坡為緩坡時，其剖線為 M 曲線。

　　b.當 $y_n < y_c$ 或 $S_0 > S_c$ 即渠坡為陡坡時，其剖線為 S 曲線。

　　c.當 $y_n = y_c$ 或 $S_0 = S_c$ 即渠坡為臨界坡時，其剖線為 C 曲線。

　　d.當 $S_0 = 0$ 即渠坡為水平渠底時，其剖線為 H 曲線。

　　e.當 $S_0 < 0$ 為逆渠坡時，其剖線為 A 曲線。

　　綜合整理水面剖線之分類如下表：

渠底坡度	區間			y 與 y_n 及 y_c 之關係			發生類型	渠流狀況
	1	2	3	區間1	區間2	區間3		
水平渠坡 $S_o = 0$	無			$y > y_n > y_c$			無	無
		H_2			$y_n > y > y_c$		跌水	亞臨界流
			H_3			$y_n > y_c > y$	水躍前	超臨界流
緩坡 $0 < S_o < S_c$	M_1			$y > y_n > y_c$			迴水	亞臨界流
		M_2			$y_n > y > y_c$		跌水	亞臨界流
			M_3			$y_n > y_c > y$	水躍前	超臨界流
臨界渠坡 $S_o = S_c > 0$	C_1			$y > y_c = y_n$			迴水	亞臨界流
		C_2			$y_c = y = y_n$		平行於渠底	臨界渠流
			C_3			$y_c = y_n > y$	水躍前或迴水	超臨界流
陡坡 $S_o > S_c > 0$	S_1			$y > y_c > y_n$			迴水	亞臨界流
		S_2			$y_c > y > y_n$		跌水	超臨界流
			S_3			$y_c > y_n > y$	迴水	超臨界流
逆渠坡 $S_o < 0$	無			$y > (y_n)^* > y_c$			無	無
		A_2			$(y_n)^* > y > y_c$		跌水	亞臨界流
			A_3			$(y_n)^* > y_c > y$	水躍前或迴水	超臨界流

註*：逆渠坡之 y_n 無物理意義，假定 y_n 為正值且為無限大。

3. M 曲線之分析：

定義：緩坡情況亦即 $S_o < S_c$ 時之水面剖線稱為 M 曲線。

發生條件：$y_n > y_c$

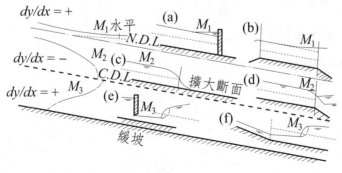

圖5-2

(1)$y > y_n > y_c$

①判斷 F_r 值：

$$\because \quad y > y_c \quad \therefore \quad F_r < 1$$

②判斷 S_0 與 S_f：

$$\because \quad y > y_n \quad \therefore \quad S_f < S_0$$

$$\therefore \quad \frac{dy}{dx} = \frac{S_0 - S_f}{1 - F_r^2} = \frac{+}{+} > 0$$

表水深漸增。此種流況通常在緩坡渠道上，當渠流遇到攔水壩、水庫及渠道由緩坡變成更平緩或逆坡時發生，為迴水曲線之一種類型。

③檢查漸近線：

a.當 $y \to y_n$ 時，$S_0 \to S_f$ $\quad \therefore \quad \dfrac{dy}{dx} \to 0$

表水面漸近於正常水深 y_n。

b.當 $y \to \infty$ 時，$F_r = \dfrac{V}{\sqrt{gy}} \to 0$

$Q = \mathrm{b}yV = $ 定值，y 大則 V 小

若 $y \to \infty$，則 $V \to 0$，即 $V = \dfrac{1}{n} R^{\frac{2}{3}} S_f^{\frac{1}{2}} \to 0$

$\Rightarrow S_f \to 0 \quad \therefore \quad \dfrac{dy}{dx} \to S_0$

表水面漸近於一水平面（與地平線平行）。

④M_1 曲線圖：

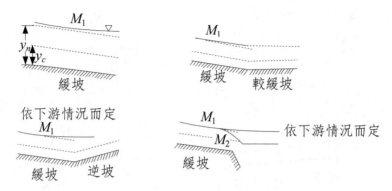

圖5-3　M_1 曲線

(2)M_2 曲線（$y_n > y > y_c$）

　①判斷 F_r 值：

$$\because \quad y > y_c \quad \therefore \quad F_r < 1$$

　②判斷 S_0 與 S_f：

$$\because \quad y_n > y \quad \therefore \quad S_f > S_0$$

$$\therefore \quad \frac{dy}{dx} = \frac{S_0 - S_f}{1 - F_r^2} = \frac{-}{+} < 0$$

　　表水深漸減。此種流況通常在緩坡渠道上，當渠道斷面擴大或渠

　　坡由緩變陡時發生，為跌水之一種類型。

　　a.當 $y \to y_n$ 時，$\dfrac{dy}{dx} \to 0$

　　　表水面漸近於 y_n。（與渠底平行）。

　　b.當 $y \to y_c$ 時，$\dfrac{dy}{dx} \to \infty$

　　　表水面與臨界水深線成直角相交，但事實上不可能成直角關

　　　係，理論與實際略有偏差，以下有此情況者均類同此理。

　③M_2 曲線圖：

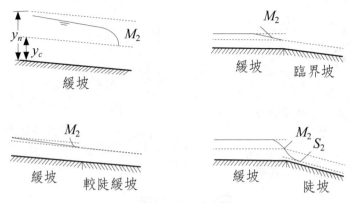

圖5-4　M_2 曲線

(3)M_3 曲線（$y_n > y_c > y$）

①判斷 F_r 值。

$$\because \quad y_c > y \quad \therefore \quad F_r > 1$$

②判斷 S_0 與 S_f：

$$\because \quad y_n > y \quad \therefore \quad S_f > S_0$$

$$\therefore \quad \frac{dy}{dx} = \frac{S_0 - S_f}{1 - F_r^2} = \frac{-}{-} > 0$$

表水深漸增。此種流況通常於緩坡渠道上，當渠流遇到下射式閘門之水躍前發生。

③檢查漸近線：

a.當 $y \to 0$ 時，S_f 及 $F_r \to \infty$　$\therefore \quad \dfrac{dy}{dx} \to$ 某一正極限值

表水面線與渠底成某正角度相交。

b.當 $y \to y_c$ 時，則 $\dfrac{dy}{dx} \to \infty$

表水面線垂直於 y_c。

④M_3 曲線圖：

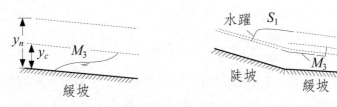

圖5-5　M_3 曲線

4. S 曲線之分析

定義：陡坡情況亦即 $S_0 > S_c$ 時之水面剖線稱為 S 曲線。

發生條件：$y_n < y_c$

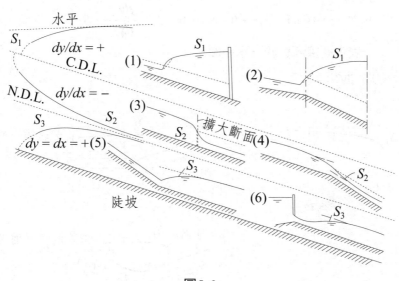

圖5-6

(1)S_1 曲線（$y > y_c > y_n$）

　　①判斷 F_r 值：

$$\because \quad y > y_c \quad \therefore \quad F_r < 1$$

　　②判斷 S_0 與 S_f：

$$\because \quad y > y_n \quad \therefore \quad S_f < S_0$$

$$\therefore \quad \frac{dy}{dx} = \frac{S_0 - S_f}{1 - F_r^2} = \frac{+}{+} > 0$$

表水深漸增。此種流況通常於陡坡渠道上，當渠流遇到攔水壩、水庫及由陡坡轉變成緩坡或逆坡時發生，為迴水曲線之一種類型。

③檢查漸近線：

a.當 $y \to y_c$ 時，$\dfrac{dy}{dx} \to \infty$

表水面線與臨界水深線成直角相交。

b.當 $y \to \infty$ 時，$F_r \to 0$，$S_f \to 0$ $\quad \therefore \quad \dfrac{dy}{dx} \to S_0$

表水面線漸近於一水平面。

④S_1 曲線圖：

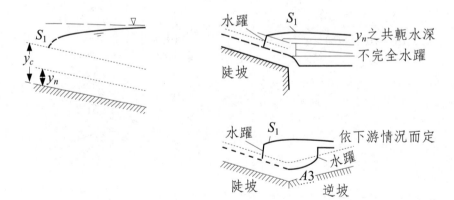

圖5-7　S_1 曲線

(2)S_2 曲線（$y_c > y > y_n$）

①判斷 F_r 值：

$$\because \quad y < y_c \quad \therefore \quad F_r > 1$$

②判斷 S_0 與 S_f：

$$\because \quad y > y_n \quad \therefore \quad S_f < S_0$$

$$\therefore \quad \frac{dy}{dx} = \frac{S_0 - S_f}{1 - F_r^2} = \frac{+}{-} < 0$$

表水深漸減。此種流況通常於陡坡渠道上，當渠道斷面擴大或渠坡由陡坡變成更陡時發生，為跌水之一種類型。

③檢查漸近線：

a.當 $y \rightarrow y_n$，$\dfrac{dy}{dx} \rightarrow 0$

　表水面線漸近於 y_n

b.當 $y \rightarrow y_c$，$\dfrac{dy}{dx} \rightarrow \infty$

　表水面線與臨界水深線成直角相交。

④S_2 曲線圖

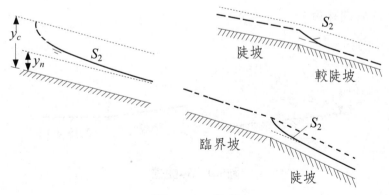

圖5-8　S_2 曲線

(3)S_3 曲線（$y_c > y_n > y$)

①判斷 F_r 值：

$$\because \quad y < y_c \quad \therefore \quad F_r > 1$$

②判斷 S_0 與 S_f：

$$\because \quad y < y_n \quad \therefore \quad S_f > S_0$$

$$\therefore \quad \frac{dy}{dx} = \frac{S_0 - S_f}{1 - F_r^2} = \frac{-}{-} > 0$$

表水深漸增。此種流況通常於陡坡上，渠流遇到下射式閘門或由陡坡變緩坡時發生，為迴水曲線之一種類型。

③檢查漸近線：

a.當 $y \to 0$ 時，S_f 及 $F_r \to \infty$ $\quad \therefore \dfrac{dy}{dx} \to$ 某一正極限值

表水面線與渠底成某正角度相交。

b.當 $y \to y_n$ 時，$\dfrac{dy}{dx} \to 0$

表水面線漸近於 y_n。

④S_3 曲線圖：

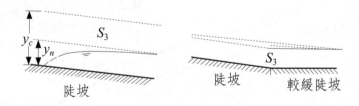

圖5-9 S_3 曲線

5. C 曲線之分析

定義：臨界渠坡情況下即 $S_0 = S_c$ 時之水面剖線稱為 C 曲線，少見且不穩定。

發生條件：$y_n = y_c$

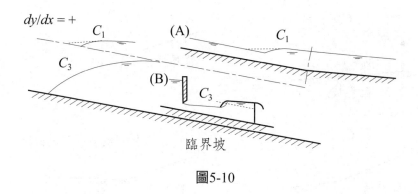

圖5-10

(1) C_1 曲線（$y > y_n = y_c$）

① 判斷 F_r 值：

$$\because \quad y > y_c \quad \therefore \quad F_r < 1$$

② 判斷 S_0 與 S_f：

$$\because \quad y > y_n \quad \therefore \quad S_f < S_0$$

$$\therefore \quad \frac{dy}{dx} = \frac{S_0 - S_f}{1 - F_r^2} = \frac{+}{+} > 0$$

表水深漸增。此種流況通常於臨界坡渠道上，當渠坡由臨界坡變成緩坡或逆坡時發生，為迴水曲線之一種類型。

③ 檢查漸近線：

a. 當 $y \to y_c$ 時 $\quad \dfrac{dy}{dx} \to \infty$

表水面與臨界水深線成直角正交。

b. 當 $y \to \infty$，$F_r \to 0$，$S_f \to 0$ $\quad \therefore \quad \dfrac{dy}{dx} \to S_0$

表水面漸近於一水平面。

④C_1 曲線圖

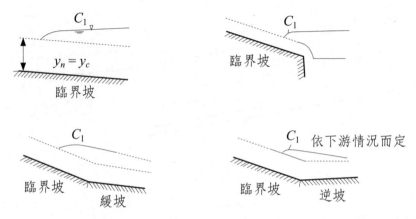

圖5-11 C_1 曲線

(2)C_2 曲線（$y = y_n = y_c$）

①判斷 F_r 值：

$$\because \quad y = y_c \quad \therefore \quad F_r = 1$$

②判斷 S_0 與 S_f：

$$\because \quad y = y_n \quad \therefore \quad S_0 = S_f$$

$$\therefore \quad \frac{dy}{dx} = \frac{0}{0} \text{ 為一不定值}$$

③C_2 曲線圖：

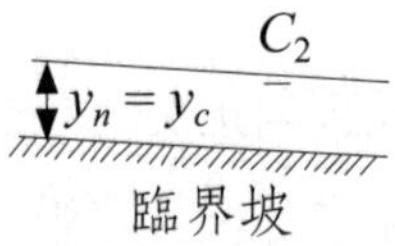

圖5-12 C_2 曲線

表水深與渠底平行。此種流況當水深恰與臨界水深及正常水深相

等時方能發生。

(3)C_3 曲線（$y_c = y_n > y$）

①判斷 F_r 值：

$$\because \quad y < y_c \quad \therefore \quad F_r > 1$$

②判斷 S_0 與 S_f：

$$\because \quad y < y_n \quad \therefore \quad S_f > S_0$$

$$\therefore \quad \frac{dy}{dx} = \frac{S_0 - S_f}{1 - F_r^2} = \frac{-}{-} > 0$$

表水深漸增。此種流況通常於臨界渠坡上，渠流遇到下射式閘門時，所形成之水躍前發生。

③檢查漸近線：

a.當 $y \to 0$ 時，S_f 及 $F_r \to \infty$ $\therefore$ $\frac{dy}{dx} \to$ 某一極限正值

表水面線與渠底成某正角度相交。

b.當 $y \to y_c$ 或 y_n 時，$\frac{dy}{dx} \to \infty$

表水面與臨界水深線成直角相交。

④C_3 曲線圖：

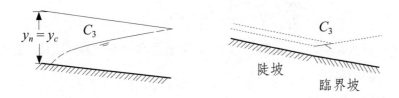

圖5-13 C_3 曲線

6. *H* 曲線之分析

定義：渠底坡度 $S_0 = 0$，亦即水平渠底時之水面剖線稱為 *H* 曲線。

發生條件：$y_n \to \infty$

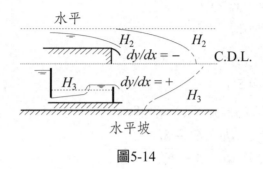

圖5-14

(1)$y > y_n > y_c$

$$\because \quad y_n \to \infty \quad 又 \quad y > y_n$$

$$\therefore \quad y \to \infty$$

然而事實上，沒有一種渠流的水深是無限大的，故此流況不存在。

(2)H_2 曲線（$y_n > y > y_c$）

①判斷 F_r 值：

$$\because \quad y > y_c \quad \therefore \quad F_r < 1$$

②判斷 S_0 與 S_f：

$$\because \quad y_n > y \quad \therefore \quad S_f > S_0$$

$$\therefore \quad \frac{dy}{dx} = \frac{S_0 - S_f}{1 - F_r^2} = \frac{-}{+} < 0$$

表水深漸減。此種流況通常於渠道由水平渠坡變成陡坡之跌水現象中發生。

③檢查漸近線：

a.當 $y \to y_c$ 時，$\dfrac{dy}{dx} \to \infty$

表水面線與臨界水深線成直角相交。

b.當 $y \to y_n$ 時，$\dfrac{dy}{dx} \to 0$

表水面漸近於 y_n。

④H_2 曲線圖：

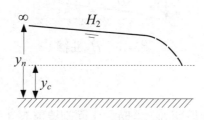

圖5-15　H_2 曲線

(3)H_3 曲線（$y_n > y_c > y$）

①判斷 F_r 值：

$$\because \quad y_c > y \quad \therefore \quad F_r > 1$$

②判斷 S_0 與 S_f：

$$\because \quad y_n > y \quad \therefore \quad S_f > S_0$$

$$\therefore \quad \frac{dy}{dx} = \frac{S_0 - S_f}{1 - F_r^2} = \frac{-}{-} > 0$$

表水深漸增。此種流況通常於水平渠坡上，渠流遇到下射式閘門

所形成之水躍前發生。

③檢查漸近線：

a.當 $y \to 0$ 時，S_f 及 $F_r \to \infty$　$\therefore \quad \dfrac{dy}{dx} \to$ 某一極限正值

表水面線與渠底成某正角度相交。

b.當 $y \to y_c$ 時，$\dfrac{dy}{dx} \to \infty$

表水面曲線與臨界水深線成直角相交。

④H_3 曲線圖

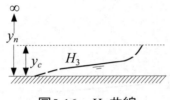

圖5-16　H_3 曲線

7. A 曲線之分析

定義：渠流在逆渠坡即 $S_0 < 0$ 時之水面剖線稱為 A 曲線。

發生條件：$y_n \to \infty$（事實上逆渠坡之 y_n 無物理意義）

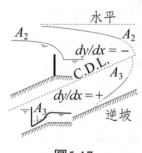

圖5-17

(1)$y > y_n > y_c$

$$\because \quad y_n \to \infty \quad 又 \quad y > y_n \quad \therefore \quad y \to \infty$$

事實上渠流之水深不可能為無限大，故此種渠流不存在。

(2)A_2 曲線（$y_n > y > y_c$）

①判斷 F_r 值：

$$\because \quad y > y_c \quad \therefore \quad F_r < 1$$

②判斷 S_0 與 S_f：

$$\because \quad y_n > y \quad \therefore \quad S_f > S_0$$

$$\therefore \quad \frac{dy}{dx} = \frac{S_0 - S_f}{1 - F_r^2} = \frac{-}{+} < 0$$

表水深漸減。此種流況通常於逆渠坡上遇到攔水壩及渠坡由逆坡

變成緩坡或臨界坡或陡坡時發生。

③檢查漸近線：

a.當 $y \to y_c$ 時，$\dfrac{dy}{dx} \to \infty$

　表水面線與臨界水深線成直角相交。

b.當 $y \to y_n$ 時，$\dfrac{dy}{dx} \to 0$

　表水面漸近於 y_n（事實上不可能，此 y_n 僅可看作上游水深）。

④A_2 曲線圖：

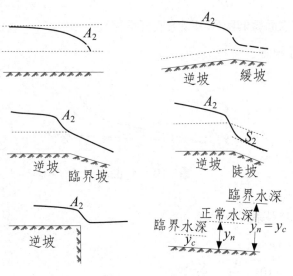

圖5-18 　A_2 曲線

(3)A_3 曲線（$y_n > y_c > y$）

　①判斷 F_r 值：

$$\because \quad y_c > y \quad \therefore \quad F_r > 1$$

②判斷 S_0 與 S_f：

$$\because \quad y_n > y \quad \therefore \quad S_f > S_0$$

$$\therefore \quad \frac{dy}{dx} = \frac{S_0 - S_f}{1 - F_r^2} = \frac{-}{-} > 0$$

表水深漸增。此種流況通常於逆坡上遇到下射式閘門所形成的水躍前發生。

③判斷漸近線：

a.$y \to 0$ 時，S_f 及 $F_r \to \infty$ $\quad \therefore \quad \dfrac{dy}{dx} \to$ 某一極限正值

表水面線與渠底成某正角相交。

b.$y \to y_c$ 時，$\dfrac{dy}{dx} \to \infty$

表水面線與臨界水深線成直角相交。

④A_3 曲線圖

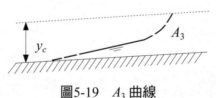

圖5-19　A_3 曲線

8. 水面剖線之斜率與漸近線

　(1)斜率：

$$\frac{dy}{dx} = \frac{S_0 - S_f}{1 - F_r^2}$$

編號 型式	M	S	C	H	A
1	+	+	+	×	×
2	$-$ $\dfrac{y_n}{y_c}$	$-$ $\dfrac{y_c}{y_n}$	$\dfrac{0}{0}$ $\dfrac{y_n}{y_c}$	$-$ $\dfrac{y_n}{y_c}$	$-$ $\dfrac{y_n}{y_c}$
3	+	+	+	+	+

注：×表不存在

①編號 1：

水深漸增，渠流遇到攔水壩、水庫及渠道坡度變比原來更平緩時發生，為迴水曲線。

②編號 2：

水深漸減，當渠道斷面擴大或渠道坡度變比原來更陡時發生，為跌水曲線。

③編號 3：

水深漸增，當渠流遇到下射式閘門之水躍前或渠坡變比原來更平緩時發生。

(2)漸近線：

①$y \to y_n$；$\dfrac{dy}{dx} \to 0$ ，水面漸近時 y_n。

②$y \to y_c$；$\dfrac{dy}{dx} \to \infty$ ，水面與臨界水深線直角相交，但事實上不可能，理論與實際略有偏差。

③$y \to \infty$，$F_r \to 0$，$V \to 0$，$S_f \to 0$

$\dfrac{dy}{dx} \to S_0$ ，水面漸近於與水平面（線）。

④$y \rightarrow 0$，$S_f \rightarrow \infty$，$F_r \rightarrow \infty$，$\dfrac{dy}{dx} \rightarrow$ 正極限值

水面線與渠底成某正角度相交。

9. 複式水面剖線

(1)定義：

於渠道中，水面剖線之形式常受到渠道坡度改變、斷面變化或水工結構物之影響，形成一種由不同形式之水面剖線所合成的水面剖線謂之複式水面剖線。

(2)劃製原則：

①判斷該渠段為陡坡、緩坡或臨界坡。（方法如前述）

②描繪出臨界水深線（C.D.L）及正常水深線（N.D.L）。

③找出渠道之控制斷面，一般控制斷面常在於水庫出口、坡度變化、斷面變化、攔水壩或堰、下射式閘門或跌水處發生。

④由控制斷面鄰近之渠道坡度或水工結構物等綜合判斷水面剖線之形式，其方法參見前述 M，S，C，H，A 等曲線之分析。

(3)舉例說明：

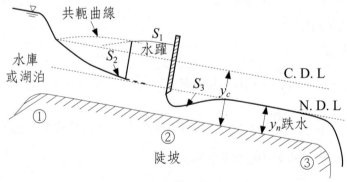

圖5-20　複式水面剖線

臨界坡。假設圖 5-20 之渠道為 $S_0 > S_c$ 故為陡坡，亦即此渠道之水面剖線為 S 曲線。

②描繪 C.D.L 及 N.D.L，因是陡坡故 $y_n < y_c$。

③找出控制斷面共有三處，即水庫出口、閘門及跌水處。

④於控制斷面①即水庫出口處，水位由高突下降，故必形成一個跌水型之水面剖線，在 S 曲線中有此性質者，僅 S_2 曲線，故水庫出口處下游附近必形成 S_2 曲線。

⑤於控制斷面②即下射閘門處，此陡坡上的閘門具有二種作用，對上游而言，可造成亞臨界流迴水壅高現象；在下游可造成超臨界流。而欲造成亞臨界迴水現象，在 S 曲線中僅 S_1 曲線，故閘門上游必形成 S_1 曲線；欲造成超臨界流，在 S 曲線中僅 S_3 曲線，故閘門下游必形成 S_3 曲線。

⑥於控制斷面①與②之間，由超臨界流之 S_2 曲線變成亞臨界流之 S_1 曲線，其間必發生水躍現象。

⑦於控制斷面③處，雖遇到跌水現象，但非為 S_2 曲線，故無名稱。

10.水面剖線之計算

(1)直接步推法（direct step method or step method）

①適用條件：

本法為定型渠道（即規則渠道）之簡易方法，但不適宜非定型渠道。（即不規則渠道）

②計算方法：

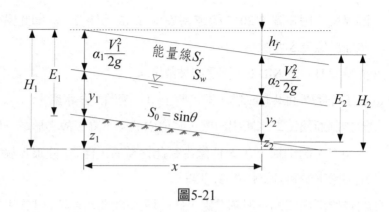

圖5-21

由能量方程式

$$z_1 + y_1 + \alpha_1 \frac{V_1^2}{2g} = z_2 + y_2 + \alpha_2 \frac{V_2^2}{2g} + h_f$$

又　$\overline{S}_f = \dfrac{h_f}{x}$ ，$z_1 - z_2 = S_0 x$

式中　h_f：能量損失

則上式可改成

$$S_0 x + (y_1 - y_2) + \left(\alpha_1 \frac{V_1^2}{2g} - \alpha_2 \frac{V_2^2}{2g}\right) = \overline{S}_f x$$

$$\therefore \quad x = \frac{\left(y_1 + \alpha_1 \dfrac{V_1^2}{2g}\right) - \left(y_2 + \alpha_2 \dfrac{V_2^2}{2g}\right)}{\overline{S}_f - S_0}$$

$$\Rightarrow \boxed{x = \frac{E_1 - E_2}{\overline{S}_f - S_0}} \quad 或 \quad \boxed{x = \frac{E_2 - E_1}{S_0 - \overline{S}_f}}$$

上式為直接步推法之計算方程式。

③計算步驟：

a.已知水面剖線之推算起點水深 y_1，由此推算水深 y_1 處之斷面積 A_1，水力半徑 R_1，速度 V_1 及比能 E_1。

b.假定相距 x 之斷面 2 處之水深為 y_2，由此推算 y_2 處之斷面積 A_2，水力半徑 R_2，速度 V_2 及比能 E_2。

c.利用 Chezy 公式 $V = C\sqrt{RS_f}$ 或曼寧公式 $V = \dfrac{1}{n} R^{\frac{2}{3}} S_f^{\frac{1}{2}}$，分別求 S_{f1} 及 S_{f2}，再由 $\overline{S}_f = \dfrac{1}{2}(S_{f1} + S_{f2})$。

d.將 E_1，E_2，$\overline{S}_f$ 及已知之 S_0 代入計算方程式可得水深 y_1 及 y_2 間之距離 x。

e.同理，重覆以上步驟。

f.累加各斷面間之距離，即可求得首末兩斷面間之距離 L。

(2)標準步推法（Standard step method）

①適用條件：適用於非定型渠道（不規則渠道），當然也可用於定型渠道（規則渠道）。

②優點：用此種方法演算，當速度水頭很小時，縱使演算方向錯誤，亦不會造成一連串的錯誤。又最初斷面之水面高程，可能不知道亦無妨，縱使假設不對，在一步步往下推求後，將使答案更趨正確，另外可由總水頭校驗其值之正確與否。

③計算方法

由圖 5-21 可知

$$H_1 = z_1 + y_1 + \alpha_1 \frac{V_1^2}{2g}$$

$$H_2 = z_2 + y_2 + \alpha \frac{V_2^2}{2g}$$

則由能量不變得：

$$H_1 = H_2 + h_f + h_e$$

上式為標準步推法之計算方程式。

式中　h_f：能量損失

$$h_f = \overline{S}_f x = \frac{1}{2}(S_{f1} + S_{f2})\,x$$

$\overline{S}_f$ 為斷面 1 與 2 之能量坡降平均值

h_e：渦流損失（eddy loss）

$$h_e = k\frac{\alpha V^2}{2g}$$

式中，k 為係數。漸縮斷面時，$k = 0 \sim 0.1$；

漸擴斷面時，$k = 0 \sim 0.2$；

突擴或突縮時，$k = 0.5$；

規則渠道則其 $k = 0$。

④計算步驟：

a.從首端斷面 1（通常為控制斷面或已知條件）開始，此斷面之水深 y_1 及流速 V_1 均為已知。

b.假設相距 x 之斷面 2 之水深 y_2，算出 A_2 及 R_2，據此可求得 V_2。

c.計算斷面 1 之總水頭

$$H_1 = y_1 + z_1 + \alpha_1\frac{V_1^2}{2g}$$

d.計算斷面 2 之總水頭

$$H_2 = y_2 + z_2 + \alpha_2\frac{V_2^2}{2g}$$

e.由曼寧公式分別計算斷面 1 及 2 之 S_{f1} 及 S_{f2}，並求其平均值 $\overline{S}_f$。

f.計算 $h_f = \overline{S}_f x$

g.比較 H_1 與 $H_2 + h_f$，如果兩者相等，則步驟 b 之假定合宜，否則重新假設 y_2，重覆 b 至 g 之步驟，至合宜為止。

h.以合於 g 步驟所得 y_2 值，作為第二次計算之首端斷面之水深 y_1，重覆 a 至 g 步驟，逐步推算之，即可求得全渠流之縱剖面。

附註：通常亞臨界流時，控制斷面（如：堰）在下游端，水深計算
方向為由下游往上游推算；超臨界流時，控制斷面（如：下
射式閘門）在上游端，水深計算方向為由上游往下游推算。

● 精選例題

例1 已知一寬廣矩形斷面渠道，証明下列兩式：

(1) $\dfrac{dy}{dx} = S_0 \dfrac{1 - \left(\dfrac{y_n}{y}\right)^3}{1 - \left(\dfrac{y_c}{y}\right)^3}$

(2) $\dfrac{dy}{dx} = S_0 \dfrac{1 - \left(\dfrac{y_n}{y}\right)^{\frac{10}{3}}}{1 - \left(\dfrac{y_c}{y}\right)^3}$

解

(1) 由 Chezy 公式得

$$q = Vy = C\sqrt{RS}\,y \doteqdot C\sqrt{yS}\,y = C y^{\frac{3}{2}} S^{\frac{1}{2}}$$

（∵ 對寬廣渠道而言，水力半徑 $R \doteqdot y$）

∴ $S_f = \dfrac{q^2}{C^2 y^3}$ ，$S_0 = \dfrac{q^2}{C^2 y_n^3}$

$\Rightarrow \dfrac{S_f}{S_0} = \left(\dfrac{y_n}{y}\right)^3$

又 $F_r^2 = \dfrac{q^2}{gy^3} = \dfrac{g y_c^3}{g y^3} = \left(\dfrac{y_c}{y}\right)^3$

∴ $\dfrac{dy}{dx} = \dfrac{S_0 - S_f}{1 - F_r^2} = S_0 \dfrac{1 - \dfrac{S_f}{S_0}}{1 - F_r^2}$

$$= S_0 \frac{1 - \left(\dfrac{y_n}{y}\right)^3}{1 - \left(\dfrac{y_c}{y}\right)^3}$$

(2)由曼寧公式（採用公制）得

$$q = \frac{1}{n} R^{\frac{2}{3}} S^{\frac{1}{2}} \cdot y \doteqdot \frac{1}{n} y^{\frac{2}{3}} S^{\frac{1}{2}} y = \frac{1}{n} y^{\frac{5}{3}} S^{\frac{1}{2}}$$

$$\therefore \quad S_f = \frac{n^2 q^2}{y^{\frac{10}{3}}} \quad , \quad S_0 = \frac{n^2 q^2}{y_n^{\frac{10}{3}}}$$

$$\Rightarrow \frac{S_f}{S_0} = \left(\frac{y_n}{y}\right)^{\frac{10}{3}}$$

$$又 \quad F_r^2 = \left(\frac{y_c}{y}\right)^3$$

$$\therefore \quad \frac{dy}{dx} = \frac{S_0 - S_f}{1 - F_r^2} = S_0 \frac{1 - \left(\dfrac{y_n}{y}\right)^{\frac{10}{3}}}{1 - \left(\dfrac{y_c}{y}\right)^3}$$

例2 試證明緩變速流之水面剖線方程式可用下列各式表示：

$$(1) \frac{dy}{dx} = S_0 \frac{1 - \left(\dfrac{K_n}{K}\right)^2}{1 - \left(\dfrac{Z_c}{Z}\right)^2}$$

$$(2) \frac{dy}{dx} = S_0 \frac{1 - \left(\dfrac{K_n}{K}\right)^2}{1 - v\left(\dfrac{K_n}{K}\right)^2}$$

$$(3) \frac{dy}{dx} = S_0 \frac{1 - \left(\dfrac{Q}{Q_n}\right)^2}{1 - \left(\dfrac{Q}{Q_c}\right)^2}$$

(4) $\dfrac{dy}{dx} = \dfrac{S_0 - \dfrac{Q^2}{C^2 A^2 R}}{1 - \dfrac{\alpha Q^2}{g A^2 D}}$

式中,

Q：實際水深 y 之流量

Q_n：水深 y 之正常流量

Q_c：水深 y 之臨界流量

K_n：等速流之輸水容量

K：水深 y 之輸水容量

Z_c：臨界流之斷面因素

Z：水深 y 之斷面因素

$v = \dfrac{S_0}{S_{cn}}$，即渠坡與流量在正常水深下之臨界渠坡之比

值。

解

(1) $\because \quad Q = K\sqrt{S} \Rightarrow S = \dfrac{Q^2}{K^2}$

$\therefore \quad S_f = \dfrac{Q^2}{K^2}$, $S_0 = \dfrac{Q^2}{K_n^2}$

$\Rightarrow \dfrac{S_f}{S_0} = \dfrac{K_n^2}{K^2}$

又 $Z = A\sqrt{D} = \sqrt{\dfrac{A^3}{T}} \Rightarrow \dfrac{A^3}{T} = Z^2$

$Q = Z_c \sqrt{\dfrac{g}{\alpha}} \Rightarrow \dfrac{Q^2}{\left(\dfrac{g}{\alpha}\right)} = Z_c^2$

$$\therefore \quad F_r^2 = \alpha \frac{V^2}{gD} = \alpha \frac{Q^2 T}{gA^3} = \left(\frac{Z_c}{Z}\right)^2$$

代入緩變速流動力方程式，得

$$\frac{dy}{dx} = \frac{S_0 - S_f}{1 - F_r^2}$$

$$= S_0 \frac{1 - \left(\dfrac{K_n}{K}\right)^2}{1 - \left(\dfrac{Z_c}{Z}\right)^2}$$

(2) $\because \quad Z_c^2 = \dfrac{Q^2}{\left(\dfrac{g}{\alpha}\right)} = \dfrac{S_0 K_n^2}{\dfrac{g}{\alpha}}$

$$Z^2 = \dfrac{Q_c^2}{\left(\dfrac{g}{\alpha}\right)} = \dfrac{S_{cn} K^2}{\dfrac{g}{\alpha}}$$

$$\therefore \quad \left(\frac{Z_c}{Z}\right)^2 = \frac{S_0}{S_{cn}} \cdot \frac{K_n^2}{K^2} = v \left(\frac{K_n}{K}\right)^2$$

上列代入(1)中得

$$\frac{dy}{dx} = S_0 \frac{1 - \left(\dfrac{K_n}{K}\right)^2}{1 - \left(\dfrac{Z_c}{Z}\right)^2} = S_0 \frac{1 - \left(\dfrac{K_n}{K}\right)^2}{1 - v \left(\dfrac{K_n}{K}\right)^2}$$

(3) $\because \quad S_0 = \dfrac{Q_n^2}{K^2}$ ， $S_f = \dfrac{Q^2}{K^2}$

$$\Rightarrow \frac{S_f}{S_0} = \frac{Q^2}{Q_n^2}$$

又 $\quad Q_c = Z\sqrt{\dfrac{g}{\alpha}} = A\sqrt{D}\sqrt{\dfrac{g}{\alpha}} = A\sqrt{\dfrac{A}{T}}\sqrt{\dfrac{g}{\alpha}}$

$$\Rightarrow Q_c^2 = \frac{gA^3}{\alpha T}$$

$$F_r^2 = \frac{\alpha V^2}{gD} = \frac{\alpha \dfrac{Q^2}{A^2}}{\dfrac{gA}{T}} = \frac{\alpha Q^2 T}{gA^3} = \frac{Q^2}{Q_c^2}$$

代入緩變速流動力方程式，得

$$\frac{dy}{dx} = \frac{S_0 - S_f}{1 - F_r^2}$$

$$= S_0 \frac{1 - \left(\dfrac{Q}{Q_n}\right)^2}{1 - \left(\dfrac{Q}{Q_c}\right)^2}$$

(4)將 $\quad F_r^2 = \dfrac{\alpha Q^2 T}{gA^3}$

及 $\quad S_f = \dfrac{Q^2}{C^2 A^2 R}$ （由 Chezy 公式得）

代入緩變速流動力方程式，得

$$\frac{dy}{dx} = \frac{S_0 - S_f}{1 - F_r^2} = \frac{S_0 - \dfrac{Q^2}{C^2 A^2 R}}{1 - \alpha \dfrac{Q^2 T}{gA^3}}$$

例3 有一定量緩變量流，於寬度 B 之矩形渠道中流動，其控制方程式為

$$H = z + y\cos^2\theta + \alpha \frac{V^2}{2g}$$

式中，H 為能量水頭。令 $\alpha = 1$ 且 θ 很小但 θ 會改變。（提示：初始勿將 $\cos\theta$ 近似為 1），試證明控制水深 y 之方程式為

$$\frac{dy}{dx} = S_0 \frac{1 - \left(\frac{y_n}{y}\right)^3 + 2y\frac{dS_0}{dx}}{1 - \left(\frac{y_c}{y}\right)^3}$$

式中，y_n 及 y_c 為定渠坡時，每一斷面局部之正常水深及臨界水深；S_0 為底床坡度。假設 Chezy's 公式可用。

解

$$H = z + y\cos^2\theta + \alpha\frac{V^2}{2g}$$

令 $\alpha = 1$，則上式變成

$$H = z + y\cos^2\theta + \frac{V^2}{2g} = z + y\cos^2\theta + \frac{q^2}{2gy^2}$$

將上式對 x 微分，則

$$\frac{dH}{dx} = \frac{dz}{dx} + \cos^2\theta\frac{dy}{dx} + y \cdot 2\cos\theta(-\sin\theta)\frac{d\theta}{dx} - \frac{2q^2}{2gy^3}\frac{dy}{dx}$$

$$\frac{dH}{dx} = \frac{dz}{dx} + \cos^2\theta\frac{dy}{dx} - 2\cos\theta\sin\theta y\frac{d\theta}{dx} - \frac{q^2}{gy^3}\frac{dy}{dx} \cdots\cdots ①$$

$\because \theta$ 很小 $\therefore \cos\theta \approx 1$，$\sin\theta \approx \theta \approx S_0$，$\dfrac{d\theta}{dx} \approx \dfrac{dS_0}{dx}$

且 $\dfrac{dH}{dx} = -S_f$，$\dfrac{dz}{dx} = -S_0$

又由 Chezy 公式：$q = C\sqrt{RS_f} \cdot y \doteqdot CS_f^{\frac{1}{2}}y^{\frac{3}{2}}$ （假設 B 很大）

$\Rightarrow S_f = \dfrac{q^2}{C^2 y^3}$，又 $q^2 = gy_c^3$，$S_0 = \dfrac{q^2}{C^2 y_n^3}$

代入①式，得

$$-S_f = -S_0 + 1 \times \frac{dy}{dx} - 2 \times 1 \times S_0 \times y\frac{dS_0}{dx} - \frac{q^2}{gy^3}\frac{dy}{dx}$$

$$\Rightarrow -S_f = -S_0 + \left(1 - \frac{q^2}{gy^3}\right)\frac{dy}{dx} - 2S_0\, y\, \frac{dS_0}{dx}$$

$$\Rightarrow \left(1 - \frac{q^2}{gy^3}\right)\frac{dy}{dx} = S_0 -- S_f + 2S_0\, y\, \frac{dS_0}{dx}$$

$$\Rightarrow \frac{dy}{dx} = \frac{S_0 - S_f + 2S_0\, y\, \dfrac{dS_0}{dx}}{1 - \dfrac{q^2}{gy^3}}$$

$$= S_0\, \frac{1 - \dfrac{S_f}{S_0} + 2y\, \dfrac{dS_0}{dx}}{1 - \dfrac{g\, y_c^3}{g\, y^3}}$$

$$= S_0\, \frac{1 - \dfrac{q^2/C^2 y^3}{q^2/C^2 y_n^3} + 2y\, \dfrac{dS_0}{dx}}{1 - \left(\dfrac{y_c}{y}\right)^3}$$

$$\therefore \quad \frac{dy}{dx} = S_0\, \frac{1 - \left(\dfrac{y_n}{y}\right)^3 + 2y\, \dfrac{dS_0}{dx}}{1 - \left(\dfrac{y_c}{y}\right)^3}$$

例4　試繪出下列諸圖之水面剖線

(1)

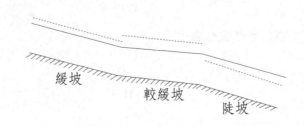

緩坡　　較緩坡　　陡坡

(2)

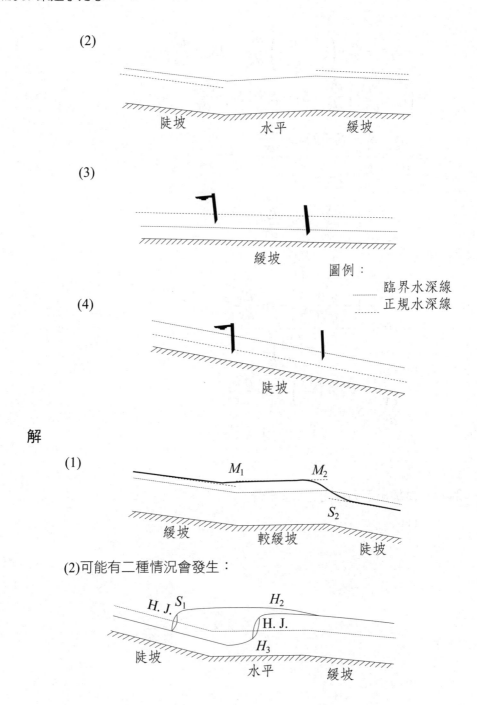

陡坡　　　　水平　　　　緩坡

(3)

緩坡

圖例：

.... 臨界水深線
- - - - - 正規水深線

(4)

陡坡

解

(1)

M_1　　　M_2

S_2

緩坡　　　較緩坡　　　陡坡

(2)可能有二種情況會發生：

H. J. S_1　　　H_2

H. J.

H_3

陡坡　　　　水平　　　　緩坡

(3)

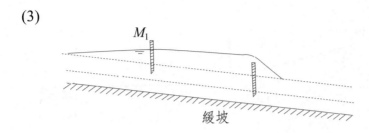

緩坡

(4)

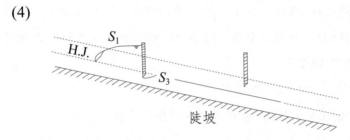

陡坡

例5 試繪出下列各圖之水面剖線。

解

(1)

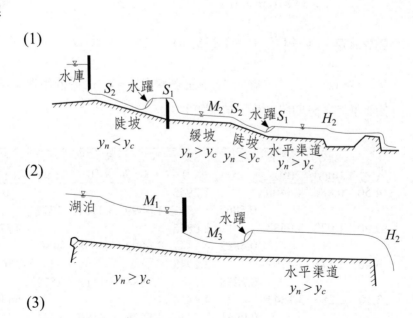

(2)

(3)

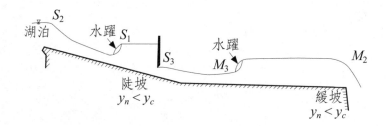

例6　一河流寬 100m，水深 3.0m，平均底床坡度為 0.0005，曼寧 n 值為 0.035，水面受下游一低堰阻擋而抬升水位 1.5m，求迴水曲線影響之距離？

解

視此河川為一寬矩形斷面渠道，其單位寬度流量為

$$q = \frac{1}{n} y_o^{\frac{5}{3}} S_o^{\frac{1}{2}} = \frac{1}{0.035}(3.0)^{\frac{5}{3}}(0.0005)^{\frac{1}{2}}$$

$$= 3.987 \text{(cms/m)}$$

臨界水深　$y_c = \left(\frac{q^2}{g}\right)^{\frac{1}{3}} = 1.175 \text{(m)}$

$\because$　$y > y_0 > y_c$　$\therefore$　屬於 M_1 水面剖線且 $y = 4.5$m 於低堰處採用直接步推時，分四段計算，結果如下：

y (m)	V (m/s)	E (m)	ΔE (m)	S_f $\times 10^{-4}$	$\overline{S}_f$ $\times 10^{-4}$	$S_0 - \overline{S}_f$ $\times 10^{-4}$	Δx (m)	L (m)
4.50	0.886	4.5400		1.2943				0
			0.5867		1.6899	3.3101	1772	
3.90	1.022	3.9533		2.0855				1772
			0.4832		2.6092	2.3098	2092	
3.40	1.173	3.4701		3.2948				3864
			0.2858		3.8888	1.1112	2572	
3.10	1.286	3.1843		4.4828				5436
			0.0661		4.5826	0.4180	1581	
3.03	1.316	3.1182		4.4861				7017

由上表得知，算至水深為 3.03m 處，其迴水影響距離為 7017m。

例7 某矩形斷面渠道 $n = 0.013$，渠寬 6ft，流量 66cfs，在某斷面之渠流深度為 3.2ft，渠坡為 0.0004，試求距已知深度斷面若干距離處之水深為 2.7ft。

解

設斷面 1 表 3.2ft 水深處，

斷面 2 表 2.7ft 水深處且在斷面 1 之上游段。

$$A_1 = 6 \times 3.2 = 19.2 (\text{ft}^2)$$

$$R_1 = \frac{19.2}{(6 + 3.2 \times 2)} = 1.55 (\text{ft})$$

$$V_1 = \frac{Q}{A_1} = \frac{66}{19.2} = 3.44 (\text{ft/s})$$

$$A_2 = 6 \times 2.7 = 16.2 (\text{ft}^2)$$

$$R_2 = \frac{16.2}{(6 + 2.7 \times 2)} = 1.42 (\text{ft})$$

$$V_2 = \frac{66}{16.2} = 4.07 (\text{ft/s})$$

由曼寧公式得

$$S_{f1} = \frac{n^2 V_1^2}{1.486^2 \times R_1^{\frac{4}{3}}} = \frac{0.013^2 \times 3.44^2}{1.486^2 \times 1.55^{\frac{4}{3}}} = 0.000505$$

$$S_{f2} = \frac{n^2 V_2^2}{1.486^2 \times R_2^{\frac{4}{3}}} = \frac{0.013^2 \times 4.07^2}{1.486^2 \times 1.42^{\frac{4}{3}}} = 0.000794$$

$$\therefore \quad \overline{S}_f = \frac{1}{2}(S_{f1} + S_{f2}) = \frac{1}{2}(0.000505 + 0.000794) = 0.00065$$

代入下式：

$$x = \frac{E_1 - E_2}{S_0 - \overline{S}_f} = \frac{\left(y_1 + \dfrac{V_1^2}{2g}\right) - \left(y_2 + \dfrac{V_2^2}{2g}\right)}{S_0 - \overline{S}_f}$$

$$= \frac{\left(3.2 + \dfrac{3.44^2}{64.4}\right) - \left(2.7 + \dfrac{4.07^2}{64.4}\right)}{0.0004 - 0.00065} = -1706(\text{ft})$$

負號表示與假設條件不合，即 2.7ft 水深處之斷面在 3.2ft 水深處之斷面之下游 1706ft 處。

例8   一矩形斷面渠道寬 40ft，流量為 900cfs，$S_0 = 0.00283$，於斷面 1 之水深為 4.5ft，於下游 300ft 斷面 2 之水深為 5ft，求曼寧糙度 n 之值為何？

解

採用直接步推法

$$A_1 = 40 \times 4.5 = 180(\text{ft}^2)$$

$$R_1 = \frac{180}{(40 + 2 \times 4.5)} = 3.67(\text{ft})$$

$$V_1 = \frac{900}{180} = 5(\text{ft/s})$$

$$A_2 = 40 \times 5 = 200(\text{ft}^2)$$

$$R_2 = \frac{200}{(40 + 2 \times 5)} = 4(\text{ft})$$

$$V_2 = \frac{900}{200} = 4.5(\text{ft/s})$$

$$S_{f1} = \frac{n^2 \times 5^2}{1.486^2 \times 3.67^{\frac{4}{3}}} = 2.0n^2$$

$$S_{f2} = \frac{n^2 \times 4.5^2}{1.486^2 \times 4^{\frac{4}{3}}} = 1.44n^2$$

$$\overline{S}_f = \frac{1}{2}(S_{f1} + S_{f2}) = \frac{1}{2}(2.0 + 1.44)\,n^2 = 1.72n^2$$

代入下式

$$x = \frac{E_2 - E_1}{S_0 - \overline{S}_f} = \frac{\left(5 + \dfrac{4.5^2}{64.4}\right) - \left(4.5 + \dfrac{5^2}{64.4}\right)}{0.00283 - 1.72n^2}$$

$$\Rightarrow 300 = \frac{0.426}{0.00283 - 1.72n^2}$$

$$\Rightarrow 0.849 - 516n^2 = 0.426$$

$$\Rightarrow n = 0.0286$$

例9　一矩形斷面渠道，寬度 $B = 10\text{ft}$，流量 $Q = 300\text{cfs}$，正常水深 $y_0 = 5\text{ft}$，今於渠道中有一突出物高度 $h = 2\text{ft}$，於此斷面同時寬度亦束縮為 $B_{con} = 8\text{ft}$，求此渠道之水面剖線？

解

(1)先判斷渠道為陡坡或緩坡？

$$q = \frac{Q}{B} = \frac{300}{10} = 30(\text{cfs/ft})$$

$$E_0 = y_0 + \frac{q^2}{2g\,y_0^2} = 5 + \frac{30^2}{64.4 \times 5^2} = 5.56(\text{ft})$$

$$y_c = \left(\frac{q^2}{g}\right)^{\frac{1}{3}} = \left(\frac{30^2}{32.2}\right)^{\frac{1}{3}} = 3.03(\text{ft})$$

$\because y_0 > y_c$ $\therefore$ 渠道為緩坡

(2)束縮段：

$$q_{con} = \frac{Q}{B_{com}} = \frac{300}{8} = 37.5(\text{cfs/ft})$$

$$y_c = \left(\frac{q_{con}^2}{g}\right)^{\frac{1}{3}} = \left(\frac{37.5^2}{32.2}\right)^{\frac{1}{3}} = 3.52(\text{ft})$$

$$E_c = \frac{3}{2}y_c = \frac{3}{2} \times 3.52 = 5.28(\text{ft})$$

$$E_{con} = E_0 - 2 = 5.56 - 2 = 3.56(\text{ft})$$

$\because \quad E_{con} < E_c \quad \therefore \quad$ 於束縮段會有迴水發生

且束縮段會發生臨界流，即 $y_{con} = y_c = 3.52\text{ft}$，故束縮段上游將

因產生迴水而形成 M_1 曲線，而通過束縮段後將呈 M_3 曲線，再

發生水躍變化至正常水深 y_0。

(3)束縮段上游：

　　緊鄰束縮段上游

$$E_2 = E_c + 2 = 5.28 + 2 = 7.28(\text{ft})$$

$$E_2 = 7.28 = y_2 + \frac{30^2}{64.4y_2^2} = y_2 + \frac{13.98}{y_2^2}$$

$$\Rightarrow y_2 = 6.99(\text{ft})$$

(4)束縮段下游：

　　緊縮束縮段下游

$$E_3 = E_c + 2 = 7.28(\text{ft})$$

$$E_3 = 7.28 = y^3 + \frac{30^2}{64.4y_3^2} = y_3 + \frac{13.98}{y_3^2}$$

$$\Rightarrow y_3 = 1.56(\text{ft})$$

(5)水躍：

$$V_0 = \frac{q}{y_0} = \frac{30}{5} = 6(\text{ft/s})$$

$$y_4 = \frac{y_0}{2}\left(-1 + \sqrt{1 + 8\frac{V_0^2}{gy_0}}\right)$$

$$= \frac{5}{2}\left(-1 + \sqrt{1 + \frac{8 \times 6^2}{32.2 \times 5}}\right) = 1.67(\text{ft})$$

水面剖線如下圖所示：

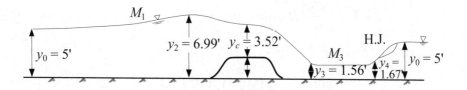

例10 一梯形斷面渠道底寬 $b = 20\text{ft}$，邊坡比 = 1：2（垂直：水平）S_0 = 0.0016，$n = 0.025$，流量 $Q = 400\text{cfs}$，渠流因受到水壩之影響而產生迴水現象，在壩邊之水深為 5ft，並設迴水影響上游至水深大於正常水深 1% 之處為止，試推算此迴水曲線，能量係數 α = 1.10。

解

首先必須算出 y_c 及 y_n：

$$\therefore \quad T = 20 + 4y \ , \ A = y(20 + 2y)$$

$$\therefore \quad D = \frac{y(10+y)}{10+2y} \quad\cdots\cdots\cdots\cdots\cdots\cdots\cdots\cdots\cdots\cdots\cdots ①$$

$$V = \frac{Q}{A} = \frac{400}{y(20+2y)} \quad\cdots\cdots\cdots\cdots\cdots\cdots\cdots ②$$

又臨界流況時

$$F_r = 1 \quad 即 \quad \frac{\alpha V^2}{2g} = \frac{D}{2} \quad\cdots\cdots\cdots\cdots\cdots\cdots ③$$

將①及②式代人③式得

$$1.1 \times 2484 \times (5 + y_c) = [y_c(10 + y_c)]^3$$

由試誤法得

$$y_c = 2.22\text{ft}$$

$$R = \frac{y(10+y)}{10+y\sqrt{5}} \quad\cdots\cdots\cdots\cdots\cdots\cdots\cdots\cdots\cdots\cdots ④$$

又由曼寧公式：

$$V = \frac{1.486}{n} R^{\frac{2}{3}} S^{\frac{1}{2}} \cdots\cdots\cdots\cdots\cdots\cdots\cdots\cdots\cdots ⑤$$

將②及④式代入⑤式得：

$$\frac{400}{y_n(20+2y_n)} = \frac{1.49}{0.025}\left[\frac{y_n(10+y_n)}{10+y_n\sqrt{5}}\right]^{\frac{2}{3}}(0.0016)^{\frac{1}{2}}$$

$$\Rightarrow 83.9\,(10+y_n\sqrt{5})^{\frac{2}{3}} = [y_n(10+y_n)]^{\frac{5}{3}}$$

由試誤法得

$$y_n = 3.36\text{ft}$$

(1)直接步推法

其計算表格如下表所示，簡述如下：

第 1 行：代表水深，由 5ft 至 3.4ft 任意選定

第 2 行：水面積，依第 1 行水深而定

第 3 行：水力半徑，依第 1 行水深而定

第 4 行：水力半徑的三分之四次方

第 5 行：平均流速，依流量及第 2 行水面積而定

第 6 行：速度水頭

第 7 行：比能由第 6 行之速度水頭加第 1 行相對之水深

第 8 行：比能改變量，第 7 行的 E 值及上一步驟 E 值之差

第 9 行：摩擦坡度，利用 Manning 公式求得

第 10 行：前後二步驟之摩擦坡度平均值

第 11 行：底床坡度與平均摩擦坡度之差

第 12 行：兩步驟間之河床長度，利用第 8 行之 ΔE 值除以第 11
行之值

第 13 行：在考慮範圍下距壩址之累積長度，由第 12 行之值累
積計算而得

$Q = 400\text{cfs}$　$n = 0.025$　$S_0 = 0.0016$　$\alpha = 1.10$　$y_c = 2.22\text{ft}$

$y_n = 3.36\text{ft}$

y (1)	A (2)	R (3)	$R^{\frac{4}{3}}$ (4)	V (5)	$\alpha V^2/2g$ (6)	E (7)	ΔE (8)	S_f (9)	$\overline{S}_f$ (10)	$S_0 - \overline{S}_f$ (11)	Δx (12)	x (13)
5.00	150.00	3.54	5.40	2.667	0.1217	5.1217	……	0.000370				
4.80	142.08	3.43	5.17	2.819	0.1356	4.9356	0.1861	0.000433	0.000402	0.001198	155	155
4.60	134.32	3.31	4.94	2.979	0.1517	4.7517	0.1839	0.000507	0.000470	0.001130	163	318
4.40	126.72	3.19	4.70	3.156	0.1706	4.5706	0.1811	0.000598	0.000553	0.001047	173	491
4.20	119.28	3.08	4.50	3.354	0.1925	4.3925	0.1781	0.000705	0.000652	0.000948	188	679
4.00	112.00	2.96	4.25	3.572	0.2184	4.2184	0.1741	0.000850	0.000778	0.000822	212	891
3.80	104.88	2.84	4.02	3.814	0.2490	4.0490	0.1694	0.001020	0.000935	0.000665	255	1,146
3.70	101.38	2.77	3.88	3.948	0.2664	3.9664	0.0826	0.001132	0.001076	0.000524	158	1,304
3.60	97.92	2.71	3.78	4.085	0.2856	3.8856	0.0808	0.001244	0.001188	0.000412	196	1,500
3.55	96.21	2.68	3.72	4.158	0.2958	3.8458	0.0398	0.001310	0.001277	0.000323	123	1,623
3.50	94.50	2.65	3.66	4.233	0.3067	3.8067	0.0391	0.001382	0.001346	0.000254	154	1,777
3.47	93.48	2.63	3.63	4.278	0.3131	3.7831	0.0236	0.001427	0.001405	0.000195	121	1,898
3.44	92.45	2.61	3.59	4.326	0.3202	3.7602	0.0229	0.001471	0.001499	0.000151	152	2,050
3.42	91.80	2.60	3.57	4.357	0.3246	3.7446	0.0156	0.001500	0.001486	0.000114	137	2,187
3.40	91.12	2.59	3.55	4.388	0.3292	3.7292	0.0154	0.001535	0.001518	0.000082	188	2,375

(2)標準步推法

其計算表格如下表所示，意義如下：

第 1 行：代表與推算起點之距離「1 + 55」代表 155ft，[8 + 91] 代
　　　　表 891ft，餘類推，本距離係任意假定，但為了與直接步
　　　　推法互相印證，故此處之距離來自上表之第 13 行。

第 2 行：測定點之水面高程，起點站一般為已知，第二站開始即為
　　　　假設值，此值如果假設正確須使第 7 行及第 15 行之 H 值
　　　　相等，如果不等，須重新假設，直到相同為止。

第 3 行：水深，由第 2 行之值減去水平高程再減去因渠床坡度變化
　　　　之垂距。

第 4 行：水面積，依第 3 行計算。

第 5 行：平均流速，由流量除以第 4 行之水面積

第 6 行：流速水頭，由第 5 行求得

第 7 行：總水頭，第 2 行與第 6 行之和

第 8 行：水力半徑的三分之四次方

第 9 行：水力半徑，依第 3 行求得

第 10 行：摩擦坡度，利用 Manning 公式計算

第 11 行：平均摩擦坡度，前後兩步驟之平均摩擦坡度

第 12 行：前後二步驟間之距離

第 13 行：摩擦損失，第 11 行與第 12 行之乘積

第 14 行：eddy loss（本題設為 0）

第 15 行：總水頭，由起站之總水頭加第 12 行及第 13 行之值即得
各站之總水頭，此值須與第 7 行之 H 值相同，否則須重
新假設第 2 行之水面高程，再行演算。

$Q = 400 \text{cfs}$　$n = 0.025$　$S_0 = 0.0016$　$\alpha = 1.10$　$h_e = 0$　$y_c = 2.22\text{ft}$

$y_n = 3.36\text{ft}$

Station (1)	z (2)	y (3)	A (4)	V (5)	$\alpha V^2/2g$ (6)	H (7)	R (8)	$R^{\frac{4}{3}}$ (9)	S_f (10)	$\overline{S_f}$ (11)	Δx (12)	h_f (13)	h_e (14)	H (15)
0 + 00	605.000	5.00	150.00	2.667	0.1217	605.122	3.54	5.40	0.000370	......	...	......	......	605.122
1 + 55	605.048	4.80	142.08	2.819	0.1356	605.184	3.43	5.17	0.000433	0.000402	155	0.062	0	605.184
3 + 18	605.109	4.60	134.32	2.979	0.1517	605.261	3.31	4.92	0.000507	0.000470	163	0.077	0	605.261
4 + 91	605.186	4.40	126.72	3.156	0.1706	605.357	3.19	4.70	0.000598	0.000553	173	0.096	0	605.357
6 + 79	605.286	4.20	119.28	3.354	0.1925	605.479	3.07	4.50	0.000705	0.000652	188	0.122	0	605.479
8 + 91	605.426	4.00	112.00	3.572	0.2184	605.644	2.96	4.25	0.000850	0.000778	212	0.165	0	605.644
11 + 46	605.633	3.80	104.88	3.814	0.2490	605.882	2.84	4.02	0.001020	0.000935	255	0.238	0	605.882
13 + 04	605.786	3.70	101.38	3.948	0.2664	606.052	2.77	3.88	0.001132	0.001076	158	0.170	0	606.052
15 + 00	605.999	3.60	97.92	4.085	0.2856	606.285	2.71	3.78	0.001244	0.001188	196	0.233	0	606.285
16 + 23	606.146	3.55	96.21	4.158	0.2958	606.442	2.68	3.72	0.001310	0.001277	123	0.157	0	606.442
17 + 77	606.343	3.50	94.50	4.233	0.3067	606.650	2.65	3.66	0.001382	0.001346	154	0.208	0	606.650
18 + 98	606.507	3.47	93.48	4.278	0.3131	606.820	2.63	3.63	0.001427	0.001405	121	0.170	0	606.820
20 + 50	606.720	3.44	92.45	4.326	0.3202	607.040	2.61	3.59	0.001471	0.001449	152	0.220	0	607.040
21 + 87	606.919	3.42	91.80	4.357	0.3246	607.244	2.60	3.57	0.001500	0.111486	137	0.204	0	607.244
23 + 75	607.201	3.40	91.12	4.388	0.3292	607.530	2.59	3.55	0.001535	0.001518	188	0.286	0	607.530

● 歷屆考題

題1 　如下圖，請繪出其水面線？　　　　　　　　　【72 年高考】

解

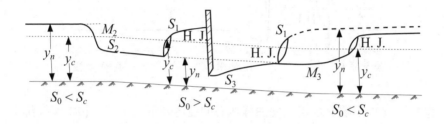

閘門下游可能發生　$S_3 - H.J. - S_1$　或　$S_3 - M_3 - H.J$

題2 　如下圖，請繪出其水面線及能量線？（已知 y_n，y_c 而已）

【72 年技師】

解

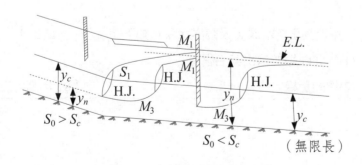

第二個閘門上游可能發生　$H.J. - S_1 - M_1$　或　$M_3 - H.J. - M_1$

題3 一渠流其正常水深 y_n 及臨界水深 y_c 示如下圖。畫出水面線並標出其名稱，亦畫出總能量線。 【77 年技師】

解

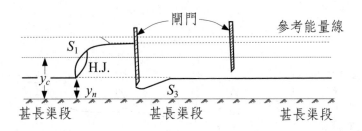

題4 試繪下圖之水流剖面曲線並註明曲線類型。 【81 年技師】

解

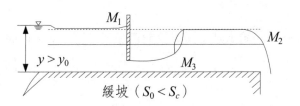

題5 一渠流其正常水深 y_n 及臨界水深 y_c 如下圖所示。試繪出：

(1)水面曲線並標出其名稱。

(2)總能量線。 【82 年高考二級】

解

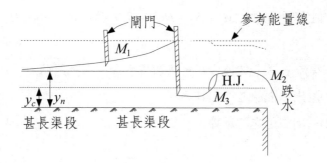

題6　繪出所有可能之水面線並標出其名稱。　　　　【83 年技師】

解

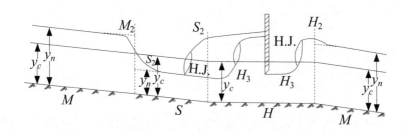

閘門上游可能發生　$M_2 - S_2 - H.J. - S_1$　或　$M_2 - S_2 - H_3 - H.J.$

題7　一渠流其正常水深 y_n 及臨界水深 y_c（如下圖），畫出所有可能
　　之水面線並標出其名稱。　　　　【83 年高考一級】

解

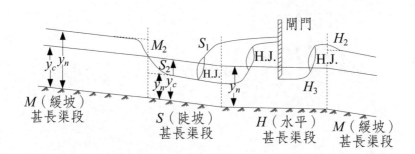

閘門上游可能生 $M_2 - S_2 - H.J. - S_1$ 或 $M_2 - S_2 - H_3 - H.J.$

題8 　一渠流 y_n 表正常水深，y_c 表臨界水深如下圖所示。

(1)繪出水面線並標出其名稱。

(2)繪出對應之能量線。 　　　　　　　　　　　　【84 年技師】

解

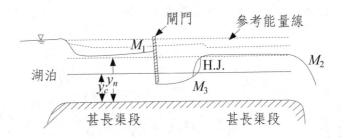

題9 　一渠流其正常水深 y_n，臨界水深 y_c 以及閘門如下圖所示，試繪
出

(1)水面線並標出其名稱。

(2)總能量線。 　　　　　　　　　　　　　　　　【84 年台大】

解

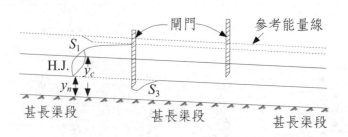

題10 在一明渠中，上游有一下射式閘門，下游有一堰，試繪出下射式閘門與堰間各種可能的水面縱剖線。 【76 年高考】

解

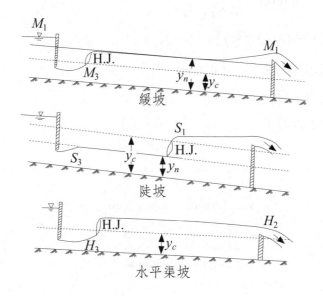

緩坡

陡坡

水平渠坡

題11 已知一渠道 $b = 6\text{m}$，$n = 0.025$，$S = 0.0016$，側坡比（水平：垂直）2：1，輸送流量 $11\text{m}^3/\text{sec}$，下游有一堰，水深 $y = 1.55$ 公尺，能量係數 1.10，試求迴水曲線。 【69 年高考】

解

$$T = 6 + 4y$$

$$A = \frac{1}{2}(6 + 6 + 4y)y$$

$$= (6 + 2y)y$$

$$P = 6 + 2\sqrt{5}y$$

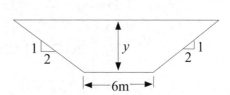

$$Q = A \cdot V = A \cdot \frac{1}{n} R^{\frac{2}{3}} S^{\frac{1}{2}} = \frac{1}{n} \frac{A^{\frac{5}{3}}}{P^{\frac{2}{3}}} S^{\frac{1}{2}}$$

$$\Rightarrow 11 = \frac{1}{0.025} \times \frac{(6+2y)^{\frac{5}{3}} y^{\frac{5}{3}}}{(6+2\sqrt{5}y)^{\frac{2}{3}}} \times 0.0016^{\frac{1}{2}}$$

$$\Rightarrow 6.875 (6+2\sqrt{5}y)^{\frac{2}{3}} = (6+2y)^{\frac{5}{3}} y^{\frac{5}{3}}$$

由試誤法求解：$y = 1.016(\text{m})$

即正常水深 $y_n = 1.016(\text{m})$

臨界流況時，

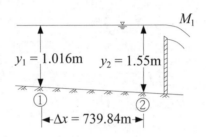

$$\alpha Q^2 T = g A^3$$

$$\Rightarrow 1.1 \times 11^2 \times (6+4y_c) = 9.81 \times (6+2y_c)^3 y_c^3$$

$$\Rightarrow y_c = 0.668$$

$\because \quad y_n > y_c \quad \therefore \quad$ 渠坡為緩坡

又 $\quad y = 1.55\text{m} > y_n \quad \therefore \quad$ 水面剖線為 M_1

$$V_1 = \frac{Q}{A_1} = \frac{11}{(6+2 \times 1.016) \times 1.016} = 1.348(\text{m/s})$$

$$E_1 = 1.1 \frac{V_1^2}{2g} + y_1 = 1.1 \times \frac{1.348^2}{2 \times 9.81} + 1.106 = 1.1179(\text{m})$$

$$V_2 = \frac{Q}{A_2} = \frac{11}{(6+2 \times 1.55) \times 1.55} = 0.7799(\text{m/s})$$

$$E_2 = 1.1 \frac{V_2^2}{2g} + y_2 = 1.1 \times \frac{0.7799^2}{2 \times 9.81} + 1.55 = 1.584(\text{m})$$

$$S_{f1} = \frac{n^2 V_1^2}{R_1^{\frac{4}{3}}} = \frac{0.025^2 \times 1.348^2}{\left[\frac{(6 + 2 \times 1.016) \times 1.016}{6 + 2\sqrt{5} \times 1.016} \right]^{\frac{4}{3}}} = 0.0016$$

$$S_{f2} = \frac{n^2 V_2^2}{R_2^{\frac{4}{3}}} = \frac{0.025^2 \times 0.7799^2}{\left[\frac{(6 + 2 \times 1.55) \times 1.55}{6 + 2\sqrt{5} \times 1.55} \right]^{\frac{4}{3}}} = 0.00034$$

$$\Rightarrow \overline{S}_f = \frac{1}{2}(S_{f1} + S_{f2}) = \frac{1}{2}(0.0016 + 0.00034) = 0.00097$$

$$\Delta x = \frac{\Delta E}{S_0 - \overline{S}_f} = \frac{1.584 - 1.1179}{0.0016 - 0.00097} = 739.84(\text{m})$$

題12　推導下列緩變渠流之動力方程式，並寫出所有假設

$$\frac{dy}{dx} = S_0 \frac{1 - \left(\dfrac{y_n}{y} \right)^3}{1 - \left(\dfrac{y_c}{y} \right)^3}$$

上式中，y：水深，x：渠道之距離，S_0：渠底坡度

y_n：正常水深，y_c：臨界水深

【72 年技師、77 年技師】

解

假設渠道斷面為一寬廣之矩形斷面，並假設 Chezy 公式可用

$$q = Vy = C\sqrt{RS}\, y \doteqdot Cy^{\frac{3}{2}} S^{\frac{1}{2}}$$

$$\therefore \quad S_f = \frac{q^2}{C^2 y^3} \ , \ S_0 = \frac{q^2}{C^2 y_n^3}$$

$$\Rightarrow \frac{S_f}{S_0} = \left(\frac{y_n}{y} \right)^3$$

又　$q^2 = gy^3_c$　且　$F_r^2 = \dfrac{q^2}{gy^3}$

$$\therefore \quad F_r^2 = \left(\dfrac{y_c}{y}\right)^3$$

代入緩變渠流之動力方程式，可得

$$\frac{dy}{dx} = \frac{S_0 - S_f}{1 - F_r^2} = \frac{S_0 - S_0\left(\dfrac{y_n}{y}\right)^3}{1 - \left(\dfrac{y_c}{y}\right)^3} = S_0 \frac{1 - \left(\dfrac{y_n}{y}\right)^3}{1 - \left(\dfrac{y_c}{y}\right)^3}$$

得證

題13　一河川流量 $Q = 300\text{cms}$，河床坡度 $S = 1.18 \times 10^{-3}$，上、下游兩量測點距離 200m，上游標尺水深 3.52m（矩形渠道寬 120m），下游標尺水深 3.47m（矩形渠道寬 110m），$\alpha = 1.1$。求兩量水標尺間：

(1)平均水面坡度　(2)能量坡降　(3)Manning 之粗糙係數。

【74 年高考】

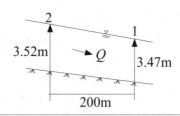

解

(1)令　$\Delta z = z_2 - z_1$

$\Delta z = 200 \times 1.18 \times 10^{-3} = 0.236\text{(m)}$

$$S_w = \frac{(y_2 + z_2) - (y_1 + z_1)}{\Delta x} = \frac{3.52 - 3.47 + 0.236}{200} = 0.00143$$

(2)C.E. :

$$Q = A \times V = B_1 y_1 V_1 = B_2 y_2 V_2$$

$$\Rightarrow 300 = 110 \times 3.47 \times V_1 = 120 \times 3.52 \times V_2$$

$$\therefore \quad V_1 = 0.786(\text{m/s}) \cdot V_2 = 0.71(\text{m/s})$$

總水頭

$$H_1 = z_1 + y_1 + \alpha \frac{V_1^2}{2g}$$

$$= z_1 + 3.47 + 1.1 \times \frac{0.786^2}{19.62} = z_1 + 3.505$$

$$H_2 = z_2 + y_2 + \alpha \frac{V_2^2}{2g}$$

$$= z_2 + 3.52 + 1.1 \times \frac{0.71^2}{19.62} = z_2 + 3.548$$

$$S_f = \frac{H_2 - H_1}{\Delta x} = \frac{(z_2 + 3.548) - (z_1 + 3.505)}{\Delta x}$$

$$= \frac{\Delta z + 0.043}{\Delta x} = \frac{0.236 + 0.043}{200} = 0.0014$$

(3)$S_f = \frac{1}{2}(S_{f1} + S_{f2})$

$$= \frac{1}{2}\left[\frac{n^2 \times 0.786^2}{\left(\dfrac{110 \times 3.47}{110 + 2 \times 3.47}\right)^{\frac{4}{3}}} + \frac{n^2 \times 0.71^2}{\left(\dfrac{120 \times 3.52}{120 + 2 \times 3.52}\right)^{\frac{4}{3}}}\right] = 0.0014$$

$$\Rightarrow 0.1276n^2 + 0.1016n^2 = 0.0028$$

$$\Rightarrow 0.2292n^2 = 0.0028$$

$$\therefore \quad n = 0.11$$

題14　一矩形渠道之縱剖面如下圖，渠寬 20ft，包括三段不同之渠坡，渠道糙率係數 $n = 0.015$，輸水流量 Q 為 500cfs。

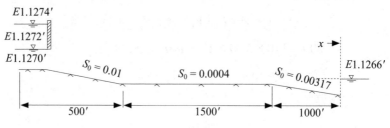

試求：

(1)每一渠段之正規水深與臨界水深。

(2)連結各渠段之水面，畫出可能的水面線。

(3)自渠道出口處，計算迴水曲線之終止點 x 距離為若干？迴水曲線假定為水平線。　　　　　【75 年高考、83 年檢竅】

解

(1)第一段：

$$q = \frac{Q}{B} = \frac{500}{20} = 25 \text{(cfs)}$$

$$y_c = \sqrt[3]{\frac{q^2}{g}} = \sqrt[3]{\frac{25^2}{32.2}} = 2.69 \text{(ft)}$$

$$q = \frac{1.486}{n} R^{\frac{2}{3}} S_0^{\frac{1}{2}} y$$

$$\Rightarrow 25 = \frac{1.486}{0.015} \times \left(\frac{20y_n}{20 + 2y_n}\right)^{\frac{2}{3}} \times (0.01)^{\frac{1}{2}} \times y_n$$

$$\Rightarrow 0.544 (y_n + 10)^{\frac{2}{3}} = y_n^{\frac{5}{3}}$$

由試誤法求得：

$$y_n = 1.87 \text{(ft)}$$

$\because \ y_c > y_n \ \therefore \ $ 渠坡為陡坡

第二段：

$$25 = \frac{1.486}{0.015} \times \left(\frac{20y_n}{20+2y_n}\right)^{\frac{2}{3}} \times (0.0004)^{\frac{1}{2}} \times y_n$$

$$\Rightarrow 2.718\,(y_n+10)^{\frac{2}{3}} = y_n^{\frac{5}{3}}$$

由試誤法求得：

$$y_n = 5.45\text{(ft)}$$

$\because \quad y_n > y_c \quad \therefore \quad$ 渠坡為緩坡

第三段：

$$25 = \frac{1.486}{0.015} \times \left(\frac{20y_n}{20+2y_n}\right)^{\frac{2}{3}} \times (0.00317)^{\frac{1}{2}} \times y_n$$

$$\Rightarrow 0.966\,(y_n+10)^{\frac{2}{3}} = y_n^{\frac{5}{3}}$$

$$\Rightarrow y_n = 2.71 \doteqdot y_c$$

$\therefore \quad$ 渠坡視為臨界渠坡

(2)由於水流由超臨界流變成亞臨界流，必有一水躍發生，檢驗第
一段陡坡之正常水深（y_1）之共軛水深（y_2）

$$y_2 = \frac{1.87}{2}\left(-1 + \sqrt{1 + 8 \times \frac{25^2}{32.2 \times 1.87^3}}\right)$$

$$= 3.72\text{(ft)} < 5.45\text{(ft)}$$

因此水躍必發生在第一段

(3)計算迴水曲線終止點 x

第三段渠道起始點之水面高程為

$$1270 - 500 \times 0.01 - 1500 \times 0.0004 + 2.69 = 1267.09\text{(ft)}$$

假設迴水水面為水平，則水面降至 1266ft 之位置 x 為

$$x = 1000 - (1267.09 - 1266)/0.00317 = 656.15\text{(ft)}$$

即迴水曲線終止於下游出口處起上溯 656.15ft

水面剖線如下圖：

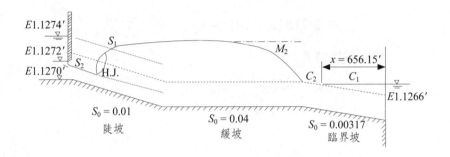

題15 在一淺寬河川中構建擋水堰取水如下圖所示，已知堰高 20m，S_0 = 0.0005，n = 0.025，若 Q = 10cms，試估算 (1)迴水水面曲線 (2)迴水影響長度 (3)此水面屬於那一類型之水面曲線，請解釋之。 【77 年高考】

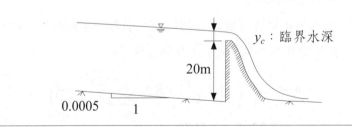

解

$$q = \frac{Q}{B} = \sqrt{g y_c^3} \Rightarrow y_c = \sqrt[3]{\frac{10^2}{9.81}} = 2.17(\text{m})$$

$$q = V y_n = \frac{1}{n} R^{\frac{2}{3}} S_0^{\frac{1}{2}} \times y_n \doteqdot \frac{1}{n} y_n^{\frac{5}{3}} S_0^{\frac{1}{2}}$$

$$\Rightarrow 10 = \frac{1}{0.025} y_n^{\frac{5}{3}} \times 0.0005^{\frac{1}{2}} \Rightarrow y_n = 4.26(\text{m})$$

$$y_0 = 20 + 2.17 = 22.17(\text{m})，A = 1 \times y = y，R \doteqdot y，$$

$$V = \frac{q}{y}$$

$$E = y + \frac{V^2}{2g} \quad , \quad S_f = \frac{n^2 V^2}{R^{\frac{4}{3}}}$$

(1)迴水水面曲線如下：

y(m)	A(m²)	R(m)	V(m/s)	$\frac{V^2}{2g}$ (m)	E(m)	S_f	$\overline{S}_f$	Δx(m)	x(m)
22.17	22.17	22.17	0.451	0.01037	22.1804	2.04×10^{-6}	—	—	0
20.0	20.0	20.0	0.500	0.01274	20.0127	2.88×10^{-6}	2.46×10^{-6}	4357	4357
15.0	15.0	15.0	0.667	0.02265	15.0227	7.51×10^{-6}	5.19×10^{-6}	10085	14442
10.0	10.0	10.0	1.0	0.05097	10.0510	2.9×10^{-5}	1.83×10^{-5}	10320	24762
5.0	5.0	5.0	2.0	0.20387	5.2039	2.92×10^{-4}	1.61×10^{-4}	14286	39048
4.26	4.26	4.26	2.347	0.28085	4.5409	4.99×10^{-4}	3.96×10^{-4}	6348	45396

$$\Delta x = \frac{\Delta E}{S_0 - \overline{S}_f} = \frac{E_{\text{下}} - E_{\text{上}}}{S_0 - \overline{S}_f}$$

(2)迴水影響長度約 45396 公尺

(3)∵ $y > y_n > y_c$ ∴ 屬於 M_1 曲線之水面曲線

題16 推導及繪圖說明 M_1，M_3，S_2 三種水面線水深隨距離變化情況及其漸近線之性質。指出上述曲線在自然界存在之例子。

【77 年高考】

解

由 E.E. ：

$$H = z + y + \frac{V^2}{2g} = z + y + \frac{q^2}{2gy^2}$$

$$\Rightarrow \frac{dH}{dx} = \frac{dz}{dx} + \frac{dy}{dx} + \frac{q^2}{2g} \frac{d}{dx}\left(\frac{1}{y^2}\right)$$

$$= \frac{dz}{dx} + \frac{dy}{dx} + \frac{q^2}{2g} \frac{d}{dy}\left(\frac{1}{y^2}\right)\frac{dy}{dx}$$

$$= \frac{dz}{dx} + \frac{dy}{dx} - \frac{q^2}{gy^3}\frac{dy}{dx}$$

$$\Rightarrow -S_f = -S_0 + \left(1 - \frac{q^2}{gy^2}\right)\frac{dy}{dx}$$

$\because \quad F_r^2 = \frac{V^2}{gy} = \frac{q^2}{gy^3}$ 　　代入上式

$\therefore \quad \frac{dy}{dx} = \frac{S_0 - S_f}{1 - F_r^2}$

(1)M_1：$y > y_n > y_c$

$\quad \because \quad y > y_n \Rightarrow S_0 > S_f$

$\quad \because \quad y > y_c \Rightarrow F_r^2 < 1$

$\quad \therefore \quad \frac{dy}{dx} = \frac{S_0 - S_f}{1 - F_r^2} = \frac{+}{+} > 0$

表水深隨距離之增加而變深

當 $y \to \infty$ 時，$S_f \to 0$，$F_r^2 \to 0$

$\therefore \quad \frac{dy}{dx} = S_0$ 　　表水面線漸近於一水平線

當 $y \to y_n$ 時，$S_f \to S_0$

$\therefore \quad \frac{dy}{dx} = 0$ 　　表水深不隨距離而變，漸近於正常水深 y_n

(2)M_3：$y_n > y_c > y$

$\quad \because \quad y < y_n \Rightarrow S_f > S_0$

$\quad \because \quad y < y_c \Rightarrow F_r^2 > 1$

$\quad \therefore \quad \frac{dy}{dx} = \frac{S_0 - S_f}{1 - F_r^2} = \frac{-}{-} > 0$ 　　表水深隨距離之增加而變深

當 $y \to y_c$ 時，$F_r^2 \to 1$

$$\therefore \quad \frac{dy}{dx} \to \infty \quad \text{表水面線垂直於 CDL}$$

當 $y \to 0$ 時，$S_f \to \infty$，$F_r^2 \to \infty$

$$\therefore \quad \frac{dy}{dx} \to \text{某一正極限值}$$

(3) S_2：$y_c > y > y_n$

$$\because \quad y > y_n \Rightarrow S_f < S_0$$

$$\because \quad y < y_c \Rightarrow F_r^2 > 1$$

$$\therefore \quad \frac{dy}{dx} = \frac{S_0 - S_f}{1 - F_r^2} = \frac{+}{-} < 0 \quad \text{表水深隨距離之增加而變淺}$$

當 $y \to y_c$ 時，$F_r^2 \to 1$

$$\therefore \quad \frac{dy}{dx} \to \infty \quad \text{表水面線垂直於 CDL}$$

當 $y \to y_n$ 時，$S_f \to S_0$

$$\therefore \quad \frac{dy}{dx} = 0 \quad \text{表水面線漸近於正常水深}$$

其水面剖線如下圖所示：

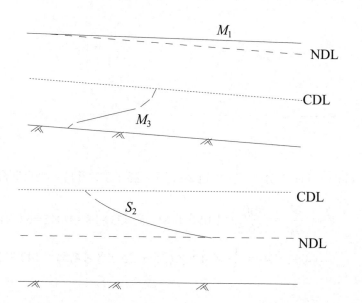

自然界存在之例如下：

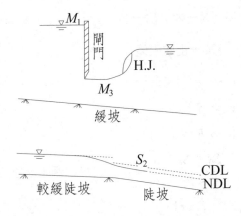

題17	一梯形渠道斷面如下圖所示。底寬 25ft，邊坡 1：1.5，$S_0 =$ 0.0009，流量為 500cfs，$n = 0.025$，能量係數 $\alpha = 1.1$

(1)試以直接逐步階段法（Direct step method）求自下游水深
$y_{initial} = 11$ft 算起至上游水深為 $y_{final} = 4.5$ft 之迴水曲線距離。

(2)寫出該迴水曲線之名稱並說明其理由。　　　　【79 年高考】

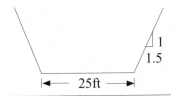

解

(1)$y_1 = 11$ft，$A_1 = \dfrac{1}{2} \times 11 \times (25 + 25 + 3 \times 11) = 456.5 (ft^2)$

$V_1 = \dfrac{Q}{A_1} = \dfrac{500}{456.5} = 1.095 (\text{ft/s})$，$P_1 = 25 + 1.8 \times 11 \times 2 = 64.6 (\text{ft})$

$y_2 = 4.5$ft，$A_2 = \dfrac{1}{2} \times 4.5 \times (25 + 25 + 3 \times 4.5) = 142.875 (\text{ft}^2)$

$$V_2 = \frac{Q}{A_2} = \frac{500}{142.875} = 3.5(\text{ft/s}) \text{ ; } P_2 = 25 + 1.8 \times 4.5 \times 2 = 41.2(\text{ft})$$

$$E_1 = y_1 + \alpha \frac{V_1^2}{2g} = 11 + 1.1 \times \frac{1.095^2}{2 \times 32.2} = 11.02(\text{ft})$$

$$E_2 = y_2 + \alpha \frac{V_2^2}{2g} = 4.5 + 1.1 \times \frac{3.5^2}{2 \times 32.2} = 4.71(\text{ft})$$

$$S_{f1} = \frac{n^2 V_1^2}{1.486^2 R_1^{\frac{4}{3}}} = \frac{0.025^2 \times 1.095^2}{1.486^2 \left(\frac{456.5}{64.5}\right)^{\frac{4}{3}}} = 0.000025$$

$$S_{f2} = \frac{n^2 V_2^2}{1.486^2 R_2^{\frac{4}{3}}} = \frac{0.025^2 \times 3.5^2}{1.486^2 \left(\frac{142.875}{41.2}\right)^{\frac{4}{3}}} = 0.00066$$

$$\therefore \overline{S}_f = \frac{1}{2}(S_{f1} + S_{f2}) = \frac{1}{2}(0.000025 + 0.00066) = 0.00034$$

$$\Rightarrow x = \frac{11.02 - 4.71}{0.0009 - 0.00034} = 11267.86(\text{ft})$$

$(2) Q^2 T = gA^3 \Rightarrow 500^2 \times (25 + 3 \times y_c)$

$$= 32.2 \times \left[\frac{1}{2} \times y_c \times (25 + 25 + 3y_c)\right]^3$$

$$\Rightarrow 7763.975(25 + 3y_c) = y_c^3(25 + 1.5y_c)^3 \Rightarrow y_c = 2.21(\text{ft})$$

$$Q = \frac{1.486}{n} AR^{\frac{2}{3}} S_0^{\frac{1}{2}}$$

$$\Rightarrow 500 = \frac{1.486}{0.025} \times y_n^{\frac{5}{3}} \times (25 + 1.5y_n)^{\frac{5}{3}}$$

$$\times (25 + 1.8 \times y_n \times 2)^{-\frac{2}{3}} \times 0.0009^{\frac{1}{2}}$$

$$\Rightarrow 280.39(25 + 3.6y_n)^{\frac{2}{3}} = y_n^{\frac{5}{3}}(25 + 1.5y_n)^{\frac{5}{3}} \Rightarrow y_n = 4.12(\text{ft})$$

$\because \quad y > y_n > y_c \quad \therefore \quad$ 迴水曲線為 M_1 曲線

> **題18** (1)利用能量方程式推導 $\dfrac{dy}{dx}=\dfrac{S_0-S_f}{1-F_r^2}$
>
> (2)由上題之結果畫出 M_1，M_2，M_3 曲線。　【81 年高考一級】

解

(1)由能量方程式，假設渠坡很小（$y \doteqdot d$）且修正係數 $\alpha=1$

$$H=z+y+\frac{V^2}{2g}$$

$$\Rightarrow \frac{dH}{dx}=\frac{dz}{dx}+\frac{dy}{dx}+\frac{d}{dx}\left(\frac{V^2}{2g}\right)$$

$$=\frac{dz}{dx}+\frac{dy}{dx}+\frac{d}{dy}\left(\frac{q^2}{2gy^2}\right)\frac{dy}{dx}$$

$$=\frac{dz}{dx}+\frac{dy}{dx}+\left(-\frac{q^2}{gy^3}\right)\frac{dy}{dx}\quad（假設流量固定）$$

$\because\ F_r^2=\dfrac{V^2}{gy}=\dfrac{q^2}{gy^3}$ 代入上式，則

$$-S_f=-S_0+\frac{dy}{dx}-F_r^2\frac{dy}{dx}$$

$$\Rightarrow \frac{dy}{dx}=\frac{S_0-S_f}{1-F_r^2}$$

(2)渠坡為緩坡（Mild slope），才會有 M_1，M_2，M_3 曲線

①$y>y_n>y_c$：

$\quad\because\ y>y_c$　$\therefore$　渠流為亞臨界流 $\Rightarrow F_r^2<1$

$\quad\because\ y>y_n$，由均勻流公式可知　$S_f<S_0$

故 $\dfrac{dy}{dx}=\dfrac{S_0-S_f}{1-F_r^2}=\dfrac{+}{+}>0$

即 M_1 曲線隨流程之增加，水深變深。

②$y_n>y>y_c$：

$\because \quad y > y_c \Rightarrow F_r^2 < 1$

$\because \quad y < y_n \Rightarrow S_f > S_0$

故　$\dfrac{dy}{dx} = \dfrac{S_0 - S_f}{1 - F_r^2} = \dfrac{-}{+} < 0$

即 M_2 曲線隨流程之增加，水深變淺。

③$y_n > y_c > y$：

$\because \quad y < y_c \Rightarrow F_r^2 > 1$

$\because \quad y < y_n \Rightarrow S_f > S_0$

故　$\dfrac{dy}{dx} = \dfrac{S_0 - S_f}{1 - F_r^2} = \dfrac{-}{-} > 0$

即 M_3 曲線隨流程之增加，水深變深。

當 $y \to y_n$：$S_f \to S_0$，$F_r^2 \neq 1$

$\therefore \quad \dfrac{dy}{dx} \to 0$，水深不隨流程改變，漸近於 y_n

當 $y \to \infty$：$S_f \to 0$，$F_r^2 \neq 1$　且　$F_r^2 \to 0$

$\therefore \quad \dfrac{dy}{dx} \to S_0$

當 $y \to y_c$：$F_r^2 \to 1$，則 $\dfrac{dy}{dx} \to \infty$，故水面線垂直於 CDL

當 $y \to 0$：$S_f \to \infty$，$F_r^2 \to \infty$

$\therefore \quad \dfrac{dy}{dx} \to$ 某一正極限值

基於上述之討論，可畫出 M_1，M_2，M_3 曲線如下圖所示：

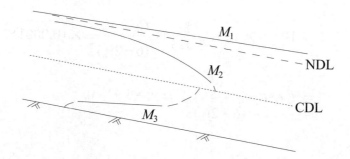

題19　一矩形渠道 $Q = 10\text{cms}$，$S = 0.0001$，$n = 0.013$，$B = 6\text{m}$，水深 y $= 1.50\text{m}$，求水深 $y = 1.65\text{m}$ 時之斷面位置？　【81 年高考一級】

解

y(m)	A(m²)	R(m)	V(m/s)	$V^2/2g$(m)	E(m)	S_f	$\bar{S}_f$	Δx(m)	x(m)
1.5	9.0	1.0	1.11	0.0628	1.5628	0.000208			0
							0.000191	991	
1.6	9.6	1.04	1.04	0.0530	1.6530	0.000173			991
							0.000167	731	
1.65	9.9	1.06	1.01	0.0520	1.7020	0.000160			1722

$$A = By = 6y$$

$$R = \frac{A}{P} = \frac{A}{6+2y}$$

$$V = \frac{Q}{A} = \frac{10}{A}$$

$$E = y + \frac{V^2}{2g}$$

$$S_f = \frac{n^2 V^2}{R^{\frac{4}{3}}}$$

$$\Delta x = \frac{E_2 - E_1}{S_0 - \bar{S}_f}$$

$$x = \Sigma(\Delta \text{x})_i$$

由曼寧公式

$$Q = A \times V = A \times \frac{1}{n} R^{\frac{2}{3}} S^{\frac{1}{2}}$$

$$\Rightarrow 10 = 6 \times y_n \times \frac{1}{0.013} \times \frac{(6 \times y_n)^{\frac{2}{3}}}{(6+2y_n)^{\frac{2}{3}}} \times (0.0001)^{\frac{1}{2}}$$

$$\Rightarrow 0.656 = \frac{y_n^{\frac{5}{3}}}{(6+2y_n)^{\frac{2}{3}}} \quad \Rightarrow y_n = 1.94\text{(m)}$$

$$y_c = \sqrt[3]{\frac{q^2}{g}} = \sqrt[3]{\frac{Q^2}{B^2 g}} = \sqrt[3]{\frac{100}{36 \times 9.81}} = 0.657(\text{m})$$

∵　$y_n > y_c$　∴　渠坡為緩坡

又　$y_n > y > y_c$　∴　可知為 M_2 曲線

∵　M_2 曲線之 $\dfrac{dy}{dx} < 0$，故知水深 $y = 1.65\text{m}$ 之斷面位置在水深 y = 1.5m 之斷面位置之上游 1722 公尺處。

題20 明渠水流為定量緩變速流（Steady gradually varied flow）時，其縱向水面線可應用直接步驟法（Direct-step method）或標準步驟法（Standard step method）計算之，請問此二方法之適用情況有何不同？何故？　　　　　　　　　　　　　　【82 年技師】

解

(1)直接步驟法：

適用於定型渠道，任意點之渠道斷面形狀均為已知，可由已知水深推算距離，計算公式如下：

$$\Delta x = \frac{\Delta E}{S_0 - \bar{S}_f} = \frac{E_2 - E_1}{S_0 - \bar{S}_f} = \frac{\left(y_2 + \alpha_2 \dfrac{V_2^2}{2g}\right) - \left(y_1 + \alpha_1 \dfrac{V_1^2}{2g}\right)}{S_0 - \bar{S}_f}$$

此式之解法為顯示法，不需經由試誤法求出距離 Δx。

(2)標準步驟法

適用於非定型渠道或天然河道，當然也可適用於定型渠道。由於一般天然河道祇在某些固定地點才有斷面形狀資料，因此在逐步計算過程中，距離（Δx）為已知，水深為未知，計算公式如下：

$$z_1 + y_1 + \alpha_1 \frac{V_1^2}{2g} = z_2 + y_2 + \alpha_2 \frac{V_2^2}{2g} + h_f + h_e$$

或　$H_1 = H_2 + h_f + h_e$

可由某特定位置已知水深後，推算下一斷面之水深，此法需經過試誤法才可求出水深 y_2。

題21　如下圖所示，渠道斷面形狀為矩形，寬 1 公尺，曼寧糙率係數 $n = 0.02$，

(1)請計算渠道中之流量 Q，但渠道末端為自由跌流。

(2)請計算 AB 段及 BC 段之等速水深（正常水深）及臨界水深。

(3)請繪出可能之水面線示意圖。（但水面線繪出後，須以適當之 M_1、M_2、M_3、S_1、S_2、S_3、H_1、H_2、A_1、A_2 等符號表示。）　　　　　【82 年技師】

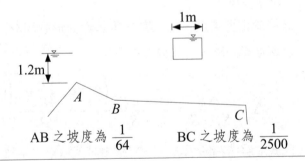

AB 之坡度為 $\frac{1}{64}$　　　BC 之坡度為 $\frac{1}{2500}$

解

(1) $B = 1\text{m}$，$n = 0.02$，$S_{AB} = \frac{1}{64}$，$S_{BC} = \frac{1}{2500}$

假設 AB 段為陡段，則

$$H = 1.2 = \frac{3}{2}y_c \Rightarrow y_c = \frac{2}{3} \times 1.2 = 0.8(\text{m})$$

$$\Rightarrow q_c = \sqrt{g\,y_c^3} = \sqrt{9.81 \times 0.8^3} = 2.24(\text{cms/m})$$

$$\therefore Q_c = B \times q_c = 1 \times q_c = 2.24(\text{cms})$$

將 y_c 代入曼寧公式，則

$$Q = A \times V = \frac{1}{n} A R^{\frac{2}{3}} S_{AB}^{\frac{1}{2}}$$

$$= \frac{1}{0.02} \times (1 \times 0.8) \times \left(\frac{0.8}{0.8 \times 2 + 1}\right)^{\frac{2}{3}} \times \left(\frac{1}{64}\right)^{\frac{1}{2}}$$

$$= 2.28(\text{cms}) > Q_c$$

故 AB 段為陡坡，渠道流量為 2.24cms

(2)AB 段：

$$Q = A \times \frac{1}{n} R^{\frac{2}{3}} S_{AB}^{\frac{1}{2}}$$

$$\Rightarrow 2.24 = (1 \times y_n) \times \frac{1}{0.02} \times \left(\frac{y_n}{1 + 2y_n}\right)^{\frac{2}{3}} \times \left(\frac{1}{64}\right)^{\frac{1}{2}}$$

$$\Rightarrow 0.3584\,(1 + 2y_n)^{\frac{2}{3}} = y_n^{\frac{5}{3}}$$

$$\Rightarrow y_n = 0.79(\text{m})$$

$$y_c = 0.8(\text{m})$$

BC 段：

$$2.24 = (1 \times y_n) \times \frac{1}{0.02} \times \left(\frac{y_n}{1 + 2y_n}\right)^{\frac{2}{3}} \times \left(\frac{1}{2500}\right)^{\frac{1}{2}}$$

$$\Rightarrow 2.24\,(1 + 2y_n)^{\frac{2}{3}} = y_n^{\frac{5}{3}}$$

$$\Rightarrow y_n = 3.86(\text{m})$$

$$y_c = 0.8(\text{m})$$

(3)AB 段之：

$$V=\frac{Q}{A}=\frac{2.24}{1\times 0.79}=2.835$$

$$F_{r_1}^2=\frac{V^2}{gy_1}=\frac{2.835^2}{9.8\times 0.79}=1.037$$

$$y_2=0.79\times \frac{1}{2}(-1+\sqrt{1+8\times 1.037})=0.81(\text{m})$$

∴ 水躍發生在 AB 段

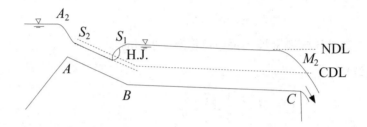

題22　一矩形渠道寬 20 呎，坡度為 0.0016，曼寧糙率為 0.018，流量
為 200 每秒立方呎，試計算：

(1)臨界水深 y_c。

(2)正常水深 y_n。

(3)若實際水深為 1.8 呎，試問此水面曲線屬於何型？

【82 年高考二級】

解

$B=20\text{ft}$，$S_0=0.0016$，$n=0.018$，$Q=200\text{cft}$，$g=32.2\text{ft/sec}^2$

$$y_c=\sqrt[3]{\frac{q^2}{g}}=\sqrt[3]{\frac{Q^2}{B^2g}}=\sqrt[3]{\frac{200^2}{20^2\times 32.2}}=1.46(\text{ft})$$

$$Q=A\cdot V=A\cdot \frac{1.486}{n}R^{\frac{2}{3}}S_0^{\frac{1}{2}}=\frac{1.486}{n}\frac{A^{\frac{5}{3}}}{P^{\frac{2}{3}}}S_0^{\frac{1}{2}}$$

$$\Rightarrow 200 = \frac{1.486}{0.018} \times \frac{(20 \times y_n)^{\frac{5}{3}}}{(20 + 2y_n)^{\frac{2}{3}}} \times (0.0016)^{\frac{1}{2}}$$

$$\Rightarrow 60.565\,(20 + 2y_n)^{\frac{2}{3}} = (20y_n)^{\frac{5}{3}}$$

$$\Rightarrow y_n = 2.098(\text{ft})$$

$$\because \quad y_n = 2.098 > y = 1.8 > y_c = 1.46$$

$$\therefore \quad 水面曲線屬於 \ M_2$$

題23　一梯形渠道其斷面如下圖所示，已知流量 $Q = 400$ 每秒立方呎，曼寧糙率係數 $n = 0.025$，渠底坡度 $S_0 = 0.0016$，及能量係數 $\alpha = 1.1$。試以直接逐步階段法（direct step method）計算水深 $y_2 = 5$ 呎至 $y_1 = 3.6$ 呎之迴水距離。（註：分五段計算）【82 年檢覈】

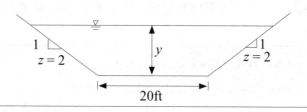

解

$$A = \frac{1}{2}\,(20 + 20 + 4y)\,y = (20 + 2y)\,y$$

$$P = 20 + 2\sqrt{5}\,y$$

$$R = \frac{A}{P} = \frac{(20 + 2y)\,y}{20 + 2\sqrt{5}\,y} = \frac{(10 + y)\,y}{10 + \sqrt{5}\,y}$$

$$V = \frac{Q}{A} = \frac{400}{(20 + 2y)\,y} = \frac{200}{(10 + y)\,y}$$

$$E = y + \alpha\,\frac{V^2}{2g} = y + 1.1 \times \frac{V^2}{19.62}$$

$$S_f = \frac{n^2 V^2}{1.486^2 R^{\frac{4}{3}}} = \frac{0.025^2 V^2}{1.486^2 R^{\frac{4}{3}}} = 0.000283 \frac{V^2}{R^{\frac{4}{3}}}$$

$$\Delta x = \frac{E_2 - E_1}{S_0 - \overline{S}_f} \quad , \quad \overline{S}_f = \frac{1}{2}(S_{f1} + S_{f2})$$

$$x = \sum (\Delta x)_i$$

$$Q = \frac{1.486}{n} A R^{\frac{2}{3}} S_0^{\frac{1}{2}}$$

$$\Rightarrow 400 = \frac{1.486}{0.025} \times (20 + 2y_n) y_n \times \left[\frac{(10 + y_n) y_n}{10 + \sqrt{5} y_n} \right]^{\frac{2}{3}} \times 0.0016^{\frac{1}{2}}$$

$$\Rightarrow 84.12 \times (10 + \sqrt{5} y_n)^{\frac{2}{3}} = (10 + y_n)^{\frac{5}{3}} y_n^{\frac{5}{3}} \quad \Rightarrow y_n = 3.36 \text{(ft)}$$

$$Q^2 T = g A^3 \Rightarrow 400^2 \times (20 + 4y_c) = 32.2 \times (20 + 2y_c)^3 y_c^3$$

$$\Rightarrow 2484.47(5 + y_c) = (10 + y_c)^3 y_c^3 \Rightarrow y_c = 2.148 \text{(ft)}$$

$\because \quad y_n > y_c \quad \therefore \quad$ 此渠坡為緩坡，所計算水深為 M_1 曲線

y(ft)	A(ft^2)	R(ft)	V(ft/s)	$\alpha \frac{V^2}{2g}$(ft)	E(ft)	S_f	$\overline{S}_f$	Δx(ft)	(ft)
5.0	150.00	3.54	2.667	0.1215	5.1215	0.00037			0
							0.00042	219.82	
4.72	138.96	3.38	2.879	0.1415	4.8615	0.00046			219.82
							0.00052	236.64	
4.44	128.23	3.22	3.119	0.1662	4.6062	0.00058			456.46
							0.00066	264.78	
4.16	117.81	3.05	3.395	0.1969	4.3569	0.00074			721.24
							0.00084	319.21	
3.88	107.81	2.88	3.714	0.2356	4.1156	0.00095			1040.44
							0.00110	460.77	
3.6	97.92	2.71	4.085	0.2850	3.8850	0.00125			1501.21

$\therefore \quad y_1 = 3.6$ft 在 $y_2 = 5$ft 上游 1501.21ft

題24 試證明非均勻明渠流之水面曲線隨福祿數（Froude number）而變。註：能量係數 $\alpha = 1$，底床坡度甚小。 【83 年技師】

解

$$E = d\cos\theta + \alpha\frac{V^2}{2g}$$

∵ $\alpha = 1$，且底床坡度甚小 $\Rightarrow \cos\theta \doteq 1$，$d \doteq y$

∴ $E = y + \dfrac{V^2}{2g} = y + \dfrac{q^2}{2gy^2}$

$$H = y + z + \frac{V^2}{2g} = z + E$$

$$\frac{dE}{dy} = 1 - \frac{q^2}{gy^3} = 1 - F_r^2$$

$$\frac{dH}{dx} = \frac{dz}{dx} + \frac{dE}{dx} = -S_0 + \frac{dE}{dy}\frac{dy}{dx} = -S_0 + (1 - F_r^2)\frac{dy}{dx}$$

又 $\dfrac{dH}{dx} = -S_f$

∴ $S_0 - S_f = (1 - F_r^2)\dfrac{dy}{dx}$

$$\Rightarrow \frac{dy}{dx} = \frac{S_0 - S_f}{1 - F_r^2}$$

即表非均勻明渠水流之水面曲線隨福祿數（F_r）而變。

題25 一穿過公路之圓形箱涵（Culvert），其長為 30m，底部坡降為 0.004，曼寧係數 $n = 0.022$。其允許之最大頭水水面距箱涵底部之距離為 3.4m，在出口處須為自由流之條件下，試計算箱涵所需之最小直徑以通過 5.1m³/s 之設計流量。假設箱涵之進口損失係數為 0.5。 【85 年高考三級水資源】

解

由於出口處須為自由流，假設圓形箱涵滿管流動，且管中之損失可用曼寧公式表示，則

$H_1 = h_1 + \dfrac{V_1^2}{2g} + z_1$ ，忽略速度水頭，$\because$ $V_1 \doteqdot 0$

$H_1 = h_1 + S_0 \times L = 3.4 + 0.004 \times 30 = 3.52$

$H_2 = 0 + \dfrac{V^2}{2g} + 0 + k_L \dfrac{V^2}{2g} + h_L$

$H_2 = \dfrac{V^2}{2g} + 0.5 \dfrac{V^2}{2g} + S_f \times L$

$\quad = 1.5 \dfrac{V^2}{2g} + \dfrac{n^2 V^2}{R^{\frac{4}{3}}} \times L$

$\quad = 1.5 \times \dfrac{1}{2g} \times \dfrac{Q^2}{\pi^2 r^4} + \dfrac{n^2 \times Q^2}{\left(\dfrac{r}{2}\right)^{\frac{4}{3}} \times \pi^2 r^4} \times L$

$\quad = \dfrac{1.5}{2 \times 9.81} \times \dfrac{5.1^2}{\pi^2 r^4} = \dfrac{0.022^2 \times 5.1^2 \times 2^{\frac{4}{3}}}{r^{\frac{16}{3}} \times \pi^2} \times 30$

$\quad = \dfrac{0.201}{r^4} + \dfrac{0.0964}{r^{\frac{16}{3}}}$

$\Rightarrow 3.52 = \dfrac{0.201}{r^4} + \dfrac{0.0964}{r^{\frac{16}{3}}}$

由試誤法得半徑 $r = 0.58(\mathrm{m}) \Rightarrow$ 直徑 $= 1.16(\mathrm{m})$

面積 $A = \pi r^2 = 1.06(\mathrm{m}^2) \Rightarrow$ 流速 $V = \dfrac{Q}{A} = \dfrac{5.1}{1.06} = 4.81(\mathrm{m/s})$

故所需之箱涵最小直徑為 1.16 公尺

題26 寬廣矩形渠道（Wide-rectangular channel）之渠底坡度（下圖所示）由 $S_1 = 0.01$，$S_2 = 0.001$ 所組成，設 B 為渠底寬，若 $q = \dfrac{Q}{B} = 2\text{m}^2/\text{sec}$，試問此時在此渠道會發生水躍現象嗎？若發生水躍，則發生於渠底之那一方？並畫出水躍前後之水面剖線圖，又屬於何種水面剖線呢？（已知，曼寧糙率 $n = 0.013$）

【84 年乙特】

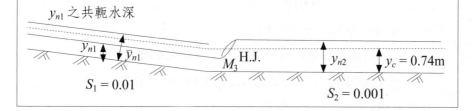

解

∵寬廣渠道 ∴ $R \fallingdotseq y$

$$y_c = \sqrt[3]{\frac{q^2}{g}} = \sqrt[3]{\frac{4}{9.81}} = 0.74(\text{m})$$

由曼寧公式求 S_c：

$$q = V \cdot y_c = \frac{1}{n} y_c^{\frac{2}{3}} S_c^{\frac{1}{2}} \times y_c = \frac{1}{0.013} \times 0.74^{\frac{5}{3}} \times S_c^{\frac{1}{2}} = 2$$

$\Rightarrow S_c = 0.0018$

∵ $S_1 = 0.01 > S_c$ ∴ 上游段屬於陡坡

∵ $S_2 = 0.001 < S_c$ ∴ 下游段屬於緩坡

(1)上游段之正常水深 y_{n1}：

$$q = V \cdot y_{n1}$$

$$\Rightarrow 2 = \frac{1}{0.013} \times y_{n1}^{\frac{5}{3}} \times 0.01^{\frac{1}{2}}$$

$$\Rightarrow y_{n1} = 0.446(\text{m})$$

$$F_r^2 = \frac{q^2}{g\,y_{n1}^3} = \frac{4}{9.81 \times (0.446)^3} = 4.596$$

y_{n1} 之共軛水深

$$\bar{y}_{n1} = \frac{0.446}{2} \times (-1 + \sqrt{1 + 8 \times 4.596}) = 1.147(\text{m})$$

(2)下游段之正常水深 y_{n2}：

$$2 = \frac{1}{0.013} \times y_{n_2}^{\frac{5}{3}} \times 0.001^{\frac{1}{2}}$$

$$\Rightarrow y_{n2} = 0.889(\text{m})$$

(3)∵ 水流從陡坡流至緩坡 ∴ 會發生水躍

且上游段 y_{n1} 之共軛水深 $\bar{y}_{n1} = 1.147 >$ 下游段之正常水深 $y_{n2} = 0.889$

故水躍發生在下游段，即緩坡段（$S_2 = 0.001$）

水面剖線圖如下圖所示，屬於 M_3 水面剖線

題27 一明渠（曼寧糙率係數 $n = 0.014$）之流量為 $300\text{ft}^3/\text{s}$，渠寬為 10ft，底床坡度為 0.001，今欲在渠中設置一堰，使其上游斷面之水深增至 7.5ft，試求渠中流速為未設堰之前均勻流速 0.8 倍之斷面位置。註：迴水演算務必分五段計算（20 分）

【85 年技師】

解

$n = 0.014$，$Q = 300\text{cfs}$，$B = 10\text{ft}$

$S_0 = 0.001$，$y_1 = 7.5\text{ft}$

由曼寧公式知

$$Q = A \times V = \text{A} \times \frac{1.486}{n} \times R^{\frac{2}{3}} \times S_0^{\frac{1}{2}} = \frac{1.486}{n} \times \frac{A^{\frac{5}{3}}}{P^{\frac{2}{3}}} \times S_0^{\frac{1}{2}}$$

$$\Rightarrow 300 = \frac{1.486}{0.014} \times \frac{(10 y_n)^{\frac{5}{3}}}{(10 + 2 y_n)^{\frac{2}{3}}} \times (0.001)^{\frac{1}{2}}$$

$$\Rightarrow y_n^{\frac{5}{3}} = 1.926 (10 + 2 y_n)^{\frac{2}{3}}$$

由試誤法得

$$y_n = 4.89 \text{(ft)}$$

未設堰之前均勻流速為

$$V_n = \frac{A}{Q} = \frac{300}{10 \times 4.89} = 6.135 \text{(ft/s)}$$

$$V_2 = 0.8 V_n = 0.8 \times 6.135 = 4.908 \text{(ft/s)}$$

$$y_2 = \frac{Q}{BV_2} = \frac{300}{10 \times 4.908} = 6.112 \text{(ft)}$$

$$q = \frac{Q}{B} = \sqrt{g y_c^3} \Rightarrow \frac{300}{10} = \sqrt{32.2 \times y_c^3} \quad \therefore \quad y_c = 3.03 \text{(ft)}$$

$$\therefore y > y_n > y_c$$

$$\therefore 屬於 M_1 曲線之迴水演算$$

y(m)	A(m^2)	R(m)	V(m/s)	$\frac{V^2}{2g}$(m)	E(m)	S_f	$\overline{S_f}$	Δx(m)	x(m)
7.5	75	3	4	0.248	7.748	0.000328	—	—	0
7.222	72.224	2.95	4.15	0.268	7.490	0.000361	0.000344	393.76	393.76
6.945	69.448	2.91	4.32	0.290	7.235	0.000399	0.000380	412.44	806.21
6.667	66.672	2.86	4.50	0.314	6.982	0.000443	0.000421	436.82	1243.03
6.390	63.896	2.81	4.70	0.342	6.732	0.000494	0.000469	469.82	1712.85
6.112	61.12	2.75	4.91	0.374	6.486	0.000555	0.000524	516.79	2229.64

$$A = B \times y = 10 y \;,\; R = \frac{A}{P} = \frac{10 y}{10 + 2 y} \;,\; V = \frac{Q}{A} = \frac{30}{y}$$

$$E = y + \frac{V^2}{2g} \quad , \quad S_f = \frac{n^2 V^2}{2.21 R^{\frac{4}{3}}} \quad , \quad \overline{S}_f = \frac{1}{2}(S_{f1} + S_{f2})$$

$$\Delta x = \frac{\Delta E}{S_0 - \overline{S}_f} = \frac{E_\text{下} - E_\text{上}}{S_0 - \overline{S}_f}$$

由上表得知渠中流速為未設堰之前均勻流速 0.8 倍之斷面位置在距堰上游 2229.64ft 處。

題28 矩形渠道寬 16m，粗糙係數 $n = 0.015$，底床坡度 0.0004，上游不受迴水影響處水深 2.50m，下游涵洞寬 10m。(1)試求涵洞上游水深 $y_1 = ?$ (2)水深 2.6m 處之迴水長度 $L = ?$

【81 年技師、85 年高考三級】

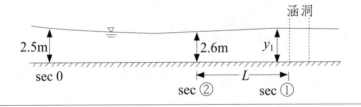

解

$y_0 = 2.5\text{m}$

$$V_0 = \frac{1}{n} R^{\frac{2}{3}} S_0^{\frac{1}{2}} = \frac{1}{0.015}\left(\frac{2.5 \times 16}{2.5 \times 2 + 16}\right)^{\frac{2}{3}} 0.0004^{\frac{1}{2}} = 2.05(\text{m/s})$$

$Q = AV = 2.5 \times 16 \times 2.05 = 82(\text{cms})$

∵ 有迴水

∴ 下游涵洞入口處之水為臨界水深 y_c

則 $y_c = \sqrt[3]{\dfrac{q^2}{g}} = \sqrt[3]{\dfrac{(82/10)^2}{9.81}} = 1.90(\text{m})$

$$\Rightarrow E_c = \frac{3}{2} y_c = \frac{3}{2} \times 1.9 = 2.85 \text{(m)}$$

緊臨涵洞入口上游之水深 y_1：

$$y_1 + \frac{Q^2}{2gy_1^2 b^2} = E_c = 2.85$$

$$\Rightarrow y_1 + \frac{82^2}{2 \times 9.81 \times 16^2 y_1^2} = 2.85$$

$$\Rightarrow y_1 + \frac{1.339}{y_1^2} = 2.85 \quad \Rightarrow \quad \boxed{y_1 = 2.66 \text{(m)}}$$

$$\therefore \quad V_1 = \frac{82}{16 \times 2.66} = 1.93 \text{(m/s)}$$

$$\frac{dE}{dx} = S_0 - S_f \Rightarrow \frac{\Delta E}{\Delta x} = S_0 - \overline{S}_f$$

$$\Rightarrow \frac{E_1 - E_2}{L} = S_0 - \frac{1}{2}(S_{f2} + S_{f1})$$

$$E_1 = 2.85 \text{，} E_2 = 2.6 + \frac{82^2}{2 \times 9.81 \times 2.6^2 \times 16^2} = 2.80$$

$$V_2 = \frac{82}{2.6 \times 16} = 1.97$$

$$S_{f1} = \frac{n^2 V_1^2}{R_1^{\frac{4}{3}}} = \frac{0.015^2 \times 1.93^2}{[16 \times 2.66/(16 + 2 \times 2.66)]^{\frac{4}{3}}} = 0.000333$$

$$S_{f2} = \frac{n^2 V_2^2}{R_2^{\frac{4}{3}}} = \frac{0.015^2 \times 1.97^2}{[16 \times 2.6/(16 + 2 \times 2.6)]^{\frac{4}{3}}} = 0.000355$$

$$\therefore \quad \frac{2.85 - 2.80}{L} = 0.0004 - \frac{1}{2}(0.00033 + 0.000355) = 0.000228$$

$$\Rightarrow \boxed{L = 219.3 \text{(m)}}$$

題29 (1)一水平矩形渠道在下游端形成自由跌水如下圖所示。忽略渠床之摩擦力並假設臨界水深處及渠道端斷面之流速可分別以 V_c 及 V_b 表示。試推求渠道端水深 y_b 以臨界水深 y_c 表示之關係式。

(2)若單位寬流量為 $5.2 m^2/s$，試計算 y_b。　　　　【85 年檢覈】

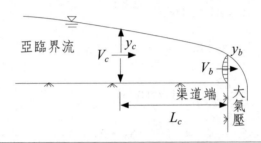

解

〈方法一〉

C.E.：$q = V_1 y_1 = V_b y_b = V_c y_c$

M.E.：$P_c - P_b = \rho q (V_b - V_c)$

假設自由跌水處之靜水壓力可忽略，即 $P_b = 0$

又 $q^2 = g y_c^3$，則

$$P_c = \rho q (V_b - V_c)$$

$$\Rightarrow \frac{1}{2} \rho g y_c^2 = \rho q^2 \left(\frac{1}{y_b} - \frac{1}{y_c} \right)$$

$$\Rightarrow y_b = \frac{2}{3} y_c$$

若 $q = 5.2 m^2/s$，則

$$y_c = \sqrt[3]{\frac{q^2}{g}} = \sqrt[3]{\frac{5.2^2}{9.81}} = 1.4 (m)$$

$$\Rightarrow y_b = \frac{2}{3} \times 1.4 = 0.93 \text{(m)}$$

〈方法二〉

以安德森法可求得

$$4\left(\frac{y_b}{y_c}\right)^3 - 6\left(\frac{E}{y_c}\right)\left(\frac{y_b}{y_c}\right)^2 + 3 = 0$$

又為矩形斷面渠道，且為亞臨界流，則

$$\frac{E}{y_c} = 1.5$$

$$\Rightarrow 4\left(\frac{y_b}{y_c}\right)^3 - 9\left(\frac{y_b}{y_c}\right)^2 + 3 = 0$$

$$\Rightarrow \frac{y_b}{y_c} = 0.694$$

若 $q = 5.2\text{m}^2/\text{s}$，則

$$y_c = \sqrt[3]{\frac{q^2}{g}} = \sqrt[3]{\frac{5.2^2}{9.81}} = 1.4 \text{(m)}$$

$$\Rightarrow y_b = 0.694 \times 1.4 = 0.97 \text{(m)}$$

● 練習題

1. 以緩變速流（GVF）基本方程式，證明 S_1，M_3，和 S_3 水面剖線之 $\dfrac{dy}{dx}$ 為正值。

2. 一 4.0m 寬之矩形斷面渠道（$n = 0.015$），流量為 15.0cms，渠道坡度為 0.02，下游端有一高 1.5m 之堰（$C_d = 0.70$），求此渠流之水面剖線？

Ans：$J - S_1$

3. 繪出下列各種渠道及控制之可能水面剖線，水流由左至右：

　　(1)陡坡－水平坡－緩坡

　　(2)緩坡－下射式閘門－陡坡－水平坡－跌水

　　(3)陡坡－較陡陡坡－緩坡－較緩緩坡

　　(4)自由取水口－陡坡－下射式閘門－緩坡

　　(5)陡坡－緩坡－下射式閘門－緩坡－跌水

　　(6)下射式閘門－逆坡－水平坡－陡坡

> **Ans**：(1)$H_3 - J - H_2$ 或 $J - S_1 - H_2$
>
> (2)$M_1 M_3 J M_2 S_2 J S_1 H_2$ 或 $M_1 M_2 J M_2 S_2 H_3 J H_2$
>
> (3)$S_2 - J - S_1 - M_1$ 或 $S_2 - M_3 - J - M_1$
>
> (4)$S_2 - J - S_1 - S_3 - M_3 - J$
>
> (5)$J - S_1 - M_1 - M_3 - J - M_2$ 或 $M_3 - J - M_1 - M_3 - J - M_2$
>
> (6)$A_3 - J - A_2 - H_2 - S_2$

4. 依下列渠道坡度繪出一下射式閘門之上游、下游緩變速流水面剖線：

　　(1)陡坡　　(2)緩坡　　(3)水平底床

> **Ans**：(1)上游：$J - S_1$，下游：S_3
>
> (2)上游：M_1，下游：$M_3 - J - M_2 / M_1$
>
> (3)上游：水平，下游：$H_3 - J - H_2$

5. 一矩形斷面渠道，分為 A、B 兩渠段，其特性分述如下：

渠段	寬度(m)	流量(cms)	坡度	n
A	4.80	7.40	0.0005	0.015
B	4.80	5.00	0.0005	0.015

渠段 B 中流量減少係因 A、B 段連接處局部取水之故，請依下列條件繪出緩變速流之水面剖線：

(1)渠通為連續的且於連接處無任何障礙物

(2)於兩渠段連接處有一下射式閘門

Ans：(1)*A* 段：M_2

(2)*A* 段：M_1，*B* 段：$M_3 - J$

6. 一寬廣河道中，某斷面之水深為 3.0m，$S_0 = \dfrac{1}{5000}$ ，單位寬度流量 $q =$ 3.0cms/m，若 Chezy 公式中 $C = 70$，則在該斷面相對於底床之水面坡度為何？

Ans：1.366×10^{-4}

7. 一矩形斷面渠道，$B = 2.0$m，$n = 0.020$，$S_0 = 0.0004$，若於某斷面之水深為 1.20m，流量為 3.0cms，則該斷面係屬於何種水面剖線？

Ans：M_2

8. 將一水平渠道之緩變速流基本方程式積分，以推導出下式：

$$x = \frac{y_c}{S_c} \left[\frac{(y/y_c)^{N-M+1}}{N-M+1} - \frac{(y/y_c)^{N+1}}{N+1} \right] + \text{const.}$$

式中，S_c 為臨界渠坡，即已知流量 Q 時之均勻流水深為 y_c；M，N 為水力指數。

9. 證明一寬廣水平渠道（假設 Chezy C 為常數）之緩變速流水面剖線如下：

$$x = \frac{C^2}{g} \left(y - \frac{y^4}{4y_c^3} \right) + \text{const.}$$

10. 證明一緩變速流於無摩擦的矩形斷面渠道中，其水面剖線可表示如下：

$$x = \frac{y}{S_0} \left[1 + \frac{1}{2} \left(\frac{y_c}{y} \right)^3 \right] + \text{const.}$$

11. 一梯形斷面渠道 $B = 5.0$m，$m = 2.0$，$S_0 = 0.0004$，若正常水深為 3.10m，計算：(1)M_1 曲線在深度為 5.0m 及 3.15m 間之距離　(2)M_3 曲線在深度為 0.5m 及 1.2m 間之距離。設曼寧 n 值為 0.02。

Ans：(1)9.30km　(2)120m

12. 一矩形斷面磚砌渠道（$n = 0.016$），寬度為 4.0m，渠通坡度為 0.0009，流量為 15cms，且為變速流。若於 A 斷面之水深為 2.6m，試以(1)一段　(2)分二段計算距 A 斷面下游 500m 處之 B 斷面水深？

Ans：(1)2.85m　(2)2.868m

13. 一寬 6.0m 之矩形斷面渠道，流量為 8.40cms，渠道坡度為 0.0004，曼寧 n 值為 0.015，水流自一下射式閘門流出，於收縮斷面之水深為 0.15m，若水躍形成於水深為 0.25m 處，求水躍趾部與收縮斷面間之距離？

Ans：22.5m

14. 一矩形斷面渠道，$B = 3.0$m，$n = 0.015$，從一水庫排放水流至渠中，渠道坡度為 0.017，渠首底床高程為 100.0m。若水庫水位為 102.0m，且入口損失為 $0.2\dfrac{V^2}{2g}$，求渠道中流量及正常水深發生之位置？

Ans：13.13cms，80m

15. 一寬 6.0m 之矩形斷面渠道，$n = 0.012$，$S_0 = 0.006$，水流自一未受控制之湖泊引入，若湖泊水位高於渠首底床 2.10m，求渠道中之流量及形成均勻流之最短距離？假設渠道入口之能量損失可忽略。

Ans：31.13cms，390m

16. 一梯形斷面渠道，$B = 3.0$m，$m = 1.50$，$n = 0.025$，$S_0 = 0.0005$，水流自一湖泊自由流入此渠道中，若湖泊水位高於渠道入口底床 7.0m，求渠道流量？假設渠道入口之能量損失可忽略。

Ans：178cms

Chapter **6**

急變速流

- 重點整理
- 精選例題
- 歷屆考題
- 練習題

● 重點整理

一、二維銳口堰（sharp-crested weir）

1. 假設：

(1)漸近流速為等速流。

(2)流體質點以水平方向接近堰口。

(3)經堰口流出，水舌上、下緣之靜水壓力為零。

(4)忽略流體黏滯性、流動紊亂、二次流及表面張力等。

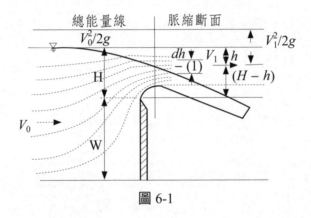

圖 6-1

2. 推導：

$$E_0 = E_1$$

$$\Rightarrow H + \frac{V_0^2}{2g} = H - h + \frac{V_1^2}{2g}$$

$$\Rightarrow 理論流速 \quad V_1 = \sqrt{2g \times \left(h + \frac{V_0^2}{2g}\right)}$$

∴理論流量

$$dq = V_1 \times 1 \times dh = \sqrt{2g\left(h + \frac{V_0^2}{2g}\right)}\, dh$$

單位寬度理論流量

$$q_i = \int dq = \int_0^H \sqrt{2g\left(h + \frac{V_0^2}{2g}\right)}\, dh$$

$$= \frac{2}{3}\sqrt{2g}\left[\left(H + \frac{V_0^2}{2g}\right)^{3/2} - \left(\frac{V_0^2}{2g}\right)^{3/2}\right]$$

於真實流體中，流體受脈縮及重力影響，使得射流水舌收縮及彎曲，故需將上式予以修正如下：

真實流量

$$q = C_c q_i$$

$$= \frac{2}{3} C_c \sqrt{2g}\left[\left(H + \frac{V_0^2}{2g}\right)^{3/2} - \left(\frac{V_0^2}{2g}\right)^{3/2}\right]$$

式中，C_c 為收縮係數。

二、矩形堰

單位寬度流量

$$q = \frac{2}{3} C_c \sqrt{2g}\left[\left(H + \frac{V_0^2}{2g}\right)^{3/2} - \left(\frac{V_0^2}{2g}\right)^{3/2}\right]$$

$$= \frac{2}{3}\sqrt{2g}\, C_d\, H^{3/2}$$

式中，流量係數

$$C_d = C_c \cdot \left[\left(1 + \frac{V_0^2}{2gH}\right)^{3/2} - \left(\frac{V_0^2}{2gH}\right)^{3/2}\right]$$

Rehbock 經驗公式：

$$C_d = 0.611 + 0.08 \frac{H}{W}, \qquad \frac{H}{W} \leq 5.0$$

1. 當 $H \gg W$，$\dfrac{H}{W} \to \infty$（或 $W \to 0$）：

水流呈自由跌流（free overfall），

流量

$$q = \sqrt{g} y_c^{3/2} = \sqrt{g}\,(H+W)^{3/2}$$

流量係數

$$C_d = 1.06\left(1 + \frac{W}{H}\right)^{3/2}$$

2. 當 $H \ll W$，$\dfrac{H}{W} \to 0$（或 $H \to 0$）

水流呈射流（jet flow）流況，

流量係數

$$C_d = 0.611$$

流量

$$q = 1.8H^{3/2}(\text{cms/m})$$

或 $\qquad q = 3.27H^{3/2}(\text{cfs/ft})$

三、三角堰

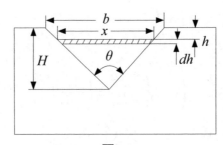

圖6-2

$$V = \sqrt{2g\left(h + \frac{V_0^2}{2g}\right)} \doteqdot \sqrt{2gh} \quad （忽略接近流速）$$

又　$\dfrac{x}{b} = \dfrac{H-h}{H}$　,　$b = 2H\tan\left(\dfrac{\theta}{2}\right)$

$$\therefore \quad x = \frac{b(H-h)}{H} = 2\tan\left(\frac{\theta}{2}\right) \cdot (H-h)$$

$$dQ = V \cdot dA = x\sqrt{2gh}\,dh$$

$$= 2(H-h)\tan\left(\frac{\theta}{2}\right)\sqrt{2gh}\,dh$$

$$Q_i = \int_0^H dQ = \int_0^H 2(H-h)\tan\left(\frac{\theta}{2}\right)\sqrt{2gh}\,dh$$

$$= 2\sqrt{2g}\tan\left(\frac{\theta}{2}\right)\int_0^H (H-h)\sqrt{h}\,dh$$

$$= \frac{8}{15}\sqrt{2g}\tan\left(\frac{\theta}{2}\right)H^{5/2}$$

真實流量

$$Q = C_c Q_i = \frac{8}{15}\sqrt{2g}\,C_c\tan\left(\frac{\theta}{2}\right)H^{5/2}$$

四、寬頂堰（broad-crested weir）

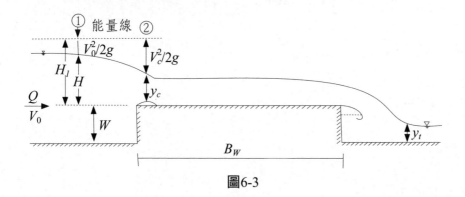

圖6-3

$$H_1 = y_c + \frac{V_c^2}{2g} = \frac{3}{2} y_c$$

$$V_c = \sqrt{g y_c}$$

$$y_c = \frac{2}{3} H_1$$

$$q = C_c V_c y_c = C_c \frac{2}{3} \sqrt{\frac{2}{3} g} \, H_1^{3/2} = \frac{2}{3} C_d \sqrt{2g} \, H_1^{3/2}$$

五、溢洪道（spillway）

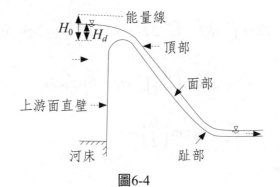

圖6-4

$$q = \frac{2}{3} C_{d_1} \sqrt{2g} \, H_d^{3/2}$$

$$q = \frac{2}{3} C_{d_0} \sqrt{2g} \, H_0^{3/2}$$

六、下射式閘門（sluice gate）

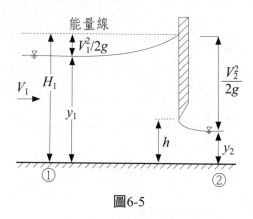

圖6-5

1. 自由出流（free outflow）：

如圖 6-5，忽略能量損失，則

$$E_1 = E_2$$

$$\Rightarrow y_1 + \frac{V_1^2}{2g} = y_2 + \frac{V_2^2}{2g}$$

$$\Rightarrow y_1 + \frac{q^2}{2g\,y_1^2} = y_2 + \frac{q^2}{2g\,y_2^2}$$

$$\Rightarrow q = y_1 y_2 \sqrt{\frac{2g}{y_1 + y_2}}$$

又　$y_2 = C_c h$

$$\therefore \quad q = C_c h \sqrt{\frac{2g y_1}{1 + y_2/y_1}} = C_c h \sqrt{\frac{2g y_1}{1 + C_c h/y_1}} = C_d h \sqrt{2g y_1}$$

式中，$C_d = C_c \sqrt{\dfrac{1}{1 + C_c h/y_1}}$

2. 浸沒出流（drowned outflow）：

如圖 6-6，當尾水位 $y_3 > y_2$ 之共軛水深時，閘門出口處即遭浸沒，此時可由 y_1, y_3, h 求出 y_s。

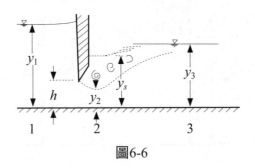

圖6-6

1,2 斷面間：$E_1 = E_2$（忽略能量損失）

2,3 斷面間：$M_2 = M_3$（忽略底床摩擦阻力）

由 $E_1 = E_2 \Rightarrow y_1 + \dfrac{q^2}{2g\,y_1^2} = y_s + \dfrac{q^2}{2g\,y_2^2}$ ································①

由 $M_2 = M_3 \Rightarrow \dfrac{q^2}{g\,y_2} + \dfrac{y_s^2}{2} = \dfrac{q^2}{g\,y_3} + \dfrac{y_3^2}{2}$ ·············②

由①②式消去 q，並令 $y_2 = C_c h$，可求得 y_s 之二次式如下：

$$\frac{y_3^2 - y_s^2}{y_s - y_1} = \frac{4y_1^2\,C_c h\,(y_3 - C_c h)}{C_c^2 h^2 - y_1^2}$$

於考試時，經常數值化，上式可化簡，並求出 y_s 之二實數根，取 y_s 為正值即可。之後，將 y_s 代入下式可求得流量 q：

$$q = y_1 y_2 \sqrt{\frac{2g\,(y_s - y_1)}{y_2^2 - y_1^2}} = C_c h y_1 \sqrt{\frac{2g\,(y_s - y_1)}{C_c^2 h^2 - y_1^2}}$$

七、橋墩（bridge pier）

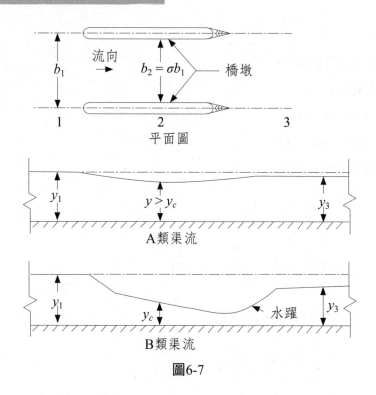

圖6-7

　　設計收縮比 σ，避免於橋墩發生水躍。其渠流分類如下：

1. *A* 類渠流：

　　1,2 斷面 $E_1 = E_2$：

$$y_1 + \frac{V_1^2}{2g} = y_2 + \frac{V_2^2}{2g}$$

　　2,3 斷面 $M_2 = M_3$：

$$\frac{q^2}{g\,y_2} + \frac{y_2^2}{2} = \frac{q^2}{g\,y_3} + \frac{y_3^2}{2}$$

1,3 斷面

$$\frac{P_f}{\gamma} = M_1 - M_3$$

P_f 為水流對橋墩之推力

2. *B* 類渠流：

1,2 斷面：$E_1 = E_2$

2,3 斷面：$M_2 = M_3$

若臨界流發生在斷面 2，則

$$E_1 = y_1 + \frac{V_1^2}{2g}$$

$$\Rightarrow \frac{E_1}{y_1} = 1 + \frac{V_1^2}{2g\,y_1} = 1 + \frac{F_{r_1}^2}{2}$$

$$\Rightarrow E_1 = \frac{y_1}{2}(2 + F_{r_1}^2)$$

又 $E_1 = E_2 = \frac{3}{2}y_c$

$$\Rightarrow \frac{y_1}{2}(2 + F_{r_1}^2) = \frac{3}{2}y_c \cdots\cdots\cdots\cdots\cdots\cdots\cdots\cdots\cdots\cdots①$$

由連續方程式：

$$q_1 b_1 = q_2 b_2 = \sigma q_2 b_1 \Rightarrow q_2 = \frac{q_1}{\sigma}$$

又 $q_2^2 = gy_c^3 \Rightarrow y_c = \sqrt[3]{\frac{q_2^2}{g}} = \sqrt[3]{\frac{q_1^2}{\sigma^2 g}}$

代入①式得：

$$\left(\frac{y_1}{2}\right)^3 (2 + F_{r_1}^2)^3 = \frac{27}{8}\left(\frac{q_1^2}{\sigma^2 \cdot g}\right)$$

$$\Rightarrow \sigma^2 = 27 \frac{F_{r_1}^2}{(2 + F_{r_1}^2)^3}$$

其中 σ 為收縮比。

若橋墩之 $\sigma^2 > 27 \dfrac{F_{r_1}^2}{(2 + F_{r_1}^2)^3}$，則為 A 類渠流；

若橋墩之 $\sigma^2 < 27 \dfrac{F_{r_1}^2}{(2 + F_{r_1}^2)^3}$，則為 B 類渠流。

八、自由跌流（free overfall）

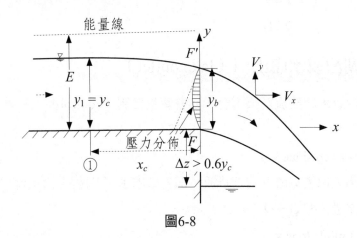

圖6-8

連續方程式：

$$q = V_1 y_1 = V_b y_b = V_c y_c$$

臨界流：

$$q^2 = g y_c^3$$

動量方程式：

$$P_c - P_b = \rho q(V_b - V_c)$$

假設於端點出口處之壓力 P_b 可忽略，則 $P_b = 0$

$$\Rightarrow P_c = \rho q(V_b - V_c)$$

$$\Rightarrow \frac{1}{2}\rho q y_c^2 = \rho q^2 \left(\frac{1}{y_b} - \frac{1}{y_c}\right)$$

$$\Rightarrow y_b = \frac{2}{3}y_c$$

事實上，$P_b \neq 0$，故 $\dfrac{2}{3} < \dfrac{y_b}{y_c} < 1$

另由 Hunter Rouse 之試驗結果：

$$x_c \doteqdot 3y_c \sim 4y_c$$

$$y_c \doteqdot 1.4y_b$$

$$y_b \doteqdot 0.71y_c$$

九、湖泊或水庫出口（lake outlet）

湖泊或水庫放流至渠道時，亦會產生控制（control），當渠道坡度為：

1. 陡坡（steep slope）；
   於渠道入口處以臨界流況排放，即入口處水深為臨界水深 y_c，流量為最大流量（即 $Q = Q_{max} = Q_c$）。

2. 緩坡（mild slope）：
   離開入口處一段距離（過渡區）後即以均勻流方式流動，水深為正常水深，流量可以曼寧公式求得。

十、不定型渠流（non-prismatic channel flows）

1. 漸變段（transition）可能對渠流上游或下游有相當程度之影響，進而形成渠道之控制點（control）。

2. 突縮斷面渠流之能量損失較突擴斷面渠流之能量損失來得小。

3. 突擴斷面渠流

   (1)亞臨界流

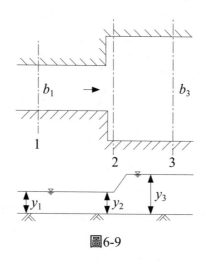

圖6-9

    斷面 1,2 之能量損失可忽略，摩擦阻力不可忽略：$E_1 = E_2$

    斷面 2,3 之能量損失不可忽略，摩擦阻力可忽略：$M_2 = M_3$

    假設水深 $y_1 = y_2$，斷面 2 水舌寬度 = 斷面 1 寬度 = b_1

$$F_{r_1}^2 = \frac{(y_3/y_1)(b_3/b_1)[1-(y_3/y_1)^2]}{2(b_1/b_3 - y_3/y_1)}$$

   (2)超臨界流

    此流況有複雜之波浪運動，由表面波（surface wave）形成斜交之駐波，而與馬赫波（Mach wave）具有超音速之性質相似。

4. 突縮斷面渠流：

    討論亞臨界流之流況，假設 $y_2 = y_3$ 且不考慮底床摩擦阻力。

$$F_{r_1}^2 = \frac{(y_3/y_1)[(y_3/y_1)^2 - 1]}{2[(y_3/y_1) - (b_1/b_3)]}$$

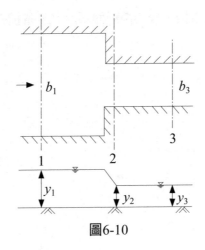

圖6-10

5. 底床突昇渠流

討論亞臨界流之流況，假設水深 $y_2 = y_3$，不考慮底床摩擦阻力。

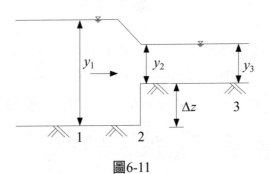

圖6-11

$$F_{r_1}^2 = \frac{1}{2} \frac{y_3/y_1}{1 - y_3/y_1} \left[1 - \left(\frac{y_3}{y_1} + \frac{\Delta z}{y_1} \right)^2 \right]$$

● 精選例題

例1 一矩形斷面渠道，寬 2.0m，流量為 0.350m³/s，有一矩形銳緣堰橫跨整個渠寬，若此堰可維持上游水深為 0.850m 且不改變流量，求此堰之高度？

解

$$\because \quad q = \frac{Q}{B} = \frac{2}{3} C_d \sqrt{2g}\, H^{3/2}$$

$$C_d = 0.611 + 0.08 \frac{H}{W}$$

$$W = 0.850 - H$$

$$\therefore \quad \frac{0.350}{2.0} = \frac{2}{3} \times \left(0.611 + 0.08 \times \frac{H}{0.85 - H} \right)$$

$$\sqrt{2 \times 9.81} \times H^{3/2}$$

$$\Rightarrow 0.059 = \left(0.611 + 0.08 \times \frac{H}{0.85 - H} \right) \times H^{3/2}$$

由試誤法得

$$H = 0.206\text{(m)}$$

故堰高 $W = 0.850 - 0.206 = 0.644\text{(m)}$

例2 某 5ft 高之低壩具有水平寬頂，築於 20ft 寬之矩形渠道中，如測得堰頂水深 2.5ft 即為臨界水深，求其流量及壩上游之水深？

解

$$V_2 = V_c = \sqrt{g y_c}$$

$$= \sqrt{32.2 \times 2.5} = 8.97\text{(ft/s)}$$

$$Q_1 = Q_2 = A_c V_c = b y_c V_c$$

$$= 20 \times 2.5 \times 8.97$$

$$= 448.5 \text{(cfs)}$$

$$q = \frac{Q}{B} = \frac{448.5}{20} = 22.4 \text{(cfs/ft)}$$

$$V_1 y_1 = V_2 y_2 = q \Rightarrow V_1 = \frac{q}{y_1} = \frac{22.4}{y_1}$$

$$E_1 = E_2 \Rightarrow y_1 + \frac{1}{2g}\left(\frac{22.4}{y_1}\right)^2 = 5 + 2.5 + \frac{8.97^2}{2g} = 8.75$$

$$\Rightarrow y_1 = 8.65 \text{(ft)}$$

例3 有一臥箕溢洪道（Ogee Spillway）堰頂水深 2m，堰流係數 $C_w =$ 2.1，堰高 16m，堰底有一圓弧 AB，半徑 3.2m，且 A 點較 B 點高 1.6m，若能量損失不計，並忽略接近速度影響，計算作用於圓弧段 AB 之力？

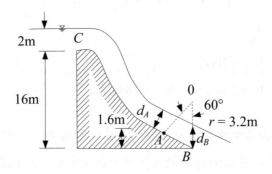

解

1.求單位寬度流量 q（取單位寬分析）

$$q = C_w h^{3/2}$$

$$= 2.1 \times 2^{3/2}$$

$$= 5.94 \text{(cms/m)}$$

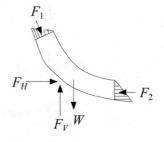

2.求 A 處水深 y_A 與流速 V_A

$$z_C + \frac{P_C}{\gamma} + \frac{V_C^2}{2g} = z_A + \frac{P_A}{\gamma} + \frac{V_A^2}{2g} \quad , C \text{為堰頂之點}$$

$$16 + 2 + 0 = 1.6 + d_A \cos 60° + \frac{V_A^2}{2g}$$

$$q = V_A d_A = 5.94 \quad \Rightarrow V_A = \frac{5.94}{d_A}$$

$$\frac{5.94^2}{2 \times 9.81 \times d_A^2} + \frac{1}{2} d_A - 16.4 = 0$$

$$d_A^3 - 32.8 d_A^2 + 3.6 = 0$$

$$d_A = 0.33 \text{m}, V_A = \frac{5.94}{d_A} = 18 \text{(m/sec)}$$

3.求 d_B 與 V_B

同理　$$16 + 2 = d_B + \frac{V_B^2}{2g} = d_B + \frac{5.94^2}{2 \times 9.81 d_B^2}$$

$$d_B = 0.32 \text{m}, V_B = 18.56 \text{m/sec}$$

4.$\Sigma \vec{F} = \rho Q (\vec{V}_{\text{out}} - \vec{V}_{\text{in}})$

$\begin{cases} \text{水平力} \quad F_1 \cos 60° - F_2 + F_H = \rho Q (V_B - V_A \cos 60°) \\ \text{垂直力} \quad F_V - F_1 \sin 60° - W = \rho (-Q)(0 - V_A \sin 60°) \end{cases}$

$$\Rightarrow F_1 = \frac{1}{2} \gamma (d_A \cos 60°)^2 / \cos 60° = \frac{1}{2} \gamma d_A^2 \cos 60°$$

$$=\frac{1}{2}\times 9800\times 0.33^2 \times \frac{1}{2}=266.8(\text{Nt})$$

$$F_2 = \frac{1}{2}\gamma d_B^2 = \frac{1}{2}\times 9800\times 0.32^2 = 501.8(\text{Nt})$$

$$W = \gamma \forall = 9800\times 2\pi \times 3.2\times \frac{60}{360}\times \frac{0.33+0.32}{2}$$

$$=10673(\text{Nt})$$

解得　$F_H = 57154.8\text{Nt}$ 向右（→），$F_v = 103499.5\text{Nt}$ 向上（↑）若考慮離心力，則 $F_H = 55.6\text{KN}$，$F_v = 99.7\text{KN}$

例4　一長矩形斷面渠道，寬 6m，曼寧糙度 $n = 0.02$，底床坡度為 0.0004，於渠道下游端有一下射式閘門，其收縮係數為 0.8，當閘門開度為 2m，且其後無 M_1 或 M_2 曲線，求其流量？

解

由題意知為均勻流，

$n = 0.02, B = 6\text{m}, S_0 = 0.0004, h = 2\text{m}, C_c = 0.8$

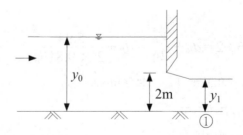

$y_1 = C_c h = 0.8\times 2 = 1.6(\text{m})$

由曼寧公式知：

$$Q = \frac{1}{n}AR^{\frac{2}{3}}S_0^{\frac{1}{2}}$$

$$= \frac{1}{0.02} \times \left[(y_0 \times 6)^{5/3} / (6 + 2y_0)^{2/3} \right] \times (0.0004)^{1/2}$$

$\Rightarrow Q = (6y_0)^{5/3} / (6 + 2y_0)^{2/3}$ ··· ①

由 $E_0 = E_1$

$$y_0 + \frac{(Q/6y_0)^2}{2 \times 9.81} = 1.6 + \frac{(Q/9.6)^2}{2 \times 9.81}$$ ································· ②

①式代入②式，得

$$y_0 + \frac{\left(\dfrac{6y_0}{6 + 2y_0} \right)^{4/3}}{19.62} = 1.6 + \frac{\dfrac{(6y_0)^{10/3}}{(6 + 2y_0)^{4/3}}}{1806.34}$$

由試誤法求得　$y_0 = 13.55m$

代入①式，得　$Q = 148cms$

例5　一下射式閘門將水排放至一寬矩形渠道，於閘門處水流收縮斷
面為水深 28.5cm，閘門上游為水深 5m，由於下游控制之影響，
水躍後之尾水深為 4m，假設通過閘門之損失可忽略且底床摩擦
可忽略，請檢驗閘門是否遭到浸沒？若浸沒現象發生，求其流
量及閘門處之浸沒水深？

解

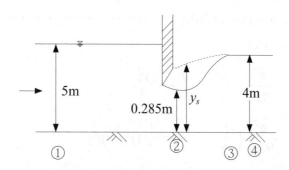

斷面①，②：$y_1 = 5m, y_2 = 0.285m$

$$E_1 = E_2$$

$$\Rightarrow \quad y_1 + \frac{q^2}{2g\,y_1^2} = y_2 + \frac{q^2}{2g\,y_2^2}$$

$$\Rightarrow \quad q^2 = 2gy_1^2y_2^2/(y_1 + y_2)$$

$$\therefore \quad q = 2.744\,(\text{cms/m})$$

斷面②，③：

$$M_2 = M_3$$

$$\Rightarrow \quad y_3 = \frac{1}{2}\,y_2\,(-1 + \sqrt{1 + 8F_{r_2}^2})$$

$$\because \quad F_{r_2}^2 = \frac{q^2}{g\,y_2^3} = 33.196$$

$$\therefore \quad y_3 = 7.663 \times y_2 = 2.184 < y_4$$

故有浸沒現象發生，即 $y_3 = y_4$

設浸沒水深為 y_s，由 $E_1 = E_2$，

$$y_1 + \frac{q^2}{2g\,y_1^2} = y_s + \frac{q^2}{2g\,y_2^2}$$

$$\Rightarrow \quad 5 + \frac{q^2}{2 \times 9.81 \times 5^2} = y_s + \frac{q^2}{2 \times 9.81 \times 0.285^2}$$

$$\Rightarrow \quad 5 - y_s = 0.6261q^2 \quad \cdots\cdots\cdots\cdots\cdots\cdots\cdots\cdots\cdots\cdots\cdots ①$$

由 $M_2 = M_3$，

$$\frac{q^2}{g\,y_2} + \frac{y_s^2}{2} = \frac{q^2}{g\,y_3} + \frac{y_3^2}{2}$$

$$\Rightarrow \quad \frac{q^2}{9.81}\left(\frac{1}{y_2} - \frac{1}{y_3}\right) = \frac{1}{2}\,(y_3^2 - y_s^2)$$

$$\Rightarrow \quad 0.3325q^2 = \frac{1}{2}(16 - y_s^2)$$

$$\Rightarrow \quad q^2 = 1.504(16 - y_s^2) \cdots\cdots\cdots\cdots\cdots\cdots\cdots ②$$

②式代入①式，得

$$5 - y_s = 0.742(16 - y_s^2)$$

$$\Rightarrow \quad y_s = 3.84(\text{m}) \quad 代入②式$$

$$\therefore \quad q = 1.37(\text{cms/m})$$

例6 試以安德森法（Anderson's method）推估一矩形斷面渠道下游端為自由跌水之端水深 y_b 表示式，並就亞臨界流及超臨界流討論之。

解

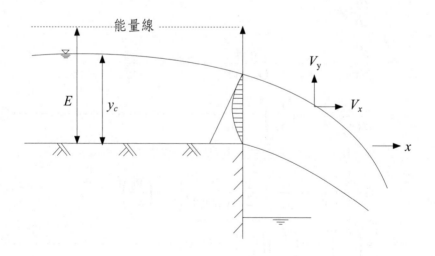

$$E = h_{ep} + \alpha \frac{V^2}{2g} \quad , \quad 假設 \; \alpha = 1$$

又 $\quad h_{ep} = y + \frac{1}{3} \frac{V^2 y}{g} \frac{d^2y}{dx^2}$

$$\therefore \quad E = y + \frac{V^2}{2g} + \frac{1}{3}\frac{V^2 y}{g}\left(\frac{d^2 y}{dx^2}\right)$$

$$= y + \frac{q^2}{2gy^2} + \frac{1}{3}\frac{q^2}{gy}\left(\frac{d^2 y}{dx^2}\right)$$

$$= y + \frac{y_c^3}{2y^2} + \frac{1}{3}\frac{y_c^3}{y}\left(\frac{d^2 y}{dx^2}\right) \quad (\because q^2 = gy_c^3)$$

$$\Rightarrow \quad \frac{E}{y_c} = \frac{y}{y_c} + \frac{1}{2}\left(\frac{y_c}{y}\right)^2 + \frac{1}{3}\left(\frac{y_c}{y}\right)\frac{d^2 (y/y_c)}{d(x/y_c)^2}$$

$$\Rightarrow \quad \frac{d^2 (y/y_c)}{d(x/y_c)^2} = 3(y/y_c)\left[\frac{E}{y_c} - \frac{y}{y_c} - \frac{1}{2} \times \frac{1}{(y/y_c)^2}\right] \cdots\cdots\cdots\cdots ①$$

$$又 \quad \frac{dV_x}{dt} = 0, \frac{dV_y}{dt} = -g$$

$$\frac{dy}{dx} = \frac{V_y}{V_x}$$

$$\Rightarrow \quad \frac{d^2 y}{dx^2} = -\frac{g}{V_x^2} = -\frac{g y_b^2}{(V_x y_b)^2} = -\frac{g y_b^2}{q^2} = -\frac{y_b^2}{y_c^3}$$

$$\Rightarrow \quad \frac{d^2 (y/y_c)}{d(x/y_c)^2} = -\left(\frac{y_b}{y_c}\right)^2 \cdots\cdots\cdots\cdots\cdots\cdots\cdots\cdots\cdots\cdots\cdots\cdots ②$$

$$\because \quad x = 0, y = y_b \text{ 代入①式，且①式} = ②式：$$

$$3\frac{y_b}{y_c}\left[\frac{E}{y_c} - \frac{y_b}{y_c} - \frac{1}{2}\frac{1}{(y_b/y_c)^2}\right] = -\left(\frac{y_b}{y_c}\right)^2$$

$$\Rightarrow \quad \boxed{4\left(\frac{y_b}{y_c}\right)^3 - 6\left(\frac{E}{y_c}\right)\left(\frac{y_b}{y_c}\right)^2 + 3 = 0} \cdots\cdots\cdots\cdots\cdots\cdots\cdots ③$$

(1)亞臨界流

$$\frac{E}{y_c} = 1.5 \quad (\because 矩形斷面渠道)$$

代入③式，得

$$4\left(\frac{y_b}{y_c}\right)^2 - 9\left(\frac{y_b}{y_c}\right)^2 + 3 = 0$$

由試誤法求得 $\quad \dfrac{y_b}{y_c} = 0.694$

(2)超臨界流

$$\frac{E}{y_c} = \frac{y_0}{y_c} + \frac{1}{2(y_0/y_c)^2} \text{ , } y_0 \text{ 為正常水深}$$

代入③式，得

$$\frac{y_b}{y_c} = f\left(\frac{y_0}{y_c}\right)$$

若 y_0/y_c 已得知，則可求出 y_b/y_c。

例7 一矩形斷面渠道，流況為超臨界流，福祿數為 2.0，試求渠道末端自由跌流之端水深比為何？

解

$$F_{r0} = \frac{V_0}{\sqrt{g y_0}} = \frac{q}{\sqrt{g y_0^3}} = \left(\frac{y_c}{y_0}\right)^{3/2}$$

$$\Rightarrow \quad \frac{y_c}{y_0} = (2.0)^{2/3} = 1.5874 \quad \Rightarrow \frac{y_0}{y_c} = 0.63$$

$$\frac{E}{y_c} = \frac{y_0}{y_c} + \frac{1}{2(y_0/y_c)^2} = 0.63 + \frac{1}{2 \times (0.63)^2} = 1.89$$

$$4\left(\frac{y_b}{y_c}\right)^3 - 6\left(\frac{E}{y_c}\right)\left(\frac{y_b}{y_c}\right)^2 + 3 = 0$$

$$\Rightarrow \quad 4\left(\frac{y_b}{y_c}\right)^3 - 6 \times 1.89 \times \left(\frac{y_b}{y_c}\right)^3 + 3 = 0$$

由試誤法求得 $\quad \dfrac{y_b}{y_c} = 0.557$

例8 一水平矩形突縮渠道如圖示，試推導 F_{r1}^2 以 y_3/y_1 及 b_3/b_1 表示公式並寫出使用之假設。F_{r1} 為斷面 1 處之福祿數，其餘符號如圖示。

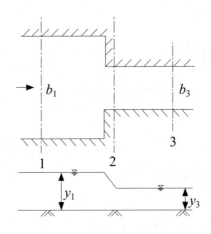

解

C.E. ：$Q = V_1 b_1 y_1 = V_3 b_3 y_3$

M.E. ：$P_1 - P_2 - P_3 - F_f = \rho Q(\beta_3 V_3 - \beta_1 V_1)$

假設底床摩擦力　$F_f = 0, \beta_1 = \beta_3 = 1, y_2 = y_3$

則　$\dfrac{1}{2}\gamma b_1 y_1^2 - \dfrac{1}{2}\gamma(b_1 - b_3)y_2^2 - \dfrac{1}{2}\gamma b_3 y_3^2 - 0$

$$= \rho V_1 b_1 y_1 \cdot V_1\left(\frac{b_1 y_1}{b_3 y_3} - 1\right)$$

$$\Rightarrow \quad \frac{\gamma V_1^2 b_1 y_1}{g}\left(\frac{b_1 y_1}{b_3 y_3}-1\right)=\frac{1}{2}\,\gamma\,(b_1 y_1^2 - b_1 y_3^2)$$

$$\Rightarrow \quad \frac{V_1^2}{g y_1}\left(\frac{b_1 y_1}{b_3 y_3}-1\right)=\frac{1}{2}\left[1-\left(\frac{y_3}{y_1}\right)^2\right]$$

$$\Rightarrow \quad F_{r1}^2\left(\frac{y_1}{y_3}\right)\left(\frac{y_3}{y_1}-\frac{1}{b_3/b_1}\right)=\frac{1}{2}\left[\left(\frac{y_3}{y_1}\right)^2-1\right]$$

$$\therefore \quad F_{r1}^2=\frac{(y_3/y_1)\left[(y_3/y_1)^2-1\right]}{2\left[(y_3/y_1)-1/(b_3/b_1)\right]}$$

例9 一矩形斷面渠道，下游底床突升如圖所示，試推導 F_{r1}^2 以 y_3/y_1 及 $\Delta z/y_1$ 表示之公式並寫出使用之假設。F_{r1} 為斷面 1 處之福祿數，其餘符號如圖示。

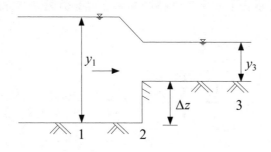

解

C.E.：$q = V_1 y_1 = V_3 y_3$

M.E.：$P_1 - P_2 - P_3 - F_f = \rho q(\beta_3 V_3 - \beta_1 V_1)$

假設忽略底床摩擦阻力　$F_f = 0, \beta_1 = \beta_3 = 1, y_2 = y_3$

則　$\dfrac{1}{2}\gamma y_1^2 - \dfrac{1}{2}\gamma \Delta z\,[y_2 + (y_2 + \Delta z)] - \dfrac{1}{2}\gamma y_3^2$

$$=\rho V_1 y_1 \cdot V_1\left(\frac{y_1}{y_3}-1\right)$$

$$\Rightarrow \quad \frac{1}{2}\left[1-\frac{\Delta z}{y_1}\left(\frac{2y_3}{y_1}+\frac{\Delta z}{y_1}\right)-\left(\frac{y_3}{y_1}\right)^2\right]=\frac{V_1^2}{gy_1}\left(\frac{y_1}{y_3}-1\right)$$

$$\Rightarrow \quad F_{r1}^2=\frac{1}{2}\left[1-\frac{2\Delta z}{y_1}\frac{y_3}{y_1}-\frac{(\Delta z)^2}{y_1^2}-\left(\frac{y_3}{y_1}\right)^2\right]\bigg/\left(\frac{y_1}{y_3}-1\right)$$

$$\Rightarrow \quad F_{r1}^2=\frac{1}{2}\left[1-\left(\frac{y_3}{y_1}+\frac{\Delta z}{y_1}\right)^2\right]\bigg/\left(\frac{y_1}{y_3}-1\right)$$

$$\Rightarrow \quad F_{r1}^2=\frac{y_3/y_1}{2\left(1-y_3/y_1\right)}\left[1-\left(\frac{y_3}{y_1}+\frac{\Delta z}{y_1}\right)^2\right]$$

例10 有一橋樑其橋墩寬度為 2 呎，橋墩間距為 20 呎，今臨近橋墩上游處水深為 10 呎，流速為 10 呎／秒。若橋墩之阻力係數 C_D 為 (1)$C_D = 1.5$，(2)$C_D = 2.0$，其面積 a 及流速 V 係依據上游渠流計算之，求在下游未再受橋墩影響亦無亂流處之水深度。

解

$y_1 = 10\text{ft}$, $V_1 = 10\text{ft/s}$

$B = 20\text{ft}$, $a = 2\times10 = 20\text{ft}^2$

假設渠坡及底床摩擦力可忽略，下游未受影響處之水深為 y_2 呎

$$F_D = C_D \cdot \frac{1}{2}\rho a V_1^2 \text{ , } P_f = \frac{F_D}{B}$$

$$q = V_1 y_1 = 10\times10 = 100(\text{cfs/ft})$$

$$\frac{P_f}{\gamma} = M_1 - M_2 = \left(\frac{q^2}{gy_1}+\frac{y_1^2}{2}\right)-\left(\frac{q^2}{gy_2}+\frac{y_2^2}{2}\right)$$

(1)$C_D = 1.5$：

$$\frac{1.5 \times \dfrac{1}{2} \times 1.94 \times 20 \times 10^2/20}{62.4}$$

$$= \left(\frac{100^2}{32.2 \times 10} + \frac{10^2}{2}\right) - \left(\frac{100^2}{32.2 y_2} + \frac{y_2^2}{2}\right)$$

$$\Rightarrow \quad \frac{y_2^2}{2} + \frac{310.56}{y_2} - 78.724 = 0$$

由試誤法得　$y_2 = 9.65\text{ft}$

(2)$C_D = 2.0$：

$$\frac{2.0 \times \dfrac{1}{2} \times 1.94 \times 20 \times 10^2/20}{62.4}$$

$$= \left(\frac{100^2}{32.2 \times 10} + \frac{10^2}{2}\right) - \left(\frac{100^2}{32.2 y_2} + \frac{y_2^2}{2}\right)$$

$$\Rightarrow \quad \frac{y_2^2}{2} + \frac{310.56}{y_2} - 77.947 = 0$$

由試誤法得　$y_2 = 9.52\text{ft}$

例11 忽略底床、側壁及突出等之摩擦損失，試計算產生如下圖所示之水流剖面所需之突出物高度 $h = ?$

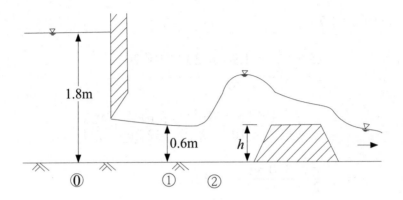

解

$$E_0 = E_1$$

$$1.8 + \frac{q^2}{2 \times 9.81 \times 1.8^2} = 0.6 + \frac{q^2}{2 \times 9.81 \times 0.6^2}$$

$$\Rightarrow \quad 1.2 = \frac{q^2}{19.62}\left(\frac{1}{0.6^2} - \frac{1}{1.8^2}\right) = \frac{q^2}{19.62} \times 2.47$$

$$\therefore \quad q = 3.09(\text{cms/s})$$

斷面①至②發生水躍：

$$y_2 = \frac{y_1}{2}\left(-1 + \sqrt{1 + \frac{8q^2}{gy_1^3}}\right)$$

$$= \frac{0.6}{2}\left(-1 + \sqrt{1 + \frac{8 \times 3.09^2}{9.81 \times 0.6^3}}\right) = 1.53(\text{m})$$

$$E_2 = y_2 + \frac{q^2}{2gy_2^2} = 1.53 + \frac{3.09^2}{19.62 \times 1.53^2} = 1.74(\text{m})$$

於突出物上會發生臨界流，故

$$y_c = (q^2/g)^{1/3} = (3.09^2/9.81)^{1/3} = 0.99(\text{m})$$

$$E_c = \frac{3}{2} y_c = \frac{3}{2} \times 0.99 = 1.49 \text{(m)}$$

$$E_2 = E_c + h$$

$$\Rightarrow \quad h = E_2 - E_c = 1.74 - 1.49 = 0.25 \text{(m)}$$

例12 求如下圖所示二維流中之 y_2, h 及 y_3，並詳述所需之假設條件。

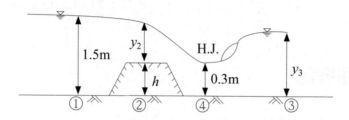

解

假設斷面②之突出物上水深為臨界水深，並假設底床、側壁及突出物等之摩擦損失可忽略。

$$E_1 = 1.5 + \frac{q^2}{2 \times 9.81 \times 1.5^2} = E_2 + h = E_c + h$$

$$\Rightarrow \quad 1.5 + 0.02265q^2 = E_c + h \cdots\cdots\cdots\cdots\cdots\cdots\cdots\cdots ①$$

又 $E_4 = E_2 + h = E_c + h$

$$\Rightarrow \quad 0.3 + \frac{q^2}{2 \times 9.81 \times 0.3^2} = 0.3 + 0.566q^2 = E_c + h \cdots\cdots ②$$

①式＝②式

$$1.5 + 0.02265q^2 = 0.3 + 0.566q^2$$

$$\Rightarrow \quad q = 1.49 \text{(cms/m)}$$

$$y_2 = y_c = (q^2/g)^{1/3} = (1.49^2/9.81)^{1/3} = 0.61 \text{(m)}$$

$$E_c = \frac{3}{2}y_c = \frac{3}{2} \times 0.61 = 0.91 \text{(m)}$$

代入①式

$$1.5 + 0.02265 \times 1.49^2 = 0.91 + h$$

$$\therefore \quad h = 0.64 \text{(m)}$$

考慮水躍現象，則

$$y_3 = \frac{0.3}{2} = \left(-1 + \sqrt{1 + \frac{8 \times 1.49^2}{9.81 \times 0.3^3}} \right) = 1.09 \text{(m)}$$

● 歷屆考題

題1　一矩形渠道寬 10 英呎，流量為 300cfs，正規水深為 5 英呎，今擬在渠道中央放入一長 6 英呎，寬 3 英呎的流線型橋墩，若流量保持不變，試求此時橋墩上游水深。　　【76 年高考】

解

$B_1 = 10\text{ft}, Q = 300\text{cfs}, y_1 = 5\text{ft}$

$$q_1 = \frac{Q}{B_1} = \frac{300}{10} = 30 \text{(cfs/ft)}$$

$$E_1 = y_1 + \frac{q_1^2}{2gy_1^2}$$

$$= 5 + \frac{30^2}{2 \times 32.2 \times 5^2} = 5.56 \text{(ft)}$$

$$q_2 = \frac{Q}{B_2} = \frac{300}{10-3} = 42.857 \text{(cfs/ft)}$$

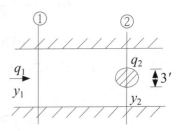

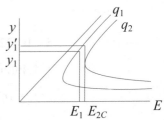

$$y_{2c} = \sqrt[3]{\frac{q_2^2}{g}} = \sqrt[3]{\frac{(42.857)^2}{32.2}} = 3.849\text{(ft)}$$

$$E_{2c} = \frac{3}{2}y_c = \frac{3}{2} \times 3.849 = 5.77\text{(ft)}$$

$$\because \quad E_{2c} > E_1 \quad \therefore 會發生 \text{ choke } 現象$$

$$E_1' = E_{2c} = y_1' + \frac{V_1'^2}{2g} = y_1' + \frac{q^2}{2gy_1'^2}$$

$$\Rightarrow 5.77 = y_1' + \frac{30^2}{2 \times 32.2 \times y_1'^2}$$

由試誤法求得　$y_1' = 5.267\text{(ft)}$

即橋墩上游水深變為 5.267 呎

題2　矩形渠道上游水深上 10ft，寬 10ft，流速 10ft/s，下游有上升階
　　　梯高 2ft。

　　　①當下游渠寬不變，求上游水深。

　　　②當上游流速不變，求渠寬為何？　　　　　　【76 年技師】

解

$y_1 = 10\text{ft}, B_1 = 10\text{ft}$

$V_1 = 10\text{ft/s}, \Delta z = 2\text{ft}$

①$E_1 = y_1 + \dfrac{V_1^2}{2g}$

$ = 10 + \dfrac{10^2}{2 \times 32.2}$

$ = 11.55\text{(ft)}$

$y_c = \sqrt[3]{\dfrac{q^2}{g}}$

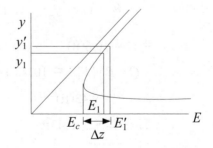

$$= \sqrt[3]{\frac{(10 \times 10)^2}{32.2}}$$

$$= 6.77 \text{(ft)}$$

$$E_c = \frac{3}{2} y_c$$

$$= \frac{3}{2} \times 6.77$$

$$= 10.155 \text{(ft)}$$

$$\because \quad E_1 - \Delta z = 11.55 - 2 = 9.55 < E_c = 10.155$$

$\therefore$ 會發生 choke 現象

$$E_1' = E_c + \Delta z = 10.155 + 2 = 12.155 \text{(ft)}$$

$$\Rightarrow y_1' + \frac{V_1'^2}{2g} = y_1' + \frac{q^2}{2gy_1'^2} = 12.155$$

$$\Rightarrow y_1' + \frac{100^2}{2 \times 32.2 \times y_1'^2} = 12.155$$

由試誤法求得 $y_1' = 10.83\text{ft}$，即上游水深變為 10.83ft

②$V_1' = V_1 = 10\text{ft/s}$

$$E_1' = y_1' + \frac{V_1'^2}{2g} \quad \Rightarrow 12.155 = y_1' + \frac{10^2}{2 \times 32.2}$$

$$\Rightarrow y_1' = 10.6 \text{(ft)}$$

$$Q = B' y_1' V_1' \quad \Rightarrow 10 \times 10 \times 10 = B' \times 10.6 \times 10$$

$$\therefore \quad B' = 9.43 \text{(ft)}$$

即渠寬應為 9.43ft

題3 如圖所示之寬頂堰，單位寬度之流量 q。若 $h \le aH$ 時，堰上水流為自由堰流，實用上 a 可取為 0.8，此時 $q = C_d \sqrt{2g} H^{3/2}$，$g$ 為重力加速度，C_d 為流量係數。

(1)若 $h > aH$，則堰上水流成為潛沒堰流，請證明：

$$q = C_d' \sqrt{2g}\, h\, (H - h)^{1/2}$$

式中，C_d' 為潛沒堰流時之流量係數。

(2)請證明　$C_d' \doteqdot 2.795 C_d$　　　　　　　【82 年技師】

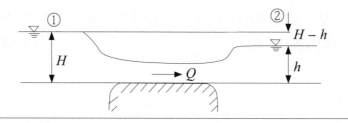

解

(1)由 Bernoulli eq.：

$$\frac{V_1^2}{2g} + H = \frac{V_2^2}{2g} + h$$

假設 $V_1 \ll V_2$，則 $\dfrac{V_1^2}{2g}$ 可忽略不計

$$\Rightarrow V_2 = \sqrt{2g(H - h)}$$

$$q = C_d' \int V_2 dA = C_d' \int_0^h \sqrt{2g(H - h)} \times 1 \times dy$$

$$= C_d' \sqrt{2g(H - h)} \cdot h = C_d' \sqrt{2g}\, h\, (H - h)^{1/2}$$

(2)當 $h = aH$ 時，

$$q = C_d \sqrt{2g}\, H^{3/2} = C_d' \sqrt{2g}\, h\, (H - h)^{1/2}$$

$$\Rightarrow C'_d = \frac{H^{3/2}}{h(H-h)^{1/2}} C_d = \frac{H^{3/2}}{aH(H-aH)^{1/2}} C_d$$

$$= \frac{H^{3/2}}{0.8 \times (1-0.8)^{1/2} H^{3/2}} C_d$$

$$= \frac{1}{0.8 \times 0.2^{1/2}} C_d = 2.795 C_d$$

題4 溢流式溢洪道之縱剖面通常以設計水頭情況下通過堰頂之水舌下緣形狀為依據,使得在溢洪時,溢洪道表面之壓力接近於大氣壓。今若實際溢洪之水頭高於設計水頭,試描繪在此情況下溢洪道表面之壓力分佈。 【82 年檢覈】

解

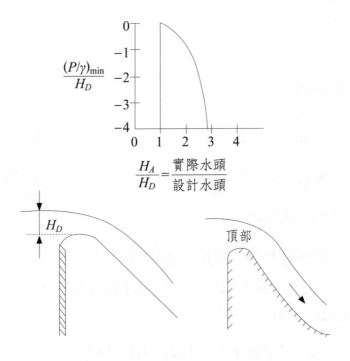

溢洪道頂部形狀應與銳緣堰溢流水舌下緣水面相吻合，使頂部之壓力為大氣壓力，受水壓力影響甚微。

若 $H_A < H_D$，則頂面之壓力大於大氣壓力（正壓），使溢流量減小；

若 $H_A > H_D$，則頂面之壓力小於大氣壓力（負壓），使溢流不穩定及易發生穴蝕。

題5 堰高為 W，堰上游水位為 H，自堰頂起算，而流速為 V_0。以單位寬度計，且不計側壁之影響，試推導堰流的流量公式。如果 H/W 分別趨近於 0 與無窮大，則堰流分別轉變成何種特殊流動？ 　　　　　　　　　　　　　　　　　　　【82 年高考一級】

解

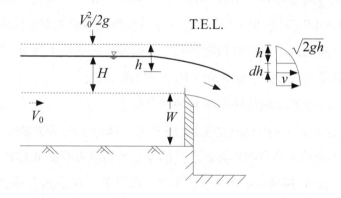

理想單位寬度流量 q_i：

$$q_i = \int dq_i = \int_{V_0^2/2g}^{H+V_0^2/2g} \sqrt{2gh}\, dh$$

$$= \frac{2}{3}\sqrt{2g}\left[\left(\frac{V_0^2}{2g}+H\right)^{3/2} - \left(\frac{V_0^2}{2g}\right)^{3/2}\right]$$

真實單位寬度流量 q，束縮係數 C_c：

$$q = C_c q_i = \frac{2}{3} C_c \sqrt{2g} \left[\left(\frac{V_0^2}{2g} + H \right)^{3/2} - \left(\frac{V_0^2}{2g} \right)^{3/2} \right]$$

引進流量係數 C_d，則

$$q = \frac{2}{3} C_d \sqrt{2g} \, H^{3/2}$$

式中，$C_d = C_c \left[\left(1 + \frac{V_0^2}{2gH} \right)^{3/2} - \left(\frac{V_0^2}{2gH} \right)^{3/2} \right]$

若 $\dfrac{H}{W} \to 0$，即 $W \to \infty$，則流動轉變成射流（jet flow）。

若 $\dfrac{H}{W} \to \infty$，即 $W \to 0$，則流動轉變成自由跌流（free overfall）。

題6　矩形渠道寬 $b_1 = 10\text{ft}$，流量 $Q = 300\text{ft}^3/\text{sec}$，水深 $y_1 = 6\text{ft}$，密度 $\rho = 1.937\text{slug/ft}^3$，使用試誤法求深度時，深度的單位採用英呎，小數點以下的有效數字為兩位。假設渠底緩慢上升 0.8ft，同時寬度也緩慢縮小至 8.5ft（仍然保持為矩形）。

(1)求此時漸變段後水深 y_2 等於多少？

(2)求此時作用於漸變段上的拖曳力（Drag）F_D 等於多少？

(3)如果渠寬收縮與渠底上升的全部水頭損失等於 $0.15V^2/2g$，速度 V 採用較高的速度，則在此情況下，水深 y_2 又等於多少？

【83 年高考二級】

解

$b_1 = 10\text{ft}, Q = 300\text{cfs}, y_1 = 6\text{ft}, \rho = 1.937\text{slug/ft}^3$

$\Delta z = 0.8\text{ft}, b_2 = 8.5\text{ft}$

$$V_1 = \frac{Q}{b_1 y_1} = \frac{300}{10 \times 6} = 5(\text{ft/s})$$

$$\Rightarrow \quad F_{r_1} = \frac{5}{\sqrt{32.2 \times 6}} = 0.36 < 1$$

(1)$E_1 = E_2 + \Delta z \Rightarrow y_1 + \dfrac{V_1^2}{2g} = y_2 + \dfrac{V_2^2}{2g} + \Delta z$

$$\Rightarrow 6 + \frac{300^2}{2 \times 32.2 \times 10^2 \times 6^2} = y_2 + \frac{300^2}{2 \times 32.2 \times 8.5^2 y_2^2} + 0.8$$

$$\Rightarrow 5.588 = y_2 + \frac{19.34}{y_2^2}$$

由試誤法求得　$y_2 = 4.72\text{(ft)}$ 或 2.5(ft)　取 $y_2 = 4.72\text{ft}$

(2)由 M.E.：

$$P_1 - P_2 - F_D = \rho Q(V_2 - V_1)$$

$$\Rightarrow \frac{1}{2}\gamma y_1^2 b_1 - \frac{1}{2}\gamma y_2^2 b_2 - F_D = \rho Q (V_2 - V_1)$$

$$\Rightarrow \frac{1}{2} \times 62.4 \times 6^2 \times 10 - \frac{1}{2} \times 62.4 \times 4.72^2 \times 8.5 - F_D$$

$$= 1.937 \times 300 \left(\frac{300}{8.5 \times 4.72} - \frac{300}{10 \times 6} \right)$$

$$\Rightarrow F_D = 3884\text{(lb)}，向下游方向$$

(3)速度 V 採用　$V_2 = \dfrac{Q}{b_2 y_2} = \dfrac{300}{8.5 y_2}$

$$E_1 - h_L = E_2 + \Delta z$$

$$\Rightarrow 6 + \frac{25}{2 \times 32.2} - 0.15 \times \frac{300^2}{64.4 \times 8.5^2 y_2^2}$$

$$= y_2 + \frac{300^2}{64.4 \times 8.5^2 y_2^2} + 0.8$$

$$\Rightarrow 5.558 = y_2 + 1.15 \times \frac{19.34}{y_2^2}$$

由試誤法求得 $y_2 = 4.48\text{ft}$ 或 2.85ft

$$\because \quad F_{r_1} = \frac{V_1}{\sqrt{g\,y_1}} = \frac{5}{\sqrt{32.2 \times 6}} = 0.36 < 1$$

$\therefore$流況為亞臨界流

故取高水位之 $y_2 = 4.48\text{ft}$

題7 有一甚長之明渠，其均勻流水深為 1.5m，渠寬為 3m，坡度為 0.001，糙度係數 $n = 0.015$，試求使此水流產生臨界水深所需渠寬窄縮至少至何種程度？ 【83 年高考二級】

解

$y = 1.5\text{m}, B = 3\text{m}, S_0 = 0.001, n = 0.015$

由曼寧公式知：

$$V = \frac{1}{n} R^{2/3} S_0^{1/2} = \frac{1}{0.015} \times \left(\frac{3 \times 1.5}{3 + 2 \times 1.5}\right)^{2/3} \times (0.001)^{1/2}$$

$$= 1.74(\text{m/s})$$

$$Q = A \times V = 3 \times 1.5 \times 1.74 = 7.83(\text{cms})$$

$$E = y + \frac{V^2}{2g} = 1.5 + \frac{1.74^2}{2 \times 9.81} = 1.654(\text{m})$$

$$y_c = \frac{2}{3} E = \frac{2}{3} \times 1.654 = 1.103(\text{m})$$

$$q_c = \sqrt{g\,y_c^3} = \sqrt{9.81 \times 1.103^3} = 3.63(\text{cms/m})$$

$$Q = B_c q_c \Rightarrow B_c = \frac{7.83}{3.63} = 2.16(\text{m})$$

即渠寬至少需窄縮至 2.16m，才可產生臨界水深。

題8 某一寬 100m 之矩形水平河道中，置有中心間距為 10m 的橋墩 9 個，橋墩上游處有一下射式閘門，緊臨閘門之上、下游水深分別為 2.5m 和 0.6m。試求不會造成迴水現象之最大容許橋墩厚度？ 【80 年高考】

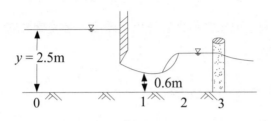

解

假設忽略所有摩擦損失

原渠寬 $B = 100$m，束縮後渠寬為 B_c

$y_0 = 2.5$m, $y_1 = 0.6$m

C.E.：$q = V_0 y_0 = V_1 y_1$

E.E.：$y_0 + \dfrac{V_0^2}{2g} = y_1 + \dfrac{V_1^2}{2g}$

$$\Rightarrow 2.5 + \frac{q^2}{2 \times 9.81 \times 2.5^2} = 0.6 + \frac{q^2}{2 \times 9.81 \times 0.6^2}$$

$\Rightarrow q = 3.77$(cms/m)

$\therefore \quad Q = B \cdot q = 100 \times 3.77 = 377$(cms)

$$V_1 = \frac{3.77}{0.6} = 6.28\text{(m/s)}$$

$$F_1^2 = \frac{V_1^2}{g y_1} = \frac{6.28^2}{9.81 \times 0.6} = 6.7 > 1 \quad \therefore 斷面 1 為超臨界流$$

欲使下游橋墩不會造成迴水現象，即知臨近橋墩上游處為亞臨界流，故必會發生水躍，設水躍後水深為 y_2，則

$$y_2 = \frac{y_1}{2}\left(-1 + \sqrt{1 + 8F_{r_1}^2}\right)$$

$$= \frac{0.6}{2}\left(-1 + \sqrt{1 + 8 \times 6.7}\right) = 1.92\,(\text{m})$$

不會造成迴水現象之最大容許橋墩厚度，必使橋墩處（即斷面 3）發生臨界流，

故　$y_3 = y_c = \dfrac{2}{3}E_c = \dfrac{2}{3}E_2$

$$= \frac{2}{3} \times \left(1.92 + \frac{3.77^2}{2 \times 9.81 \times 1.92^2}\right) = 1.411\,(\text{m})$$

$$q_c = \sqrt{g\,y_c^3} = \sqrt{9.81 \times 1.411^3} = 5.25\,(\text{cms/m})$$

C.E.：$q_c \times B_c = q \times B = Q$

$$\Rightarrow B_c = \frac{377}{5.25} = 71.81\,(\text{m})$$

故最大容許橋墩厚度為

　　$(100 - 71.81)/9 = 3.13\,(\text{m})$

題9　橋墩間之中心距為 20 呎，臨近橋墩上游處之水深度 $y_1 = 10$ 呎，流速 $V_1 = 10$ 呎／秒，水流流至橋墩下游水流已經平靜後之水深度 $y_2 = 9.5$ 呎，由於臨近橋墩上、下游之距離較短，此段河床坡度及河床阻力可忽略不計，求水流作用於每一橋墩之推力。

【83 年技師】

解

$B = 20\text{ft}$, $y_1 = 10\text{ft}$, $V_1 = 10\text{ft/s}$，$y_2 = 9.5\text{ft}$

C.E.：$Q = By_1V_1 = By_2V_2$

$\Rightarrow V_2 = 10 \times 10/9.5 = 10.53 \text{(ft/s)}$

$\therefore \quad Q = By_1V_1 = 20 \times 10 \times 10 = 2000 \text{(cfs)}$

M.E.：$P_1 - P_2 - F_t = \rho Q(V_2 - V_1)$

$$\Rightarrow \frac{1}{2}\gamma y_1 A_1 - \frac{1}{2}\gamma y_2 A_2 - F_t = \rho Q(V_2 - V_1)$$

$$\Rightarrow \frac{1}{2} \times 62.4 \times 10 \times (20 \times 10) - \frac{1}{2} \times 62.4 \times 9.5 \times (20 \times 9.5) - F_t$$

$$= 1.94 \times 2000 \times (10.53 - 10)$$

$$\therefore \quad F_t = 4028 \text{(lb)}$$

即水流作用於每一橋墩之推力為 4028lb，向下游方向。

題10　一水平突擴渠槽（Horizontal expansion channel）如圖所示。假設斷面①～③間之摩擦阻抗力 F_f 可略而不計，斷面①及③之動量校正係數 $\beta_1 = \beta_3 = 1$，又 $y_1 = y_2$。

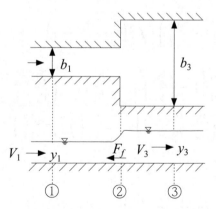

(1)若 $y_1 = 3.0\text{m}, y_3 = 3.2\text{m}, b_1 = 2.0\text{m}, b_3 = 2.4\text{m}$，試計算 F_1^2。F_1 為斷面①之福祿數（Froude number）。

(2)試計算 $\Delta E/y$，ΔE 為斷面①與斷面③之間之能量損失。

【84 年高考二級】

解

(1)C.E.：$V_1 y_1 b_1 = V_3 y_3 b_3 \Rightarrow V_3 = \dfrac{V_1 y_1 b_1}{y_3 b_3} u$ .... ①

M.E.：$\dfrac{1}{2}\gamma y_1^2 b_1 - \dfrac{1}{2}\gamma y_3^2 b_3 + \dfrac{1}{2}\gamma y_2^2 (b_3 - b_1) - F_t$

$= \rho Q (\beta_3 V_3 - \beta_1 V_1)$

將 $\beta_1 = \beta_3 = 1$ 及 $y_1 = y_2$ 代入上式，並忽略 F_f，得

$\dfrac{1}{2} g y_1^2 b_1 - \dfrac{1}{2} g y_3^2 b_3 + \dfrac{1}{2} g y_1^2 (b_3 - b_1) = Q(V_3 - V_1)$

$\Rightarrow \dfrac{1}{2} g y_1^2 b_3 - \dfrac{1}{2} g y_3^2 b_3 = Q\left(\dfrac{V_1 y_1 b_1}{y_3 b_3} - V_1\right)$ （①式代入）

$\Rightarrow \dfrac{1}{2} g b_3 (y_1^2 - y_3^2) = V_1^2 y_1 b_1 \left(\dfrac{y_1}{y_3}\dfrac{b_1}{b_3} - 1\right)$

同除以 $g y_1^2 b_1$，並令 $F_1^2 = V_1^2/g y_1$，則可得

$\dfrac{1}{2}\dfrac{b_3}{b_1}\left(1 - \dfrac{y_3^2}{y_1^2}\right) = F_1^2 \left(\dfrac{y_1}{y_3}\dfrac{b_1}{b_3} - 1\right)$

$\Rightarrow F_1^2 = \dfrac{\dfrac{b_3}{b_1}\left[1 - \left(\dfrac{y_3}{y_1}\right)^2\right]}{2\left(\dfrac{y_1}{y_3}\dfrac{b_1}{b_3} - 1\right)} = \dfrac{\dfrac{b_3}{b_1}\left[1 - \left(\dfrac{y_3}{y_1}\right)^2\right]}{2\dfrac{y_1}{y_3}\left(\dfrac{b_1}{b_3} - \dfrac{y_3}{y_1}\right)}$

$= \dfrac{\dfrac{b_3}{b_1}\dfrac{y_3}{y_1}\left[1 - \left(\dfrac{y_3}{y_1}\right)^2\right]}{2\left(\dfrac{1}{b_3/b_1} - \dfrac{y_3}{y_1}\right)}$

$$\text{故} \quad F_1^2 = \frac{\frac{2.4}{2.0} \times \frac{3.2}{3.0} \times \left[1 - \left(\frac{3.2}{3.0}\right)^2\right]}{2\left(\frac{1}{2.4/2.0} - \frac{3.2}{3.0}\right)} = 0.378$$

$$(2) \Delta E = y_1 + \frac{V_1^2}{2g} - \left(y_3 + \frac{V_3^2}{2g}\right) = y_1 + \frac{V_1^2}{2g} - \left(y_3 + \frac{V_1^2 y_1^2 b_1^2}{2g y_3^2 b_3^2}\right)$$

$$\Rightarrow \frac{\Delta E}{y_1} = 1 + \frac{1}{2}\frac{V_1^2}{g y_1} - \left(\frac{y_3}{y_1} + \frac{V_1^2 \cdot y_1^2 \cdot b_1^2}{2g y_1 \cdot y_3^2 \cdot b_3^2}\right)$$

$$\Rightarrow \frac{\Delta E}{y_1} = 1 + \frac{1}{2}F_1^2 - \left[\frac{y_3}{y_1} + \frac{F_1^2}{2(y_3/y_1)^2(b_3/b_1)^2}\right]$$

$$= 1 + \frac{1}{2} \times 0.378 - \left[\frac{3.2}{3.0} + \frac{0.387}{2 \times \left(\frac{3.2}{3.0}\right)^2 \left(\frac{2.4}{2.0}\right)^2}\right]$$

$$= 0.00698$$

題11 (1)一水平矩形突擴（Abrupt expansion）渠道如圖所示。試推導 F_1^2 以 y_3/y_1 及 b_3/b_1 表示之公式並寫出使用之假設。F_1 為斷面 ①處之福祿數，其餘符號如圖示。

(2)若 $y_3/y_1 = 8, b_3/b_1 = 2.5$，試求 F_1^2。　　　　【85 年檢覈】

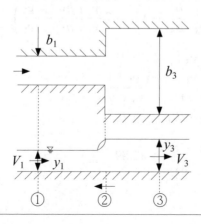

解

(1)C.E.：$V_1 y_1 b_1 = V_3 y_3 b_3 \Rightarrow V_3 = \dfrac{V_1 y_1 b_1}{y_3 b_3}$ ⋯⋯⋯⋯⋯⋯⋯⋯①

M.E.：$\dfrac{1}{2} \gamma y_1^2 b_1 - \dfrac{1}{2} \gamma y_3^2 b_3 + \dfrac{1}{2} \gamma y_2^2 (b_3 - b_1) - F_t$

$\qquad = \rho Q(\beta_3 V_3 - \beta_1 V_1)$ ⋯⋯⋯⋯⋯⋯⋯⋯⋯⋯②

假設斷面①～③間之摩擦阻力 F_f 可忽略，動量校正係數 $\beta_1 = \beta_3$ = 1，又假設 $y_1 = y_2$，則②式可改寫成

$$\dfrac{1}{2} \gamma y_1^2 b_1 - \dfrac{1}{2} \gamma y_3^2 b_3 + \dfrac{1}{2} \gamma y_1^2 (b_3 - b_1) = \rho Q (V_3 - V_1)$$

$$\Rightarrow \dfrac{1}{2} g y_1^2 b_3 - \dfrac{1}{2} g y_3^2 b_3 = Q\left(\dfrac{V_1 y_1 b_1}{y_3 b_3} - V_1\right) \text{（①式代入）}$$

$$\Rightarrow \dfrac{1}{2} g b_3 (y_1^2 - y_3^2) = V_1^2 y_1 b_1 \left(\dfrac{y_1}{y_3} \dfrac{b_1}{b_3} - 1\right)$$

同除以 $g y_1^2 b_1$，並令 $F_1^2 = V_1^2 / g y_1$，則可得

$$\dfrac{1}{2} \dfrac{b_3}{b_1}\left(1 - \dfrac{y_3^2}{y_1^2}\right) = F_1^2\left(\dfrac{y_1}{y_3} \dfrac{b_1}{b_3} - 1\right)$$

$$\Rightarrow F_1^2 = \dfrac{\dfrac{b_3}{b_1}\left[1 - \left(\dfrac{y_3}{y_1}\right)^2\right]}{2\left(\dfrac{y_1}{y_3} \dfrac{b_1}{b_3} - 1\right)} = \dfrac{\dfrac{b_3}{b_1}\left[1 - \left(\dfrac{y_3}{y_1}\right)^2\right]}{2\dfrac{y_1}{y_3}\left(\dfrac{b_1}{b_3} - \dfrac{y_3}{y_1}\right)}$$

$$= \dfrac{\dfrac{b_3}{b_1} \dfrac{y_3}{y_1}\left[1 - \left(\dfrac{y_3}{y_1}\right)^2\right]}{2\left(\dfrac{1}{b_3/b_1} - \dfrac{y_3}{y_1}\right)}$$

(2)$F_1^2 = \dfrac{2.5 \times 8(1 - 8^2)}{2\left(\dfrac{1}{2.5} - 8\right)} = 82.89$

● 練習題

1. 一矩形銳緣堰，長 2.0m，高 0.6m，當堰上游水深為 0.90m 時，推估其流量；若相同之流量於相同位置通過另一長 1.5m，高 0.6m 之矩形收縮堰，則水面高程如何改變？

Ans：上升 0.074m

2. 一矩形銳緣堰，長 3.0m，高 1.2m，當渠流為高流量時，堰遭浸沒，其上、下游水深分別為 1.93m 及 1.35m，試求其流量為何？

Ans：3.512cms

3. 一銳緣堰 1.5m 長，當通過流量為 0.75cms，且保持堰上游水深為 1.50m，求該堰之高度？

Ans：1.088m

4. 一溢洪道長 42m，頂部高 20m，其設計溢流量為 500cms，求水位及能量線之高程？若流量為 700cms 時，其能量水頭及最小壓力水頭為若干？

Ans：23.088m，23.102m，3.840m，−1.069m

5. 一溢洪道頂部高於渠床 25.0m，其設計能量水頭為 3.5m，若最小允許壓力水頭為低於大氣壓力 5.0m，求通過溢洪道之允許流量強度？

Ans：34.243m³/s/m

6. 一矩形斷面渠道，寬 2.5m，於某斷面建立一高 1.0m，寬 1.5m 之寬頂堰，且該堰跨過整個渠寬。若水位超過頂部 0.5m，求通過該堰之流量？若相同之流量通過頂寬 2.5m 之寬頂堰，則其上游水位為若干？

Ans：0.502m 高於頂部

7. 一矩形斷面渠道，2.0m 寬，於下射式閘門上游之水深為 1.2m，若閘門

開度為 0.30m，且下游流況為自由出流，求通過閘門之流量及作用在閘門上之推力？

Ans：1.624cms，3790Nt

8. 一 2.0m 寬之矩形渠道，通過閘門開度 0.4m 時之流量為 2.4cms，若閘門上游水深為 2.0m，求緊鄰閘門之水深為何？

Ans：0.747m

9. 一矩形斷面渠道流量為 2.5m³/s/m，若閘門上游水深為 4.0m，且下游為自由出流之流況，收縮係數為0.6，求閘門開度？

Ans：0.487m

10.以安德森法（Anderson's method）證明一三角形斷面渠道之端水深 y_b 及臨界水深 y_c 之關係式如下：

$$8\left(\frac{y_b}{y_c}\right)^5 - 12\left(\frac{E}{y_c}\right)\left(\frac{y_b}{y_c}\right)^4 + 3 = 0$$

11.一拋物線形斷面渠道（$x^2 = 4ay$），渠流為亞臨界流，渠道終點為自由跌流，試以安德森法求端水深 y_b 及臨界水深 y_c 之表示式如下：

$$2\left(\frac{y_b}{y_c}\right)^4 - 4\left(\frac{y_b}{y_c}\right)^3 + 1 = 0$$

12.一水平矩形斷面渠道，流量為 5.18m³/s/m，流況為亞臨界流，求此渠道端點之端水深為若干？

Ans：1.00m

13.一橋樑之橋墩每根寬 60cm，中心間距為 8m，於橋墩稍上游處水深為 4m，流速為 3m/sec。假設橋墩之阻力係數為 2，求下游未受橋墩干擾處之水深？並忽略底床坡度及摩擦阻力。

Ans：3.91m

Chapter 7

變積流

- ●重點整理
- ●精選例題
- ●歷屆考題
- ●練習題

● 重點整理

一、變積流（spatially varied or discontinuous flow）

1. 定義：

於渠流流程中，流量隨流程而改變（不論是增加或減少）者，稱

為變積流。數學表示式為 $\dfrac{\partial Q}{\partial S} \neq 0$。

2. 分類：

(1)變積漸變流：渠流流量隨流程而變，但變化不劇烈者。例如渠道之

側堰、地面之雨水逕流、雨水之流入渠中或快濾廠之洗砂排水槽

等。

(2)變積急變流：渠流流量隨流程而變，且變化劇烈者。例如支流流出

或流入之渠流。

二、側流量增加問題

由於側流注入主渠道時，過程產生亂流，能量損失不可忽略，因此

能量方程式不適用，必須採用動量方程式。假設側流之動量未影響主渠

道流向之動量，且為流況穩定，適用靜水壓力分佈之條件。

水面剖線控制方程式為：

$$\frac{dy}{dx} = \frac{S_0 - S_f - 2\beta \dfrac{Qq_*}{gA^2}}{1 - \beta \dfrac{Q^2 T}{gA^3}}$$

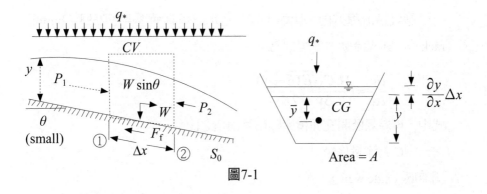

圖7-1

三、側流量減少問題

流量流出時，能量損失可忽略不計，故可用能量方程式。

水面剖線控制方程式為：

$$\frac{dy}{dx} = \frac{S_0 - S_f - \alpha \dfrac{Qq_*}{gA^2}}{1 - \alpha \dfrac{Q^2 T}{gA^3}}$$

1. 水流流經隔柵（矩形斷面）

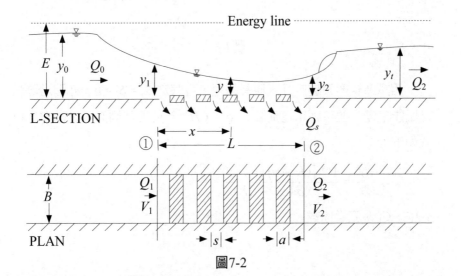

圖7-2

假設沿流程方向，比能不變，且水流垂直通過渠底隔柵（bottom rack），其水流動力方程式為：

$$\frac{dy}{dx} = \frac{2\epsilon C\sqrt{E(E-y)}}{3y - 2E}$$

式中，ϵ 為隔柵開孔面積與隔柵總面積之比；

C 為流量係數。

2. 側流堰（side weir）

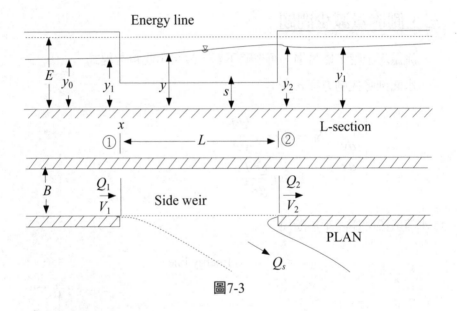

圖7-3

假設為矩形渠道，且因堰長較短，可假定 $S_0 = S_f = 0$，亦即沿堰長之比能不變，並可應用堰流公式 $q = CH^{3/2}$，可得其側流堰之動力方程式如下：

$$\frac{dy}{dx} = \frac{2C_1[(E-y)(y-S)^3]^{1/2}}{B(3y - 2E)}$$

式中，C_1 為流量係數。

● 精選例題

例1 證明一無摩擦之側溢流道變積渠流，其發生臨界水深之控制斷面
滿足下式：

$$\frac{S_0^2\, g\, A_c\, T_c}{4\beta q_*^2} = 1$$

解

由控制方程式

$$\frac{dy}{dx} = \frac{S_0 - S_f - 2\beta Q q_* / g A^2}{1 - \beta \dfrac{Q^2 T}{g A^3}} \quad \cdots\cdots\cdots\cdots\cdots\cdots\cdots\cdots \text{①}$$

產生臨界流時，

$$F_r^2 = \beta \frac{Q^2 T}{g A^3} = 1 \cdots\cdots\cdots\cdots\cdots\cdots\cdots\cdots\cdots\cdots \text{②}$$

代入①式，得

$$S_0 - S_f - 2\beta Q q_* / g A^2 = 0 \cdots\cdots\cdots\cdots\cdots\cdots\cdots\cdots \text{③}$$

又∵無摩擦　∴$S_f = 0$

$$\Rightarrow S_0 g A^2 = 2\beta Q q_*$$

$$\Rightarrow Q = S_0 g A^2 / 2\beta q_* \cdots\cdots\cdots\cdots\cdots\cdots\cdots\cdots\cdots \text{④}$$

④式代入②式：

$$\beta (S_0 g A_c^2 / 2\beta q_*)^2 T_c = g A_c^3$$

$$\Rightarrow \frac{S_0^2\, g^2\, A_c^4\, T_c}{4\beta q_*^2} = g A_c^3$$

$$\Rightarrow \frac{S_0^2\, g\, A_c\, T_c}{4\beta q_*^2} = 1$$

例2 推導具側入流量之變積渠流控制方程式如下：

$$\frac{dy}{dx} = \frac{S_0 - S_f - 2\beta Q q_* / gA^2}{1 - \beta \dfrac{Q^2 T}{gA^3}}$$

解

〔方法一〕動量原理

見圖 7-1，斷面 1，2 間之控制體積動量方程式為

$$P_1 - P_2 + W\sin\theta - F_f = \rho Q(\beta_2 V_2 - \beta_1 V_1) = M_2 - M_1 \cdots\cdots\cdots\text{①}$$

假設 $\beta_1 = \beta_2 = \beta$，並且 θ 很小。

動量 $M = \beta\rho QV = \beta\rho \dfrac{Q^2}{A}$，

摩擦力 $F_f = \gamma A S_f \Delta x$，

壓力 $P = \gamma A \bar{y}$ ，$\bar{y}$ 為斷面形心至水面距離，

$W\sin\theta =$ 控制體積之重力在 x 方向上之分量 $= \gamma A S_0 \Delta x$

將①式除以 Δx，並取 $\Delta x \to 0$，則

$$\frac{dM}{dx} = -\frac{dP}{dx} + \gamma A S_0 - \gamma A S_f \cdots\cdots\cdots\cdots\cdots\cdots\cdots\text{②}$$

又 $\dfrac{dM}{dx} = \beta\rho \dfrac{d}{dx}\left(\dfrac{Q^2}{A}\right) = \beta\rho\left(\dfrac{2Q}{A}\dfrac{dQ}{dx} - \dfrac{Q^2}{A^2}\dfrac{dA}{dx}\right)$

$$= \beta\rho\left(\frac{2Q}{A}q_* - \frac{Q^2 T}{A^2}\frac{dy}{dx}\right)$$

其中，$q_* = \dfrac{dQ}{dx} =$ 單位長度之側入流量

$$\frac{dP}{dx} = \gamma\frac{d}{dx}(A\bar{y}) = \gamma\left(A\frac{d\bar{y}}{dx} + \bar{y}\frac{dA}{dx}\right)$$

$$= \gamma A \frac{dy}{dx} \quad （忽略高次項）$$

∴②式變成

$$\frac{2\beta\rho Qq_*}{A} - \frac{\beta\rho Q^2 T}{A^2}\frac{dy}{dx} = -\gamma A\frac{dy}{dx} + \gamma A S_0 - \gamma A S_f$$

同除以 γA，

$$\frac{2\beta Qq_*}{gA^2} - \frac{\beta Q^2 T}{gA^3}\frac{dy}{dx} = -\frac{dy}{dx} + S_0 - S_f$$

$$\Rightarrow \frac{dy}{dx} - \frac{\beta Q^2 T}{gA^3}\frac{dy}{dx} = S_0 - S_f - \frac{2\beta Qq_*}{gA^2}$$

$$\Rightarrow \frac{dy}{dx} = \frac{S_0 - S_f - \dfrac{2\beta Qq_*}{gA^2}}{1 - \beta\dfrac{Q^2 T}{gA^3}}$$

或　$$\frac{dy}{dx} = \frac{S_0 - S_f - 2\beta Qq_*/gA^2}{1 - \beta Q^2/gA^2 D}$$

或　$$\frac{dy}{dx} = \frac{S_0 - S_f - 2\beta Qq_*/gA^2}{1 - F_r^2} \quad , F_r^2 = \beta Q^2/gA^2 D = \beta\frac{Q^2 T}{gA^3}$$

〔方法二〕能量原理

流量增加 dQ，時間間隔 dt，距離 dx

每單位重水流之動能為

$$\frac{\alpha m V^2}{\gamma d\forall} = \frac{(\gamma dQ dt)(\alpha V^2)}{g\gamma A dx} = \frac{\alpha dQ V^2}{gA}\frac{dt}{dx} = \frac{\alpha V dQ}{gA} = \frac{\alpha Q dQ}{gA^2}$$

總能量方程式為

$$H = z + y + \frac{\alpha Q^2}{2gA^2} + \frac{\alpha Q dQ}{gA^2}$$

對上式微分，則

$$\frac{dH}{dx} = \frac{dz}{dx} + \frac{dy}{dx} + \frac{\alpha}{2g}\left(\frac{2Q}{A^2}\frac{dQ}{dx} - \frac{2Q^2}{A^3}\frac{dA}{dx}\right)$$

$$+ \frac{\alpha}{g}\left(\frac{dQ}{A^2}\frac{dQ}{dx} + \frac{Q}{A^2}\frac{dQ}{dx} - \frac{2QdQ}{A^3}\frac{dA}{dx}\right)$$

$\because dQ$ 很小　$\therefore$ 忽略含有 dQ 項，且 $\dfrac{dQ}{dx} = q_*$

$$\Rightarrow -S_f = -S_0 + \frac{dy}{dx} + \alpha\frac{Qq_*}{gA^2} - \alpha\frac{Q^2T}{gA^3}\frac{dy}{dx} + \frac{\alpha Qq_*}{gA^2}$$

$$\Rightarrow \left(1 - \alpha\frac{Q^2T}{gA^3}\right)\frac{dy}{dx} = S_0 - S_f - 2\alpha Qq_*/gA^2$$

$$\Rightarrow \frac{dy}{dx} = \frac{S_0 - S_f - 2\alpha Qq_*/gA^2}{1 - \alpha\dfrac{Q^2T}{gA^3}}$$

例3 　推導具側出流量之變積渠流控制方程式如下：

$$\frac{dy}{dx} = \frac{S_0 - S_f - \alpha Qq_*/gA^2}{1 - \alpha Q^2T/gA^3}$$

解

〔方法一〕能量原理

忽略能量損失，由能量方程式

$$H = z + y + \alpha\frac{V^2}{2g} = z + y + \alpha\frac{Q^2}{2gA^2}$$

$$\Rightarrow \frac{dH}{dx} = \frac{dz}{dx} + \frac{dy}{dx} + \frac{\alpha}{2g}\frac{d}{dx}\left(\frac{Q^2}{A^2}\right)$$

$$\Rightarrow -S_f = -S_0 + \frac{dy}{dx} + \frac{\alpha}{2g}\left(\frac{2Q}{A^2}\frac{dQ}{dx} - \frac{2Q^2}{A^3}\frac{dA}{dx}\right)$$

又 $\dfrac{dA}{dx} = \dfrac{dA}{dy}\dfrac{dy}{dx} = T\dfrac{dy}{dx}$ ， $\dfrac{dQ}{dx} = q_*$

$\Rightarrow S_0 - S_f = \dfrac{dy}{dx} + \dfrac{\alpha}{2g}\left(\dfrac{2Qq_*}{A^2} - \dfrac{2Q^2T}{A^3}\dfrac{dy}{dx}\right)$

$\qquad\qquad = \dfrac{dy}{dx} + \dfrac{\alpha Qq_*}{gA^2} - \dfrac{\alpha Q^2T}{gA^3}\dfrac{dy}{dx}$

$\qquad\qquad = \left(1 - \dfrac{\alpha Q^2T}{gA^3}\right)\dfrac{dy}{dx} + \dfrac{\alpha Qq_*}{gA^2}$

$\therefore \dfrac{dy}{dx} = \dfrac{S_0 - S_f - \alpha Qq_*/gA^2}{1 - \alpha Q^2T/gA^3}$

〔方法二〕動量原理

由於流量減少，無動量被加於水體，

$\qquad \beta\rho Q dV = P_1 - P_2 + W\sin\theta - F_f$

$\Rightarrow \beta\dfrac{\gamma Q}{g}\dfrac{dV}{dx} = \dfrac{-dP}{dx} + \gamma AS_0 - \gamma AS_f$

$\Rightarrow \beta\dfrac{\gamma Q}{g}\dfrac{d}{dx}\left(\dfrac{Q}{A}\right) = -\gamma A\dfrac{dy}{dx} + \gamma AS_0 - \gamma AS_f$

同除以 γA，且

$\qquad \dfrac{d}{dx}\left(\dfrac{Q}{A}\right) = \dfrac{1}{A}\dfrac{dQ}{dx} - \dfrac{Q}{A^2}\dfrac{dA}{dx} = \dfrac{q_*}{A} - \dfrac{QT}{A^2}\dfrac{dy}{dx}$

$\Rightarrow \beta\dfrac{Qq_*}{gA^2} - \beta\dfrac{Q^2T}{gA^3}\dfrac{dy}{dx} = -\dfrac{dy}{dx} + S_0 - S_f$

$\Rightarrow \left(1 - \beta\dfrac{Q^2T}{gA^3}\right)\dfrac{dy}{dx} = S_0 - S_f = \beta\dfrac{Qq_*}{gA^2}$

$\Rightarrow \dfrac{dy}{dx} = \dfrac{S_0 - S_f - \beta Qq_*/gA^2}{1 - \beta Q^2T/gA^3}$

例4 推導水流流經一矩形斷面渠道，渠底有隔柵分流工之水面剖線方
程式。

解

見圖 7-2，假設比能沿流程方向不變，即 $\dfrac{dE}{dx}=0$

由比能方程式

$$E=y+\frac{V^2}{2g}=y+\frac{Q^2}{2gB^2y^2} \quad （設 \quad \alpha=1）$$

$$\Rightarrow \frac{dE}{dx}=\frac{dy}{dx}+\frac{1}{2gB^2}\left(\frac{2Q}{y^2}\frac{dQ}{dx}-\frac{2Q^2}{y^3}\frac{dy}{dx}\right)=0$$

$$\Rightarrow \left(1-\frac{Q^2}{gB^2y^3}\right)\frac{dy}{dx}=-\frac{Q}{gB^2y^2}\frac{dQ}{dx}$$

$$\Rightarrow \frac{dy}{dx}=\frac{-\dfrac{Q}{gB^2y^2}\dfrac{dQ}{dx}}{1-Q^2/gB^2y^3}=\frac{Qy\left(-\dfrac{dQ}{dx}\right)}{gB^2y^3-Q^2} \quad\cdots\cdots\cdots\cdots\cdots\cdots①$$

$$\because dQ=VdA=VBdx=\sqrt{2gE}\,B\cdot dx$$

$$\therefore -\frac{dQ}{dx}=\epsilon CB\sqrt{2gE} \quad\cdots\cdots\cdots\cdots\cdots\cdots\cdots\cdots\cdots\cdots\cdots\cdots②$$

上式中，ϵ 為開口面積與隔柵總面積之比；C 為開口之流量係數。

又由比能方程式得

$$Q=By\sqrt{2g(E-y)} \quad\cdots\cdots\cdots\cdots\cdots\cdots\cdots\cdots\cdots\cdots\cdots\cdots③$$

將②及③式代入①式得

$$\frac{dy}{dx}=\frac{By\sqrt{2g(E-y)}\cdot y\cdot\epsilon CB\sqrt{2gE}}{gB^2y^3-B^2y^2\cdot 2g(E-y)}$$

$$=\frac{2g\,\epsilon CB^2y^2\sqrt{E(E-y)}}{3gB^2y^3-2gB^2y^2E}$$

$$\therefore \quad \frac{dy}{dx} = \frac{2\epsilon C\sqrt{E(E-y)}}{3y - 2E}$$

例5 推導矩形斷面渠道具側流堰分流工之水面剖線方程式。

解

見圖 7-3，假設比能沿流程方向不變，即 $\dfrac{dE}{dx} = 0$

由比能力程式

$$E = y + \frac{V^2}{2g} = y + \frac{Q^2}{2gA^2} = y + \frac{Q^2}{2gB^2y^2} \quad\cdots\cdots\cdots\cdots\cdots\cdots ①$$

$$\Rightarrow Q = By\sqrt{2g(E-y)} \quad\cdots\cdots\cdots\cdots\cdots\cdots\cdots\cdots\cdots ②$$

對①式微分，$\dfrac{dE}{dx} = 0$

$$\Rightarrow \frac{dy}{dx} = \frac{Qy\left(-\dfrac{dQ}{dx}\right)}{gB^2y^3 - Q^2} \quad\cdots\cdots\cdots\cdots\cdots\cdots\cdots ③$$

由堰流公式，單位長度流出量

$$\frac{dQ_s}{dx} = -\frac{dQ}{dx} = C_1\sqrt{2g}\,(y-S)^{3/2} \quad\cdots\cdots\cdots\cdots ④$$

將②及④式代入③式，得

$$\frac{dy}{dx} = \frac{By\sqrt{2g(E-y)} \cdot y \cdot C_1\sqrt{2g}\,(y-S)^{3/2}}{gB^2y^3 - B^2y^2 \cdot 2g(E-y)}$$

$$= \frac{2gC_1By^2[(E-y)(y-S)^3]^{1/2}}{3gB^2y^3 - 2gB^2y^2E}$$

$$\therefore \quad \frac{dy}{dx} = \frac{2C_1[(E-y)(y-S)^3]^{1/2}}{B(3y - 2E)}$$

例6 一水平無摩擦之矩形側溢流道，長度為 L，單位長度之流入量為

$q_* = \dfrac{dQ}{dx} = $ 常數，以自由跌水（free overfall）之形式流入主渠道

中，證明其水流之方程式為

$$\frac{dx^2}{dy} - \frac{x^2}{y} = -\frac{gB^2y^2}{q_*^2}$$

並證明上式之解於出口處發生臨界水深 y_c 時為

$$\left(\frac{x}{L}\right)^2 = \frac{3}{2}\left(\frac{y}{y_c}\right) - \frac{1}{2}\left(\frac{y}{y_c}\right)^3$$

解

$$q_* = \frac{dQ}{dx} = \frac{Q_0}{L}，Q_0 \text{ 為流出量}$$

$$\Rightarrow Q = q_* x$$

若渠寬為 B，則　$A = By，V = \dfrac{Q}{A} = \dfrac{q_* x}{By}$

∵ 水平無摩擦　∴ $S_0 = S_f = 0$

又 $T = B$ 且令 $\beta = 1$，則此側溢流道之剖面方程式為

$$\frac{dy}{dx} = \frac{-2Qq_*/gA^2}{1 - Q^2B/gA^3}$$

$$\Rightarrow \frac{dx}{dy} = -\frac{gA^2}{2Qq_*} + \frac{QB}{2q_*A}$$

$$\Rightarrow \frac{dx}{dy} = -\frac{gB^2y^2}{2q_*^2x} + \frac{q_*x \cdot B}{2q_*By} = -\frac{gB^2y^2}{2q_*^2x} + \frac{x}{2y}$$

$$\Rightarrow 2x\frac{dx}{dy} = -\frac{gB^2y^2}{q_*^2} + \frac{x^2}{y}$$

$$\Rightarrow \frac{dx^2}{dy} - \frac{x^2}{y} = -\frac{gB^2y^2}{q_*^2}$$

積分得

$$x^2 = -\frac{gB^2y^3}{2q_*^2} + Cy \cdots\cdots\cdots\cdots\cdots\cdots\cdots ①$$

當 $x = L$ 時，$y = y_0$，則

$$C = \frac{1}{y_0}\left(L^2 + \frac{gB^2y_0^3}{2q_*^2}\right)$$

代回①式，整理得

$$\left(\frac{x}{L}\right)^2 = \left(1 + \frac{1}{2F_{r_0}^2}\right)\frac{y}{y_0} - \frac{1}{2F_{r_0}^2}\left(\frac{y}{y_0}\right)^3$$

式中　$F_{r_0}^2 = \dfrac{q_*^2 L^2}{gB^2 y_0^3}$　為出口處渠流之福祿數之平方

當出口處發生臨界流時，$y_0 = y_c$，$F^2_{r_0} = 1$

則水流剖面方程式為

$$\left(\frac{x}{L}\right)^2 = \frac{3}{2}\frac{y}{y_c} - \frac{1}{2}\left(\frac{y}{y_c}\right)^3$$

● 歷屆考題

題1　(1)何謂變積渠流（spatially varied flow）？

　　(2)估計變積渠流之水深變化有下列二式之分：

$$\frac{dy}{dx} = \frac{S_0 - S_f - 2\dfrac{Q}{gA^2}\dfrac{dQ}{dx}}{1 - \dfrac{Q^2T}{gA^3}}$$

$$\frac{dy}{dx} = \frac{S_0 - S_f - \frac{Q}{gA^2}\frac{dQ}{dx}}{1 - \frac{Q^2 T}{gA^3}}$$

試說明此兩式之理論背景及適用範圍。

(3)擇上述中任一式加以證明,並詳細說明證導過程中所需之假

設。 【78 年高考】

解

(1)在渠流流程中,流量隨流程而改變(增加或減少)者,稱為變

積渠流。其數學式表示為 $\frac{\partial Q}{\partial S} \neq 0$ 。

(2) $\dfrac{dy}{dx} = \dfrac{S_0 - S_f - 2\dfrac{Q}{gA^2}\dfrac{dQ}{dx}}{1 - \dfrac{Q^2 T}{gA^3}}$ ⋯⋯⋯⋯⋯⋯⋯⋯⋯⋯⋯⋯⋯①

①式依據連續方程式及動量方程式推導而得,適用於渠道因有

側入流量而使流量沿流程而增加之情況。

$\dfrac{dy}{dx} = \dfrac{S_0 - S_f - \dfrac{Q}{gA^2}\dfrac{dQ}{dx}}{1 - \dfrac{Q^2 T}{gA^3}}$ ⋯⋯⋯⋯⋯⋯⋯⋯⋯⋯⋯⋯⋯②

②式依據連續方程式及能量方程式推導而得,適用於渠道因有

側流出量而使流量沿流程而減少之情況。

(3)推導(b)式,其假設條件為:

①水流為穩態(steady state)。

②水流沿單一方向流動。

③速度分佈係數,即能量修正係數 $\alpha = 1$ 。

④壓力分佈為靜水壓力分佈，且渠道坡度很小（$y \div d$）。

⑤忽略外界空氣進入水中之捲氣效應。

由能量方程式，

$$H = z + y + \alpha \frac{V^2}{2g} \ (y \div d)$$

$$= z + y + \frac{Q^2}{2gA^2} \ (\alpha = 1)$$

$$\frac{dH}{dx} = \frac{dz}{dx} + \frac{dy}{dx} + \frac{d}{dx}\left(\frac{Q^2}{2gA^2}\right)$$

$$= \frac{dz}{dx} + \frac{dy}{dx} + \frac{2Q}{2gA^2}\frac{dQ}{dx} - \frac{Q^2}{gA^3}\frac{dA}{dx}$$

$$\Rightarrow -S_f = -S_0 + \frac{dy}{dx} + \frac{Q}{gA^2}\frac{dQ}{dx} - \frac{Q^2}{gA^3}\frac{dA}{dy}\frac{dy}{dx} \cdots\cdots\cdots ①$$

$\because dA \div Tdy$

$\therefore$ ①式改寫成

$$\left(1 - \frac{Q^2 T}{gA^3}\right)\frac{dy}{dx} = S_0 - S_f - \frac{Q}{gA^2}\frac{dQ}{dx}$$

$$\Rightarrow \frac{dy}{dx} = \frac{S_0 - S_f - \dfrac{Q}{gA^2}\dfrac{dQ}{dx}}{1 - \dfrac{Q^2 T}{gA^3}}$$

題2 如圖所示，q_* 為均勻降雨，渠道寬度及渠床糙率均為定值，且渠床為水平，並假設水流為靜水壓力分佈。

(1)試繪出總能量線。

(2)在比能曲線圖上繪出斷面①②③④對應之水深位置。

【79 年高考】

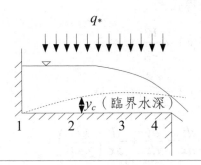

解

$$\because \quad q_x = q_* \cdot x$$

$$q_L = q_* \times L$$

$$\therefore \quad q_1 < q_2 < q_3 < q_4$$

並且由上圖可知：$y_1 > y_2 > y_3 > y_4$

故可於比能圖上畫出其位置如下：

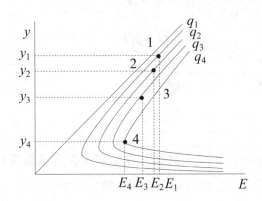

由比能圖知：$E_1 > E_2 > E_3 > E_4$

又渠道為水平 $\Rightarrow$ $\Delta z = 0$

取渠道底床為基準點,則

總能量: $H_1 > H_2 > H_3 > H_4$

故可繪出總能量線如下圖所示:

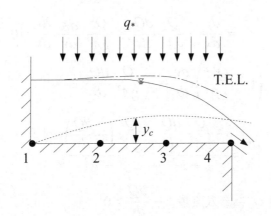

題3　如圖,求上、下游水位之高低關係?

已知:Q_1:上游流量,Q_2:滲入流量,Q_3:下游流量,$S_0 = 0$

【72 年高考】

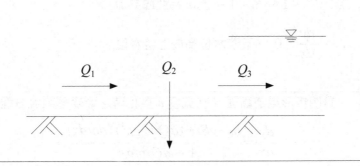

解

假設沿著渠道比能不變,則　$\dfrac{dE}{dx} = 0$

$$E = y + \frac{V^2}{2g} = y + \frac{Q^2}{2gA^2}$$

$$\Rightarrow \frac{dE}{dx} = \frac{dy}{dx} + \frac{2Q}{2gA^2}\frac{dQ}{dx} - \frac{2Q^2}{2gA^3}\frac{dA}{dx}$$

$$= \frac{dy}{dx} + \frac{Q}{gA^2}\frac{dQ}{dx} - \frac{Q^2}{gA^3}\frac{dA}{dy}\frac{dy}{dx} = 0$$

$$\Rightarrow \left(1 - \frac{Q^2T}{gA^3}\right)\frac{dy}{dx} = -\frac{Q}{gA^2}\frac{dQ}{dx}$$

$$\Rightarrow \frac{dy}{dx} = \frac{-\dfrac{Q}{gA^2}\dfrac{dQ}{dx}}{1 - F_r^2} = \frac{\dfrac{Q}{gA^2}\left(-\dfrac{dQ}{dx}\right)}{1 - F_r^2}$$

由於本題 Q_2 為滲入流量 $\therefore -\dfrac{dQ}{dx} > 0$

若　$F_r^2 > 1 \Rightarrow F_r > 1 \Rightarrow$ 流況為超臨界流

$\therefore \dfrac{dy}{dx} < 0 \Rightarrow$ 下游水位低於上游水位

若　$F_r^2 < 1 \Rightarrow F_r < 1 \Rightarrow$ 流況為亞臨界流

$\therefore \dfrac{dy}{dx} > 0 \Rightarrow$ 下游水位高於上游水位

題4　證明矩形渠道斷面 A 在寬度 b 變化時之漸變速渠流方程式為：

$$\frac{dy}{dx} = \frac{S_0 - S_f + (\alpha Q^2 y/gA^3)(db/dx)}{1 - \alpha Q^2 b/gA^3}$$

式中，α = 能量係數，y = 水深度，S_0 = 渠底坡度，S_f = 能量坡度，Q = 流量，x = 水流方向距離。　【83 年高考二級】

解

for steady nonuniform flow：

$$S_f = -\frac{dH}{dx} = -\frac{d}{dx}\left(z+y+\alpha\frac{V^2}{2g}\right)$$

$$= -\frac{dz}{dx} - \frac{d}{dx}\left(y+\alpha\frac{V^2}{2g}\right)$$

$$= S_0 - \frac{d}{dx}\left(y+\alpha\frac{Q^2}{2gA^2}\right)$$

$$= S_0 - \frac{d}{dx}\left(y+\alpha\frac{Q^2}{2gb^2y^2}\right) \quad (\because A = b\cdot y \quad \text{for 矩形斷面})$$

$$= S_0 - \frac{dy}{dx} - \frac{\alpha Q^2}{2g}\frac{d(b^{-2}y^{-2})}{dx}$$

$$= S_0 - \frac{dy}{dx} - \frac{\alpha Q^2}{2g}\left(\frac{-2}{b^3y^2}\frac{db}{dx} + \frac{-2}{b^2y^3}\frac{dy}{dx}\right)$$

$$= S_0 - \frac{dy}{dx} + \frac{\alpha Q^2}{gb^3y^2}\frac{db}{dx} + \frac{\alpha Q^2}{gb^2y^3}\frac{dy}{dx}$$

$$\Rightarrow \left(1 - \frac{\alpha Q^2}{gb^2y^3}\right)\frac{dy}{dx} = S_0 - S_f + \frac{\alpha Q^2 y}{gA^3}\frac{db}{dx}$$

$$\Rightarrow \frac{dy}{dx} = \frac{S_0 - S_f + (\alpha Q^2 y/gA^3)(db/dx)}{1 - \alpha Q^2 b/gA^3}$$

得證。

題5　若流量採用蔡滋公式（Chezy formula），試證明對於一般渠道斷面，在穩定流（steady flow）情況下之渠流方程式為：

$$\frac{dh}{dx} = \frac{S_0 + \frac{\alpha Q^2}{gA^3} \frac{\partial A}{\partial b} \frac{\partial b}{\partial x} - \frac{1}{C^2 R} \left(\frac{Q}{A}\right)^2}{1 - \frac{\alpha Q^2}{gA^3} \frac{\partial A}{\partial h}}$$

（式中，h：水深，x：水流方向距離，S_0：渠底坡度，α：能量係數，Q：流量，g：重力加速度，A：渠道任意斷面積，b：水面寬度，C：蔡滋係數，R：水力半徑）　　【84 年乙特】

解

for steady nonuniform flow：

$$S_f = -\frac{dH}{dx} = -\frac{d}{dx}\left(z + h + \alpha\frac{V^2}{2g}\right)$$

$$= -\frac{dz}{dx} - \frac{dh}{dx} - \frac{d}{dx}\left(\alpha\frac{Q^2}{2gA^2}\right)$$

$$= S_0 - \frac{dh}{dx} + \frac{\alpha Q^2}{gA^3}\frac{dA}{dx}$$

$\because$　$A = A(b(x, h), h(x))$

$\therefore$　$\dfrac{dA}{dx} = \dfrac{\partial A}{\partial b}\dfrac{\partial b}{\partial x} + \dfrac{\partial A}{\partial h}\dfrac{dh}{dx}$

又　$S_f = \dfrac{V^2}{C^2 R} = \dfrac{1}{C^2 R}\dfrac{Q^2}{A^2}$　　for Chezy formula

$\Rightarrow$　$\dfrac{dh}{dx} - \dfrac{\alpha Q^2}{gA^3}\left(\dfrac{\partial A}{\partial b}\dfrac{\partial b}{\partial x} + \dfrac{\partial A}{\partial h}\dfrac{dh}{dx}\right) = S_0 - \dfrac{1}{C^2 R}\left(\dfrac{Q}{A}\right)^2$

$\Rightarrow$　$\left(1 - \dfrac{\alpha Q^2}{gA^3}\dfrac{\partial A}{\partial h}\right)\dfrac{dh}{dx} = S_0 + \dfrac{\alpha Q^2}{gA^3}\dfrac{\partial A}{\partial b}\dfrac{\partial b}{\partial x} - \dfrac{1}{C^2 R}\left(\dfrac{Q}{A}\right)^2$

$$\therefore \quad \frac{dh}{dx} = \frac{S_0 + \frac{\alpha Q^2}{gA^3}\frac{\partial A}{\partial b}\frac{\partial b}{\partial x} - \frac{1}{C^2 R}\left(\frac{Q}{A}\right)^2}{1 - \frac{\alpha Q^2}{gA^3}\frac{\partial A}{\partial h}}$$

得證。

● 練習題

1. 一具有側支渠溢流道之渠道，長 100 公尺且為矩形斷面，寬度 B = 5.0m，曼寧糙度 n = 0.020，動量修正係數 β = 1.30，及底床坡度 S_0 = 0.15。若側入流率為 1.75m³/s/m，求臨界水深及位置。

   Ans：y_c = 3.0m，x_c = 40.8m

2. 一矩形渠道寬 3m，輸水容量 3.60m³/s，正常水深 1.2m。設計一側流堰使得當渠道流量為 2.00m³/s 時，無側流出量；當渠道流量為 3.60m³/s 時，側流出量為 0.6m³/s。

   Ans：S = 0.79m，L = 1.353m

3. 一矩形渠道 2.0m 寬，流速為 8.75m/s，水深為 1.25m。一側流堰 0.75m 高，1.20m 長，求此堰之分流量。

   Ans：0.206m³/s

4. 一福祿數 F_r = 3.0 之超臨界流發生於一深 1.0m、寬 3.0m 之矩形渠道。其渠底有一隔柵，長 2.5m，開孔面積比 ϵ = 0.3，共 15 支長平條。求隔柵下游端之渠道水深及隔柵排出之分流量。

   Ans：0.895m，2.674m³/s

5. 一矩形斷面渠道，2.0m 寬，流量為 3.5m³/s，福祿數為 0.30，於渠底有一長 2.0m，由 10 支長平條組成之隔柵，ϵ = 0.2，隔柵上面發生超

臨界流，求其排出之分流量。

Ans：$1.783\text{m}^3/\text{s}$

6. 由點源（source）散發至一水平面之軸對稱輻射流，求證其流量減少之變積流控制方程式為

$$\frac{dy}{dx} = \frac{\dfrac{V^2}{gr} - S_f}{1 - V^2/gy}$$

7. 證明一平行長條之渠底隔柵完全分流出渠道流量 Q_1 之最小長度 L_m 為

$$L_m = \frac{Q_1}{\epsilon C_1 B \sqrt{2gE}} = \frac{E}{\epsilon C_1}\left(\frac{y_1}{E}\sqrt{1 - \frac{y_1}{E}}\right)$$

8. 一寬矩形斷面渠道，於渠道出口處有一長度 L 之均勻側入流量，單位長度之側入量為 q_e。若以 Darcy-Weisbach 摩擦因子 f 表示摩擦效應，試證：

$$y_c = \frac{256q_e^2}{gL^2(8S_0 - f)^2}$$

$$x_c = \frac{4096q_e^2}{gL^2(8S_0 - f)^3}$$

9. 一矩形斷面渠道具有一長 L 之側溢流道，若渠道出口處，水深為 y_c，福祿數為 F_e，忽略摩擦並假設 $\beta = 1.0$，證明臨界水深 y_c 及位置 x_c 滿足下式：

$$\frac{y_c}{y_e} = 4F_e^2/G^2 \ , \ \frac{x_c}{y_e} = \frac{8F_e^2}{G^2 S_0}$$

式中，$G = S_0 L/y_e$

10. 一寬矩形斷面渠道，具定側入流量 q_* 之變積渠流，證明其臨界流斷面為

$$x_c = \frac{8q_*^2}{g(S_0 - g/C^2)^3}$$

$$y_c = \frac{4C^4 q_*^2}{g(C^2 S_0 - g)^2}$$

其中，Chezy 公式適用，且 C 為常數。

Chapter 8

變量流

- 重點整理
- 精選例題
- 歷屆考題
- 練習題

● 重點整理

一、變量流之分類

依自由水面曲率之大小，不定量流可分成下列兩類：

1. 緩變量流（gradually-varied unsteady flow, GVUF）

   (1)自由水面曲率小，可假設靜水壓力分佈。

   (2)分析時，須考慮摩擦阻力。

   (3)洪水波為其一例。

2. 急變量流（rapidly-varied unsteady flow, RVUF）

   (1)自由水面曲率大，不可假設靜水壓力分佈。

   (2)由於變化段距離短，摩擦阻力可忽略不計。

   (3)閘門突然關閉時所產生之湧浪為其一例。

二、緩變量流之控制方程式

1. 連續方程式

$$\frac{\partial Q}{\partial x} + T\frac{\partial y}{\partial t} = 0$$

或

$$A\frac{\partial V}{\partial x} + V\frac{\partial A}{\partial x} + T\frac{\partial y}{\partial t} = 0$$

考慮單位渠長側入流量 q，則上式變成

$$A\frac{\partial V}{\partial x} + V\frac{\partial A}{\partial x} + T\frac{\partial y}{\partial t} = q$$

其中，$A = A(x, y)$

$$\therefore \frac{\partial A}{\partial x} = \left(\frac{\partial A}{\partial x}\right)_y + T\frac{\partial y}{\partial x} \text{ 代入上式，可得}$$

連續方程式之通式

$$A\frac{\partial V}{\partial x} + VT\frac{\partial y}{\partial x} + T\frac{\partial y}{\partial t} + V\left(\frac{\partial A}{\partial x}\right)_y = q$$

若為定型渠道，$\left(\dfrac{\partial A}{\partial x}\right)_y = 0$，則

$$A\frac{\partial V}{\partial x} + VT\frac{\partial y}{\partial x} + T\frac{\partial y}{\partial t} = q$$

2. 運動方程式

$$\frac{\partial y}{\partial x} + \frac{V}{g}\frac{\partial V}{\partial x} + \frac{1}{g}\frac{\partial V}{\partial t} = S_0 - S_f$$

考量單位渠長側入流量 q，則上式變成

$$\frac{\partial y}{\partial x} + \frac{V}{g}\frac{\partial V}{\partial x} + \frac{1}{g}\frac{\partial V}{\partial t} = S_0 - S_f - \frac{qV}{Ag}$$

此二式一般又稱為 Saint Venant equations。

三、等速前進波流（uniformly progressive flow）

1. 定義：以不變之波型向下游推進，其特性為

   (1)不同時間連續前進之波前相互平行。

   (2)波前速度大於任何斷面之平均流速。

   (3)波浪向下游等速前進，但各斷面之平均流速因水力半徑及水面坡度
      之變化而不同。

2. 舉例：斜升波（monoclinal rising wave）

3. 斜升波（如圖 8-1）

   連續方程式：

   $$Q_r = A_1(V_\omega - V_1) = A_2(V_\omega - V_2) = A(V_\omega - V)$$

   式中，Q_r 為超越流量（overrun）。

$$\Rightarrow V_\omega = \frac{A_1 V_1 - A_2 V_2}{A_1 - A_2} = \frac{\Delta Q}{\Delta A}$$

V_ω 之最大值為

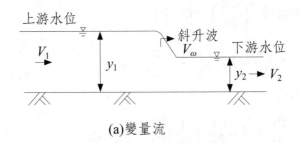

(a)變量流

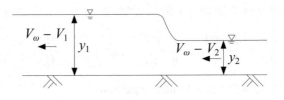

(b)定量流

圖8-1

$$(V_\omega)_m = \frac{dQ}{dA} = \frac{dQ}{dy}\frac{dy}{dA} = \frac{1}{T}\frac{dQ}{dy}$$

對寬廣矩形渠道而言，其單位寬度流量為

$$q_n = \frac{1}{n} y^{5/3} S_0^{1/2}$$

或　　　$$\frac{dq_n}{dy} = \frac{5}{3}\frac{1}{n} y^{2/3} S_0^{1/2} = \frac{5}{3} V_n$$

式中，$V_n = q_n/y = $ 正常流速（normal velocity）。

因此，

$$(V_\omega)_m = k_\omega \times V_n$$

依據

(1)曼寧公式：

　　①寬廣矩形斷面—$k_\omega = 1.67$

　　②三角形斷面—$k_\omega = 1.33$

　　③寬廣拋物線形斷面—$k_\omega = 1.44$

(2)Chezy 公式：

　　①寬廣矩形斷面—$k_\omega = 1.50$

　　②三角形斷面—$k_\omega = 1.25$

　　③寬廣拋物線形斷面—$k_\omega = 1.33$

4. 動力方程式

　　如圖 8-1(b) 定量流所示，

$$\frac{d}{dt}(V_\omega - V) = \frac{\partial}{\partial x}(V_\omega - V)\frac{dx}{dt} + \frac{\partial}{\partial t}(V_\omega - V) = 0$$

$$\because \quad V_\omega = \frac{dx}{dt} = \text{const.}$$

$$\therefore \quad \frac{\partial V}{\partial t} = -V_\omega \frac{\partial V}{\partial x}$$

$$又 \quad V = V_\omega - \frac{Q_r}{A}$$

$$\Rightarrow \frac{\partial V}{\partial x} = \frac{Q_r B}{A^2}\frac{\partial y}{\partial x}$$

將上二式代入運動方程式，得

$$\frac{\partial y}{\partial x} + \frac{1}{g}(V - V_\omega)\frac{\partial V}{\partial x} = S_0 - S_f$$

$$\Rightarrow \boxed{\frac{\partial y}{\partial x} = \frac{S_0 - S_f}{1 - \frac{Q_r^2 B}{gA^3}}} \sim 斜升波偏微分方程式$$

若 $\dfrac{Q_r^2 B}{gA^3} = 0$，則

$$\frac{\partial y}{\partial x} = S_0 - S_f = S_0\left(1 - \frac{S_f}{S_0}\right) = S_0\left(1 - \frac{Q^2}{Q_n^2}\right)$$

式中，$Q_n = K\sqrt{S_0}$ ＝ 正常流量；

$\quad Q$ ＝ 真實流量。

$$\therefore \frac{Q}{Q_n} = \sqrt{1 - \frac{\partial y/\partial x}{S_0}}$$

就等速前進波上任一點而言，

$$\frac{dy}{dt} = \frac{\partial y}{\partial t} + V_\omega \frac{\partial y}{\partial x} = 0$$

$$\Rightarrow \frac{\partial y}{\partial x} = -\frac{1}{V_\omega}\frac{\partial y}{\partial t}$$

$$\therefore \boxed{\frac{Q}{Q_n} = \sqrt{1 + \frac{\partial y/\partial t}{V_\omega S_0}}}$$

四、特性法（method of characteristics）

考慮微小振幅波，其波速為

$$C = \sqrt{gy}$$

$$\therefore \frac{\partial y}{\partial x} = \frac{2C}{g}\frac{\partial C}{\partial x} \quad , \quad \frac{\partial y}{\partial t} = \frac{2C}{g}\frac{\partial C}{\partial t}$$

又 $q = Vy$，代入連續方程式得

$$V\frac{\partial y}{\partial x} + y\frac{\partial V}{\partial x} + \frac{\partial y}{\partial t} = 0$$

$$\times g \Rightarrow 2VC\frac{\partial C}{\partial x} + C^2\frac{\partial V}{\partial x} + 2C\frac{\partial C}{\partial t} = 0 \quad (\because C^2 = gy)$$

$$\div C \Rightarrow 2V\frac{\partial C}{\partial x} + C\frac{\partial V}{\partial x} + 2\frac{\partial C}{\partial t} = 0 \quad \cdots\cdots\cdots\cdots\cdots\cdots ①$$

又重寫運動方程式如下:

$$\frac{2C}{g}\frac{\partial C}{\partial x} + \frac{V}{g}\frac{\partial V}{\partial x} + \frac{1}{g}\frac{\partial V}{\partial t} = S_0 - S_f$$

$$\Rightarrow 2C\frac{\partial C}{\partial x} + V\frac{\partial V}{\partial x} + \frac{\partial V}{\partial t} = g(S_0 - S_f) \quad \cdots\cdots\cdots\cdots\cdots ②$$

②±①:

$$\left[(V \pm C)\frac{\partial}{\partial x} + \frac{\partial}{\partial t}\right](V \pm 2C) = g(S_0 - S_f)$$

若 $\dfrac{dx}{dt} = V \pm C$,則上式變成

$$\frac{d}{dt}(V \pm 2C) = g(S_0 - S_f)$$

1. $\dfrac{dx}{dt} = V + C$,稱為正曲線(C_+)

2. $\dfrac{dx}{dt} = V - C$,稱為負曲線(C_-)

五、急變量流之湧浪(surge)

1. 湧浪的分類:(見圖 8-2)

   (1)正湧浪(positive surge):抬升水面,使水深增加,可向上游或下游推進,具有較陡直之穩定波前。

   (2)負湧浪(negative surge):壓低水面,使水深減少,可向上游退

落，波前呈不穩定之現象，終將消散。

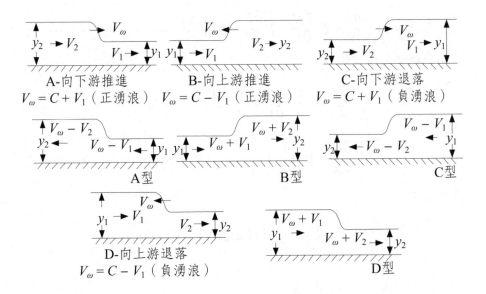

圖8-2　四種典型之湧浪

(a)上方四圖為變量流
(b)下方四圖表轉換為定量流（觀測者隨波前等速前進）

2. 正湧浪

(1)A型：正湧浪向下游推進

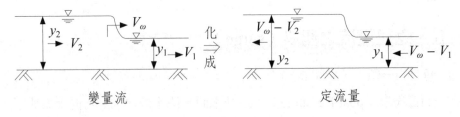

圖8-3

假設矩形斷面渠道，$S_0 = 0$，忽略底床及側壁之摩擦阻力

C.E.：

$$Q = A_2(V_\omega - V_2) = A_1(V_\omega - V_1)$$

$$\Rightarrow y_2(V_\omega - V_2) = y_1(V_\omega - V_1) = q$$

M. E.：

$$P_1 - P_2 = \rho Q[(V_\omega - V_2) - (V_\omega - V_1)]$$

$$\Rightarrow \frac{1}{2}\gamma y_1^2 - \frac{1}{2}\gamma y_2^2 = \rho q\left(\frac{q}{y_2} - \frac{q}{y_1}\right) = \rho q^2\left(\frac{y_1 - y_2}{y_1 y_2}\right)$$

$$\Rightarrow q^2 = \frac{1}{2}g y_1 y_2 (y_1 + y_2)$$

引用 $q = (V_\omega - V_1)y_1$，則 M. E. 變成

$$(V_\omega - V_1)^2 = \frac{1}{2}g\frac{y_2}{y_1}(y_1 + y_2)$$

$\because \quad V_\omega > V_1$

$$\therefore \quad \boxed{V_\omega = \sqrt{\frac{1}{2}g\frac{y_2}{y_1}(y_1 + y_2)} + V_1}$$

類比於 $V_\omega = C + V_1$，得大干擾之波速（湧浪）為

$$C = \sqrt{\frac{1}{2}g\frac{y_2}{y_1}(y_1 + y_2)}$$

式中，V_ω 為湧浪之絕對速度；

$\quad C$ 為湧浪之相對速度；

$\quad V_1$ 為未受干擾前之渠道流速。

若引用 $q = (V_\omega - V_2)y_2$，則可得

$$V_\omega = \sqrt{\frac{1}{2}g\frac{y_1}{y_2}(y_1 + y_2)} + V_2 \neq C + V_2$$

(2)B 型：正湧浪向上游推進

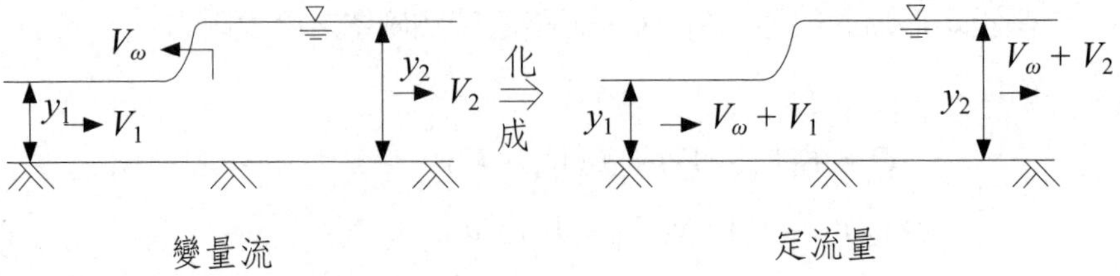

圖8-4

同理，於前述之 $q^2 = \dfrac{1}{2} g y_1 y_2 (y_1 + y_2)$ 一式中，

若引用　$q = (V_\omega + V_1)y_1$ ，

得　　　$\boxed{V_\omega = \sqrt{\dfrac{1}{2} g \dfrac{y_2}{y_1}(y_1 + y_2)} - V_1}$

相當於　$V_\omega = C - V_1$

若引用　$q = (V_\omega + V_2)y_2$

則可得　$V_\omega = \sqrt{\dfrac{1}{2} g \dfrac{y_1}{y_2}(y_1 + y_2)} - V_2$

註：微小振幅波，即小干擾之波速 $C = \sqrt{gy}$ 。

　　將正湧浪看成許多小干擾具不同水深所組成之大干擾，若固定以 y_1 表未受干擾前之水深，y_2 表干擾後之水深，則由前述正湧浪之圖（包括第 A 型及第 B 型），可知 $y_2 > y_1$，故 $C_2 = \sqrt{gy_2} > C_1 = \sqrt{gy_1}$；因此，正湧浪之波前會變成較陡直，且漸趨於形成穩定（stable）之波前。

3. 負湧浪

   (1)C 型：負湧浪向下游退落

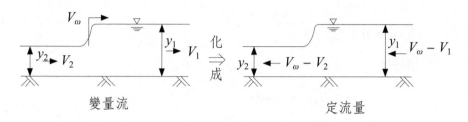

變量流　　　　　　　　　　　　定流量

圖8-5

假設矩形斷面之水平渠道，忽略摩擦阻力

C. E.：$(V_\omega - V_2)y_2 = (V_\omega - V_1)y_1$

令 $V_1 = V$，$y_1 = y$，$V_2 = V - \delta V$，$y_2 = y - \delta y$

並忽略微量之高次項，則

$$\delta V \cdot y = (V_\omega - V)\delta y$$

$$\Rightarrow \frac{\delta V}{\delta y} = \frac{V_\omega - V}{y} \quad\cdots\cdots\cdots\cdots\cdots\cdots\cdots\cdots\cdots\cdots\cdots③$$

M. E.：$\dfrac{1}{2}\gamma(y_1^2 - y_2^2) = \rho(V_\omega - V_1)y_1[(V_\omega - V_2) - (V_\omega - V_1)]$

$$\Rightarrow \frac{1}{2}g[y^2 - (y - \delta y)^2] = (V_\omega - V)y(V - V + \delta V)$$

$$\Rightarrow \frac{\delta V}{\delta y} = \frac{g}{V_\omega - V} \quad\cdots\cdots\cdots\cdots\cdots\cdots\cdots\cdots\cdots\cdots\cdots④$$

③ = ④：

$$(V_\omega - V)^2 = C^2 = gy$$

$$\therefore\quad C = \pm\sqrt{gy}\ \text{或}\ V_\omega = V \pm \sqrt{gy} \quad\cdots\cdots\cdots\cdots\cdots\cdots\cdots⑤$$

代入④式，得

$$\frac{\delta V}{\delta y} = \pm \sqrt{\frac{g}{y}}$$

當 $\delta y \to 0$，$\dfrac{dV}{dy} = \pm \sqrt{\dfrac{g}{y}}$

積分得

$$V = 2\sqrt{gy} + \text{const.}$$

I. C.：當 $y = y_0$ 時，$V = V_0$

$$V_0 = 2\sqrt{gy_0} + \text{const.}$$

$$\Rightarrow \text{const.} = V_0 - 2\sqrt{gy_0}$$

$$\therefore \quad V = 2\sqrt{gy} + V_0 - 2\sqrt{gy_0}$$

又由⑤式，取 $V_\omega = V + \sqrt{gy}$ 時，可得

$$V_\omega = V + \sqrt{gy} = 3\sqrt{gy} + V_0 - 2\sqrt{gy_0} \cdots\cdots\cdots\cdots ⑥$$

負湧浪之剖面：$x = V_\omega t$

$$\Rightarrow x = (3\sqrt{gy} + V_0 - 2\sqrt{gy_0})t \cdots\cdots\cdots\cdots\cdots ⑦$$

由⑥式及⑦式得

$$V = \frac{V_0}{3} + \frac{2}{3}\frac{x}{t} - \frac{2}{3}\sqrt{gy_0}$$

註：固定 y，可得 $x \sim t$ 關係，

固定 t，可得 $x \sim y$ 關係，

固定 x，可得 $y \sim t$ 關係，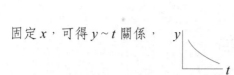

(2)D 型：負湧浪向上游退落，推導同 C 型，但須考慮方向。

4. 負湧浪考題解法

$$
\begin{cases}
\dfrac{dx}{dt} = V_\omega = V(t) + C(t) \\
V(t) - 2C(t) = V_1 - 2C_1
\end{cases}
$$

$$\Rightarrow \frac{dx}{dt} = 3C(t) + V_1 - 2C_1 \quad \leftarrow 較可行 \cdots\cdots\cdots\cdots\cdots\cdots ⑧$$

或 $\dfrac{dx}{dt} = \dfrac{3}{2}V(t) - \dfrac{1}{2}V_1 + C_1 \quad \leftarrow V(t) 難求$

⑦式相當於⑧式，

$$\frac{dx}{dt} = \frac{\Delta x}{\Delta t} = \frac{x - x_0}{t - t_0}$$

令水位起源點為 x_0，時間為 t_0，則⑧式變成⑦式。

C 型與 D 型均可利用上述之公式，惟須考量座標之方向。

5. 正湧浪之收斂性質

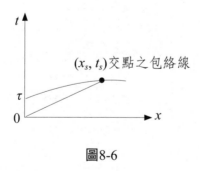

圖8-6

如圖 8-6 所示，由 $(0, \tau)$ 點發出之 C_+ 特性曲線之反斜率為

$$\frac{dx}{dt} = 3C(\tau) + V_0 - 2C_0$$

$$\frac{x}{t-\tau} = 3C(\tau) + V_0 - 2C_0$$

$$\therefore \quad x = (t-\tau)[3C(\tau) + V_0 - 2C_0] \cdots\cdots\cdots\cdots\cdots\cdots\cdots\cdots ⑨$$

對 τ 微分得：

$$0 = -[3C(\tau) + V_0 - 2C_0] + 3(t-\tau)C'(\tau) \cdots\cdots\cdots\cdots\cdots\cdots ⑩$$

由⑩式得

$$t - \tau = \frac{3C(\tau) + V_0 - 2C_0}{3C'(\tau)} \cdots\cdots\cdots\cdots\cdots\cdots\cdots\cdots\cdots\cdots ⑪$$

對交點之包絡線上之一點 (x_s, t_s)

⑪式代入⑨式得

$$\boxed{x_s = \frac{[3C(\tau) + V_0 - 2C_0]^2}{3C'(\tau)}}$$

由⑪式得

$$\boxed{t_s = \tau + \frac{[3C(\tau) + V_0 - 2C_0]}{3C'(\tau)}}$$

六、潰壩問題（dam-break problem）

1. 下游河床乾涸（見圖 8-7）

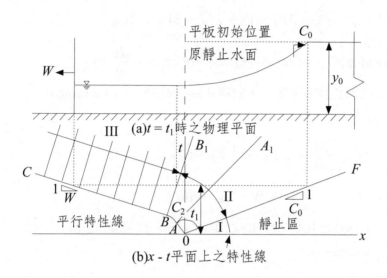

圖8-7

(1)在 $OABC$ 上任一點 A，沿著 C_+ 特性線

$$V_A - 2C_A = V_0 - 2C_0 = 0 - 2\sqrt{gy_0}$$

式中，V_A = 平板之速度。

$$\therefore \quad C_A = \frac{1}{2}(V_A - V_0) + C_0 = \frac{1}{2}V_A + C_0$$

(2)由 A 點發出之 C_+ 特性線之反斜率為

$$\frac{dx}{dt} = V_A + C_A = \frac{3}{2}V_A - \frac{1}{2}V_0 + C_0$$

或　$$\frac{dx}{dt} = V_A + C_A = 3C_A + V_0 - 2C_0$$

(3)第 I 區：靜止區

第 II 區：

$$\frac{dx}{dt} = \frac{3}{2}V_A - \frac{1}{2}V_0 + C_0 = \frac{3}{2}V_A + C_0$$

或　$$\frac{dx}{dt} = 3V_A + V_0 - 2C_0 = 3V_A - 2C_0$$

O 至 B 間，平板右移速度增加，V_A 增加，$\dfrac{dx}{dt}$ 變小

$\therefore C_+$ 特性線斜率變大，故第 II 區中 C_+ 線發散（diverge）。

第 III 區：

$$\frac{dx}{dt} = \frac{3}{2}V_B - \frac{1}{2}V_0 + C_0$$

$$= -\frac{3}{2}W + C_0 = \text{const.}$$

故 C_+ 曲線斜率不變，即 C_+ 曲線平行，其水深為定值。

(4) y_B 之極限情況：

於第 III 區中，

$$V_B - 2C_B = V_0 - 2C_0$$

$$\Rightarrow \quad -W - 2C_B = 0 - 2C_0$$

$$\Rightarrow \quad C_B = -\frac{1}{2}W + C_0$$

$$\Rightarrow \quad \sqrt{gy_B} = -\frac{1}{2}W + C_0$$

$$\therefore \quad \boxed{y_B = \frac{1}{g}\left(C^0 - \frac{1}{2}W\right)^2}$$

若 $W = 2C_0$，$y_B = 0$，則在平板處 $y = 0$；

若 $W > 2C_0$，則平板與水不接觸，但尾端仍以 $-2C_0$ 速度向左移動。

(5) 壩體完全移除：$W > 2C_0$（見圖 8-8）

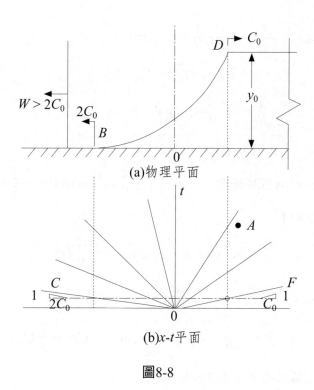

(a)物理平面

(b)x-t平面

圖8-8

①當 $t = 0$ 時，*OAB* 曲線縮成一點，所以在 *O* 點瞬間有不同的水深出現。

②任意點 *A*，其 y_A 及 V_A 可以下二式求得：

$$C_A = \sqrt{g\,y_A}$$

$$\frac{dx}{dt} = V_A + C_A = 3C_A + V_0 - 2C_0$$

或　　$$\frac{dx}{dt} = V_A + C_A = \frac{3}{2} V_A - \frac{1}{2} V_0 + C_0$$

③負湧浪之水面剖線方程式：

$$\begin{cases} V(x, t) - 2C(x, t) = V_0 - 2C_0 \\ \dfrac{dx}{dt} = V(x, t) + C(x, t) \end{cases}$$

$$\Rightarrow \quad \frac{dx}{dt} = 3C(x, t) + V_0 - 2C_0$$

$$= 3\sqrt{g\,y(x, t)} + V_0 - 2C_0$$

$$\therefore \quad \frac{dx}{dt} = \frac{x - 0}{t - 0} = 3\sqrt{g\,y} + V_0 - 2C_0$$

即 $\boxed{x = (3\sqrt{g\,y} + V_0 - 2C_0)t}$

④在 $x = 0$（即壩址處），水深 $y = \dfrac{4}{9}y_0$，流速 $V = -\dfrac{2}{3}C_0$

【證明】

$$\frac{0}{t} = 3\sqrt{g\,y} + 0 - 2\sqrt{g\,y_0} \Rightarrow y = \frac{4}{9}y_0$$

在 $x = 0$ 之 C_+ 線上，$\dfrac{dx}{dt} = V + C = 0$

$$\Rightarrow \quad V + \sqrt{g \times \frac{4}{9}y_0} = 0 \quad \therefore V = -C = -\frac{2}{3}C_0$$

因此壩址處單位寬度流量為

$$q_{x=0} = -\frac{2}{3}C_0 \times \frac{4}{9}y_0 = -\frac{8}{27}C_0 y_0 = -\frac{8}{27}\sqrt{g\,y_0^3}$$

其中，負號表向下游方向（即 -x 方向）流動。

2. 下游河床有固定靜水深度（見圖 8-9）

第 I 區：靜止區，$y = y_0 = $ const.

第 II 區：負湧浪，如同前節，所有 C_+ 曲線均發自 O 點

第 III 區：$y = y_3 = $ const.，且 $\dfrac{dx}{dt} = 3\sqrt{g\,y_3} - 2\sqrt{g\,y_0} = $ const.

$\therefore C_+$ 線皆平行。

第 IV 區：$y = y_4 = $ const.，亦為靜止區。

C 點位置之判別：

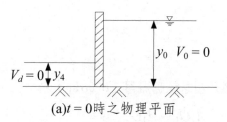

(a)$t = 0$時之物理平面

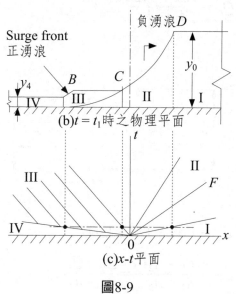

(b)$t = t_1$時之物理平面

(c)x-t平面

圖8-9

(1)$y_4 = 0.138y_0$

⇒C 點停滯在原處，$q_{x=0} = \dfrac{8}{27}C_0y_0 = \dfrac{8}{27}\sqrt{gy_0^3}$

(2)$y_4 > 0.138y_0$

⇒C 點往上游方向（即 $+x$ 方向）移動，$q_{x=0} < \dfrac{8}{27}C_0y_0$

(3)$y_4 < 0.138y_0$

⇒C 點往下游方向（即 $-x$ 方向）移動，$q_{x=0} = \dfrac{8}{27}C_0y_0$

● 精選例題

例1 試推導一斜升波之超越流量（overrun）為

$$Q_r = \frac{A_2 Q_1 - A_1 Q_2}{A_1 - A_2}$$

解

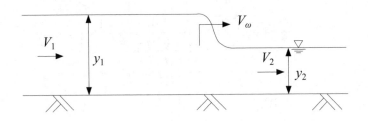

C.E.：$Q_r = (V_\omega - V_1)A_1 = (V_\omega - V_2)A_2$

$$\Rightarrow V_\omega = \frac{A_1 V_1 - A_2 V_2}{A_1 - A_2} = \frac{Q_1 - Q_2}{A_1 - A_2}$$

$$\therefore Q_r = (V_\omega - V_1)A_1 = \left(\frac{Q_1 - Q_2}{A_1 - A_2} - V_1 \right) A_1$$

$$= \left(\frac{Q_1 - Q_2 - A_1 V_1 + A_2 V_1}{A_1 - A_2} \right) A_1 = \frac{(A_2 V_1 - Q_2) A_1}{A_1 - A_2}$$

$$= \frac{A_1 A_2 V_1 - A_1 Q_2}{A_1 - A_2} = \frac{A_2 Q_1 - A_1 Q_2}{A_1 - A_2}$$

例2 試推導一寬廣矩形斷面渠道，具斜升波之單位寬度流量及速度可表示如下：

$$Q_r = \frac{y_1 y_2 C \sqrt{S_0}}{\sqrt{y_1} + \sqrt{y_2}}$$

$$V_\omega = \frac{1 - (y_1/y_2)^{3/2}}{1 - y_1/y_2} V_2$$

式中，C 為 Chezy 阻力係數。

解

寬廣矩形渠道：$R \doteq y$

取單位寬度：$A = 1 \times y = y$

Chezy 公式：$V = C\sqrt{RS_0} \doteq C\sqrt{yS_0}$

(1)C. E.：$Q_1 = A_1 V_1 = y_1 C\sqrt{y_1 S_0} = C\sqrt{S_0}\, y_1^{3/2}$

$$Q_2 = A_2 V_2 = y_2 C\sqrt{y_2 S_0} = C\sqrt{S_0}\, y_2^{3/2}$$

$\therefore \quad Q_r = \dfrac{A_2 Q_1 - A_1 Q_2}{A_1 - A_2} = \dfrac{y_2 C\sqrt{S_0}\, y_1^{3/2} - y_1 C\sqrt{S_0}\, y_2^{3/2}}{y_1 - y_2}$

$$= \frac{C\sqrt{S_0}\, y_1 y_2 (\sqrt{y_1} - \sqrt{y_2})}{(\sqrt{y_1} + \sqrt{y_2})(\sqrt{y_1} - \sqrt{y_2})} = \frac{y_1 y_2 C\sqrt{S_0}}{\sqrt{y_1} + \sqrt{y_2}}$$

(2)C.E.：$(V_\omega - V_1)A_1 = (V_\omega - V_2)A_2$

$$\Rightarrow V_\omega = \frac{A_1 V_1 - A_2 V_2}{A_1 - A_2} = \frac{y_1 V_1 - y_2 V_2}{y_1 - y_2}$$

$$= \frac{\dfrac{V_1}{V_2}\dfrac{y_1}{y_2} - 1}{\dfrac{y_1}{y_2} - 1} V_2 = \frac{\dfrac{C\sqrt{S_0}\, y_1^{3/2}}{C\sqrt{S_0}\, y_2^{3/2}} - 1}{\dfrac{y_1}{y_2} - 1} V_2$$

$$= \frac{1 - (y_1/y_2)^{3/2}}{1 - (y_1/y_2)} V_2$$

例3 一矩形斷面渠道，其寬度為 4.0m，流量為 12.0cms，水深為 2.0m，當水流下游之閘門突然間完全關閉，計算所引起之湧浪高度及速度為若干？

解

判斷題意得知為正湧浪向上游推進之例

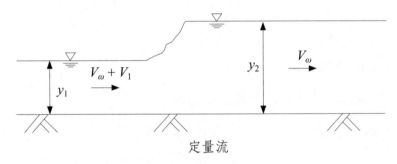

定量流

$y_1 = 2.0\text{m}$，$V_2 = 0$，$B = 4.0\text{m}$，$Q = 12.0\text{cms}$，$V_1 = \dfrac{12}{8} = 1.5\text{m/s}$

C. E.：$(V_1 + V_\omega)By_1 = V_\omega By_2$

$\Rightarrow$ $(1.5 + V_\omega) \times 2.0 = V_\omega \cdot y_2$

$\therefore$ $V_\omega = \dfrac{3}{y_2 - 2}$ ···①

M. E.：$\dfrac{\gamma}{2}(y_1^2 - y_2^2) = \rho(V_1 + V_\omega)y_1(V_\omega - V_1 - V_\omega)$

$\Rightarrow y_2^2 - y_1^2 = \dfrac{2}{g}(V_1 + V_\omega)y_1V_1$

$\Rightarrow y_2^2 - 4 = \dfrac{2}{9.81}(1.5 + V_\omega) \times 3$ ····························②

①式代入②式，得

$(y_2 - 2)^2(y_2 + 2) = 0.9174y_2$

$\Rightarrow y_2 = 2.728\text{(m)}$

$$\therefore \quad V_\omega = \frac{3}{0.728} = 4.121(\text{m/s})$$

湧浪之絕對速度為 $V_\omega = 4.121$m/s，向上游方向

湧浪之高度為 $h = y_2 - y_1 = 2.728 - 2 = 0.728(\text{m})$

例4 一寬度為 3m 之矩形斷面渠道，流量為 $3.60\text{m}^3/\text{s}$，流速為 0.8m/s，今渠道上游水流量突然增加以致水深上升 50%，試計算 湧浪之絕對速度和改變後之新流量為若干？

解

判斷題意知為正湧浪向下游推進之例

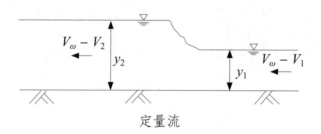

定量流

$B = 3\text{m}$，$Q = 3.6$cms，$V_1 = 0.8$m/s，$y_1 = \dfrac{3.6}{0.8 \times 3} = 1.5(\text{m})$

$y_2 = y_1(1 + 0.5) = 1.5 \times 1.5 = 2.25(\text{m})$

M. E.：$V_\omega = \sqrt{\dfrac{1}{2}g\dfrac{y_2}{y_1}(y_1 + y_2)} + V_1$

$= \sqrt{\dfrac{1}{2} \times 9.81 \times \dfrac{2.25}{1.5}(1.5 + 2.25)} + 0.8$

$= 6.053(\text{m/s})$

C. E.：$By_2(V_\omega - V_2) = By_1(V_\omega - V_1)$

$\Rightarrow 2.25(6.053 - V_2) = 1.5(6.053 - 0.8)$

⇒ $V_2 = 2.551$(m/s)

∴新流量　$Q' = By_2V_2 = 3.0 \times 2.25 \times 2.551 = 17.22$(cms)

例5　一矩形斷面渠道，其單位寬度流量為 10.0m²/s，水深為 2.50m，今閘門突然部分關閉使得流量減少 60%，試計算湧浪之高度及速度？

解

由題意判斷為負湧浪向下游退落之例

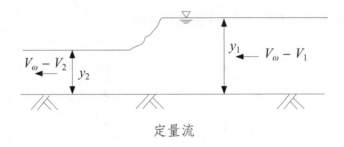

定量流

$$q = \frac{Q}{B} = 10.0\text{m}^2/\text{s} \text{，} y_1 = 2.50\text{m}$$

$$\Rightarrow V_1 = \frac{q}{y_1} = \frac{10}{2.5} = 4\text{(m/s)}$$

$$q' = \frac{Q'}{B} = q \times (1 - 0.6) = 0.4 \times 10 = 4\text{(m}^2/\text{s)}$$

由 $V(t) - 2C(t) = V_0 - 2C_0$ ···①

令 $V(t) = V_2$，$C(t) = C_2 = \sqrt{g\,y_2}$，$V_0 = V_1$，$C_0 = C_1 = \sqrt{g\,y_1}$

∴①式變成

$$V_2 \quad 2\sqrt{gy_2} = V_1 - 2\sqrt{gy_1}$$

$$\Rightarrow \frac{4}{y_2} - 2\sqrt{9.81\,y_2} = 4 - 2\sqrt{9.81 \times 2.5}$$

$$\Rightarrow \frac{4}{y_2} - 6.264y_2^{1/2} + 5.905 = 0$$

$$\therefore \quad y_2 = 1.725\text{(m)}$$

$$\Rightarrow V_2 = \frac{4}{1.725} = 2.319\text{(m/s)}$$

$$h = y_1 - y_2 = 2.50 - 1.725 = 0.775\text{(m)}$$

$$V_\omega = \frac{dx}{dt} = 3C_2 + V_1 - 2C_1 = 3\sqrt{gy} + V_1 - 2\sqrt{gy_1}$$

令 $y = y_1 \Rightarrow V_\omega = \sqrt{gy_1} + V_1 = \sqrt{9.81 \times 2.5} + 4 = 8.95\text{(m/s)}$

故湧浪之高度為 $h = 0.775\text{m}$；

湧浪之絕對速度為 $V_\omega = 8.95\text{m/s}$，向下游方向。

例6 某河渠之水深為 8ft，流速為 3ft/s，當遇到暴潮時，水深突增至 12ft，求此湧浪往上游移動之速度及湧浪經過後，水流之流速為何？

解

正湧浪往上游移動之型式

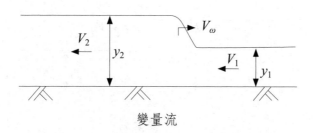

變量流

$y_1 = 8\text{ft}$，$V_1 = 3\text{ft/s}$，$y_2 = 12\text{ft}$

M. E.：$q^2 = \dfrac{1}{2}gy_1y_2(y_1 + y_2)$

C. E.：$q = (V_\omega + V_1)y_1 = (V_\omega + V_2)y_2$

$\therefore \quad (V_\omega + V_1)^2 y_1^2 = \dfrac{1}{2}gy_1y_2(y_1 + y_2)$

$\Rightarrow \quad V_\omega = \sqrt{\dfrac{1}{2}g\dfrac{y_2}{y_1}(y_1 + y_2)} - V_1$

$\qquad = \sqrt{\dfrac{1}{2} \times 32.2 \times \dfrac{12}{8}(8 + 12)} - 3$

$\qquad = 18.98(\text{ft/s})$，往上游方向

代入 C. E. 得

$\qquad (V_\omega + V_2)y_2 = (V_\omega + V_1)y_1$

$\Rightarrow \quad (V_2 + 18.98) \times 12 = (18.98 + 3) \times 8$

$\Rightarrow \quad V_2 = -4.33(\text{ft/sec})$，負號表往上游方向

例7 某一河口發生暴潮，河水向上游以 8.0m/s 之速度傳播，於暴潮未抵達前之定量均勻流，其水深及流速分別為 3.2m 及 1.0m/s，求暴潮之高度。

解

正湧浪往上游移動之型式

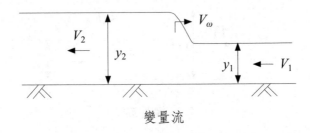

變量流

$V_\omega = 8.0\text{m/s}$，$y_1 = 3.2\text{m}$，$V_1 = 1.0\text{m/s}$

M. E.：$V_\omega = \sqrt{\dfrac{1}{2}g\dfrac{y_2}{y_1}(y_1+y_2)} - V_1$

$\Rightarrow 8 = \sqrt{\dfrac{1}{2}\times 9.81 \times \dfrac{y_2}{3.2} \times (y_2+3.2)} - 1.0$

$\Rightarrow 81 = \dfrac{1}{2}\times 9.81 \times \dfrac{y_2}{3.2}(y_2+3.2)$

$\Rightarrow y_2 = 5.847(\text{m})$

$\therefore$ 暴潮之高度 $= y_2 - y_1 = 5.847 - 3.2 = 2.647(\text{m})$

例8 一矩形斷面渠道，其水深為 2.0m，流速為 1.0m/s，今流量突增至三倍，求水深增至多少？

解

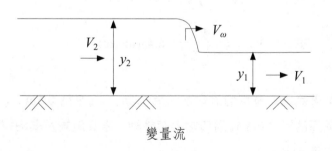

變量流

$y_1 = 2.0\text{m}$，$V_1 = 1.0\text{m/s}$

$V_2 y_2 = 3V_1 y_1 = 3 \times 1.0 \times 2.0 = 6$

C. E.：$(V_\omega - V_1)y_1 = (V_\omega - V_2)y_2 = q$

$\Rightarrow (V_\omega - 1)\times 2 = V_\omega y_2 - V_2 y_2 = V_\omega y_2 - 6$

$\Rightarrow 2V_\omega - 2 = V_\omega y_2 - 6$

$$\Rightarrow V_\omega = \frac{4}{y_2 - 2} \cdots\cdots\cdots\cdots\cdots\cdots\cdots\cdots\cdots\cdots\cdots ①$$

M. E. $: q^2 = \frac{1}{2} g y_1 y_2 (y_1 + y_2)$

$$\Rightarrow V_\omega = \sqrt{\frac{1}{2} g \frac{y_2}{y_1} (y_1 + y_2)} + V_1$$

$$= \sqrt{\frac{1}{2} \times 9.81 \times \frac{y_2}{2} \times (2 + y_2)} + 1.0$$

$$= \sqrt{2.45 y_2 (y_2 + 2)} + 1.0 \cdots\cdots\cdots\cdots\cdots\cdots\cdots ②$$

①式＝②式，得

$$\frac{4}{y_2 - 2} = \sqrt{2.45 y_2 (y_2 + 2)} + 1.0$$

由試誤法：$y_2 = 2.62$m

代入　$V_2 y_2 = 6 \Rightarrow V_2 = \frac{6}{2.62} = 2.29$(m/sec)

代入①式，　$V_\omega = \frac{4}{2.62 - 2} = 6.45$(m/sec)

例9　某渠流之定量均勻流之水深為 2.6m，流速為 0.8m/s，今遇到暴潮高度為 2.0m 往河口之上游移動，求其波速及暴潮經過後之淨流量大小。

解

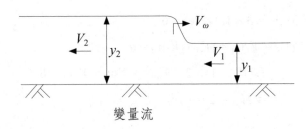

變量流

$y_1 = 2.6\text{m}$，$V_1 = 0.8\text{m/s}$，$\Delta y = y_2 - y_1 = 2.0\text{m}$ $\Rightarrow y_2 = 4.6\text{m}$

C. E.：$q = (V_\omega + V_1)y_1 = (V_\omega + V_2)y_2$

$$\Rightarrow (V_\omega + 0.8) \times 2.6 = (V_\omega + V_2) \times 4.6$$

$$\Rightarrow V_2 = \frac{2.6}{4.6}(V_\omega + 0.8) - V_\omega \cdots\cdots\cdots\cdots\cdots\cdots\cdots\cdots ①$$

M. E.：$q^2 = \frac{1}{2}gy_1y_2(y_1 + y_2)$

$$\Rightarrow (V_\omega + V_1)^2 y_1^2 = \frac{1}{2}gy_1y_2(y_1 + y_2)$$

$$\Rightarrow V_\omega = \sqrt{\frac{1}{2}g\frac{y_2}{y_1}(y_1 + y_2)} - V_1$$

$$= \sqrt{\frac{1}{2} \times 9.81 \times \frac{4.6}{2.6}(2.6 + 4.6)} - 0.8$$

$$= 7.10(\text{m/s})，往上游方向$$

代入①式，得

$$V_2 = \frac{2.6}{4.6}(7.10 + 0.8) - 7.10$$

$$= -2.63(\text{m/s})，負號表往上游移動$$

∴淨流量　$q_2 = V_2 y_2 = 2.63 \times 4.6 = 12.1(\text{m}^2/\text{s})$

例10 某一矩形渠道因閘門突然上舉，產生一高度為 0.75m 之湧浪，閘門上游初始水深為 3.0m，求通過閘門每單位寬度之流量，並求閘門開啟後 4sec 之負湧浪水面剖線。

解

(1)$h = y_1 - y_2 = 0.75(\text{m})$，$V_1 = 0$

$y_1 = 3.0\text{m}$　∴$y_2 = 2.25\text{m}$

由特性法，並設負湧浪往上游方向為正向，則

$$-V_2 - 2\sqrt{gy_2} = -V_1 - 2\sqrt{gy_1}$$

$$\Rightarrow \quad V_2 = 2\sqrt{9.81 \times 3} - 2\sqrt{9.81 \times 2.25}$$

$$= 1.45(\text{m/s}),\ \text{往下游方向}$$

$$\therefore \quad q = V_2 y_2 = 1.45 \times 2.25 = 3.26(\text{cms/m})$$

$$(2) V_\omega = \frac{x}{t} = V + C = 3\sqrt{gy} - V_1 - 2\sqrt{gy_1}$$

$$= 3\sqrt{9.81 \times y} - 0 - 2\sqrt{9.81 \times 3}$$

$$\Rightarrow x = (9.396\sqrt{y} - 10.85)t$$

$$於 \quad t = 4\text{sec}, \ x = (9.396\sqrt{y} - 10.85) \times 4$$

$$\therefore \quad x = 37.85\sqrt{y} - 43.4$$

例11 一矩形斷面渠道之水流以水深 2.0m 及流速 1.0m/s 排放至一大湖泊中，湖面與河水面初始時同高，今突然開始下降，導致河口之流速以每小時 0.3m/s 開始增加，持續 4 小時。求距河口上游 2km 處之流速增加至 1.6m/s 時所需之時間，並求此時距河口上游多遠處流速受影響？假設 $S_0 = S_f = 0$。

解

取往上游方向為 +x 方向，則

$$V_1 = -1.0\text{m/s},\ y_1 = 2.0\text{m},\ C_1 = \sqrt{gy_1} = \sqrt{9.81 \times 2} = 4.43(\text{m/s})$$

$t = 2\text{hr}$ 時，$x = 0$ 處之流速

$$V_2 = 1.0 + 2 \times 0.3 = 1.6(\text{m/s})$$

$$\therefore \quad \frac{dx}{dt} = \frac{3}{2}V_2 - \frac{V_1}{2} + C_1$$

$$= -\frac{3}{2} \times 1.6 - \frac{1}{2} \times 1.6 \times (-1.0) + 4.43 = 2.53(\text{m/s})$$

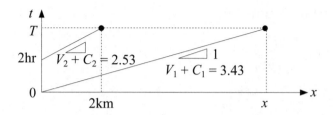

$$\Delta t = \frac{2000}{2.53} = 790.5\text{sec} = 13\text{min}10.5\text{sec}$$

$\therefore \quad T = 2 + \Delta t = 2\text{hr}13\text{min}10.5\text{sec}$

$x = 3.43 \times (2 \times 3600 + 790.5) = 27,407\text{m} = 27.4\text{km}$

例12 如圖所示，當閘門突然關閉，求欲使閘門處水深 y_1 恰為零時，未干擾水流之福祿數（Froude number）為何？若 $V_0 = 20\text{ft/sec}$，求其水面剖線方程式。假設無摩擦損失及垂向加速度可忽略。

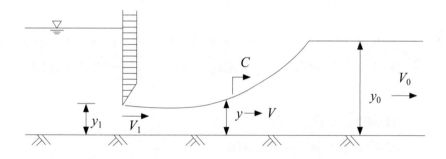

解

此型為負湧浪向下游退落之型

採用特性線法，則

$$V - 2\sqrt{gy} = V_0 - 2\sqrt{gy_0}$$

當 $y = y_1 = 0$ 時，$V = V_1 = 0$

$$\Rightarrow \quad V_0 - 2\sqrt{gy_0} = 0$$

$$\therefore \quad F_{r_0} = \frac{V_0}{\sqrt{gy_0}} = 2$$

水面剖線方程式為

$$\frac{dx}{dt} = \frac{x}{t} = V + \sqrt{gy} = 3\sqrt{gy} + V_0 - 2\sqrt{gy_0}$$

$$\Rightarrow x = (3\sqrt{gy} + V_0 - 2\sqrt{gy_0})\,t$$

若 $V_0 = 20\text{ft/sec}$，水面剖線方程式為：

$$x = (3\sqrt{gy} + 20 - 2\sqrt{gy_0})\,t$$

因 $\quad F_{r_0} = \frac{V_0}{\sqrt{gy_0}} = 2 \Rightarrow V_0 - 2\sqrt{gy_0} = 0$

則水面剖線方程式變為：

$$x = 3\sqrt{gy}\,t$$

例13 一寬 3 公尺之水平底床矩形渠道，於閘門（lock）內之靜水深
為 3 公尺，閘門外之靜水深為 30 公分，若閘門突然被移開，試
求：

(1)湧浪之速度及高度。

(2)固定水深區域之增長速率。

(3)閘門突然打開後之出流量。

解

$y_0 = 3\text{m}$，$V_0 = 0$

$y_4 = 0.3\text{m}$，$V_4 = 0$

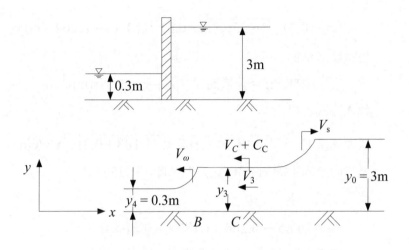

(1)C.E.：$(V_w - V_4)y_4 = (V_w - V_3)y_3$

　　$\Rightarrow V_w \times 0.3 = (V_w - V_3)y_3$

　　$\Rightarrow V_w = \dfrac{V_3 y_3}{y_3 - 0.3}$ ··①

　M.E.：$V_w = V_4 + \sqrt{\dfrac{1}{2}g\dfrac{y_3}{y_4}(y_3 + y_4)}$

　　　　$V_w = \sqrt{\dfrac{9.81}{2}\dfrac{y_3}{0.3}(y_3 + 0.3)} = \sqrt{16.35 y_3 (y_3 + 0.3)}$ ····②

　M.O.C.：$-V_3 - 2C_3 = V_0 - 2C_0$

　　　　$\Rightarrow -V_3 - 2\sqrt{gy_3} = V_0 - 2\sqrt{gy_0}$

　　　　$\Rightarrow -V_3 - 2\sqrt{9.81 y_3} = 0 - 2\sqrt{9.81 \times 3}$

　　　　$\Rightarrow V_3 + 6.264\sqrt{y_3} = 10.85$

　　　　$\Rightarrow V_3 = 10.85 - 6.264\sqrt{y_3}$ ·······························③

　　將②式及③式代入①式，得

$$(y_3 - 0.3)\sqrt{16.35y_3(y_3+0.3)} = (10.85 - 6.264\sqrt{y_3})y_3$$

由試誤法求得

$$y_3 = 1.188(\text{m}) \Rightarrow 湧浪高度 = y_3 - y_4 = 0.888(\text{m})$$

代入②式，得

湧浪速度 $V_w = \sqrt{16.35 \times 1.188 \times (1.188+0.3)} = 5.376(\text{m/s})$

其方向為向水深為 0.3m 之方向，即 $-x$ 方向。

代入③式，得

$$V_3 = 10.85 - 6.264\sqrt{1.188} = 4.023(\text{m/s})$$

其方向為向水深為 0.3m 之方向，即 $-x$ 方向。

(2) $\dfrac{dx}{dt}\bigg|_{x=c} = V_C + C_C = -V_3 + \sqrt{gy_3} = -4.023 + \sqrt{9.81 \times 1.188}$

$$= -0.609(\text{m/s})，負號表向 -x 方向$$

$\therefore$ 固定水深區域之增長速率為

$$V_w + \dfrac{dx}{dt}\bigg|_{x=c} = 5.376 - 0.609 = 4.767(\text{m/s})$$

(3)於閘門位置，若 C 點不動，則

$$\dfrac{dx}{dt}\bigg|_{x=c} = 0 = 3\sqrt{gy} + V_0 - 2\sqrt{gy_0}$$

$$\Rightarrow y = \dfrac{4}{9}y_0$$

$$\dfrac{dx}{dt}\bigg|_{x=c} = 0 = V + C$$

$$\Rightarrow V = -C = -\dfrac{2}{3}C_0$$

今 C 點往水深為 0.3m 方向移動，其流量與 C 點不動時相同，

故

$$Q = B \times q = B \times V \times y = B \times \left(-\frac{2}{3}C_0\right) \times \frac{4}{9}y_0$$

$$= -\frac{8}{27}\sqrt{gy_0} \times y_0 \times B = -\frac{8}{27}\sqrt{9.81 \times 3} \times 3 \times 3$$

$$= -14.47\text{(cms)}，負號表往 }-x\text{ 方向流動}$$

● 歷屆試題

題1 比較緩變變量渠流（gradually varied unsteady flow）與急變變量
渠流（rapidly varied unsteady flow）之特性及計算時處理之原
則。　　　　　　　　　　　　　　　　　　　　　【75 年技師】

解

(1)緩變變量渠流（GVUF）：

　①特性：波形之曲率為平緩的，並且水深的變化也是緩和的，
　　流量隨時間變化而改變。

　②計算處理原則：垂向加速度可忽略，因而壓力分佈可考慮成
　　靜水壓力分佈。但渠道之摩擦阻力則不可忽略，必須加以考
　　慮。

　③舉例：洪水波即屬於緩變變量渠流。

(2)急變變量渠流（RVUF）：

　①特性：波形之曲率非常大，波面在短距離內變化大以致不連
　　續現象發生，流量亦隨時間變化而改變。

　②計算處理原則：渠道摩擦阻力可忽略，但垂向加速度，則不
　　可忽略。然而於實際計算時，亦常假設變化段之上、下游為

均勻流，故壓力分佈為靜水壓力分佈，且常化為定量流再求
解。

③舉例：湧浪即屬於急變變量渠流。

題2　詳細説明用閘門控制渠流時，當閘門於極短時間內突然關閉所
產生之波傳遞至上游，此時波形狀可能之變化及其傳播速度。

【71 年高考】

解

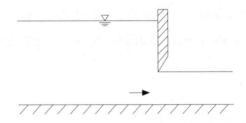

當閘門突然關閉，一反射之湧波向上游推進，形成所謂之正湧
波；而在下游端靠近閘門處之速度顯然由 V_1 驟變為 V_2（若完全關
閉則 $V_2 = 0$）

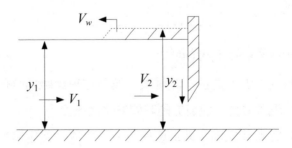

由 C.E.：$q = (V_w + V_1)y_1 = (V_w + V_2)y_2$ ·························· ①

M.E.：$q^2 = \dfrac{1}{2} gy_1y_2(y_1 + y_2)$ ··························· ②

將①式之 $q = (V_w + V_1)y_1$ 代入②式，得

$$V_w = \sqrt{\frac{1}{2} g \frac{y_2}{y_1}(y_1 + y_2)} - V_1$$

湧波之傳播速度為

$$C = V_w + V_1 = \sqrt{\frac{1}{2} g \frac{y_2}{y_1}(y_1 + y_2)}$$

而波形狀之變化如下：

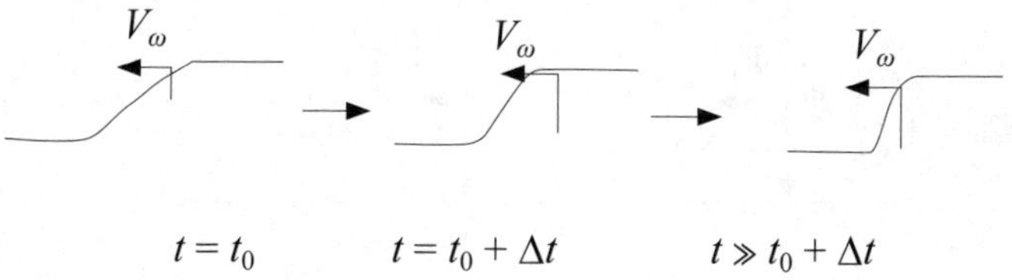

$$t = t_0 \qquad t = t_0 + \Delta t \qquad t \gg t_0 + \Delta t$$

即推進波前（advancing wavefront）之湧波剖面會趨於穩定
（stable）。

題3　閘閂急閉下，水流上、下游之波速？　　　　　　【71 年技師】

解

取如下之示意圖：

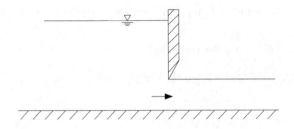

(1)閘門急閉下，水流上游形成正湧浪，並向上游推進
（advancing）

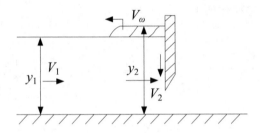

C.E.：$q = (V_w + V_1)y_1 = (V_w + V_2)y_2$ ······························①

M.E.：$q^2 = gy_1y_2(y_1 + y_2)$ ································②

若將①式中之 $q = (V_m + V_1)y_1$ 代入②式中，則得

$$V_w = \sqrt{\frac{1}{2}g\frac{y_2}{y_1}(y_1 + y_2)} - V_1$$

若將①式中之 $q = (V_w + V_2)y_2$ 代入②式中，則得

$$V_w = \sqrt{\frac{1}{2}g\frac{y_1}{y_2}(y_1 + y_2)} - V_2$$

(2)閘門急閉下，水流下游形成負湧浪，並向下游退落
（retreating）

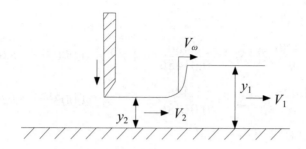

$$V = 2\sqrt{gy} + \text{const}$$

I.C.：$y = y_1$ 時，$V = V_1 \Rightarrow V_1 - 2\sqrt{gy_1} = \text{const}$

$$\therefore V = 2\sqrt{gy} + V_1 - 2\sqrt{gy_1}$$

又 $V_w = \dfrac{dx}{dt} = V_2 + \sqrt{gy_2}$

故 $V_w = V_2 + \sqrt{gy_2} = V_1 - 2\sqrt{gy_1} + 3\sqrt{gy_2}$

題4 圖示一斜升坡，以穩定形式之等波速 V_w 在寬闊矩形渠道中推進，若曼寧糙率 $n = 0.01486$，渠底坡度 $S_0 = 0.0003$，試求 V_w 為若干？　　　　　　　　　　　　　　　　【72 年技師】

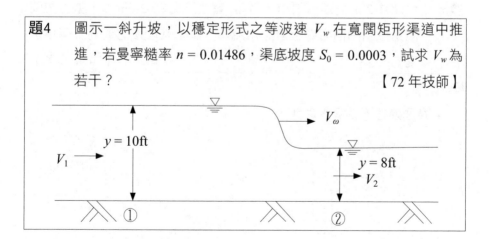

解

$$V_1 = \frac{1.486}{n} R_1^{2/3} S_0^{1/2} = \frac{1.486}{0.01486} \times 10^{2/3} \times 0.0003^{1/2} = 8.039(\text{ft/s})$$

$$V_2 = \frac{1.486}{n} R_2^{2/3} S_0^{1/2} = \frac{1.486}{0.01486} \times 8^{2/3} \times 0.0003^{1/2} = 6.928(\text{ft/s})$$

$$(V_w - V_1)A_1 = (V_w - V_2)A_2$$

$$\Rightarrow V_w = \frac{V_1 A_1 - V_2 A_2}{A_1 - A_2} = \frac{V_1 y_1 - V_2 y_2}{y_1 - y_2}$$

$$= \frac{8.039 \times 10 - 6.928 \times 8}{10 - 8} = 12.48(\text{ft/s})$$

註：$V_w = \dfrac{1 - \left(\dfrac{y_1}{y_2}\right)^{5/3}}{1 - \dfrac{y_1}{y_2}} V_2$ （採用曼寧公式）

題5 水深 1.2m 之矩形渠道，每 m 寬之流量為 2.0m³/s，當上游閘門緊急關閉而阻斷上游之水流時，試求其段波之波高及傳播速度。　　　　　　　　　　　　　　　　　　　　　　　【74 年高考】

解

負湧浪往下游退落之型式

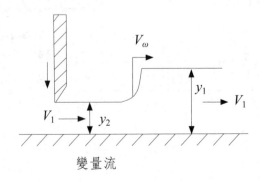

變量流

$V_2 - 0$，$y_1 = 1.2\text{m}$，$q_1 = 2.0\text{m}^3/\text{s/m}$

$$\Rightarrow V_1 = \frac{q_1}{y_1} = \frac{2.0}{1.2} = 1.667(\text{m/s})$$

$$V_2 - 2C_2 = V_1 - 2C_1 \Rightarrow 0 - 2\sqrt{gy_2} = 1.667 - 2\sqrt{g \times 1.2}$$

$$\Rightarrow y_2 = 0.688(\text{m})$$

$\therefore$ 波高　$\Delta h = y_1 - y_2 = 1.2 - 0.688 = 0.512(\text{m})$

傳播速度　$C = \sqrt{gy_1} = \sqrt{9.81 \times 1.2} = 3.43(\text{m/s})$

題6　一寬 4 公尺的水平矩形渠道以下射式閘門控制流量，當閘門開口為 2 公尺時，其流量為 12cms。

(1)當閘門開口瞬間增加為 3 公尺，試求此時的流量與湧浪速度。

(2)一分鐘後閘門開口又變回 2 公尺，試求新湧浪的最大速度。

（本題忽略閘門束縮影響）　　　　　【76 年高考】

解

(1)

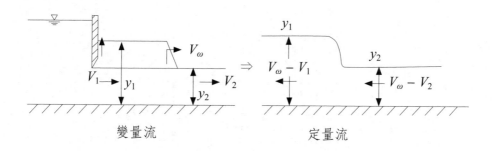

變量流　　　　　　　　定量流

$$y_2 = 2\text{m} \text{，} V_2 = \frac{12}{4 \times 2} = 1.5(\text{m/s}) \text{，} y_1 = 3\text{m}$$

C.E. ： $q = (V_m - V_1)y_1 = (V_w - V_2)y_2$

$\Rightarrow (V_w - V_1) \times 3 = (V_w - 1.5) \times 2$

$\Rightarrow V_w = 3V_1 - 3$ ·· ①

M.E. ： $q^2 = \frac{1}{2} gy_1 y_2 (y_1 + y_2)$

$\Rightarrow (V_w - V_2)^2 y_2^2 = gy_1 y_2 (y_1 + y_2)$

$\Rightarrow V_w = V_2 + \sqrt{\frac{1}{2} g \frac{y_1}{y_2} (y_1 + y_2)}$

$$= 1.5 + \sqrt{\frac{1}{2} \times 9.81 \times \frac{3}{2} (3 + 2)} = 7.57(\text{m/s})$$

代入①式可得　$V_1 = 3.52\text{m/s}$

$\quad q_* = V_1 y_1 = 3.52 \times 3 = 10.56(\text{cms/m})$

故流量為

$\quad Q = q_* \cdot B = 10.56 \times 4 = 42.24(\text{cms})$

湧浪速度為 $V_w = 7.57\text{m/s}$，向下游方向

(2)

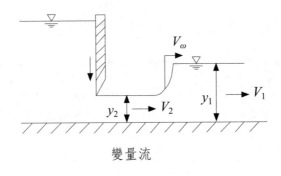

變量流

$y_2 = 2\text{m}$，$y_1 = 3\text{m}$，$V_1 = 3.52\text{m/s}$

負湧浪向下游退落之型式

$$V_2 - 2C_2 = V_1 - 2C_1$$

$$\Rightarrow \quad V_2 = 3.52 - 2\sqrt{9.81 \times 3} + 2\sqrt{9.81 \times 2} = 1.53(\text{m/s})$$

$$V_w = 3C + V_1 - 2C_1 = 3\sqrt{gy} + V_1 - 2\sqrt{gy_1}$$

欲使湧浪有最大值，故須令 $y = y_1$，即

$$V_w = 3\sqrt{gy_1} + V_1 - 2\sqrt{gy_1}$$

$$= \sqrt{9.81 \times 3} + 3.52 = 8.94(\text{m/s})$$

題7 矩形渠道水深 2m，$V = 1\text{m/s}$，當流量瞬間增 50% 時，求正湧浪之絕對速度。 【76 年技師】

解

變量流   定量流

$y_2 = 2\text{m}$，$V_2 = 1\text{m/s}$

$q_0 = V_2 y_2 = 2(\text{cms/m})$ $\Rightarrow q_1 = 2 \times 1.5 = 3(\text{cms/m})$

C.E.：$q = (V_w - V_1)y_1 = (V_w - V_2)y_2$

$$(V_m - V_1)y_1 = (V_w - 1) \times 2 \cdots\cdots\cdots\cdots\cdots\cdots\cdots\cdots ①$$

M.E.：$q^2 = \dfrac{1}{2} gy_1 y_2 (y_1 + y_2)$

$$\Rightarrow (V_w - V_2)^2 y_2^2 = \frac{1}{2} gy_1y_2(y_1 + y_2) \cdots\cdots\cdots\cdots\cdots ②$$

又 $q_1 = V_1 y_1 = 3 \cdots\cdots\cdots\cdots\cdots\cdots\cdots\cdots\cdots\cdots ③$

由①式

$$V_w y_1 - V_1 y_1 = 2V_w - 2$$

$$\Rightarrow V_w y_1 - 3 = 2V_w - 2 \text{（③式代入）}$$

$$\Rightarrow V_w = \frac{1}{y_1 - 2} \cdots\cdots\cdots\cdots\cdots\cdots\cdots\cdots ④$$

④式代入②式得：

$$\left(\frac{1}{y_1 - 2} - 1\right)^2 = \frac{1}{2} \times 9.81 \times \frac{y_1}{2}(y_1 + 2) = 2.4525y_1(y_1 + 2)$$

由試誤法得：

$$y_1 = 2.175(\text{m})$$

$$\Rightarrow V_1 = 1.379(\text{m/s})$$

$$\Rightarrow V_w = \frac{1}{2.175 - 2} = 5.714(\text{m/s})$$

故湧浪之絕對速度為 5.714m/s 向下游推進

題8 閘門上移時，閘門前後所形成湧浪名稱與方向，繪圖説明。

【76 年技師】

解

取如下之示意圖：

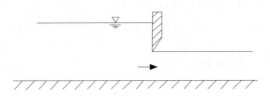

(1)閘門上移時，上游形成負湧浪（negative surge），並向上游移動退落。

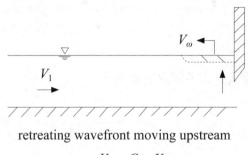

retreating wavefront moving upstream

$$V_\omega = C - V_1$$

(2)閘門上移時，下游形成正湧浪（positive surge），並向下游移動推進。

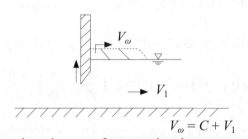

$$V_\omega = C + V_1$$

advancing wavefront moving downstream

$$V_\omega = C + V_1$$

題9　　試推導如圖所示，向上游推進（正湧浪）之絕對波速公式。

$$V_w = \left[\frac{gy_2(y_1 + y_2)}{2y_1} \right]^{1/2} - V_1$$

式中 g 為重力加速度。　　　　　　　　　　　【77 年技師】

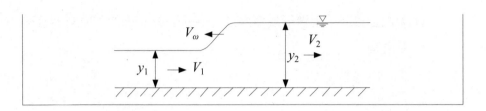

解

將上圖變量流化成下圖之定量流

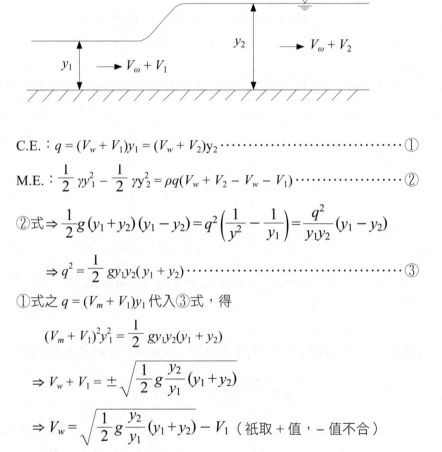

C.E. : $q = (V_w + V_1)y_1 = (V_w + V_2)y_2$ ·····························①

M.E. : $\dfrac{1}{2}\gamma y_1^2 - \dfrac{1}{2}\gamma y_2^2 = \rho q(V_w + V_2 - V_w - V_1)$ ·············②

②式 $\Rightarrow \dfrac{1}{2}g(y_1 + y_2)(y_1 - y_2) = q^2\left(\dfrac{1}{y^2} - \dfrac{1}{y_1}\right) = \dfrac{q^2}{y_1 y_2}(y_1 - y_2)$

$\Rightarrow q^2 = \dfrac{1}{2}gy_1 y_2(y_1 + y_2)$ ·····························③

①式之 $q = (V_m + V_1)y_1$ 代入③式，得

$\quad (V_m + V_1)^2 y_1^2 = \dfrac{1}{2}gy_1 y_2(y_1 + y_2)$

$\Rightarrow V_w + V_1 = \pm \sqrt{\dfrac{1}{2}g\dfrac{y_2}{y_1}(y_1 + y_2)}$

$\Rightarrow V_w = \sqrt{\dfrac{1}{2}g\dfrac{y_2}{y_1}(y_1 + y_2)} - V_1$（祇取＋值，－值不合）

即正湧浪之絕對波速公式為

$$V_w = \sqrt{\frac{gy_2}{2y_1}(y_1 + y_2)} - V_1 = \left[\frac{gy_2(y_1 + y_2)}{2y_1}\right]^{1/2} - V_1$$

得證。

題10 矩形渠槽若不計渠流時，當排水閘門部分關閉減少流量情況下，其下游之渠流將自原來流況水深 y_0，流速 u_0，變成在脈縮斷面(1)至原來流況斷面(2)間之負湧波，如圖示，證：

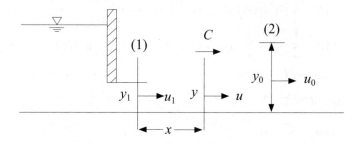

(1)波之傳播速度 $C = u + \sqrt{gy}$

(2)$\dfrac{du}{dy} = \sqrt{\dfrac{g}{y}}$

(3)$u = u_0 - 2\sqrt{g}(\sqrt{y_0} - \sqrt{y})$

(4)$x = (u_0 - 2\sqrt{gy_0} + 3\sqrt{gy})\,t$

(5)若下游渠道之原始水深 $y_0 = 3m$ 之流速 $u_0 = 6m/s$ 時，試求將閘門部份關閉減少流量一半時在脈縮斷面處之 y_1 及 u_1。

【78 年高考】

解

(1)由 $C = u + \sqrt{gy}$ 可知此處所指波之傳播速度 C 為絕對速度，考慮如下圖之負湧波

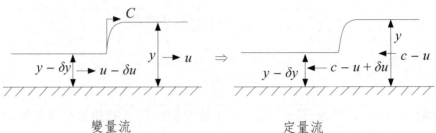

變量流　　　　　　　　　定量流

由 C.E.：$(C - u + \delta u)(y - \delta y) = (C - u)y$

$\Rightarrow (C - u)\delta y = y\delta u$ ·· ①

M.E.：$\dfrac{1}{2}\gamma y^2 - \dfrac{1}{2}\gamma(y - \delta y)^2 = \rho(C - u)y[(C - u + \delta u) - (C - u)]$

$\Rightarrow g\delta y = (C - u)\delta u$ ·· ②

由①與②式得

$$\frac{\delta u}{\delta y} = \frac{C - u}{y} = \frac{g}{C - u}$$

$$\Rightarrow (C - u)^2 = gy \Rightarrow C = u \pm \sqrt{gy}$$

∵波往下游傳播　∴祇取正號　即 $C = u + \sqrt{gy}$

(2)$\dfrac{du}{dy} = \dfrac{C - u}{y} = \dfrac{u + \sqrt{gy} - u}{y} = \sqrt{\dfrac{g}{y}}$

(3)$\dfrac{du}{dy} = \sqrt{\dfrac{g}{y}} \Rightarrow u = 2\sqrt{gy} + k$

由 B.C.：$y = y_0$，$u = u_0$ 代入上式，得　$k = u_0 - 2\sqrt{gy_0}$

∴$u = 2\sqrt{gy} + u_0 - 2\sqrt{gy_0} = u_0 - 2\sqrt{g}(y_0 - y)$

(4)$C = u + \sqrt{gy} = u_0 - 2\sqrt{gy_0} + 2\sqrt{gy} + \sqrt{gy} = 3\sqrt{gy} + u_0 - 2\sqrt{gy_0}$

又 $\quad C = \dfrac{x}{t} \qquad \therefore x = (u_0 - 2\sqrt{gy_0} + 3\sqrt{gy})t$

(5) $y_0 = 3$m，$u_0 = 6$m/sec

$u_1 = u_0 - 2\sqrt{g}(\sqrt{y_0} - \sqrt{y_1}) = 6 - 2\sqrt{9.81}(\sqrt{3} - \sqrt{y_1})$

$\Rightarrow u_1 = 6 - 6.264(\sqrt{3} - \sqrt{y_1})$

又 $q = u_1 y_1 = \dfrac{1}{2} u_0 y_0 = \dfrac{1}{2} \times 6 \times 3 = 9$

$\Rightarrow [6 - 6.264(\sqrt{3} - \sqrt{y_1})]y_1 = 9$

由試誤法得：

$$y_1 = 2.114\text{m} \quad \Rightarrow u_1 = \dfrac{9}{2.114} = 4.26\text{(m/s)}$$

水面剖線方程式為：

$$x = (6 - 2\sqrt{3 \times 9.81} + 3\sqrt{9.81y})t = (9.39\sqrt{y} - 4.84)t$$
$$2.114 \le y \le 3$$

題11 某一矩形渠道其水深為 2 公尺，流速為 1m/sec，若下游處因閘門瞬間關閉而使流量減為零。試求產生正湧浪之速度及深度。

【80 年高考】

解

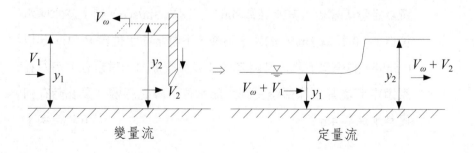

變量流　　　　　　　　　定量流

$V_2 = 0$，$y_1 = 2\text{m}$，$V_1 = 1\text{m/sec}$

C.E.：$q = (V_w + V_1)y_1 = (V_w + V_2)y_2$

$$\Rightarrow V_w = \frac{2}{y_2 - 2} \quad \dotfill ①$$

M.E.：$q^2 = \frac{1}{2} g y_1 y_2 (y_1 + y_2)$

$$\Rightarrow V_w^2 y_2^2 = \frac{1}{2} g y_1 y_2 (y_1 + y_2)$$

$$\Rightarrow V_w^2 = \frac{1}{2} g \frac{y_1}{y_2} (y_1 + y_2)$$

$$= \frac{9.81}{2} \times \frac{2}{y_2} (2 + y_2) = \frac{9.81}{y_2} (y_2 + 2) \quad \dotfill ②$$

將②式代入①式：

$$\left(\frac{2}{y_2 - 2} \right)^2 = \frac{9.81}{y_2} (y_2 + 2)$$

由試誤法得：$y_2 = 2.475 \text{(m)}$

$$\Rightarrow V_w = \frac{2}{2.475 - 2} = 4.21 \text{(m/sec)}$$

產生正湧浪之速度為 4.21m/sec，向上游方向，深度為 2.475m

題12 某一長 80km 的矩形渠道，其兩端各連接一水庫，渠道的初始流況為定量等速流，其水深為 5m，流速為 3m/sec。若上游水庫水位自 t = 0 起以 1m/hr 的速率下降，下游水庫水位自 t = 1hr 起以 0.5m/hr 的速率下降，忽略渠底坡度及摩擦力，試求在何時及在渠道中何處其水深最慢受到水庫水位下降之影響？又此時在何處其水深為 4m？ 【80 年高考】

解

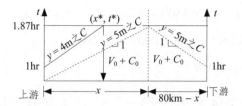

$$\left(\frac{dx}{dt}\right)_{上} = \frac{x}{t} = V_0 + C_0 = 3 + \sqrt{5 \times 9.81} = 10.0 \text{(m/s)}$$

$$\Rightarrow x = 10t \cdots\cdots\cdots\cdots\cdots\cdots\cdots\cdots\cdots\cdots\cdots\cdots\cdots\cdots ①$$

$$\left(\frac{dx}{dt}\right)_{下} = \frac{80000 - x}{t - 3600} = -3 + \sqrt{5 \times 9.81} = 4.00 \text{(m/s)}$$

$$\Rightarrow 80000 - x = 4t - 14400$$

$$\Rightarrow x + 4t = 94400 \cdots\cdots\cdots\cdots\cdots\cdots\cdots\cdots\cdots\cdots\cdots ②$$

①式代入②式得

$$t = 6742.86 \text{sec} = 1.87 \text{hr}$$

$$\Rightarrow x = 10t = 67428.6 \text{m} = 67.43 \text{km}$$

即水深最慢受到水庫水位下降影響之位置在距上游水庫 67.43 公里。

$$\frac{dx}{dt} = V + C = 3C + V_0 - 2C_0$$

$$= 3\sqrt{4 \times 9.81} + 3 - 2\sqrt{5 \times 9.81} = 7.78 \text{(m/s)}$$

$$\Rightarrow \frac{x^*}{6742.86 - 3600} = \frac{dx}{dt} = 7.78$$

$$\Rightarrow x^* = 24451 \text{m} = 24.451 \text{km}$$

即在 $t = 1.87$hr 時，在距上游水庫 24.451km 處水深為 4m。

另解

$$[10 \times t + 4(t-1)] \times 3600 = 80000 \Rightarrow t = 1.87 \text{(hr)}$$

$$\Rightarrow x = 10 \times 1.87 \times 3600/1000 = 67.43 \text{(km)}$$

$$y = 4\text{m} \text{ , } \tau = 1\text{hr}$$

$$\left(\frac{dx}{dt}\right)_{y=4} = 3\sqrt{4 \times 9.81} + 3 - 2 \times \sqrt{5 \times 9.81} = 7.78 \text{(m/s)}$$

$$\therefore x^* = 7.78 \times (1.87 - 1) \times 3600/1000 = 24.45 \text{(km)}$$

題13 一水平無摩擦矩形渠道寬 10 呎在水深 6 呎時輸送 600 每秒立方呎。若流量突然減至 400 每秒立方呎，試計算此湧浪導致之波高及波速。 【83 年高考一級】

解

負湧浪向下游退落之型式

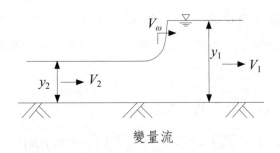

變量流

$$B = 10\text{ft} \text{ , } y_1 = 6\text{ft} \text{ , } Q_1 = 600\text{cfs} \text{ , } Q_2 = 400\text{cfs}$$

$$V_1 = \frac{Q_1}{A_1} = \frac{600}{10 \times 6} = 10 \text{(ft/s)}$$

$$q_1 = \frac{Q_1}{B} = \frac{600}{10} = 60 \text{(ft}^2\text{/s)}$$

$$q_2 = V_2 y_2 = \frac{Q_2}{B} = \frac{400}{10} = 40(\text{ft}^2/\text{s})$$

$$V_2 - 2C_2 = V_1 - 2C_1$$

$$\Rightarrow \frac{40}{y_2} - 2\sqrt{32.2 \times y_2} = 10 - 2 \times \sqrt{32.2 \times 6}$$

$$\Rightarrow \frac{40}{y_2} - 11.35\sqrt{y_2} + 17.8 = 0$$

$$\Rightarrow y_2 = 5.105(\text{ft})$$

波高　$\Delta h = y_1 - y_2 = 6 - 5.105 = 0.895(\text{ft})$

波速　$V_w = 3C + V_1 - 2C_1 = 3\sqrt{gy} + V_1 - 2\sqrt{gy_1}$

$$= 3\sqrt{32.2 \times y} + 10 - 2 \times \sqrt{32.2 \times 6}$$

最大波速為 $y = y_1$ 時，

$$V_w = 3\sqrt{32.2 \times 6} + 10 - 2\sqrt{32.2 \times 6}$$

$$= \sqrt{32.2 \times 6} + 10 = 23.90(\text{ft/s})$$

題14　一定形渠槽（Prismatic channel）最大波速之一般式可表示為：

$(V_w)_{\max} = \dfrac{1}{T} \cdot \dfrac{dQ}{dy}$，式中 T 為水面寬度，Q 為流量，y 為水

深。試求如圖示三角形渠槽基於曼寧公式之最大波速與平均流

速，即 $(V_w)_{\max}/V_{\text{ave}}$ 之比值。【83 年高考一級、84 年高考二級】

解

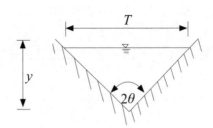

$$V_{\text{ave}} = \frac{1}{n} R^{2/3} \sqrt{S} \quad \text{（取公制）}$$

$$Q = AV_{\text{ave}} = \frac{\sqrt{S}}{n} AR^{2/3}$$

$$\frac{dQ}{dy} = \frac{\sqrt{S}}{n} \left(R^{2/3} \frac{dA}{dy} + A \cdot \frac{2}{3} \cdot R^{-\frac{2}{3}} \frac{dR}{dy} \right)$$

又 $T = 2y\tan\theta$，$A = y^2\tan\theta$，$P = 2y\sec\theta$，

$$R = \frac{A}{P} = \frac{y}{2} \sin\theta$$

$\therefore$ $\dfrac{dA}{dy} = 2y\tan\theta = T$，$\dfrac{dR}{dy} = \dfrac{\sin\theta}{2}$

$$\frac{dQ}{dy} = \frac{\sqrt{S}}{n} \left(TR^{2/3} + \frac{2}{3} \frac{A}{R^{1/3}} \frac{\sin\theta}{2} \right) = \frac{\sqrt{S}}{n} R^{2/3} \left(T + \frac{2}{3} \frac{P}{2} \sin\theta \right)$$

又 $\dfrac{T}{2} = y\tan\theta = \dfrac{P}{2}\sin\theta$

$\Rightarrow$ $\dfrac{dQ}{dy} = \dfrac{\sqrt{S}}{n} R^{2/3} \left(T + \dfrac{2}{3} \times \dfrac{T}{2} \right) = V_{\text{ave}} \left(T + \dfrac{T}{3} \right) = \dfrac{4}{3} TV_{\text{ave}}$

故 $(V_w)_{\max} = \dfrac{1}{T} \dfrac{dQ}{dy} = \dfrac{1}{T} \times \dfrac{4}{3} TV_{\text{ave}} = \dfrac{4}{3} V_{\text{ave}}$

即 $\dfrac{(V_w)_{\max}}{V_{\text{ave}}} = \dfrac{4}{3}$

題15 一水平無摩擦矩形渠道在水深 2m 時輸送單位寬度流量 $4m^2/s$。

若流量突然增加至 $16m^2/s$，試計算：

(1)波高　(2)波速。　　　　　　　　　【84 年技師】

解

由於流量突增，會產生一正湧浪往下游前進

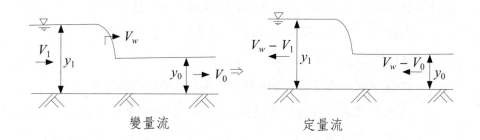

變量流　　　　　　　　　　　定量流

已知：$y_0 = 2m$，$q_0 = 4m^2/s$，$q_1 = 16m^2/s = V_1 y_1$

C.E.：$q = (V_w - V_1)y_1 = (V_w - V_0)y_0$ ⋯⋯⋯⋯⋯⋯⋯⋯⋯⋯⋯⋯①

M.E.：$q^2 = \dfrac{1}{2} g y_0 y_1 (y_0 + y_1)$ ⋯⋯⋯⋯⋯⋯⋯⋯⋯⋯⋯⋯⋯②

由①式得

$$V_w y_1 - V_1 y_1 = V_w y_0 - V_0 y_0$$

$\Rightarrow$　$V_w y_1 - 16 = 2V_w - 4$

$\Rightarrow$　$V_w = \dfrac{12}{y_1 - 2}$ ⋯⋯⋯⋯⋯⋯⋯⋯⋯⋯⋯⋯⋯⋯⋯⋯③

$$q^2 = (V_w - V_0)^2 y_0^2 = \dfrac{1}{2} g y_0 y_1 (y_0 + y_1)$$

將③式代入，得

$$\left(\frac{12}{y_1-2}-\frac{4}{2}\right)^2\times 2^2=\frac{1}{2}\times 9.81\times 2\times y_1(2+y_1)$$

$$\Rightarrow\left(\frac{6}{y_1-2}-1\right)^2=\frac{9.81}{16}y_1(2+y_1)$$

由試誤法得：$y_1=3.382(m)$

(1)波高 $=y_1-y_0=3.382-2=1.382(m)$

(2)波速 $V_w=\dfrac{12}{y_1-2}=\dfrac{12}{3.382-2}=8.683(m/s)$

題16 渠流縱坡 0.0016，於底寬 2m 之渠道，各邊邊坡比為 1：1 之梯形渠道，當渠流深度為 1m 時，渠流恰為正常臨界流。

(1)試求該流況下之流量。

(2)試求在該流況下之曼寧糙度？相當之摩擦係數為何？

(3)在該流況下，因某種因素之干擾，使得渠流產生水波，水波向上游、下游傳遞，試求其傳遞速度（波速）並就傳遞上、下游之波速加以討論。　　　　　　　　　【71 年高考】

解

(1)$S_{cn}=0.0016$，$B=2m$，$y=1m$

臨界流況：$Q^2T=gA^3$

$\Rightarrow Q^2(2+1\times 1\times 2)$

$\quad\quad =9.81\times\left[\dfrac{1}{2}(2+4)\times 1\right]^3$

$\Rightarrow Q=8.137(cms)$

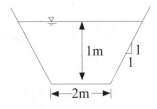

(2)$Q=A\cdot V=A\cdot\dfrac{1}{n}R^{2/3}S_{cn}^{1/2}$

$$\Rightarrow 8.137 = 3 \times \frac{1}{n} \times \left(\frac{3}{2+2 \times \sqrt{2}}\right)^{2/3} \times 0.0016^{1/2}$$

$$\Rightarrow n = 0.01$$

又　$C^* = \sqrt{\dfrac{8g}{f}} = \dfrac{1}{n}R^{1/6}$　（C^*：Chezy coefficient）

$$\Rightarrow f = 8g \times \frac{n^2}{R^{1/3}} = 8 \times 9.81 \times \frac{0.01^2}{(3/(2+2\sqrt{2}))^{1/3}} = 0.009$$

(3)渠流之流速

$$V = \frac{Q}{A} = \frac{8.137}{3} = 2.71(\text{m/s})$$

干擾產生之波速

$$C = \sqrt{gy} = \sqrt{9.81 \times 1} = 3.13(\text{m/s})$$

向上游傳遞之波速 $= C - V = 3.13 - 2.71 = 0.42(\text{m/s})$

向下游傳遞之波速 $= C + V = 3.13 + 2.71 = 5.84(\text{m/s})$

● 練習題

1. 一矩形斷面渠道，其流速為 3ft/s，深度為 5ft，試依下述條件計算湧浪
   產生後渠流之速度及湧浪之絕對速度：

   (1)上游流量突然加倍。

   (2)下游流量突然減半。

   (3)下游閘門突然完全關閉。

   (4)下游閘門突然部分關閉，下降 6 吋，束縮係數 $C_c = 0.61$。

   Ans：(1)$V_2 = 5.11$ft/s，向下游；$V_w = 17.32$ft/s，向下游。

   (2)$V_2 = 1.32$ft/s，向下游；$V_m = 10.98$ft/s，向上游。

(3)$V_2 = 0$；$V_w = 12.04$ft/s，向上游。

2. 試推導 GVUF 於非定型渠道且無側入流量之連續方程式為

$$A\frac{\partial V}{\partial x} + VT\frac{\partial y}{\partial x} + \epsilon yV\frac{\partial T}{\partial x} + T\frac{\partial y}{\partial t} = 0$$

式中，ϵ 為一係數，三角形渠道 $\epsilon = 0.5$ 及矩形渠道 $\epsilon = 1.0$。

3. 試將 St. Venant 方程式以流量 Q 為主要變數，表成下列形式

$$\frac{\partial Q}{\partial x} + \frac{\partial A}{\partial t} = 0$$

及 $$\frac{1}{Ag}\frac{\partial Q}{\partial t} + \frac{2Q}{A^2 g}\frac{\partial Q}{\partial x} + (1 - F_r^2)\frac{\partial y}{\partial x} = S_0 - S_f$$

式中，$F_r = V/\sqrt{gA/T}$ = 局部福祿數

4. 試證明寬廣矩形渠道及三角形渠道之斜升坡，其 $(V_w)_m/V_n$ 分別為 1.50 及 1.25。式中，$(V_w)_m$ 為最大波速，V_n 為正常流速（normal velocity）。

5. 水流由下射式閘門排放至一矩形渠道，流速為 0.60m/s 及水深為 1.0m。今流量突增至 2.5 倍，求水深之變化量。

Ans：$\Delta y = 0.213$m

6. 某河口之暴潮流速為 6.0m/s，暴潮抵達前之水深及流速分別為 3.5m 及 1.2m/s，求暴潮的高度。

Ans：1.08m

7. 一矩形斷面渠道，水深為 2.5m，流速為 2.0m/s，今渠道下游端閘門突然關閉，求湧浪的高度及速度。若閘門關閉使流量減半，則湧浪高度及速度變為多少？

Ans：1.1m，4.55m/s，3.14m，3.89m/s

8. 一矩形渠道以水深 2.5m，流速 1.5m/s 排入一大湖泊內，起初，湖泊

水面與渠道水面同高，但突然開始下降產生匯合處之流速以每小時 0.6m/s 之速率增加，持續 3 小時，求距河口上游 1.5km 處之流速增加至 2.7m/s 所需之時間。假設渠道為水平且無摩擦。

Ans：15min 9.1sec

9. 承上題，若匯流處之水深以每小時 0.3m 之速率開始下降，求距河口上游 3km 處水面下降 0.6m 所需之時間，並求此時距河口上游多遠處之水面開始下降？假設 $S_0 = S_f = 0$。

Ans：32min 21.4sec，31.54km

10.某水壩蓄水深為 20.0m，突然崩潰，計算潰壩後壩址之水深及流量，並計算 30min 後，壩的上、下游各 10km 處之水深，同時求出正、負湧浪波前之傳播速度。

Ans：8.88m，82.95m²/s，12.77m，5.71m，28.0m/s，14.0m/s

11.一水平底床矩形渠道，於閘門（lock）內之靜水深為 10ft，閘門外之靜水深為 1ft，若閘門突然被移開。試求：

(1)湧浪之速度及高度。

(2)固定水深區域之延長速率。

Ans：(1)17.80ft/sec，2.96ft　(2)15.79ft/sec

參考書目

1. 易任，「渠道水力學」（上、下冊），東華書局，民國八十二年。

2. 黃冠榮，「渠道水力學原理問題」，啟學出版社，民國七十六年。

3. 張乃斌，「水利工程問題詳解」（第三章），九樺出版社，民國七十六年。

4. Chow, V. T., Open-Channel Hydraulics, McGraw Hill, Singapore, 1959.

5. Henderson, F. M., Open Channel Flow, Macmillan, New York, 1966.

6. Ranga Raju, K. G., Flow Through Open Channels, 2nd ed., McGraw Hill, New Delhi, 1993.

7. Subramanya, K., Flow in Open Channels, McGraw Hill, New Delhi, 1986.

八十七年專門職業及技術人員高等考試試題
類科：水利工程技師

一、某一溢洪道模型與其原體之幾何形狀及福祿數（Froude number）均滿足相似性條件，若其比例尺為 1：50，試求其流量比及總受力比。（20 分）〔**請參閱本書 39 頁題 10**〕

二、在一矩形明渠末端有一高度為 1ft 之端檻（end sill），渠寬為 8ft，來流水深為 4.5ft，試估算其流量（註：水流離開渠道末端因受端檻之作用而有束縮，其束縮係數 $C_c = 0.784$）。（20 分）〔**請參閱本書第 2 章**〕

三、空間變積流（Spatially-Varied Flow）可分為流量遞減與遞增兩種情況。〔**請參閱本書 357 頁題 1**〕

(一)試推導沿主流向流量遞減之空間變積流運動微分方程式（dynamic differential equation）。（10 分）

(二)試寫出（不必推導）沿主流向流量遞增之空間變積流運動微分方程式。並說明此式與流量遞減之微分方程式〔即(一)之推導結果〕有何異同？（5 分）

(三)降雨作用於漫地流（overland flow）可視為流量遞增之空間變積流。試問當降雨強度增強時，漫地流之垂向流速分佈（平行於重力加速度方向）之動量交換係數（Momentum correction factor）將增大或減小？試說明理。（5分）

四、已知曼寧糙率係數 $n = 0.02$，渠槽縱坡 $S_o = 0.0002$，試計算下圖所示複合渠道（compound channel）在水深 y 為 1.20m 時之流量，並說明計算時有關濕周的假設。（20 分）

〔**請參閱本書 130 頁題 7**〕

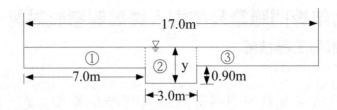

五、如圖所示閘門上下游水深各為 $y_1 = 2.0m$，$y_2 = 0.5m$，斷面 ①，②間能量損失不計。試問 y_2 之躍後水深 y_3 應為多少？（10 分）作用於閘門之單位寬度推力 P 為多少？（10 分）

〔**請參閱本書 170 頁例 2**〕

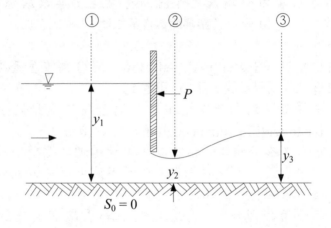

八十八年專門職業及技術人員高等考試試題
類科：水利工程技師

一、解釋下列名詞：（每小題 5 分，共 20 分）

　　㈠亞臨界亂流（Subcritical-turbulent Flow）〔**請參閱本書 6 頁**〕

　　㈡變積急變速流（Spatially Rapid Varied Flow）〔**請參閱本書 346 頁**〕

　　㈢交替水深（Alternate Depth）〔**請參閱本書 12 頁**〕

　　㈣共軛水深（Conjugate Depth）〔**請參閱本書 13 頁**〕

二、一個矩形銳緣堰，堰頂至渠底之高為 W，在離堰很遠的上游，水面至堰頂的深為 H，流速為 V_0。

　　㈠試推導銳緣堰的流量公式 q（每單位寬度）。（10 分）
　　　　〔**請參閱本書 301 頁**〕

　　㈡在一般的應用，都是根據題㈠之解，將 q 展示為 H 的函數，其餘的合併為流量係數 C_d，其結果如何？（4 分）
　　　　〔**請參閱本書 301 頁**〕

　　㈢如果 $H/W = 5.0$，$C_d = 0.611 + 0.08\dfrac{H}{W}$，今 $q = 2\text{m}^2/\text{sec}$，$W = 3\text{m}$，求 H 等於多少？（6 分）〔**請參閱本書 313 頁例 1**〕

三、混凝土圓管，曼寧糙率係數為 0.015，坡度 1/5000，當正常水深為直徑之 80% 時之通水流量為 4cms，試求圓管直徑。（20 分）〔**請參閱本書 154 頁練習題 11**〕

四、底寬 5m，粗糙係數 $n = 0.025$，坡度 1/1600 之矩形斷面渠道流量為 $5\text{m}^3/\text{s}$。〔**請參閱本書 138 頁題 16**〕

　　㈠試求此水道之臨界水深，臨界流速及臨界坡度。（15 分）

　　㈡試問此水流為超臨界流或亞臨界流？（5 分）

五、如圖所示，水平渠床上之直立下射式閘門（vertical sluice

gate），上游水深 $y_1 = 1.2$ 公尺，閘門開度 $W = 0.2$ 公尺，束縮係數（contraction coefficient）$C_c = 0.6$。（20 分）

〔請參閱本書 197 頁題 11〕

㈠忽略上游與脈縮斷面②間之能量損失，試求閘下水流為自由流時之單位寬度流量 q。

㈡若閘門下游之尾水深 y_t 為 0.8 公尺時，則是否會發生潛沒水躍（submerged jump）？何故？

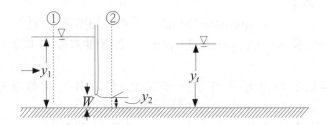

八十九年專門職業及技術人員高等考試試題
類科：水利工程技師

一、如圖所示之底床水平寬廣渠道，發生自由跌流。若水舌任一
垂直（vertical）斷面內之壓力為大氣壓力。斷面①為靜壓力
分佈，且可忽略渠床摩擦阻力，試證明：

$$\frac{y_2}{y_1} = \frac{2Fr^2}{1+2Fr^2}$$

（上式中，y_1 為斷面①之深度，y_2 為水舌任一垂直斷面之厚
度，Fr 為斷面①之福祿數。）（20分）

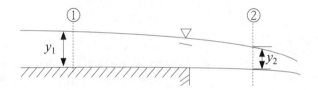

〔解〕∵寬廣渠道

$$\therefore \text{C.E.} : V_1 y_1 = V_2 y_2 \Rightarrow V_2 = \frac{y_1}{y_2} V_1$$

$$P_1 y_1 - P_2 y_2 = \rho q (V_2 - V_1)$$
大氣壓力（相對壓力＝0）

$$\Rightarrow \frac{1}{2}\gamma y_1^2 = \rho V_1^2 y_1 (\frac{y_1}{y_2} - 1)$$

$$\Rightarrow \frac{1}{2}g y_1 = V_1^2 \left(\frac{y_1}{y_2} - 1\right) \qquad Fr^2 = \frac{V_1^2}{g y_1}$$

$$\Rightarrow \frac{1}{2} = Fr^2 \left(\frac{y_1}{y_2} - 1\right)$$

$$\Rightarrow \frac{1}{2Fr^2} = \frac{y_1}{y_2} - 1$$

$$\Rightarrow 1 + \frac{1}{2Fr^2} = \frac{y_1}{y_2} = \frac{1+2Fr^2}{2Fr^2}$$

$$\Rightarrow \frac{y_2}{y_1} = \frac{2Fr^2}{1+2Fr^2} \qquad 得證！$$

二、如圖所示，有一水平矩形渠道，上游有一閘門開口為 1.4ft，下游渠寬由 10ft 漸窄縮為 4ft，最下游端為一跌水（free fall），於漸變段渠床上並設置一格柵取水，若上游流量為 200ft³/sec，下游跌水處之出流量為 140ft³/sec，試求斷面①、②、③、④處之水深。（假設格柵處之單位寬度流量與距離為線性關係）（20 分）〔請參閱本書 347 頁〕

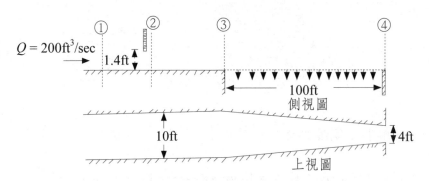

三、於水平底床傳播之湧浪（surge wave）設其波形保持不變以 C 之波速在流速 V 中反向運動如圖。試證其波速為：（20 分）

$$C = \sqrt{gh_2 \frac{h_1+h_2}{2h_1}} - V_1 \qquad 〔請參閱本書 413 頁題 9〕$$

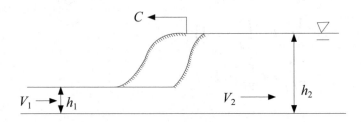

四、試寫出 S（steep）型水面剖線之條件，並以 $\dfrac{dy}{dx}=\dfrac{S_o-S_f}{1-Fr^2}$ 詳述 S_1 曲線之特性。式中 y 為水深，x 為距離，S_o 為底床坡度，S_f 為摩擦坡度，Fr 為福祿數。（20 分）
　〔**請參閱本書** 225 **頁**〕

五、有一用噴漿混凝土建造的矩形渠道（曼寧糙率係數 $n=$ 0.019）輸送流量 $10\text{m}^3/\text{s}$，其底床坡度為 0.0001，試求其最佳斷面。（20 分）〔**請參閱本書** 145 **頁題** 22〕

八十九年公務人員高等考試三級考試第二試試題
類科：水利工程
（選試渠道水力學）

一、某一坡度為 1/500 之規則渠道（prismatic channel），斷面
形狀如下圖所示，主槽寬 100 公尺，曼寧糙率係數 0.02，
左槽寬 300 公尺，曼寧糙率係數 0.08，流況為定量等速流
（steady, uniform flow）。〔**請參閱本書 120 頁例 12、6 頁**〕

(一)請計算主槽水深 6 公尺，左槽水深 2 公尺時之全斷面流
量。（10 分）

(二)若主槽及左槽之能量係數（energy coefficient）均為 1.0，
請計算在上題情況時之全斷面能量係數。（10 分）

(三)時間在(一)之情況，渠中水流是亞臨界流還是超臨界流？
（5 分）

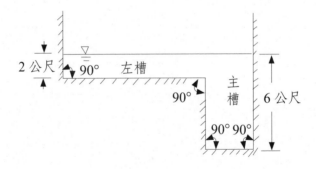

二、如下圖所示之渠道，(a)斷面寬 250 公尺，底床高程 10 公
尺，曼寧糙率係數 0.035，能量係數 1.0，(b)斷面寬 300 公
尺，底床高程 9.6 公尺，曼寧糙率係數 0.040，(a)、(b)二斷面
均為矩形，相距 500 公尺。請計算(a)斷面水位 12.5 公尺、(b)
斷面水位 11.4 公尺時之流量，但忽略因沿流向斷面寬窄變化
造成的渦流損失。（25 分）〔**請參閱本書 268 頁題 13**〕

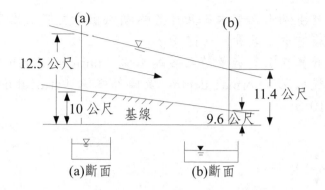

三、如下圖所示之渠底水平的寬廣渠道,渠道中設置銳緣之下射式閘門,閘門上游水深 3 公尺,閘門開度 0.2 公尺,脈縮係數 $C_c = 0.61$。〔**請參閱本書 198 頁題** 12〕

㈠若忽略閘門至脈縮斷面處之能量損失,請計算單位寬度之流量 q。(10 分)

㈡在上題的情況下,閘門下游發生水躍時,請計算可能的最大躍後水深。(8 分)

㈢在㈠的流量下,閘門下游發生水躍時的躍後水深為 0.8 公尺時,請計算躍前水深。(7 分)

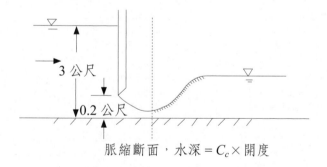

脈縮斷面,水深 = C_c × 開度

四、某一規則渠道,坡度 1/80,曼寧糙率係數 0.02,斷面形狀為矩形,寬 3 公尺,渠道上游為湖泊,如下圖所示。湖泊水面比渠道上游端(湖泊出口)高 3.6 公尺。

〔**請參閱本書 298 頁練習題** 16〕

㈠若可視湖水為靜水，且可忽略湖泊出口之能量損失，請計
算渠道中之流量。（15 分）

㈡請計算在上題流量時之等速水深（uniform depth，也稱為
正規水深，normal depth）及臨界水深（critical depth）。
（10 分）

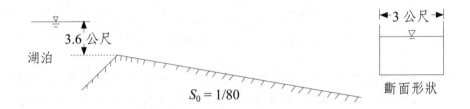

九十年專門職業及技術人員高等考試 建築師、技師 不動產估價師 考試試題
類科：水利工程技師

一、設一 10ft 寬之矩形渠道，其曼寧糙率係數 n = 0.014，正常縱坡Sn = 0.001，且渠道上端連接一水庫，水庫水面高於其出口處之渠底 10ft，試求該渠道之流量。（20 分）
　　〔請參閱本書 298 頁練習題 16〕

二、一矩形渠道之底床坡度及寬度 b 變化如下圖所示，若不考慮摩擦阻力，當流量 Q = 500cfs 時，〔請參閱本書 37 頁題 9〕
　　㈠試算出斷面①，②，③，④之水深。（16 分）
　　㈡並試指出那一斷面為控制斷面。（4 分）

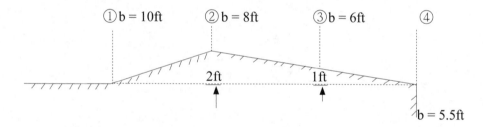

三、兩水庫間有一渠道相連接，如圖所示，設渠坡為緩坡，且渠首水深 y_1 恰為正常水深 y_n。當渠道為「短」渠道時，試繪出流量 Q 隨下游水庫水位（由渠尾之渠底起算）y_2 之變化曲線，並說明其理由。圖中 Q_n 為 $y_2 = y_n$ 時之流量。（20 分）
　　〔請參閱本書第 5 章〕

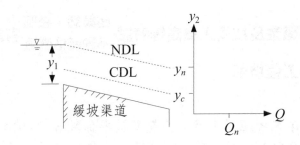

四、一寬廣水平渠道其單位寬流量 $q = 12\mathrm{m}^3/(\mathrm{s} \cdot \mathrm{m})$，發生水躍，
其水躍後水深 $y_2 = 4\mathrm{m}$（如圖所示）。試求

(一)水躍後斷面②處之福祿數 N_{F_2}（6分）
〔請參閱本書 184 頁題 1〕

(二)水躍前斷面①處之水深 y_1（7分）〔請參閱本書 184 頁題 1〕

(三)水躍所產生之能量損失 ΔE（7分）〔請參閱本書 186 頁題 3〕

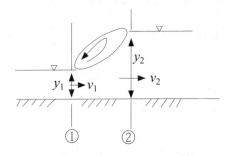

五、今用 1/10 比例尺建造一模型壩，其觀察結果如下：
模型壩高 = 0.67m，模型壩頂水頭 = 0.14m，
模型壩頂長 = 1.28m，模型流量 = 0.15cms，
水扉上之水舌厚 = 0.04m，水扉上之流速 = 3.27m/sec，流量
係數 $C = 2.25$。

試求原型上之流量、水深及水扉上之流速。（20分）
〔請參閱本書 41 頁題 12〕

九十年公務人員高等考試三級考試第二試試題
類科：水利工程
（選試渠道水力學）

一、於寬而渠床粗糙之明渠，其流速分布公式為：

$$V = 5.75\, V_f \log_{10} \frac{30y}{k_s}$$

式中 V_f 為摩擦速度（friction velocity）或剪力速度（shear velocity），k_s 為粗糙元素高度，y 為由渠底起算之水深度。
試證明：

㈠0.2 深度及 0.8 深度處流速之平均值等於 0.6 深度處之流速。（10 分）

㈡計算平均流速在水面以下之位置。（10 分）

〔解〕
（一）

$$V_{0.2} = 5.75 V_f \log_{10} \frac{30\,(0.8y)}{k_s}$$

$$V_{0.8} = 5.75 V_f \log_{10} \frac{30\,(0.2y)}{k_s}$$

$$\frac{V_{0.2} + V_{0.8}}{2} = \frac{5.75}{2} V_f \left(\log_{10} \frac{30^2\,(0.8y)\,(0.2y)}{k_s^2} \right)$$

$$= 5.75 V_f \log_{10} \frac{12y}{k_s}$$

$$V_{0.6} = 5.75 V_f \log_{10} \frac{30\,(0.4y)}{k_s} = 5.75 V_f \log_{10} \frac{12y}{k_s}$$

$$\therefore \frac{V_{0.2} + V_{0.8}}{2} = V_{0.6} \qquad 得證$$

(二)

令 $a = 5.75V_f$ $\quad \dfrac{30}{k_s} = b$

$$V = a \log_{10} by$$

$$\int_o^h V\,dy = a\int_o^h \frac{\ln by}{\ln 10}\,dy = \frac{a}{\ln 10}\left[y\ln(by) - y\right]_o^h$$

$$= \frac{a}{\ln 10}\left[h\ln(bh) - h\right]$$

$$\overline{V} = \frac{a}{\ln 10}\left[\ln(bh) - 1\right] = a\log_{10} by = a\frac{\ln by}{\ln 10}$$

$$\Rightarrow \ln(bh) - 1 = \ln by$$

$$\Rightarrow e^{[\ln(bh) - 1]} = e^{\ln by}$$

$$\Rightarrow \frac{bh}{e} = by \Rightarrow y = \frac{h}{e} \quad \text{Ans：平均速度在}\left(1 - \frac{1}{e}\right)\text{倍水深下}$$

二、一矩形渠道，渠寬為 10ft，曼寧糙率係數 $n = 0.014$，流量 Q = 200cfs，若欲使其福祿數等於 2.0，試求其渠道坡度。（20分）
〔**請參閱本書第 3 章**〕

三、某一矩形渠道其寬為 100ft，假設此渠道在 O 點（如下圖所示）有一交接點，在此點之上、下游均為固定坡度。假設 O 點上游之正常水深為 10ft，其下游之正常水深為 3ft。曼寧糙率係數均為 0.012，流量為 5000cfs。〔**請參閱本書**270**頁題**14〕

(一)試加繪臨界水深、正常水深及水面線於圖中，並標示緩變速流剖面線名稱於圖中。（10分）

(二)試以直接步驟法計算水深為 4ft 之斷面與 O 點之距離，並標示此點於圖中。（10分）

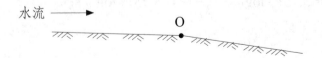

水流 ⟶   O

四、於水深 h、流速 V 之超臨界流中，水槽於 P 點轉折 θ 角產生馬赫（Mach）角 β 之衝擊波，如下圖所示。如將之視同水躍忽略摩擦影響，試證衝擊波前後之水深比為：

$$\frac{h}{h'} = \frac{2}{\sqrt{1 + 8F_r^2 \sin^2\beta} - 1} \qquad (F_r = \frac{V}{\sqrt{gh}}) \quad （20分）$$

〔請參閱本書 180 頁例 10〕

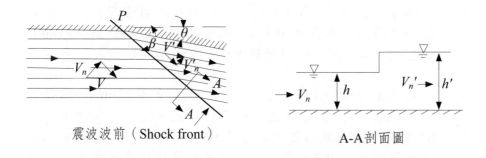

震波波前（Shock front）　　　　　A-A剖面圖

五、有一試驗渠道，渠底坡度為 1/400，曼寧糙率係數為 0.012，等速水深（uniform depth）為 0.1 公尺，試求此一渠道達到充分發展（fully developed）所需之長度。（20分）

（但假設深度方向流速分布滿足冪定律：$\dfrac{V}{V_0} = \left(\dfrac{y}{y_0}\right)^{\frac{1}{7}}$ ；邊界層厚度 $\delta = 0.37\left(\dfrac{v}{V_0}\right)^{\frac{1}{5}} x^{\frac{4}{5}}$ ，V_0 為水面速度，v 為運動滯性係數，$v = 10^6 \text{m}^2/\text{sec}$，$x$ 為距離。）

九十一年專門職業及技術人員 高等考試建築師、技師、不動產估價師、呼吸治療師、心理師暨普通考試不動產經紀人 考試試題

類科：水利工程技師

一、有一水平梯形渠道之流量為 $8m^3/s$，其底寬為 3m，岸壁邊坡為 1（水平）：1（垂直）。假設在此渠道內發生水躍，已知水躍前之水深為 0.3m，試求水躍後之福祿數（Froude number）。（20 分）〔**請參閱本書 184 頁題 1**〕

二、一寬 3m 之矩形渠道，水深為 1m，流速為 1.5m/s，銜接一漸縮段後，渠寬減為 2m。假設流經漸縮段之水頭損失為 0.04 乘以斷面束縮後之速度水頭，為保證下游束縮後水流之福祿數等於 0.8，則經漸縮段後之渠底下降量應為多少？（20 分）〔**請參閱本書第 2 章**〕

三、一矩形渠道流入一河口，其起始水深為 4m，流速為 1m/s。假設渠道下游端之水位與河口之水位相同、渠底坡度與渠道阻力可忽略不計。當河口水位開始以 0.5m/hr 之速率下降，且連續下降 4 小時，試問距河口多遠處之渠道水深在經 3 小時後剛好降為 3m？（20 分）〔**請參閱本書第 8 章**〕

四、有一三角形渠道如下圖所示，渠底坡度為 0.005，曼寧值為 0.014。當流量為 $9m^3/s$ 時，其流況為超臨界流或亞臨界流？（20 分）〔**請參閱本書 138 頁題 16**〕

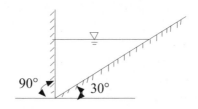

五、如下圖所示，二個矩形渠道由一水平之短漸縮段銜接，上游渠道之單位寬度流量為 $q_1 = 1.0\text{m}^2/\text{s}$，正常水深為 $y_{n1} = 0.2\text{m}$；下游渠道之單位寬度流量為 $q_2 = 1.5\text{m}^2/\text{s}$，正常水深為 $y_{n2} = 0.8\text{m}$。假設流經漸縮段之水頭損失可忽略不計，試畫出可能之二種水面線，並說明其理由。（20 分）

〔請參閱本書 249 頁例 4(2)〕

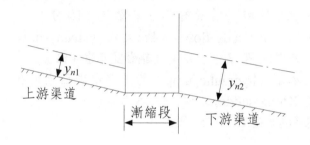

九十一年公務人員高等考試三級考試第二試試題
類科：水利工程

一、回答以下問題：

　　㈠何謂數值水理學（numerical hydraulics）？隨著電腦解析能力的增強，數值水理學近幾年頗受水工學的重視，與實驗水理學比較，前者有那些優點？（10分）

　　㈡變量流（unsteady flow）與穩定流（steady flow）之流況的最大差異何在？（5分）〔**請參閱本書4頁**〕

　　㈢發生水躍（hydraulic jump）的主要水理因素何在？（5分）

　　㈣何謂 Kleitz-seddon 法則？（5分）
　　　　〔**請參閱本書 156～158 頁**〕

二、計算題：

　　㈠計算 1.～3.

　　　　1.矩形水路上，渠床坡降 $S = 1/625$，糙率 $n = 0.019$，試求等速流狀態時（流量 $Q = 10\text{m}^3/\text{s}$）之最佳水理斷面（the best hydraulic section）。（求出底寬、水深即可）（10分）〔**請參閱本書 138 頁題 16**〕

　　　　2.1.題中，換為梯形斷面，其他條件與所求皆與 1.相同。（10分）

　　　　3.對土地使用面而言，上述 1.與 2.之情況，何者較不經濟，何故？（10分）

　　㈡等速流情況時，試求下圖所示複式斷面之全流量與各部分（含主槽 main channel 與洪水平原 flood plain）的平均流速。但是，渠床坡降 $S = 1/1500$，主槽與洪水平原糙率各為 $n_1 = 0.025$、$n_2 = 0.040$（15分）〔**請參閱本書 130 頁題 7**〕

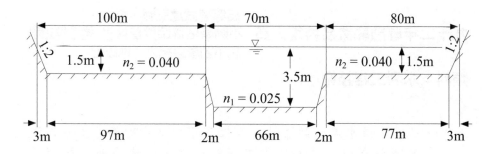

㈢流量 $Q = 10\text{m}^3/\text{s}$，底寬 $b = 6\text{m}$，邊坡 $1:2$（垂直比水平）之梯形斷面，水深 $y = 1.5\text{m}$。試求此斷面之比力（specific force）。（momentum coefficient $\beta = 1.04$）（15 分）
〔請參閱本書 12 頁〕

㈣渠床坡降 $S = 1/500$，糙率 $n = 0.015$，底寬 $b = 6\text{m}$ 的矩形斷面水路，等流水深 $y = 2\text{m}$ 發生了。試計算此流況時之 Reynolds 數，並判別此流況為層流（laminar flow）或亂流（turbulent flow）？（水溫 $= 20^{\circ}\text{C}$，此水溫之水的動黏性係數 $= 10^{-6}\text{m}^2/\text{s}$）（15 分）**〔請參閱本書 98、5 頁〕**

九十二年專門職業及技術人員　高等考試建築師、技師、不動產估價師暨普通考 考試試題 試不動產經紀人、地政士

類科：水利工程技師

一、(一)試將渠道水流受黏滯性、慣性及重力之影響而產生不同流況類別分列之，並依水流運動參數之值域作簡要說明。（10分）

(二)何謂比能（specific energy）。（5分）〔請參閱本書 11 頁〕

(三)何謂最佳水力斷面。（5分）〔請參閱本書 103 頁〕

二、有一矩形渠道寬度由 4.0m 漸縮為 3.0m，然其底床相對漸昇 0.25m，如下圖所示。若上游水深為 2.5m，而下游水位下降 0.25m，試求：（20分）

(一)當忽略漸變段之能量損失時之渠道流量為若干？
〔請參閱本書 63 頁例 2〕

(二)當能量損失為上游流速水頭之 1/8 時，其渠道流量為若干？
〔請參閱本書 72 頁例 9〕

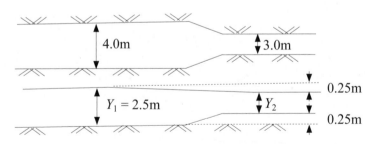

三、如下圖所示之梯形渠道，試求當潤周（wetted perimeter）P 為最小時之渠道斷面 A 為若干？（20分）
〔請參閱本書 143 頁題 21〕

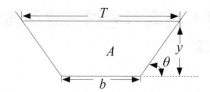

四、有一定量均勻渠流之水深為 2.5m，而流速為 0.6m/sec，今在
河口處有一暴潮高度為 1.5m 向上游流動，如圖所示，試求此
暴潮之波速及其淨流量。（20分）〔**請參閱本書** 396 **頁例** 9〕

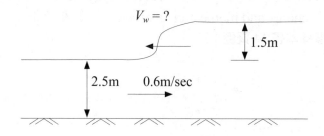

五、假設一矩形斷面之渠道寬為 15m，在渠底縱坡 $S_0 = 0.0025$
時，其流量 Q 為 30m³/sec，在斷面 A 之水深為 1.5m，而在
下游 100m 之斷面 B 之水深為 1.7m，試求曼寧糙度 n 為若
干？（20分）〔**請參閱本書** 268 **頁題** 13〕

九十二年公務人員高等考試三級考試第二試試題
類科：渠道水力學

一、圖 1 為一明渠流之流況及座標系統示意圖，若垂向速度分佈 $v(y)$ 可用 $v(y) = V_o \left(\dfrac{y - y_b}{y_s - y_b}\right)^{\frac{1}{7}}$ 計算，當 d = 5m，$\theta = 30°$ 時，且測得表面流速 $v_o = 2.5$m/s，則此渠道之單寬流量、底床壓力、底床以上之總能量頭（Total energy head）、能量及動量因子（energy and momentum coefficient）各為若干？（20 分）
〔**請參閱本書 14 頁例 1**〕

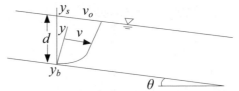

圖 1　明渠流之流況及座標系統示意圖

二、一都市排水矩形渠道，其兩岸壁及底床均以水泥襯面，該渠道寬 5m、縱向渠坡為 0.001，若該渠道之設計流量為 10cms，且出水及防險預留高度為 1m，則：（30 分）

(一)至少此渠道之深度應為若干？〔**請參閱本書 138 頁題 16**〕

(二)欲於此渠道中設置橫向塊石（石梁工），若該工法可由圖 2 中之矩形塊石表示，則不影響設計流量通過的塊石高為若干？〔**請參閱本書 62 頁例 1(3)**〕

(三)流量為 10cms 該橫向塊石所受水流正向力為若干？
　　〔**請參閱本書 22 頁例 9**〕

(四)為營造生物多樣化空間若不設橫向塊石，將兩岸壁改以漿砌塊石 1V：1H 之邊坡，若出水及防險預留高度仍為 1m，則新設計之梯型渠道頂寬至少為若干方可排除 10cms 之設計流量？（水泥襯面 Manning n 以 0.013 計，漿砌塊

石 Manning n 以 0.028 計）〔**請參閱本書 142 頁題 20**〕

圖 2　橫向塊石（石梁工工法）

三、一撐牆壩建造於一近似矩形之山谷河道中，如圖 3 所示，該壩上游面為直立面，壩底及蓄水標高分別為 EL.273 及 EL.303 公尺，當該壩瞬間完全破壞，且壩下游河道為乾床時，試估算：（25 分）〔**請參閱本書第 8 章**〕

㈠該潰壩波往上下游傳遞之狀況及移動速度。

㈡壩址處水深及單寬流量隨時間之變化。

㈢潰壩後 2 分鐘及 20 分鐘，距壩址上下游各 8 公里處之水深。

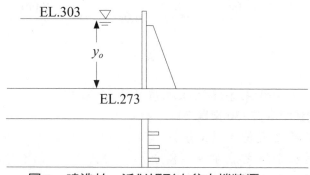

圖 3　建造於一近似矩形山谷之撐牆壩

四、相同流速之清水及渾水（含懸浮質），何者較易沖刷河床及岸壁？何故？（10 分）

五、何謂複合渠道（compound channel）？依工程觀點如何計算其流量？又繪圖說明在複合渠道中其比能與水深之關係，並標示臨界狀況發生之條件。（15 分）〔**請參閱本書第 3 章**〕

九十三年專門職業及技術人員 高等考試建築師、技師、民間之公證人暨普通考 考試試題 試不動產經紀人、地政士

類科：水利工程技師

一、如圖 1 之複形渠道，已知，主槽之 Manning 糙率 $n_2 = 0.03$，洪水平原之 Manning 糙率 $n_1 = n_3 = 0.035$，水面坡降 = 1/500。（側壁坡度 1：2 ＝ 垂直：水平）

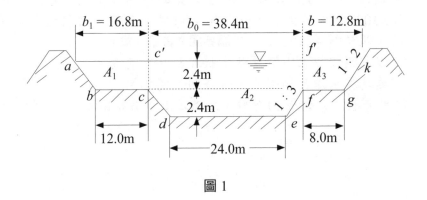

圖 1

試求斷面發生等速流狀況時之下列各值。

〔**請參閱本書 130 頁題 7**〕

(一)主槽之流量。（8 分）

(二)洪水平原之流量。（8 分）

(三)斷面全流量。（4 分）

二、在寬 2.1m 之河渠，設計了傾角 60 度之小型水壩，如圖 2 所示。水位到達支撐點 M 時，水深為 1.3m。試求此種狀態時之以下各值。

(一)作用於水壩之全水壓 P。（10 分）

(二)支撐點 M 至水壓中心之距離。（10 分）

㈢作用於傾角 60 度支柱之水壓 F。（10 分）

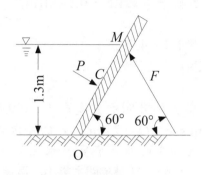

圖 2

〔解〕：

(一)在水深下壩長為 $\dfrac{1.3}{\sin 60°}=1.5(m)$

由壩底算起設為 x 軸

$P=\displaystyle\int_0^{1.5}\gamma(1.3-x\sin 60°)\,dx$

$=\gamma\left[1.3x-\dfrac{1}{2}x^2\sin 60°\right]_0^{1.5}$

$=9.81\left(1.3\times 1.5-\dfrac{1}{2}\times 1.5^2\cdot\sin 60°\right)$

$=9.57(KN)$

(二)對 O 點之 Moment $=\displaystyle\int_0^{1.5}\gamma(1.3-x\sin 60°)x\,dx$

$=\gamma\left[\dfrac{1.3}{2}x^2-\dfrac{1}{3}x^3\sin 60°\right]_0^{1.5}$

$=9.81\left(\dfrac{1.3}{2}\cdot 1.5^2-\dfrac{1}{3}\cdot 1.5^3\cdot\sin 60°\right)$

$=4.79(KN)$

由 O 點算起至水壓中心距為 d

$4.79=9.57\times d$

$$d = 0.5(m)$$
∴M 點至水壓中心為$1.5 - 0.5 = 1(m)$

(三)

$$F \times \cos 30° \times 1.5 = 4.79$$
$$F = 3.69(KN)$$

三、擬於黏土性地盤，設計側壁坡度為 1：1 之梯形渠道。
試求：$v = 0.8m/sec$，$Q = 2.4m^3/sec$ 的流況通過時，水理學上有利斷面為何（即求此時之底寬及水深）？假設 Manning 糙率 $n = 0.02$。（20 分）〔**請參閱本書 142 頁題 20**〕

四、在極寬廣之混凝土渠道內，以等速流狀態流動時之流量為 $0.4m^3/sec$（以單位寬 1m 計）。試求：
㈠為使流況不呈現為超臨界流，則渠底坡降應設計為多少？假設 Manning 糙率 $n = 0.013$。（20分）
㈡作用於渠道壁面之剪斷力（shear force）強度為多少？（10 分）〔**請參閱本書第 3 章**〕

高等考試建築師、技師考
九十四年專門職業及技術人員 試暨普通考試不動產經紀 考試試題
人、地政士、記帳士

類科：水利工程技師

一、試證明梯形渠道的最佳水力斷面為正六邊形的一半。（25分）
　〔**請參閱本書 143 頁題 21**〕

二、水平矩形渠道，上游斷面 A 處，渠道寬 2.5m，流量 5m³/s，
　水深 0.5m。試計算下游斷面 B 處，產生臨界流時，底床昇
　高量為何？設斷面 A、B 間，因底床抬高而產生能量損失為
　上游斷面A處的速度水頭的十分之一。（25 分）
　〔**請參閱本書 72 頁例 9**〕

三、梯形渠道側邊斜率為 1：1，底床坡度為 0.0004，曼寧係數
　$n = 0.015$，流量為 50m³/s，正常水深（Normal Depth）為
　2.0m，試計算梯形渠道底寬為何？（25 分）
　〔**請參閱本書 134 頁題 11**〕

四、矩形水平渠道，上游斷面 A 處福祿數（Froude Number）為
　8，下游斷面 B 處產生水躍，能量損失為 5m，試計算上、下
　游水深各為多少？（25 分）〔**請參閱本書第 4 章**〕

九十四年公務人員高等考試三級考試第二試試題
類科：水利工程
（選試渠道水力學）

一、㈠試將渠流依時空變化予以分類，並列出其類型。

〔**請參閱本書 4～5 頁**〕

㈡舉例並說明定量（steady）流與非定量（unsteady）流之區別，等速（uniform）流與非等速（non-uniform）流之區別，緩變（gradually-varied）流與急變（rapidly-varied）流之區別，以及何謂空間變積（spatially-varied）流。（15 分）

〔**請參閱本書 4、218、346 頁**〕

二、矩形渠道，渠寬 5.00m，曼寧糙度 $n = 0.0200$，試求其極限渠坡（limit slope）為何？又若以極限渠坡設計，則在各種不同流量下，若無任何水工結構物干擾，是否可能發生超臨界流？其原因為何？（15 分）〔**請參閱本書第 3 章**〕

三、矩形水平渠道發生水躍，躍前水深為 y_1，躍後水深為 y_2，試推導（y_2/y_1）之公式。須說明推導過程及假設。（10 分）

〔**請參閱本書 184 頁題 1**〕

四、寬廣矩形渠道中，流速 v 在垂直方向 y 之分佈為 $v/v_s = (y/y_0)^{1/n}$，v_s 為水表面之流速，y_0 為水深，y 為由底床起算之高程，n 為常數。試求動能修正係數 α 及動量修正係數 β 為何？試寫出包括 α 及 β 之能量及動量方程式。（15 分）

〔**請參閱本書 14 頁例 1**〕

五、圓管形渠道，半徑 $R = 0.750$m，流量 $Q = 5.00 \text{ m}^3/\text{s}$，試求臨界水深 y_c 為何？已知 y_c 大於半徑。（15 分）

六、標準步推（standard-step）法係用來計算天然河道定量緩變
（steady gradually-varied）流之水面線（profile）。試以緩坡
為例，列式並說明此法之計算原理。（15分）
〔**請參閱本書** 238～243 **頁**〕

七、矩形複式斷面如圖所示，全斷面之渠坡均為 $S_0 = 0.000200$，
全斷面之曼寧糙度均為 $n = 0.0200$。（15分）
〔**請參閱本書** 130 **頁題** 7〕
(一)採用複式斷面有何優點？
(二)試求水深 $y = 0.890$m 之流量為何？
(三)試以全斷面（total-section）法，推求 $y = 0.910$m 之流量。
(四)試以部份面積法（即將淺灘與深槽分開計算），推求 $y =$
0.910m 之流量。
(五)試說明(三)及(四)之答案何者正確？原因為何？

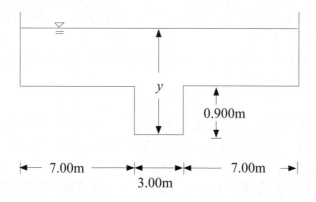

九十五年專門職業及技術人員 高等考試建築師、技師考 試暨普通考試不動產經紀 人、地政士 考試試題

類科：水利工程技師

一、試證明一矩形渠道水流發生水躍之能量水頭損失（ΔE）可表為：

$$\Delta E = \frac{(y_2 - y_1)^3}{4y_1 y_2}$$

上式中，y_1 及 y_2 別為水躍發生前、後之水深。（20 分）
〔**請參閱本書** 185 **頁題** 3〕

二、有一矩形渠道，水流流速為 1.5m/s，水深為 3m。今在該渠道下游某處使其底床隆起，試問：〔**請參閱本書** 60 **頁例** 1〕

(一)在不影響其原有流量情況下之允許最大隆起高度為多少？
（10 分）

(二)如隆起高度為最大允許隆起高度一半時，在隆起處之水深為多少？（10 分）

三、一矩形渠道寬 6m，曼寧糙度值 $n = 0.015$，通過之流量為 100m³/s，如下圖所示，其渠底坡降由 0.01 突降為 0.003，圖中 y_{n1}、y_{n2} 分別為上、下游渠段之正常水深，試定性繪出其水面線（不需精確計算）。（20 分）〔**請參閱本書** 270 **頁題** 14〕

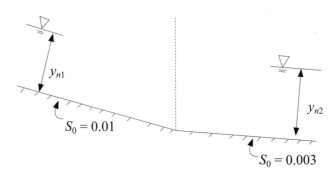

四、有一寬廣矩形渠道，渠底坡降為 0.004，曼寧糙度值 $n =$ 0.025，單位寬度流量為 $5m^3/s/m$，其下游處設有一堰，緊鄰堰上游端之水深為 2.4m，試問距離堰上游多遠處之水深為 2m？（20 分）〔**請參閱本書** 280 **頁題** 19〕

五、有一寬廣矩形渠道設有一控制閘門，其初始流況如下圖所示，今為因應下游用水需求之增加，閘門瞬間拉起，已知緊鄰閘門下游端之水深由 1m 增為 1.5m，試求在此情況下之單位寬度流量。（20 分）〔**請參閱本書** 409 **頁題** 6〕

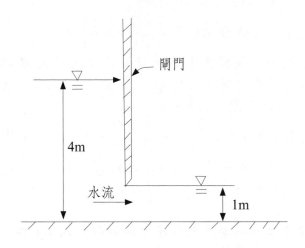

九十五年公務人員高等考試三級考試試題
類科：水利工程

一、(一)水躍發生的上下游條件各為何種流況？（5分）

(二)水躍計算的推導式通常使用動量原理抑或能量方程式？理由為何？（5分）

(三)若在發生水躍長度區域內增加底床粗糙度或消能塊，則會如何影響上下游的水深比？（5分）〔**請參閱本書第4章**〕

二、一維明渠流之連續方程式：$\dfrac{\partial Q}{\partial x} + B\dfrac{\partial y}{\partial t} = q_e$

(一)於不規則渠道橫斷面時，請繪示意圖定義 B 的大小，並列其定義式說明。其中 Q 為流量、y 為水深、x 為流向座標、t 代表時間。（5分）

(二)請說明此連續式：$\dfrac{\partial y}{\partial t} = -\dfrac{1}{B}\dfrac{\partial Q}{\partial x} + \dfrac{q_e}{B}$ 的物理意義。（5分）

(三)此連續方程式與另一連續方程式 $Q = A_1 V_1 = A_2 V_2$ 的關係為何？（5分）

三、(一)請隨意舉一明渠流之水深流速剖面公式 $v(y) = ?$（提示：如冪次式或對數式）（5分）

(二)說明當渠寬漸窄而有邊壁影響時，請繪示意圖表示此流速剖面改變的趨勢及其原因？（10分）

四、(一)灌溉「系統」與排水「系統」，若皆為人工渠道系統，則兩「系統」之主要差異為何？（簡答）（5分）

(二)上述兩人工渠道系統與自然河道的主要水理差異為何？（簡答）（5分）

(三)一維水理模式可否算出彎道水面的超高？理由為何？（5分）

五、有一 6m 寬的矩形渠道，其流量為 15cms，水深 2.5m，若下
　　游底床突增高 0.2m，請估算下游的水深以及水位的立即變
　　化，並說明你的所有假設。（20 分）
　　〔**請參閱本書** 73 **頁例** 10〕

六、有一 5m 寬的矩形渠道，原本流量為 10cms，水深 2m，若上
　　游來了一正湧浪，使流量突增為 20cms。請估算此正湧浪之
　　絕對波速及水深。（20 分）〔**請參閱本書** 391 **頁例** 4〕

九十六年專門職業及技術人員高等考試試題
類科：水利工程技師

一、試說明在微小振幅波理論中，其邊界條件（Kinematic BC、Dynamic BC 及 Bottom BC）為何，並請詳述其簡化（線性化）之假設。（20 分）

二、水利單位計劃在某河段築堤以防洪。該河段之洪水流量、洪災損失與築堤之年成本及其對應之迴歸週期如表 1 所示。

(一)試推求該防洪設施之最佳設計迴歸週期（The optimal design return period for the flood-control project）（25 分）

(二)該河段之河床斷面示意圖如圖 1 所示，河床坡度為0.0003，假設平均曼寧 n 為 0.020，試問在堤高 5.5 公尺時，河道能否通過設計洪水量，而不產生溢流。（15 分）

表1

迴歸週期（年）	1	2	5	10	25	50	100	200
洪災損失（萬元）	0	40	120	280	500	700	900	1100
建造及營運成本（萬元/年）	0	6	28	46	58	80	85	110
洪水流量（立方公尺/秒）		490	1020	1560	2500	3400	4520	5880

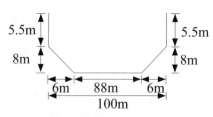

圖1　河床斷面示意圖

三、下水道幹線兩人孔間之道路長 100 公尺，縱向坡度為 0.005，街道半寬為 20 公尺（街道寬 40 公尺），橫向坡度為 0.001，路緣高 20 公分；街道橫斷面示意圖如圖 2。

㈠請應用合理化公式推估該路段之設計地面逕流量？

合理化公式 $Q = \dfrac{1}{360}$ CiA；$Q = $ 流量(cms)；$C = 0.95 = $ 逕流係數；

$i = 78.5$mm/hr $= $ 降雨強度；$A = $ 面積（公頃）。（10分）

㈡若假設路面曼寧係數 n = 0.018，當水面剛好淹沒街道中心線時，請應用曼寧公式推估當時之地面逕流量？（20分）

〔請參閱本書第4章〕

圖2　街道橫斷面示意圖

四、於水深 10 公尺處測得波高 3 公尺，週期 10 秒之波浪，Wiegel 表格部分資料如下表，試推算該波浪之深海波波長、波速。並計算當水深 5 公尺時該波浪之波長、波速又為何？（10分）

d/L_0	d/L	$2\pi d/L$	tanh $2\pi d/L$	sinh $2\pi d/L$	cosh $2\pi d/L$
0.02500	0.06478	0.4070	0.3860	0.4184	1.0840
0.02600	0.06613	0.4155	0.3932	0.4276	1.0876
0.02700	0.06747	0.4239	0.4002	0.4367	1.0912
0.02800	0.06878	0.4322	0.4071	0.4457	1.0949
0.02900	0.07007	0.4403	0.4138	0.4546	1.0985
0.03000	0.07135	0.4483	0.4205	0.4634	1.1021
0.03100	0.07260	0.4562	0.4269	0.4721	1.1059
0.03200	0.07385	0.4640	0.4333	0.4808	1.1096
0.03300	0.07507	0.4717	0.4395	0.4894	1.1133
0.03400	0.07630	0.4794	0.4457	0.4980	1.1171
0.03500	0.07748	0.4868	0.4517	0.5064	1.1209
0.03600	0.07867	0.4943	0.4577	0.5147	1.1247
0.03700	0.07984	0.5017	0.4635	0.5230	1.1285
0.03800	0.08100	0.5090	0.4691	0.5312	1.1324
0.03900	0.08215	0.5162	0.4747	0.5394	1.1362

九十六年公務人員高等考試三級考試試題
類科：水利工程

一、一矩形水平渠道發生水躍，水躍前水深為 y_1，流速為 v_1，福祿數為 $Fr_1 = \left(\dfrac{v_1}{\sqrt{gy_1}}\right)$，水躍後水深為 y_2，流速為 v_2，福祿數為 $Fr_2 = \left(\dfrac{v_2}{\sqrt{gy_2}}\right)$，能量水頭損失為 h_f。試推下列方程式：

(一) $\dfrac{y_2}{y_1} = \dfrac{1}{2}\left(\sqrt{1+8F_1^2} - 1\right)$，

(二) $\dfrac{y_1}{y_2} = \dfrac{1}{2}\left(\sqrt{1+8F_2^2} - 1\right)$，

(三) $h_f = \dfrac{(y_2 - y_1)^3}{4y_1y_2}$，

並說明 y_1, v_1, y_2, v_2，如其中兩參數為已知，如何求得其他兩未知參數（必須包括所有組合）？（20分）

〔請參閱本書 185 頁題 3、187 頁題 4〕

二、試利用特性法（method of characteristics）求解下列之一維淺水波方程式（shallow water equation）：

$$\frac{\partial h}{\partial t} + h\frac{\partial u}{\partial x} + u\frac{\partial h}{\partial x} = 0$$

$$\frac{\partial u}{\partial t} + u\frac{\partial u}{\partial x} + g\frac{\partial h}{\partial x} = 0$$

（式中 h = 水深，u = 速度，g = 重力加速度，x = 水流方向，t = 時間。）並述明其正確之邊界條件（需含蓋所有流況，包括亞臨界流、臨界流及超臨界流）。（20分）

〔請參閱本書 374 頁四〕

三、一矩形渠道，渠道寬度為 3m，曼寧係數 $n = 0.015$，流量 Q

= 15cms，求其臨界坡降？若發生水躍，水躍前之福祿數為
1.6，求水躍後之福祿數？（20分）〔**請參閱本書 109 頁例 2**〕

四、在一維渠道水力演算（hydraulic routing）中，常使用運動
波（kinematic wave），擴散波（diffusion wave）及動力波
（dynamic wave）等模式。試說明其基本原理、使用條件限
制、優缺點，並舉例說明其在工程應用之適用性。（20分）

五、試寫出一維水流及泥沙演算之水理方程式及其適當之邊界條
件，並需含蓋所有流況，如亞臨界流、臨界流及超臨界流。
說明假設條件及如何建構數值模式。（20分）

九十七年第二次專門職業及技術人員高等暨普通考試試題
類科：水利工程技師

一、如圖一所示之複式斷面，深槽寬度 100 公尺，左槽寬度 400
　　公尺；曼寧糙率係數深槽為 0.02，左槽為 0.05；深槽水深 4
　　公尺，左槽水深 1 公尺；深槽與左槽之坡度均為 1/900，
　　㈠請計算深槽與左槽之平均流速及全槽之流量。（15 分）
　　　〔請參閱本書 135 頁例 12〕
　　㈡請計算全槽之能量係數（energy coefficient）α。（5 分）
　　　〔請參閱本書 7 頁〕
　　㈢請計算全槽之曼寧糙率係數。（5 分）
　　　〔請參閱本書 133 頁題 9〕

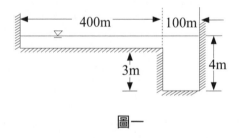

圖一

二、如圖二所示之水平渠床，矩形斷面之渠道，寬度 6 公尺。渠
　　道中有一束縮段，矩形斷面，最窄處之寬度 b。流量為 40
　　立方公尺／秒，上游水深為 6 公尺時，請計算不會發生阻塞
　　（choke）作用之 b 之最小值。但忽略能量損失，且能量係
　　數取為 1.0。（25 分）〔請參閱本書 87 頁題 12〕

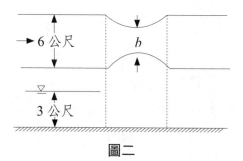

圖二

三、如圖三所示之渠道,矩形斷面,寬度 10 公尺,渠床坡度 1/1600,曼寧糙率係數為 0.02。此一渠道流入一湖泊,湖泊水面與渠道下游端之高程差為 1 公尺。

〔**請參閱本書** 282 **頁題** 21〕

㈠流量為 5 立方公尺／秒時,則渠道之縱向水面(longitudinal profile)為 $M1$,$M2$,$S1$ 或 $S2$?何故?(10 分)

㈡流量為 15 立方公尺／秒時,則渠道之縱向水面為 $M1$,$M2$,$S1$ 或 $S2$?何故?(10 分)

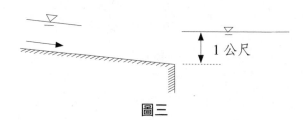

圖三

四、如圖四所示之渠道,間距 250 公尺之①②二斷面均為矩形,寬度均為 50 公尺,曼寧糙率係數同為 0.02,①之底床高程 z_1 為 10.5 公尺,②之底床高程 z_2 為 10.0 公尺。請計算:①之水位 h_1 為 13.5 公尺,②之水位 h_2 為 12.8 公尺時之流量。(20 分)〔**請參閱本書第** 2、3 **章**〕

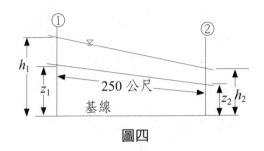

圖四

五、如圖五所示之直立下射式閘門設置於渠床水平之矩形斷面渠道，寬度 5 公尺，閘門上游水深 3 公尺，閘門開度 W 為 0.6 公尺，出口水流之脈縮係數 C_c 為 0.61，請計算流量。但忽略閘門上游與脈縮斷面間之能量損失。（10 分）

〔請參閱本書 197 頁題 11〕

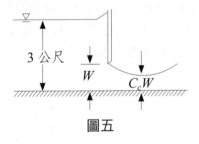

圖五

九十七年公務人員高等考試三級考試試題
類科：水利工程

一、㈠明渠水面線（water surface profiles）分析中，常需應用奇
　　異點法（method of singular point），試解釋之。
　　㈡試繪圖說明下列四種奇異形態（ t y p e s ）之水面線
　　　1.Saddle；2.Nodal；3.Spiral；4.Vortex。（20 分）

二、有一明渠流系統，如圖一所示。矩形渠道渠寬 $B = 3.05$m，
　　曼寧糙度 $n = 0.017$，輸送流量 $Q = 11.32$cms，渠道坡度 $S_0 =$
　　0.02，下游端有一 Ogee 閘門，高度 $H = 1.524$m，閘門係數
　　$C_w = 2.098$，試求〔**請參閱本書第 4 章**〕
　　㈠正常水深；
　　㈡臨界水深；
　　㈢閘門水深；
　　㈣若發生水躍，水躍後水深；
　　㈤能量坡度 S；
　　㈥閘門與水躍間之距離 L；
　　㈦水力坡降線；
　　㈧能量坡降線。（30 分）

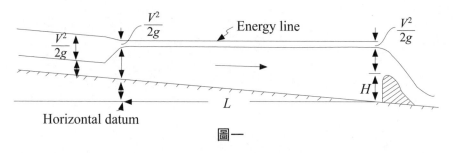

圖一

三、一渠道之寬度隨水深而變，如圖二所示。若 $b_1 = 5$m，$b_2 =$
　　3m，$y_1 = 2$m，$y_2 = 1.5$m，試求其流量 Q 分別為何？（30 分）

〔**請參閱本書** 63 **頁例** 2〕

㈠水平渠道 $S_0 = 0$，沒有能量損失，$H_1 = 0$。

㈡坡度渠道 $S_0 = 0.01$，水頭損失，$H_1 = 0.5$m，漸變長度為 10m。

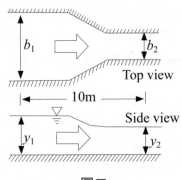

圖二

四、有一梯形渠道，底寬 4m，45° 邊坡，曼寧糙度 $n = 0.025$，渠道坡降 $S_0 = 1 \times 10^{-3}$。若流量 $Q = 14.3$cms，試問：（20 分）

㈠此時流況屬於何種流況？〔**請參閱本書** 138 **頁題** 16〕

㈡渠道坡降屬於何種坡降？

九十八年專門職業及技術人員 高等考試建築師、技師、消防設備師考試、普通考試不動產考試暨特種考試語言治療師 考試試題

類科：水利工程技師

一、有一甚長之矩形斷面渠，渠寬 5.4m，流量 28.3m³/s，正常水深 2.7m。今在渠道束縮段渠寬窄縮為 3m，底床局部升高 1.2m（如圖所示），試回答下列問題：

(一)渠道束縮段之起點（斷面 1）、最窄處（斷面 2）及終點（斷面 3）之水深分別為若干 m？（15 分）

(二)渠道曼寧 n 值 0.02，渠道下游銜接正常水深，則水躍發生在斷面 3 之下游若干 m 處？（15 分）

(三)自斷面 1 上游遠處至斷面 3 下游遠處，試繪渠道縱水面剖線，並標示各段之水面線名稱及水深變化。（10 分）

〔**請參閱本書第 3 章**〕

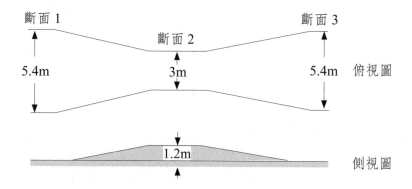

二、(一)梯形斷面渠之最佳水力斷面，其水力半徑為水深之若干倍？（10 分）〔**請參閱本書 149 頁題 25**〕

(二)有一梯形斷面渠之邊坡水平垂直比為 1：2，曼寧 n 值為 0.017。在最佳水力斷面情況下，流量 28.3m³/s 發生於臨

界水深時，則此渠道之臨界坡降為若干？（10分）

三、有一矩形斷面渠自一湖泊引水，湖面水位與取水口渠底高程相差 3m，渠寬 2.5m，曼寧 n 值 0.015，渠道坡降為 0.002，試求渠道流量為若干 m^3/s？（20分）
〔請參閱本書 298 頁練習題 16〕

四、有一 300km 長之矩形斷面渠，其上游連接一水庫，下游銜接河口，渠道中起始水深為 4m，流速為 3m/s，今在上游水庫開始實施洩降，水位以 1m/hr 之速率下降，下游河口則在半小時後開始退潮，水位以 0.4m/hr 之速率下降，假設渠道坡度及摩擦力可忽略，試利用特性法（Method of characteristics）計算：〔請參閱本書 374 頁〕

㈠經過多少小時之後，整段渠道之水深始全部受到水位下降之影響？（10分）

㈡此時分別在距離上游水庫多遠處及距離下游河口多遠處，其水深恰為 3m？（10分）

九十八年公務人員高等考試三級考試試題
類科：水利工程

一、一梯形渠道之底寬為 2m，邊壁之坡度為 2（水平）：1（垂直），其流量為 15m³/s。發生水躍前之水深為 0.6m，假設在水躍附近之底床摩擦力可忽略不計，試求水躍後之水深。（20 分）〔**請參閱本書** 215 **頁練習題** 5〕

二、河川水流流經彎道（bend）時，將產生二次流（secondary flow），試述產生此二次流之物理機制。（10 分）由於二次流之存在，對彎道凹、凸岸處之岸壁及底床變化之影響如何？（10 分）

三、一矩形渠道中設有一直立式閘門，閘門上游之水深為 3.6m，閘門之開度為 0.6m，距閘門下游端一段距離後之水深為 2.5m，假設閘門處水流之收縮係數為 0.6，試求：
(一)緊臨閘門下游端之水深及單寬流量。（15 分）
(二)閘門單寬之受力。（5 分）〔**請參閱本書** 20 **頁例** 7〕

四、有二條長而寬度不等之矩形渠道構成上游及下游渠道，中間以一條短漸縮渠道（稱為漸變段）銜接。上游渠道之單寬流量為 1.0m²/s，正常水深為 0.75m；下游渠道之單寬流量為 1.5m²/s，正常水深為 0.5m。假設漸變段之底床坡度為零，且流經該處之能量損失可忽略不計，試畫出整條渠道之水面線並加以解釋。（20 分）〔**請參閱本書** 205 **頁題** 16〕

五、在一矩形彎道（bend）渠流中，假設為自由渦流（free vortex）之流場，且在彎道內之比能（specific energy）不變，試推導彎道內水面超高與曲率半徑、渠寬間之關係式。（20 分）

九十九年專門職業及技術人員 高等考試建築師、技師考 試暨普通考試不動產經紀 **考試試題** 人、記帳士

類科：水利工程技師

一、詳細說明下列各項之區別：（每小題4分，共20分）

　　㈠定量流（steady flow）與變量流。〔**請參閱本書第一章重點 二**〕

　　㈡均勻流（uniform flow）與非均勻流。〔**請參閱本書第一章重 點二**〕

　　㈢緩變速流（gradually varied flow）與急變速流。〔**請參閱本 書第五章和第六章**〕

　　㈣主要損失水頭與次要損失水頭。

　　㈤黏性剪應力與雷諾剪應力。

二、梯形斷面之土渠，允許流速 0.800 m/s，曼寧糙度 $n = 0.0225$，底坡 0.000100，邊坡係數 $m = 1.50$（邊坡斜率為 $1/m$），流量 75.0 m³/s，試求斷面底寬及水深各為何？（20 分）〔**請參閱本書第三章**〕

三、梯形斷面渠道，底寬 $b = 45.0$ m，邊坡係數 $m = 2.00$（邊坡斜 率為 1/m），流量 500 m³/s，試求臨界水深為何？假設能量 修正係數 $\alpha = 1$。（20 分）〔**請參閱本書第三章題 11 及題 20**〕

四、試推求三角形堰流量之理論式為何？（20 分）〔**請參閱本書 第六章重點三**〕

五、水平矩形渠道，上游端為下射式垂直平板閘門（sluice gate） 寬 3.00 m，流量 18.0 m³/s，曼寧糙度 $n = 0.0200$，閘門開口 0.0670 m，束縮係數 0.600，下游尾水深為 3.00 m，試求臨界

水深為何？躍前水深為何？水躍發生位置至束縮斷面之距離
為何（設躍前水面線為直線，不必分多段計算）？躍前水面
線是那種型式（type，如 M_1）？能量損失馬力為何？水躍長
度為何？尾水深度多高時會發生浸沒水躍？（20 分）〔**請參
閱本書第四章題** 12〕

九十九年公務人員高等考試三級考試試題
類科：水利工程

一、有一個 4.0m（m：公尺）寬水平底床矩形渠槽，流量為 8.0m³/s，若其底床突然隆起升高 0.1m，在隆升前之水深為 0.5m。假定忽略能量損失，試計算在隆升處之水深。（20 分）〔**請參閱本書第一章題 9**〕

二、水流由一陡坡渠道進入一水平渠道，而在水平渠道中產生水躍。已知單位渠寬之流量為 12m³/s/m，上游陡坡水道流速為 10m/s，試計算：〔**請參閱本書第四章重點二**〕
㈠水躍後之水深。（10 分）
㈡水躍產生之能量損失。（10 分）

三、有一梯形渠道斷面之底寬 2m，側坡為 1：1，輸送水量為 3m³/s，曼寧糙度 $n = 0.025$，若底床坡度突然從 0.0005 變成 0.05，試計算上下游兩渠道之臨界水深及正常水深，（14 分）並繪出其水面線。（6 分）〔**請參閱本書第五章題 26**〕

四、有一矩形渠道，渠寬為 6m、縱坡度為 0.0015、曼寧糙度 $n = 0.025$。若正常水深（normal depth）為 1.6m，在渠道末端有一溢流堰（寬亦為 6m），堰頂部高度距渠底為 0.7m，堰流量係數為 3.40。若堰頂部高程為 100.7m，試計算距離溢流堰上游端 100m 處之水位。（20 分）〔**請參閱本書第五章題 27 及第六章例三之堰流公式**〕

五、有一水壩構於水平河槽上，已知壩前水深為 30 公尺，壩下游為乾河床。假設此水壩瞬間潰壩，產生洪水波向下游傳遞，試計算潰壩後壩體處之即時水深及單位河寬之流量。（20 分）〔**請參閱本書第八章重點六**〕

一○○年專門職業及技術人員 高等考試建築師、技師、第 2 次食品技師考試暨普通考試不動產經紀人、記帳士 考試試題

類科：水利工程技師

一、已知渠流之流量為 Q、通水斷面積為 A、水面寬度為 T 及水深為 y。試回答下列問題：

  ㈠寫出此渠流比能 E（Specific energy）之方程式。（5 分）

  〔請參閱本書第一章 29 頁〕

  ㈡寫出此渠流比力 F（Specific force）之方程式。（5 分）

  〔請參閱本書第一章例 13〕

  ㈢說明此渠流在臨界流（Critical flow）條件下，比能、比力及福祿數（Froude number）之特徵。（5 分）〔請參閱本書第二章重點一、三、四〕

  ㈣推求臨界流條件下，流量與通水斷面積及水面寬度之關係式。（10 分）〔請參閱本書第二章重點四〕

二、試說明何謂曼寧流速公式（Manning's velocity formula），並利用此公式計算通過某等寬矩形混凝土渠槽之平均流速及流量。假設該渠槽之寬度 B 為 1.2 公尺、渠床坡度 S 為 0.001、正常水深 H 為 0.6 公尺、曼寧係數 n 為 0.014。（25 分）〔請參閱本書第三章重點三及例 3〕

三、已知斷面因子 Z（Section factor）的定義為 $Z=A\sqrt{A/T}$，其中 A 為渠流通水斷面積，T 為渠流水面寬度。在緩變流（Gradually-varied flow）水面線計算時，常假設 $Z^2 = C_1 y^M$，其中 C_1 為係數，y 為水深，M 為第一水力指數（First hydraulic exponent）。試回答下列問題：〔請參閱本書第二章題 16〕

(一)推導第一水力指數 M 之估算關係式 $M = \dfrac{y}{A}\left(3T - \dfrac{A}{T}\dfrac{dT}{dy}\right)$。
（10 分）

(二)推求矩形渠道的 M 值。（7 分）

(三)推求三角形渠道的 M 值。（8 分）

四、已知水平矩形渠道的水躍共軛水深關係式為 $y_2/y_1 = (-1 + \sqrt{1 + 8F_{r1}^2})/2$，其中 y_1 及 y_2 分別為水躍前後之水深，F_{r1} 為水躍前之福祿數。假如 y_1 為 0.7 公尺、y_2 為 4.2 公尺。試推求：〔請參閱本書第二章題 12〕

(一)水躍後之福祿數 F_{r2}。（5 分）

(二)單位寬度流量 q。（10 分）

(三)水躍能量損失 E_L。（10 分）

一○○年公務人員高等考試三級考試試題
類科：水利工程

一、河川上游一矩型斷面的野溪寬 15m，正中央有一橋墩寬
0.8m，若橋墩之阻力係數 C_D 為 2.0，橋墩下游水位為 2.0m
時之流量為 80m³/s，請估計此時橋墩上游之水位？橋墩上下
游之比力（specific force）是否相同？（假設橋墩之阻力公

式為 $F = C_D \dfrac{\rho A V_1^2}{2}$，式中 A 為水流方向之投影面積。）（20

分）〔**請參閱本書第六章重點七及題 1**〕

二、配合比能圖分別闡述堰（weir）與側流槽（flume）的量水原
理。此與渠道中的瓶頸效應（choked condition）有何相關？
若堰與側流槽之流量與水深關係可寫為 $Q = C_f H^a$，請問 a 為
何值？C_f 又涵蓋那些因子？（20 分）

三、某區域排水其設計斷面為 50m 寬，欲分析洪水流量增高至
100m³/s，歷時 1 小時，水深為 2.0m，在實驗室中以福祿數
相似原則（Froude number similarity）建立的河川模型（模型
比 1/50），模擬其流量變化。請問應放多少的流量？流速比
為何？曼寧係數比為何？實驗時間應該多長？請問此時雷諾
數（Reynolds number）是否相同？（20 分）〔**請參閱本書第
一章重點六**〕

四、入海口有一寬廣的矩形河川，流速 1.5m/s，水深 2.5m。突然
湧進一高 0.9m 的海嘯湧浪，請計算海嘯的波速以及海嘯後
的流速？假設海嘯湧浪在 10 分鐘向上游前進 2500m，請計
算海嘯的波高？（20 分）〔**請參閱本書第八章例 6**〕

五、請繪製矩形渠道上游 A 段流至下游 B 段之緩變流 GVF 曲線

圖，須計算均勻流及臨界流，並說明曲線種類。（20 分）
〔**請參閱本書第五章題** 26〕

渠段	寬（m）	流量 Q（m³/s）	坡度 S	曼寧係數 n
上游 A	3.5	10.0	0.0004	0.020
下游 B	3.0	10.0	0.0160	0.015

一〇一年專門職業及技術人員　高等考試建築師、技師、第 2 次食品技師考試暨普通考試不動產經紀人、記帳士　考試試題

類科：水利工程技師

一、某一條河川之水流深度為 2.4m，流速為 1m/s。當該河川之出口處出現暴潮高度為 3.6m 時，試求：〔**請參閱本書第八章例 9**〕

(一)該暴潮往上游移動之速率。（10 分）

(二)暴潮後面之水流流速。（10 分）

二、一矩形渠道中設有一閘門，起始之穩態流況為閘門開啟且其上、下游水深分別為 2.4m 及 1.2m。當閘門於瞬間完全關閉後，試求：〔**請參閱本書第八章例 12**〕

(一)閘門下游負波（negative wave）之波前（front）往下游移動之速率為多少？（10 分）

(二)緊鄰閘門下游側之水深為多少？（10 分）

三、有一梯形渠道之渠底寬度為 2m，岸壁之水平垂直比為 2：1；當流量為 15cms 時之共軛水深（conjugate depth）中，有一為 0.6m。試求：〔**請參閱本書第四章題 6 和 18**〕

(一)另一共軛水深為多少？（10 分）

(二)其臨界水深（critical depth）為多少？（10 分）

四、有一矩形渠道如下圖所示，斷面①之比能為 1.2m，閘門開度為 0.25m，假設閘門處之脈縮係數為 1.0，$\Delta z = 0.6m$，試求此渠道之單寬流量。（20 分）〔**請參閱本書第六章例 11**〕

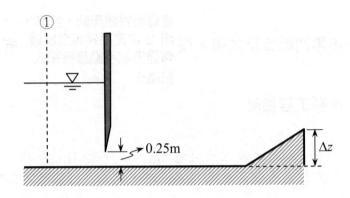

五、有一寬為 6m 之矩形渠道，其設計流量為 100cms，上游段
　　之渠底坡降為 0.01，下游段之渠底坡降為 0.003（如下圖所
　　示），渠道之曼寧值為 0.015。在此流況下，試繪出其水面
　　線並說明理由。（20 分）〔**請參閱本書第五章題** 26〕

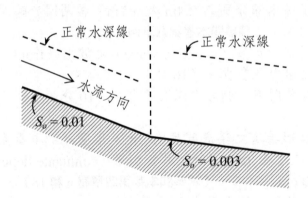

一〇一年公務人員高等考試三級考試試題
類科：水利工程

一、一矩形渠道，寬度 3m，水深 2m，流量 12cms。〔**請參閱本書第二章例** 1〕

　㈠試推求臨界水深並判定該渠流為臨界流、超臨界流或亞臨界流之流況？（10 分）

　㈡若該渠道下游渠床下降一高度 Δz 的階段，試以比能曲線圖說明水深的變化。（10 分）

二、㈠證明矩形渠道之最佳水力斷面滿足：水深 y 為渠寬 b 之半（即 $b = 2y$）之關係。（10 分）〔**請參閱本書第三章重點九**〕

　㈡已知矩形渠道之曼寧 n 值、河床縱坡 S 與斷面積 50m^2，試求其最大流量、寬度與深度。（10 分）〔**請參閱本書第三章例** 9〕

三、欲興建 1.5m 高之攔水堰河道，水流流量為 $31.6\text{m}^3/\text{s}$，今欲進行模型實驗。已知實驗流量為 $0.1\text{m}^3/\text{s}$，若按重力相似律來設計模型，請說明：〔**請參閱本書第一章重點六**〕

　㈠流量比尺（原型：模型）與長度比尺之關係。（10 分）

　㈡適合採用之長度比尺與模型堰高為何？若實驗量測得之堰頂水深為 2cm，則相當於現地水深多少？（10 分）

四、一矩形斷面渠道，渠床坡度有三階段（I、II、III）變化，如下圖所示。渠段 III 有一閘門，閘門底部開口 1m，試推求各渠段之臨界水深，並畫出水面線（須註明水面曲線型式）。已知渠段 I 之水平距離長 500m、落差 1m、水深 4m、渠寬 6m、曼寧 n 值 $= 0.02$。（20 分）〔**請參閱本書第五章題** 14〕

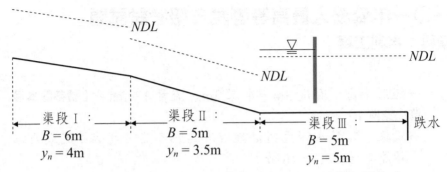

圖中：B＝渠寬；y_n＝正常水深；NDL＝正常水深線

五、(一)一渠寬 3m 之矩形渠道，水深 3.2m，流量 8.5m³/s。若於渠底蓋一寬頂堰，並使堰頂發生臨界流流況。試推求臨界流之流速？該堰堰高應為多少？（10 分）〔**請參閱本書第六章例 2**〕

(二)若自堰頂起算之能量水頭高 H，假設無落差損失，則單位寬度流量 $q = \alpha H^\beta$，請問 $\alpha = ?$（單位 $m^{1/2}/s$），$\beta = ?$（10 分）〔**請參閱本書第六章重點四**〕

一〇一年特種考試地方政府公務人員考試試題
類科：水利工程

一、固定底床坡降之緩坡（mild slope）渠道，在非均勻流情況下，其水面線變化有 M1、M2、M3 等三種形式。〔**請參閱本書第 221 頁 3.**〕

    ㈠試以示意圖畫出發生此三種形式水面線之情況。（10分）

    ㈡就此三種水面線，分析其比能（specific energy）往下游增減之情形。（10分）

二、有一寬為 10m 之矩形渠道，底床坡降為 0.01，曼寧值 n = 0.015，設計流量為 50cms，當此渠道在非均勻流情況下，於渠道某一斷面之水深為 0.8m，則在該斷面上游 36m 處之水深為多少？（20分）〔**請參閱本書第五章重點整理**〕

三、有一蓄水壩，蓄水深為 25m，其下游矩形渠道之渠底為水平且在乾床狀態。當此壩瞬間潰決，假設潰壩波傳遞時之能量損失可忽略不計，試求：〔**請參閱本書第 383 頁第六點**〕

    ㈠潰壩波前緣（leading edge）之速率。（10分）

    ㈡壩址下游 5km 處在潰壩後一小時之水深。（10分）

四、有一寬為 4m 之矩形渠道，其設計流量為 20cms，水深為 2m。今將於渠道之漸變段處束縮其寬度至 2.4m，假設此一束縮漸變段底床為水平且能量損失可忽略不計，試求：〔**請參閱本書第 63 頁例 2-(1)**〕

    ㈠於渠寬 2.4m 處之水深。（10分）

    ㈡束縮段上游端之水深。（10分）

五、有一矩形渠道之水流在超臨界流況，其岸壁折轉一角度 θ，
　　如下圖所示，如此將形成一斜震波（oblique shock wave），
　　此斜震波鋒線與原流向之夾角為 β，試推導震波後前水深比
　　(y_2 / y_1) 與發生震波前水流之福祿數（Froude number）及 β
　　間之關係式。（20 分）
　　〔**請參閱本書第 161 頁第七點**〕

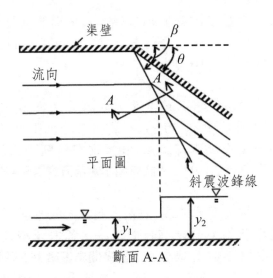

平面圖

斷面 A-A

一〇二年專門職業及技術人員 高等考試建築師、技師、第二次食品技師考試暨普通考試不動產經紀人、記帳士 考試試題

類科：水利工程技師

一、水流在一水平矩形渠道的突擴處發生水躍現象，水躍前、後之渠道寬度分別為 b, B（渠寬比 $\beta = \dfrac{b}{B}$），水躍前、後的共軛水深分別為 y_1, y_2（水深比 $\eta = \dfrac{y_2}{y_1}$）。已知上游流量 Q 及水躍前之福祿數（Froude No.）為 $F_{r1} = \dfrac{V_1}{\sqrt{gy_1}} = \dfrac{Q}{b\sqrt{gy_1^3}}$，$g$ 為重力加速度。假設回流區斷面 1 之水深均為 y_1，並忽略底床阻抗力。

㈠求共軛水深比 η（$\eta = \dfrac{y_2}{y_1}$）與 β 及 F_{r1} 的關係式為何？（15分）〔請參閱本書第四章重點八及歷屆試題 21〕

㈡當 $F_{r1} = 2$ 時，求 $\beta = 0.5$ 及 $\beta = 1.0$ 之 η 值各為何？（10分）〔請參閱本書第四章重點八及歷屆試題 21〕

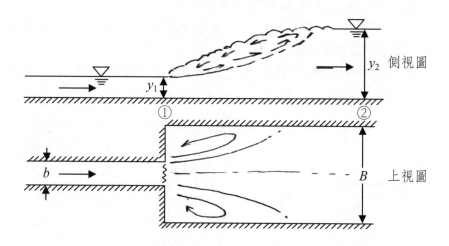

側視圖

上視圖

二、一河道寬 50m，流量為 200m³/s，全河寬構築一多階消能
固床工，上、下游底床高程差＝1.5m，並給定上游水深＝
2m，下游水深＝1m。

(一)求水流經此消能固床工的能量損失水頭為何？（15 分）
〔用 Bernoulli's Eq. 求解〕

(二)水流對此消能固床工的水平作用力為何？（10 分）〔用積
分型動量方程式求解〕

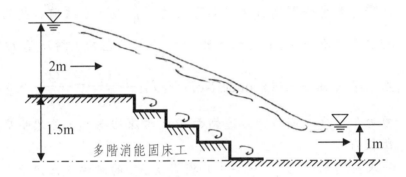

多階消能固床工

三、一對稱之複式矩形渠槽的斷面流況如下圖所示，已知兩側
與主深槽的邊壁及渠底粗糙係數分別為 $n_b = 0.025$，$n_m =$
0.015；相應之水深分別為 3m，6m，底床寬度分別為 20m，
10m，並已知渠床縱坡為 0.005。

(一)試求在此水深條件下之斷面流量為何？（15 分）〔參見本
書第三章歷屆試題 7〕

(二)如將兩側粗糙係數降為 $n_b = 0.015$，其餘條件不變，則斷
面流量為何？（10 分）

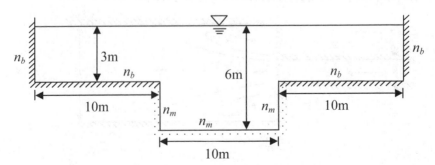

四、一寬矩形渠道（渠寬遠大於水深）的水流滿足穩定流
（steady flow）及變速緩流（gradually varied flow）的流況。
(一)由能量方程式推求水深 y 沿水流方向（x）的變化公式
（dy/dx）為何？（15 分）〔**參見本書第五章精選例題** 1〕
(二)在超臨界流（supercritical flow）及亞臨界流（subcritical
flow）之流況下，水深沿水流方向的計算方式有何不同？
請各舉一實例流況加以說明。（10 分）〔**參見本書第五章圖
5-20 及其相關說明**〕

五、一寬闊渠道，每公尺寬之流量為 3cms，渠床縱坡為 0.04，
曼寧 $n = 0.014$ 試求〔**此題為一〇二年水土保持技師考題**〕
(一)正常水深為若干？（7 分）
(二)作用於渠床上之平均剪應力？（6 分）
(三)每 1000m 長，每 1m 寬之渠流能量損耗為若干 Kw？（6 分）
(四)此渠流為臨界流或超臨界流？（6 分）〔**參閱本書第三章精
選例題** 3〕

一〇二年公務人員高等考試三級考試試題
類科：水利工程

一、一梯形渠道，底寬 5m，側坡為 $1H:1V$，縱坡 $S_o = 0.0009$，曼寧 n 為 0.013，若流量為 90m³/s，試求正常水深。（15分）〔**請參閱本書第三章題 11**〕

二、一水平明渠下射式閘門如下圖。流況為定量流，忽略斷面①與斷面②之間的能量損失以及底床剪應力，F_b 乃閘門所受之力。

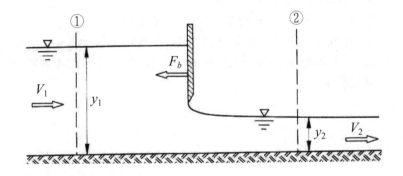

(一)利用圖中的水深及流速等符號，試寫出斷面①與②之間的連續方程式、能量（比能）方程式以及動量方程式。（5分）〔**請參閱本書第一章例 7**〕

(二)若 $y_1 = 2m$，$y_2 = 0.5m$，試求單寬流量 q。（10分）〔**請參閱本書第六章例 4**〕

(三)試計算閘門所受之單寬作用力 F_b。（10分）〔**請參閱本書第一章例 7**〕

三、一緩坡河段，長 5km，受到洪水來臨而致水位上升，若此河段之入流與出流量分別是 100m³/s 與 50m³/s，此河段之水面

寬為 250m。〔請參閱本書第八章重點整理二〕

(一)試以質量守恆方程式計算水位上升速率（m/hr）。（10 分）

(二)試寫出明渠非定量流的連續方程式（包含單位長度的側向入流 q_L）。（5 分）

四、試以直接步推法（Direct step method）計算下列的緩變量流水面剖線：

(一)由比能 E 的定義式推導直接步推法的計算式：$\Delta x = \dfrac{\Delta E}{S_o - \overline{s_f}}$（5 分）〔請參閱本書第五章 240 頁〕

(二)緩變量流的條件如下：〔請參閱本書第五章題 17〕

縱坡 $S_o = 0.001$

流量 $Q = 30\text{m}^3/\text{s}$

梯形斷面，底寬 $b = 10\text{m}$，側坡 $2H : 1V$（$m = 2$），曼寧 $n = 0.013$

若下游受一攔河堰影響而抬升水位，其水深 y 增為 5.0m（座標 $x = 0$），試列表向上游推算水深 $y = 4.5\text{m}$ 及 $y = 4.0\text{m}$ 的座標位置。（15 分）

五、一矩形斷面、混凝土襯砌（$n = 0.013$）的明渠，渠寬 = 10m，底坡 $S_o = 0.01$，其上游端連接一固定水位的水庫。水庫水位高於渠道入口處之渠底高程 6m。

(一)忽略入口損失以及接近流的速度，試計算明渠的流量。（15 分）〔請參閱本書第三章重點十一及例 14〕

(二)定性繪出此明渠流的水面線以及此水面線的分類名，並以虛線繪出明渠正常水深與臨界水深之相對位置。（10 分）〔請參閱本書第五章題 21〕

一〇二年公務人員高等考試一級暨二級考試試題
類科：水利工程

一、梯形斷面渠道，一側為垂直邊壁，另一側邊壁的水平垂直比為 $2H:1V$，曼寧糙度 $n = 0.014$，當流量為 $28.0\text{m}^3/\text{s}$ 時，平均流速為 1.5m/s。請計算其最佳水力斷面及縱坡。（20 分）〔請參閱本書第 117 頁例 10、第 134 頁題 10〕

二、寬 3.0m 的矩型渠道，當流量為 $15.0\text{m}^3/\text{s}$ 時，水深為 2.0m。假若下游寬度縮減為 2.0m，試求下游縮窄處之底床變化 ΔZ，方可產生臨界流？並將變化結果繪製於比能圖（specific energy diagram）〔請參閱本書第 57 頁第九點、第 73 頁例 10〕

三、溢洪道高 40m，能量頭（energy head）為 $H_d = 2.5\text{m}$，相關訊息如下圖所示，假設溢洪道無能量損失，溢頂之流量係數為 $C_d = 0.738$。求下游水躍發生處之能量損失及持續水深（sequent depths）。請將斷面①及斷面②繪製成比能圖及比力圖（specific force diagram）。（20 分）〔請參閱本書第 195 頁題 10〕

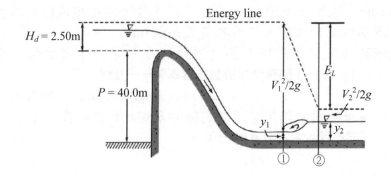

四、寬 3.0m 的矩型渠道，坡度為 $S_0 = 0.00015$，曼寧糙度 $n = 0.02$，流量 0.85m³/s。求某處水深 0.75m 時之水面坡度（相對於水平面），此處為何類緩變流（GVF）曲線？（20分）〔**請參閱本書第 284 頁題 22**〕

五、矩型渠道寬 3.0m、流量 3.6m³/s、流速 0.8m/s，上游水庫放水，導致水深突然增加 50%，求湧浪（surge）的絕對速度及新的流量。（20 分）〔**請參閱本書第 391 頁例 4**〕

一〇二年特種考試地方政府公務人員考試試題

類科：水利工程

一、有一矩形定型渠道（如示意圖），若渠坡很小近似水平，輸送 $6m^3/sec$ 流量，此渠道上游寬 3m，水深為 0.6m，今希望藉由束縮中下游渠寬，以造成下游發生臨界流況，請問此束縮後之最大寬度為何（10 分）？假設無能量損失，若此束縮後寬度小於前述最大寬度，試繪圖說明其上、下游之水深及比能如何變化（10 分）？〔**請參閱本書第** 63 **頁例** 2(3)〕

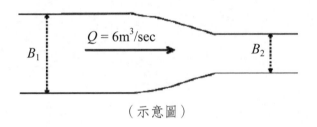

（示意圖）

二、第一水力指數方程式 $Z_2 = C_1 y^M$，式中 Z 為斷面因子，$Z = A\sqrt{\dfrac{A}{T}}$，A 為通水斷面積，T 為水面寬，請問：〔**請參閱本書第** 102～104 **頁重點整理**〕

㈠若經量測推算 組(Z, y)值分別為(128, 8)、(4, 2)，請依此條件建立 M 值之計算式，並推算其值。（10 分）

㈡若已知渠道斷面為三角形水力最佳斷面，請建立 M 值之計算式，並推算其值。（10 分）

三、一矩形渠道（如示意圖），其中段有一臥箕（ogee）堰，該堰高 2m，堰上單位寬溢流量為 $1.5m^2/sec$，其流量係數為 3.6，堰底尾水深為 0.5m，請問經堰溢流道後其能量損失為何（5 分）？請問堰下游若再形成水躍，則其水躍後之水深為何（7 分）？此水躍產生的能量損失為何（8 分）？

〔**請參閱本書第** 189 **頁題** 5〕

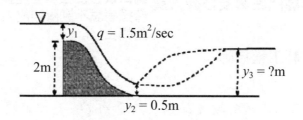

四、在定型渠道中，假設原本水流流況為均勻流，其曼寧公式
（Manning's formula）中之 n 值為定值，試證明：〔**請參閱本
書第** 371 **頁第三點**〕

(一)在寬矩形渠道上發生斜升波（monoclinal wave），其波速
與水體的流速比為 5/3。（10 分）

(二)在三角形渠道中，上述的比值為 4/3。（10 分）

五、有一穩定水流自溢洪道流入一 20m 寬的水平矩形渠道，其
水深由 1.5m 經水躍消能後抬升為 5m，請推求

(一)渠道流量(二)消能效率(三)臨界水深(四)水躍長度。

（每小題 5 分，共 20 分）〔**請參閱本書第** 208 **頁題** 18、**第五章
重點整理**〕

一○三年專門職業及技術人員　高等考試建築師、技師、
第二次食品技師考題暨　考試試題
普通考試不動產經紀人、
記帳士

類科：水利工程技師

一、已知某一渠道的坡度為 S_0、流量為 Q、通水面積為 A、水面
　　寬度為 T、濕周長度為 P、水深為 h、水的密度為 ρ、動力黏
　　滯度為 μ 及重力加速度為 g。試回答下列問題：（每小題 5
　　分，共 25 分）〔請參閱本書第一章及第三章重點整理〕

　　(一)渠流水力深度 D（Hydraulic depth）及水力半徑 R
　　　　（Hydraulic radius）和通水面積 A 之關係式。〔請參閱本書
　　　　第 3 頁〕

　　(二)假如渠道為矩形渠道（寬度為 B），請比較水力深度 D 和
　　　　水力半徑 R 之差異。

　　(三)渠流雷諾數 Re（Reynolds number）及福祿數 Fr（Froude
　　　　number）和流量 Q 之關係式。〔請參閱本書第 51 頁〕

　　(四)臨界流條件下流量 Q 和通水面積 A 及水面寬度 T 之關係
　　　　式。〔請參閱本書第 51 頁〕

　　(五)臨界流條件下三角形渠道中渠流比能 E 和水深 h 之關係
　　　　式。〔請參閱本書第 2 章〕

二、已知渠道的渠床坡度為 S_0、流量為 Q、通水面積為 A、水面
　　寬度為 T、水深為 h、重力加速度為 g。假設渠流為一維變
　　量緩變流，沿著渠流方向（縱向）的坐標為 x、時間為 t，
　　渠流的能量損失坡度為 S_f。試回答下列問題：〔請參閱本書第
　　267 頁題 12〕

　　(一)推導出渠流之連續方程式，並說明方程式中各項物理意
　　　　義。（10 分）

　　(二)推導出渠流之動量方程式，並說明方程式中各項物理意
　　　　義。（15 分）

三、有一混凝土製的梯形渠道，渠道底部寬度 B 為 2 公尺，渠道兩側岸壁之水平垂直比均為 2：1，渠床坡度 S_0 為 0.0001，渠道曼寧糙度係數 n 為 0.015；當渠道水流為均勻流，流量 Q 為每秒 10 立方公尺時，試回答下列問題：

㈠渠道之正常水深（Normal depth）。（10 分）〔**請參閱本書第 134 頁題 11**〕

㈡渠道之臨界水深（Critical depth）。（5 分）〔**請參閱本書第 134 頁題 11**〕

㈢渠道在正常水深時之斷面因子 Z（Section factor）。（5 分）〔**請參閱本書第 52 頁第五點**〕

㈣渠道在正常水深時之第一水力指數 M（First hydraulic exponent）。（5 分）〔**請參閱本書第 53 頁第六點**〕

四、有一條 4 公尺寬的矩形渠道，流量 Q 為每秒 16 立方公尺，水深為 2 公尺。渠道下游段設置有漸變束縮段，渠道寬度由原先 4 公尺逐漸束縮為 3 公尺。考量渠流為定量流，試回答下列問題：〔**請參閱本書第二章第九點**〕

㈠渠流之臨界水深。（5 分）

㈡分析渠流水面線可能之變化。（10 分）〔**請參閱本書第 73 頁例 10**〕

㈢如果渠寬束縮的同時，河床逐漸抬高了 1.5 公尺，請重新分析渠流水面線之變化。（10 分）〔**請參閱本書第 225 頁例題 9**〕

一〇三年公務人員高等考試三級考試試題
類科：水利工程

一、一矩形斷面渠道輸送水流通過一寬頂堰，渠寬 B 為 1.5 公尺，堰高 W 為 0.8 公尺。今在堰上游端水面穩定不變處量測之水深 $y_1 = 1.2$ 公尺，堰頂量測之水深 $y_2 = 0.25$ 公尺（非臨界水深），請問：〔**請參閱本書第 35 頁題 7**〕

㈠若要求該渠道之輸送流量，應該採用能量原理或動量原理計算之？請說明其理由。（10 分）〔**因為非臨界水深，故以動量原理計算之。**〕

㈡求出該輸送流量 Q 為多少立方公尺/秒？（10 分）〔$Q = 0.584$（cms）〕

二、一般管流之雷諾茲數（Reynolds number）小於 2000 時，水流流況屬於層流（laminar flow）；然而渠道流之雷諾茲數卻是小於 500 時，水流流況屬於層流。

㈠請說明其理由並證明之。（10 分）〔**因為明渠流之雷諾茲數為管徑之 1/4，故管流之雷諾茲數小於 2000 為層流，而明渠流之雷諾茲數小於 500 即屬於層流。**〕

㈡一般渠道流常使用之曼寧公式係適用於層流或紊流（turbulent flow）流況？為什麼？（10 分）〔**曼寧公式僅適用於所有完全粗糙之明渠流，故該公式應用於紊流。**〕

三、有一水庫欲引水至下游供水，今擬設計一矩形斷面之混凝土渠道（曼寧糙度係數 $n = 0.014$），渠寬為 3 公尺，渠道坡度為 0.001，若水庫水面高於渠道入口處底床 3 公尺，試求〔**請參閱本書第 121 頁例 14**〕

㈠渠道之正常水深為多少公尺？（10 分）〔2.75 m〕

㈡輸水容量為多少立方公尺/秒？（10 分）〔18.27 cms〕

四、若已知一輸送流量 Q 之非水平渠坡的梯形斷面渠道，斷面積為 A，水面寬為 T，底床高程為 z，渠底縱坡為 S_0，水深為 y，其水深變化可以下式表示：

$$\frac{dy}{dx} = \frac{S_o - S_f}{1 - F_r^2}$$

式中，x 表水流行進之距離，S_f 表能量坡降，F_r 表福祿數（Froude number）。

㈠請推導上式。（10 分）（註：若有假設必須說明）〔**請參閱本書第** 267 **頁題** 12〕

㈡若已知某斷面水深為 1 公尺，而臨界水深為 0.75 公尺，正常水深為 1.5 公尺，請由上式說明該斷面附近水面剖線應屬於何種曲線？並舉一發生實例。（10 分）〔M2 **曲線，如：跌水。**〕〔**請參閱本書第五章重點整理**〕

五、渠道流之下射式閘門突然啟閉時會發生正、負湧浪，

㈠已知初始水深 y_0、初始速度 V_0，請推導負湧浪向下游退落之水深（y）、距離（x）和時間（t）的關係式（即剖面線公式）。（15 分）

㈡承上小題㈠，若閘門突然完全關閉，使得該處水深為零，則水面剖線於 $t = 1$（時間單位）時將退化成何方程式？（5 分）〔**請參閱本書第** 379 **頁**〕

（註：假設水平矩形斷面之渠道。）

一〇三年特種考試地方政府公務人員考試試題
類科：水利工程

一、請以比能（specific energy）之基本定義，詳細推導比能曲線
方程式並繪出其圖形。另請詳述交替水深（alternate depth）
與臨界水深之關係。（20 分）〔**請參閱本書第 11 頁第七點、第
70 頁例 8、第 78 頁題 4(1)**〕

二、於忽略河床坡降之前提下，水流之水面高程低於橋梁梁底高
程時，請詳述並繪出水流通過橋墩上、下游之水面剖線分
類。（20 分）
〔**請參閱本書第 307 頁第七點**〕

三、有一寬闊渠道之渠底坡度 $S_0 = 0.009$，曼寧糙率係數 $n = 0.015$，單位寬度流量 $q = 1.0\text{m}^3/\text{sec/m}$，於常溫常壓下，試算
下列各項：

(一)正常水深與臨界流速。（10 分）〔**請參閱本書第 109 頁例 2**〕

(二)水流為層流或亂流？水流為亞臨界流或超臨界流？（5
分）

(三)平均剪應力。（5 分）〔**請參閱本書第 110 頁例 3(3)**〕

四、請詳細說明堰流之一般水理特性，另依據堰頂（或牆）厚度
與堰上水頭（即上游水面與堰頂之高差）的比值大小，再詳
細區分並敘述堰流之類型。（20 分）

五、有一矩形狀且無側向束縮之薄壁堰，已知：堰體寬度 $B = 0.5\text{m}$，上游側及下游側之堰體高度 $h_1 = h_2 = 0.5\text{m}$，且堰上水
頭 $H = 0.2\text{m}$。當薄壁堰體下游側水深分別為 $h_3 = 0.4\text{m}$ 及 $h_4 = 0.6\text{m}$ 時，試估算通過堰頂之流量為何？（20 分）〔**請參閱
本書第 300 頁第一點**〕

一〇四年專門職業及技術人員　高等考試建築師、技師、第二次食品技師考試暨普通考試不動產經紀人、記帳士　考試試題

類科：水利工程技師

一、有一水平矩形渠道內發生水躍現象。水躍前之水深為 y_1，水躍後之水深為 y_2，水躍前之比能（specific energy）為 E_1，水躍後之比能為 E_2。假設渠道單位寬度流量為 $2.6m^2/s$，水躍前之水深為 $0.26m$，假設底床摩擦力可忽略，請回答下列問題。〔請參閱本書第二章〕

㈠水躍後之水深為何？（5分）

㈡在此流量情況下，臨界水 y_c 深為何？（5分）

㈢水躍造成的比能損失 E_L 為何？（5分）

請以比能當作橫軸（x 軸），水深當作縱軸（y 軸），請繪出比能與水深的關係圖。請在圖上標記出 y_1、y_2、y_c、E_1、E_2、E_L。（10分）

二、有一水平矩形渠道，渠道單位寬度流量為 $2.4m^2/s$。渠道內沿水流方向有一水平之突起階梯，因此水流自上游進入階梯的區域時產生水深及流速的變化。已知上游水深為 $1.8m$，假設渠流經過階梯時無能量耗損，請回答下列問題。

㈠在不影響上游水深及流速的條件下，階梯距離渠道底床的高度最大可為多少？（10分）〔請參閱本書第 65 頁例 3〕

㈡已知階梯距離渠道底床的高度為 $0.3m$，在水流進入階梯區域後，水深及流速為何？（15分）〔請參閱本書第二章〕

三、請證明三角形斷面中，最佳水力斷面之邊坡係數 m 為何？此三角形斷面為倒三角形，水面寬度與水深成正比，邊坡斜率為 $1/m$。（25分）〔請參閱本書第 103 頁、第 143 頁題 21〕

四、有一矩形渠道,已知渠道底寬為 5m,渠道流量為每秒 6 立方公尺(cms),渠底坡度為 0.0033,曼寧係數(公制)為 $n = 0.05$。已知上游處水深為 1.1m,經過一段距離,下游處水深為 0.8m。請回答下列問題。

㈠正常水深為何?上游至下游的水面線類別代號為何?請用英文字母 M(緩坡)或 S(陡坡)以及數字 1、2、3 代表水面線的類別代號。(10 分)〔**請參閱本書第五章重點整理第 221~228 頁**〕

㈡水面線由上游發展至下游所經過的距離為何?請用直接步推法(direct step method)計算,使用直接步推法時,請以一步計算上游至下游發展的距離。(15 分)〔**請參閱本書第五章重點整理第** 239 **頁**〕

一〇四年公務人員高等考試三級考試試題
類科：水利工程

一、一渠床坡度為 S，渠寬為 B 之矩形渠道，渠道內水深剛好滿足最佳水力斷面條件。若在渠寬中心處加一垂直薄板（厚度可忽略不計），薄板與渠道所有表面之材質相同（已知 Chezy 係數為 C），並維持原有水深，請回答下列問題：

(一)寫出未加薄板時之流量表示式，以 S，B，C 表示。（10 分）

(二)相較於未加薄板時之流量，增加薄板後之流量會增加或減少多少百分比？（10 分）

(三)承上小題，說明流量改變的原因？（5 分）

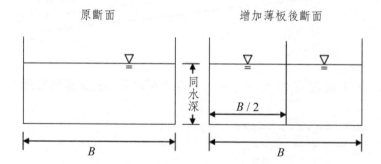

二、一 50m 寬的矩形斷面河道（水深 4m，流量為 200m³/s）欲興建一座跨河橋樑，然而為了縮短橋樑興建的長度，必須檢討河寬的縮減。

請問：（每小題 10 分，共 20 分）〔**請參閱本書第 63 頁例 2、第 65 頁例 3**〕

(一)在該流量下且不影響上游水深時，橋樑興建處的最小河寬為多少？

(二)配合本例，利用比能曲線圖說明河寬縮減後之水深是上升或下降？

三、一 2m 寬的矩形橫斷面渠道，渠道在 500 公尺的水平距離內落差 1m，單位寬度流量為 1.5m³/s，曼寧（Manning）係數為 0.025。

請問：（每小題 5 分，共 15 分）〔**請參閱本書第三章**〕

㈠正常水深＝？

㈡作用於濕周之平均剪應力（Shear stress）＝？

㈢判斷是否產生水躍並解釋之。

四、請畫出下列二種不同條件下之水面曲線並註明其類型。

㈠閘門前後。（11 分）〔**請參閱本書第五章重點整理**〕

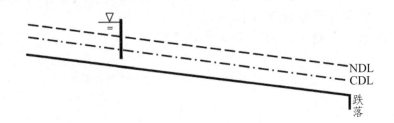

㈡河床坡度變化。（9 分）〔**請參閱本書第五章重點整理**〕

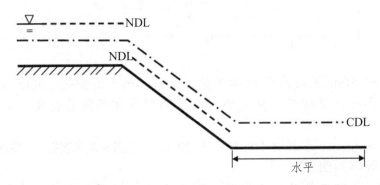

圖中： —·—·— ：CDL 臨界水深線； ———— ：NDL 正常水深線

五、寬廣渠道中一斜升波（Monoclinal rising wave）以波速 V_w 向下游推進，已知上下游水深分別為 12ft 與 10ft，曼寧係數 n = 0.015，渠床坡度 $S = 0.0002$，試求：

㈠波速 $V_w = ?$（15 分）〔**請參閱本書第** 407 **頁題** 4〕

㈡單位寬度之超越流量（Overrun）$= ?$（5 分）

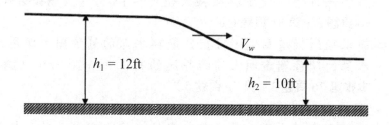

一〇四年特種考試地方政府公務人員考試試題
類科：水利工程

一、已知臨界流的特性，當比能固定時，流量為最大。
　(一)請以矩形渠道為例，表示流量與比能的關係，證明在臨界流的條件下，流量存在極大值。（15 分）〔**請參閱本書第 76 頁題 3、第 81 頁題 6**〕
　(二)請以矩形渠道為例，畫出比能與水深的關係圖，使用比能水深的關係圖證明上述臨界流的特性。（10 分）〔**請參閱本書第 76 頁題 3、第 79 頁題 5**〕

二、有一圓形斷面渠道，曼寧係數與坡度皆為定值，請分析最大流量發生時，水深 y_0 與圓管直徑 D 的關係。（25 分）〔**請參閱本書第 118 頁例 11**〕

三、有一矩形渠道，渠底寬度 2.5m，曼寧係數（公制）為 $n = 0.013$。請根據渠流特性回答下列問題：〔**請參閱本書第五章**〕
　(一)流量為每秒 25 立方公尺，坡度為 0.006 時，正常水深為多少？此時渠道應為緩坡或是陡坡？（5 分）
　(二)流量為每秒 58 立方公尺，坡度為 0.006 時，正常水深為多少？此時渠道應為緩坡或是陡坡？（5 分）
　(三)請問坡度小於多少時，則任何流量情況下，渠道皆為緩坡？（15 分）

四、有一水平矩形渠道，已知水深為 1.5m，流速為 0.8ms^{-1}，此時上游流量突然增加，上游水深為 3m，並產生一湧浪向下游傳遞。請問湧浪的絕對速度為何？（10 分）上游的流速為何？（15 分）
　　〔**請參閱本書第 411 頁題 7**〕

一〇五年專門職業及技術人員　高等考試建築師、技師、第二次食品技師考試暨普通考試不動產經紀人、記帳士　考試試題

類科：水利工程技師

一、有一梯形渠道，其渠底寬為 2m，岸壁之垂直與水平比為 1：1.5，已知此一渠道之流量為 13.5m³/s，假設在此渠道上發生水躍（hydraulic jump），水躍前之水深為 0.5m，試求經此水躍後之水頭損失（head loss）。（25 分）〔**請參閱本書第 190 頁題 6**〕

二、有一寬矩形混凝土渠道，其單位寬度流量為 2m³/s/m，曼寧值為 0.013，渠底坡降為 0.001。該渠道下游端設置一低堰，堰高為 1.25m，則從低堰往上游多遠處可出現正常水深（normal depth）之流況？（25 分）〔**請參閱本書第 252 頁例 6**〕

三、有一矩形渠道之水流流速為 1m/s，水深為 2m，位於該渠道下游處之閘門瞬間關閉，試求所造成之湧浪（surge）往上游移動之速率為多少？（25 分）〔**請參閱本書第 390 頁例 3**〕

四、如下圖所示之混凝土渠道水流，其曼寧值為 0.013，底床坡降為 0.007，試問該水流為超臨界流（supercritical flow）或亞臨界流（subcritical flow）？（25 分）〔**請參閱本書第一章重點整理**〕

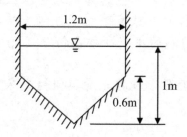

一〇五年公務人員高等考試三級考試試題
類科：水利工程

一、給定一水平矩形渠道之上游水流條件為：渠寬 B、水深 y_1 及流量 Q，且流況為穩定、亞臨界流（$F_{r1}\left(=\dfrac{Q}{B\sqrt{gy_1^3}}\right)<1$，$g$ 為重力加速度）。假設渠壁及底床的阻抗力可忽略，請由能量方程式推求下列因渠道下游斷面改變造成上游壅水的臨界條件（即水流在下游斷面為臨界流況）。

　(一)求渠道下游斷面因底床淤積達 dz 造成上游壅水的臨界條件，即 $\dfrac{dz}{y_1}=f_1(F_{r1})$ 的關係式為何？（8分）

　(二)求渠道下游斷面因渠寬束縮至 B_c（$B_c<B$）造成上游壅水的臨界條件，即 $\dfrac{B_c}{B}=f_2(F_{r1})$ 的關係式為何？（7分）

　(三)分別於比能曲線中繪出上述(一)、(二)流況時，上、下游的點位。（10分）

二、河道中的水流經一單階自由跌水工（free fall）的水平頂點，產生一水舌（nappe flow）沖向下方岩盤河床，已知其跌水高度為 20m，並假設空氣對水的阻力及空氣捲增量可忽略。

　(一)由動量方程式推求此一單階跌水工之邊緣水深（brink depth）與臨界水深（critical depth）的關係。（15分）
　　〔請參閱本書第 294 頁題 29〕

　(二)給定此一河道的單寬流量為 $3.13\text{m}^2/\text{s}$，水流經此單階跌水的頂點後產生水舌，並忽略下方河床上的水深對水舌的水墊作用。求水舌下緣撞擊到下方河床時的速度及求該撞擊點與跌水工頂點的水平距離為何？（10分）

三、水流在一水平矩形渠道的光滑與粗糙底床面交界處發生水躍

現象，即水躍前緣（上游端）位於渠床為光滑與粗糙面的交界處，水躍的滾浪及主體則皆位於粗糙底床上。給定流量為 Q，水躍前、後的共軛水深分別為 $y_1, y_2 \left(\eta = \dfrac{y_2}{y_1} \right)$，水躍前、後的斷面平均流速分別為 V_1、V_2，水躍前之福祿數（Froude Number）為 $F_{r1} = \dfrac{V_1}{\sqrt{gy_1}}$。考慮粗糙底床的阻力效應，並假設底床面的平均剪應力 τ 可表示為 $\left(\tau = \dfrac{f}{8} \rho V_1{}^2 \right)$，$f$ 為粗糙底床的阻抗係數，ρ 為水密度，且粗糙面上的水躍長度 l 與水深差 $(y_2 - y_1)$ 成正比（給定 $l = \alpha(y_2 - y_1)$），α 為一常數。

〔請參閱本書第四章〕

㈠求水躍共軛水深比 $\eta \left(\eta = \dfrac{y_2}{y_1} \right)$ 與 f, α, F_{r1} 的關係式為何？（15 分）

㈡比較發生在光滑面（即不計底部阻抗）與粗糙面上的水躍高度及其消能效果的差異。（10 分）

四、有一水壩構於水平之寬河槽上，已知壩前蓄水深為 20m，壩上游蓄水區的長度極長且壩下游為乾河床。假設此水壩瞬間完全潰決，並產生一洪水波以壩為原點同時向上、下游傳遞，且壩寬及底床阻抗的效應可忽略。壩下游 1 公里處的河槽中設置有一觀測站（A 點）以即時記錄流況。

〔請參閱本書第 383 頁重點整理六〕

㈠求潰壩後，洪水波前（leading edge）傳遞到 A 點的時間。（10 分）

㈡求潰壩後，A 點水深達 2m 的時間及當時 A 點的水流速度。（15 分）

一〇五年公務人員高等考試一級暨二級考試試題

類科：水利工程

一、一寬為 3m 之矩形渠道自一水庫取水，渠道之渠底坡度為 0.001，其曼寧值為 0.014，假設渠道入口處之局部能量損失可忽略不計，當水庫水蓄水位高於渠道上游端底床 2m 時之流量為多少？（25 分）

二、如下圖所示，二條寬度不同之長矩形渠道以一短漸變段（transition）銜接，假設漸變段之底床坡降及邊壁摩擦損失可忽略不計。上游長渠道為緩坡（mild slope），下游長渠道為陡坡（steep slope），上游長渠道之渠寬較下游長渠道為寬，且水流在上游長渠道之比能（specific energy）小於下游長渠道，試畫出在已知定量流況下所有可能之水面線並說明其理由。（25 分）〔請參閱本書第五章〕

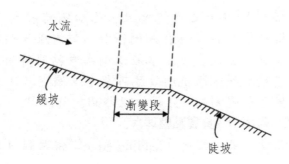

三、如下圖所示，為自閘門射流而出之矩形渠道水流，渠道尾端之底床抬升 Δz。假設閘門處及渠道之摩擦損失可不計，當斷面①之比能為 1.2m，$y_2 = 0.25m$，$\Delta z = 0.6m$，試求斷面④之水深。（25 分）〔請參閱本書第 325 頁例 11〕

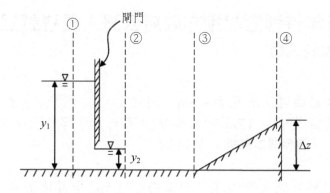

四、有一矩形渠道如下圖所示，當其發生水躍（hydraulic jump），

試證明水躍後及前之水深比可表為 $\dfrac{d_2}{d_1} = \dfrac{1}{2}(\sqrt{1 + 8G_1{}^2} - 1)$

上式中，$G_1 = \dfrac{F_{r1}}{\sqrt{\cos\theta - \dfrac{KL\sin\theta}{d_2 - d_1}}}$，其中，$F_{r1}$ 為水躍前之福祿數

（Froude number）；L 為水躍長度；θ 為渠底之水平夾角；K 為在水躍處非線性水面變化之修正值。（25 分）〔請參閱本書第 159 頁第六點〕

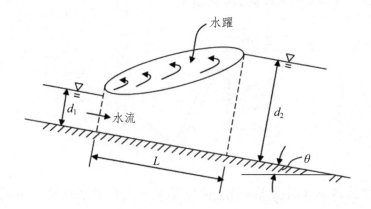

一〇五年特種考試地方政府公務人員考試試題

類科：水利工程

一、一梯形渠道，底寬 $b = 6m$，側坡 $z = 2$（水平 2：垂直 1），試求流量 $Q = 17m^3/s$ 的臨界水深 y_c，及臨界流速 U_c。（25 分）〔**請參閱本書第 83 頁題 8**〕

二、一矩形渠道，斷面寬度由上游的 1.5m 平滑地漸寬至下游的 3.0m，若上游水深 $y_1 = 1.5m$，流速 $u_1 = 2.0m/s$，試估計變寬以後的水深 y_2 及流速 u_2。說明你的假設，並於比能曲線上繪出兩斷面間的變化關係。（25 分）〔**請參閱本書第 63 頁例 2**〕

三、如圖，水庫水位 EL.200m，以一 30m 寬的溢洪道，排下流量 $Q = 800m^3/s$，下游河川水位 EL.100m，若下游靜水池寬度與溢洪道相同，試決定靜水池池底高程 z，使水躍如圖發生於靜水池開端。假設流過溢洪道的能量損失可忽略。（25 分）〔**請參閱本書第 189 頁題 5**〕

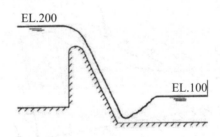

四、試推導出 Darcy-Weisbach 的管流摩擦係數 f 與曼寧 n 的關係式。註：$\left(h_f = f \dfrac{L}{D} \dfrac{V^2}{2g} \right)$（25 分）〔**請參閱本書第 112 頁例 5**〕

一○六年專門職業及技術人員　高等考試建築師、技師、
第二次食品技師考試暨　考試試題
普通考試不動產經紀人、
記帳士

類科：水利工程技師

一、請說明總能量線（total energy line）和水力梯度線（hydraulic grade line）之異同？一般緩坡情況下，自由水面（free surface）和水力梯度線有何關係？（20 分）〔**請參閱本書第五章重點整理**〕

二、某一具梯形斷面之渠道，已知其底寬為 2 公尺，兩側側壁之水平垂直比為 1.5：1，若該渠道恰發生正常臨界流，水深為 1.2 公尺，渠坡為 0.0016，試求：
　㈠曼寧糙度係數 $n=$？相當之摩擦因子 $f=$？（10 分）
　㈡試判斷若該渠段受某一干擾時產生之水波如何傳播？其波速又為每秒多少公尺？（10 分）

三、若一具底床水平矩形渠道之寬度不固定，請推導並證明臨界流況將會發生在何處？（需要之假設條件請自行說明）（20 分）〔**請參閱本書第 55 頁第 2 點**〕

四、已知某一寬廣河道係由 A、B 二不同縱坡河段所構成，A 段在上游，B 段在下游，且坡度分別為 $S_A = 0.016$ 及 $S_B = 0.001$。若河道之流量為每秒 10 立方公尺，並假設以等速流視之，曼寧糙度係數為 0.025，請應用比力原理判斷水躍發生在 A 段或 B 段河道，並說明水躍發生後將產生何種水面縱剖線。（其他方法不給分）（20 分）〔**請參閱本書第 183 頁例 12**〕

五、一矩形渠道中有一下射式閘門，今該閘門放水，且其下游達
　　等速流時之水深為 1 公尺，流速為每秒 0.6 公尺。若流量突
　　然增為 2.5 倍時，求閘門下游變化後達等速流時之水深和流
　　速各為多少？（20分）〔**請參閱本書第八章**〕

一〇六年公務人員高等考試三級考試試題

類科：水利工程

一、有一矩形渠道，其岸壁高為 2.5m，起始均勻流之水深為 2m，流速為 2m/s。該渠道設有一閘門以控制流量，當閘門瞬間部分關閉，試求不致造成閘門上游渠道溢流之最大允許之流量減少量。（25 分）〔請參閱本書第八章〕

二、有一渠道系統係由二條矩形但渠寬不同之渠道，中間以一短漸變渠道銜接而成，如圖一所示。已知上游端渠道之單寬流量為 $1.0m^2/s$，正常水深為 0.8m，下游端渠道之單寬流量為 $1.5m^2/s$，其正常水深為 0.5m，假設在短漸變渠道內之能量損失可忽略不計，試分析並畫出此一渠道系統可能之水面線。（25 分）〔請參閱本書第五章〕

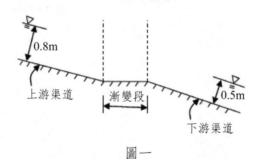

圖一

三、有二座蓄水庫以一長為 70km 之矩形渠道銜接，假設該渠道為水平且摩擦損失可忽略不計。剛開始之渠道水流為均勻流，水深為 1.5m，流速為 1.0m/s。在時間 $t = 0$ 時，下游端水庫之水位以 0.30m/hr 速率下降，而上游端水庫在 $t = 2hr$ 時，水位以 0.15m/hr 速率下降。試求：

㈠渠道水深全面受到影響之時間及位置。（15 分）

㈡當水深全面受影響之時，水深 0.6m 處距上游端水庫之距離為多少？（10 分）

四、如圖二所示為設有閘門之矩形渠道，渠寬為 10m，閘門開度為 0.5m，假設閘門處水流之局部束縮及能量損失可忽略不計，底床坡降 S_0 為 0.001，渠道之曼寧糙度值 $n = 0.02$，試求發生水躍（hydraulic jump）處距閘門之距離。（25 分）
〔**請參閱本書第四章、第五章**〕

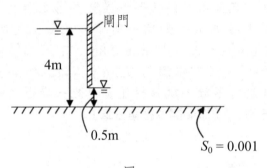

圖二

一〇六年公務人員高等考試一級暨二級考試試題
類科：水利工程

一、一梯形渠道，渠底寬 1.5m，邊坡比（$H:V$）= 3：1，水深 1.50m，渠床縱坡 $S_0 = 0.0016$，$n = 0.015$，求：〔**請參閱本書第 110 頁例 3**〕

　㈠於正常流況下，該渠流之平均流速為多少？（7 分）

　㈡正常流量為多少？（6 分）

　㈢渠床上平均剪應力為多少？（6 分）

　㈣該渠流為亞臨界流、臨界流或超臨界流？（6 分）

二、如下圖所示之浸沒水流流經一銳緣堰，渠道為矩形斷面，局部坡度為零。若單位寬度流量為 $3.5\text{m}^3/\text{s/m}$，試推估此堰之能量損失，並計算作用在此堰上單位寬度之作用力。（25 分）〔**請參閱本書第 22 頁例 9**〕

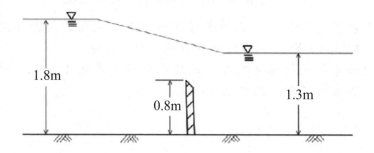

三、如下圖所示，一下射式閘門將水排放至一寬矩形渠道，於閘門處水流收縮斷面為水深 28.5cm，閘門上游為水深 5m，由於下游控制之影響，水躍後之尾水深為 4m，假設通過閘門之能量損失及底床摩擦可忽略，請檢驗閘門是否遭到浸沒？若浸沒現象發生，求其流量及閘門處之浸沒水深？（25 分）〔**請參閱本書第 317 頁例 5**〕

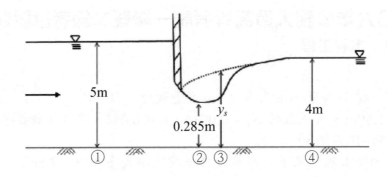

四、在工程經濟的考量下，於相同斷面積 A 的條件，能輸送之流量 Q 為最大之斷面稱之為最佳水力斷面。〔**請參閱本書第** 103 **頁第九點**〕

㈠試證明矩形斷面之最佳水力斷面發生在渠寬為水深的二倍（$B = 2y$）。（7 分）

㈡根據以下的流量 Q，渠底坡度 S_0，及曼寧糙度 n，試設計一個三角形的最佳水力斷面。（6 分）

$$Q = 6.91\,\text{m}^3/\text{s}，S_0 = 0.00318，n = 0.025$$

㈢若渠道不襯砌，且渠底材質乃粘土，故允許的最高流速為 1.8m/s，則上述的設計可否成立？（6 分）

㈣若考量某種保育物種而須降低設計流速為 1.2m/s，試述可解決的方案（請自由發揮）。（6 分）

一〇六年特種考試地方政府公務人員考試試題

類科：水利工程

一、有一矩形渠道，寬度 4.0m，水深 2.0m，流量 $16.0m^3/s$，至下游渠段，渠道寬度束縮成 3.5m，且底床上升 0.20m。若忽略能量損失，試推求下游渠段之水深。（25 分）〔**請參閱本書重點整理第** 57～60 **頁**〕

二、有一梯形渠道，縱向坡度 $S_0 = 0.002$，底寬 2.0m，兩邊側坡 $m = 1.5$（水平：垂直），曼寧糙度 $n = 0.015$。若流量為 $5.0m^3/s$，試計算臨界水深。（25 分）〔**請參閱本書第** 86 **頁題** 11、**第** 91 **頁題** 15〕

三、有一矩形渠道，寬度 12.0m，縱向坡度 $S_0 = 0.0028$，流量 $25.0m^3/s$。渠道之水流為非均勻流，渠道之曼寧糙度 $n = 0.030$。若在渠道之 A、B 兩處分別測得水深為 1.36m 及 1.51m。試計算 A、B 兩處之距離。（25 分）〔**請參閱本書重點整理第** 239~243 **頁**〕

四、有一矩形渠道，寬度 3.0m，曼寧糙度 $n = 0.013$，流量 $11.6m^3/s$。水流至 A 處時，渠道縱向坡度從 $S_0 = 0.0150$ 突然改變成 $S_0 = 0.0016$，因此在 A 處附近有水躍產生，試計算水躍產生前後之共軛水深（conjugate depths）。（25 分）〔**請參閱本書第** 202 **頁題** 14〕

一〇七年專門職業及技術人員 高等考試建築師、技師、第二次食品技師考試暨普通考試不動產經紀人、記帳士 考試試題

類科：水利工程技師

一、蜿蜒的自然渠道由甲地流至乙地，如圖所示，因都市化緣故而被截彎取直，且渠寬減半。

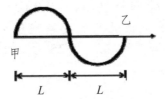

(一)若曼寧 n_0 不變，則於原設計流量 Q_0，新的直渠水深 y，將如何改變？試以原水深 y_0 的倍數來表達。設甲至乙的距離為 $2L$，高程差為 ΔZ，蜿蜒的自然渠道可視為兩個半圓周，渠道斷面可視為寬矩形。（5 分）〔提示：蜿蜒渠長為 πL，$S_0 = \dfrac{\Delta Z}{\pi L}$，水力半徑 R 可視為水深 y。
$Q_0 = v_0 A_0$，$v_0 = \dfrac{1}{n_0} y_0^{\frac{2}{3}} S_0^{\frac{1}{2}}$，$A_0 = y_0 B_0$。〕

(二)流速變為原來的幾倍？（5 分）

(三)因流速加快，若欲調整曼寧 n 使其減速，而於設計流量 Q_0，保有原來的流達時間，則曼寧 n 須調大多少倍？（10 分）

(四)有何可行工程手段，可令曼寧 n 增大，又符合生態水理的連續廊道需求？（5 分）

二、水流流經下射式閘門，並於其下游形成水躍，示如下圖。

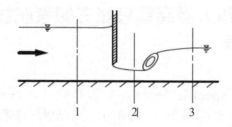

(一)繪出其相對應的比能曲線（E-y）及比力曲線（M-y）圖後，請標示斷面 1、2 及 3 之位置，並說明其理由。（15 分）〔**請參閱本書第 44 頁題 15**〕

(二)試列式計算下射式閘門所受到的單寬水流沖擊力 F。並將此單寬水流沖擊力除以水流單位重 γ 後，標示於上圖的比力曲線中。（10 分）

三、一矩形渠道寬 2.5m，流量 6.0cms，水深 0.5m，若欲使某斷面發生臨界流時，可於底床設計一平頂之突出物，試求其高度為多少？假設此突出物之能量損失為 0.1 倍之上游流速水頭。（25 分）〔**請參閱本書第 72 頁例 9**〕

四、某一寬 3m 之矩形渠道，其輸水流量為 12cms，該渠道係由兩不同坡度之長渠段所組成，上、下游渠段坡度分別為 0.02 和 0.001，又曼寧 n 為 0.02，假設渠道的入流及出流皆為等速流，試求水躍發生位置是在上游渠道還是下游渠道？（25 分）〔**請參閱本書第 183 頁例 12**〕

一〇七年公務人員高等考試三級考試試題
類科：水利工程

一、請以比力（specific force）之基本定義，詳細推導比力曲線
方程式並繪出其圖形。（20 分）〔**請參閱本書第 12～13 頁重點
整理八**〕

二、請詳述發生水躍成因及水躍型式之分類法為何？水躍現象於
人工渠道及自然河道中扮演何種角色？另請推導於水平底
床上發生水躍前、後之共軛水深與能量損失方程式。（20
分）〔**請參閱本書第四章重點整理**〕

三、已知一條具有梯形斷面之渠道是由三個長度相當長之 A、B
及 C 渠段（由上游往下游方向）所構成。三個渠段之底床寬
度均為 $B_d = 4.0m$、兩側邊坡坡度均為 $1：1$，惟對應之底床
坡度分別為 $S_A = 0.0004$、$S_B = 0.009$ 及 $S_C = 0.004$，曼寧糙率
係數 $n_A = 0.015$、$n_B = 0.012$ 及 $n_C = 0.015$。於渠道流量 $Q =$
22.5cms 條件下，試分析：〔**請參閱本書第五章**〕
(一)各渠段之正常水深 y_n 及臨界水深 y_c 為何？（12 分）
(二)試繪製各渠段之水面剖線。（8 分）

四、為興建一座寬頂堰式之固床工於河道寬度為 $B_d = 998m$、底
床坡度為 $S = 0.003$、曼寧糙率係數為 $n = 0.035$ 之河床上，
已知水流流量為 $Q = 8100cms$。茲為進行定床之水工模型斷
面試驗而採用長度比尺為 $L_r = 1/50$ 時，請說明：（每小題
10 分，共 20 分）〔**請參閱本書第 10 頁第六點**〕
(一)模型試驗用之相似律及來流平均流速 V_m（m/s）為何？
(二)模型試驗用之單寬流量 q_m（cms/m）及上游側之堰頂水頭
　　H_m（cm）為何？
〔請以自由堰流公式（假設流量係數 $Cd = 0.542$）計算〕

五、㈠如何運用一維及二維水理數值模式於跨越寬廣溪流之橋梁
　　墩基沖刷深度計算？（15分）
　　㈡請說明應考慮那些沖刷因素。（5分）

一〇七年公務人員高等考試一級暨二級考試試題
類科：水利工程

一、已知有一條梯形渠道，渠底寬 $B = 1.0m$，渠床縱坡 $S_0 = 0.015$，渠道梯形斷面為不對稱，渠岸一側邊壁的水平垂直比為 $1H：1V$，另一側渠岸邊壁的水平垂直比為 $2H：1V$，渠道曼寧粗糙係數 $n = 0.013$。當渠流流量 $Q = 3.5m^3/s$，且為均勻流時，試求：

(一)渠流的正常水深 y_0（Normal depth）及臨界水深 y_C（Critical depth）各為多少？（7 分）〔**請參閱本書第 134 頁題 11**〕

(二)渠流的水力半徑 R（Hydraulic radius）及水力深度 D（Hydraulic depth）各為多少？（8 分）〔**請參閱本書第 3 頁 11.～12.**〕

(三)渠流作用在渠床的平均剪應力 τ_0 及剪力速度（Shear velocity）u*各為多少？（10 分）〔**請參閱本書第 110 頁例 3 (3)**〕

二、有一水平矩形渠道，渠寬 $B = 2m$，設有閘門，如下圖所示，渠流自閘門底部射流而出，已知閘門上游水深 $y_1 = 1.0m$、閘門下游水深 $y_2 = 0.2m$，試回答下列問題：

(一)當不計渠流能量損失時，試推估此渠流的流量為多少？（7 分）〔**請參閱本書第 45 頁題 16**〕

(二)假如渠流流經閘門的能量損失 $E_L = 0.1y_1$，試推估此渠流的流量為多少？（8 分）

(三)當不計渠流能量損失時，試推估渠流作用在閘門的水平推力為多少？（10 分）〔**請參閱本書第 20 頁例 7**〕

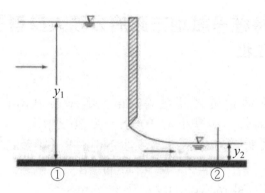

三、有一超臨界渠流在水平矩形渠道內流動且發生水躍，水躍前
　　與水躍後的水深分別為 $y_1 = 0.1$m 及 $y_2 = 1.0$m，矩形渠道的
　　寬度為 1.2m，試求：〔請參閱本書第二章〕
　　㈠水躍前的福祿數 Fr_1 及流速 V_1 分別為多少？（7分）
　　㈡水躍後的福祿數 Fr_2 及流速 V_2 分別為多少？（8分）
　　㈢渠流流量 Q 及水躍能量損失 E_L 分別為多少？（10分）

四、在分析渠流水深 $y(x, t)$ 的變化時，常假設水流沿著渠道的流
　　動為一維運動，渠道內任一通水斷面的流量 Q 及通水斷面
　　A 是位置 x、水深 y 和時間 t 的函數。假設渠床縱向坡度為
　　S_0，渠流能量坡度為 S_f，試回答下列問題：
　　㈠試使用變數 Q 及 A 及相關參數，寫出適用於一維渠流分析
　　　的聖維南方程式（Saint Venant equations）的連續方程式，
　　　並說明方程式中各項之意義。（7分）〔請參閱本書第 370
　　　頁第二點〕
　　㈡試使用變數 Q 及 A 及相關參數，寫出適用於一維渠流分析
　　　的聖維南方程式（Saint Venant equations）的運動方程式，
　　　並說明方程式中各項之意義。（8分）〔請參閱本書第 370
　　　頁第二點〕
　　㈢藉由聖維南方程式說明變量流運動波（Kinematic wave）
　　　模式、擴散波（Diffusive wave）模式及動力波（Dynamic
　　　wave）模式在運動方程式方面之差異。（10分）

一〇七年特種考試地方政府公務人員考試試題
類科：水利工程

一、一矩形斷面渠道之寬度為 1m，水深為 0.8m，底床縱坡為 0.001，試求：（每小題 10 分，共 20 分）
 ㈠底床拖曳平均剪應力為多少 Nt/m^2？〔請參閱本書第 110 頁例 3-(3)〕
 ㈡剪速度（shear velocity）為多少 m/s？

二、已知一矩形渠槽（寬度 $b_1 = 15m$）以漸變段銜接一梯形斷面之渠道（寬度 $b_2 = 23m$），若流量為 357cms，渠槽底床較渠道底床高 0.5m，且渠道之水深為 6.7m，側坡比（$V:H$）為 1：2，假設無任何水頭損失且能量修正係數為 1.0，試求：
 ㈠渠槽之水深。（15 分）
 ㈡渠槽之斷面平均流速。（5 分）

三、某一寬廣渠道具有二段不同縱坡之渠段，分別為 S_1 及 S_2，假設渠道之內面工材質完全一樣，當其水深比 $\frac{y_2}{y_1}=0.5$ 時，二渠段達等速流時，請回答下列問題：（每小題 10 分，共 20 分）〔請參閱本書第 98 頁第三點〕
 ㈠以曼寧公式計算之平均速度比 $\frac{v_2}{v_1}$＝？
 ㈡以蔡斯（Chezy）公式計算之平均速度比 $\frac{v_2}{v_1}$＝？

四、某一觀測站觀測一水面平均寬度約 500m 之河川，今上游突然發生洪水，在觀測站處之流量估計約 8000cms，水位上升率約 0.5m/hr，試以一維變量流理論估算：（每小題 10 分，共 20 分）〔請參閱本書第 398 頁例 11〕
 ㈠此時距此觀測站上游 1km 處之洪水流量約多少 cms？

㈡此時距此站下游多遠處之洪水量約為 6000cms？

五、一梯形斷面之渠道，水深為 2.0cms，底寬為 6m，側坡比為
　　1：1，今因某種因素干擾產生一高度為 0.8m 之正湧浪，求
　　其湧浪之波速（celerity）為多少？（20 分）
　　〔**請參閱本書第八章**〕

一〇八年專門職業及技術人員高等考試試題
類科：水利工程技師

一、已知一直徑為 1.5m 之圓形管涵，其底床坡降為 0.01，輸送流量為 4.0m^3/s，管壁之曼寧糙度值為 0.013。請問

(一)此水流之正常水深為多少？（15 分）〔**請參閱本書第三章**〕

(二)此流況為超臨界流或亞臨界流？（10 分）〔**請參閱本書第二章**〕

二、有一矩形渠道，其岸壁設有一段側溢流堰。已知渠道寬為 20ft，渠底坡降為 0.0052，側溢流堰上游端之渠道流量為 400ft^3/s，其曼寧糙度值為 0.015；側溢流堰下游端之水深為 0.8ft，且因側溢流致使渠道流量減為 200ft^3/s，其曼寧糙度值為 0.03。試繪出側溢流堰段及其上、下游渠道之水面線並說明其理由。（25 分）〔**請參閱本書第五章歷屆試題 14**〕

三、某一梯形渠道，其底床坡降為 0.0004，曼寧糙度值為 0.035，設計流量為 200m^3/s。上游斷面之底寬為 15m，邊壁之水平垂直比為 3：1；緩變至下游100m 處斷面之底寬為 10 m，邊壁之水平垂直比為 2：1，其水深為 7m。試以標準步推法（standard-step method）推求上游斷面處之水深。（25 分）〔**請參閱本書第五章精選例題 10**〕

四、如下圖所示，在一水平夾角為 θ 之矩形渠道上發生水躍，假設水躍處之邊界摩擦力可忽略不計水躍前後之共軛水深（conjugate depths）為 d_1 及 d_2，水躍長度為 L，試推導共軛水深比（d_1/d_2）之關係式。（25 分）〔**請參閱本書第四章重點整理六**〕

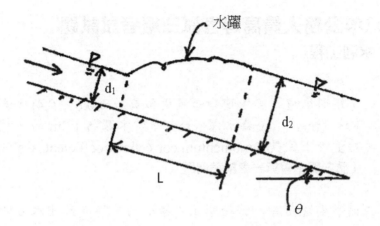

一〇八年公務人員高等考試三級考試試題
類科：水利工程

一、有一寬矩形渠道，其流速分布可近似為 $u = 0.6 + 0.4y$，式中 u 為流速（m/s），y 為水深（m）。當水深為 1.2m 時，試推求其動量校正係數（momentum correction coefficient）。（20分）〔**請參閱本書第一章精選例題 1**〕

二、對於梯形渠道而言，試證明正六邊形的一半為最佳水力斷面（best hydraulic section）。（20分）〔**請參閱本書第三章歷屆試題** 21〕

三、有一寬為 6m 之矩形渠道，其設計流量為 100cms。此渠道前半段之底床坡降為 0.01，後半段之底床坡降為 0.003，渠道之曼寧值為 0.015。試繪出其水面線並說明其理由。（20分）〔**請參閱本書第四章歷屆試題** 14〕

四、有一水壩，其蓄水深為 25m，壩下游之寬廣河道為乾床狀態。當此水壩瞬間潰決，試求：（每小題 10分，共 20分）
(一)壩址處之水深及流速。
(二)潰壩後半小時距離壩下游 10km 斷面處之水深及流速。
〔**請參閱本書第八章潰壩問題**〕

五、如下圖所示，假設矩形渠道閘門處局部損失及摩擦損失可忽略不計，斷面①之比能 $E_1 = 1.2m$，斷面②在自由流時之水深 $y_2 = 0.25m$，$\Delta z = 0.6m$。試求在此流況下之單寬流量及斷面④之水深。（20分）〔**請參閱本書第四章歷屆試題** 9、11〕

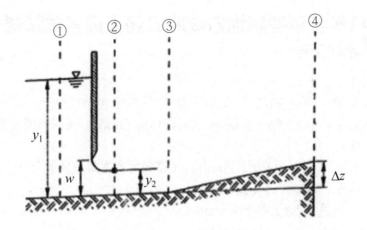

一〇八年特種考試地方政府公務人員考試試題
類科：水利工程

一、試說明下列名詞之意涵：（每小題 5 分，共 25 分）
　　㈠能量修正係數（Energy correction factor）〔**請參閱本書第一章**〕
　　㈡正常水深（Normal depth）〔**請參閱本書第三章**〕
　　㈢巴歇爾水槽（Parshall flume）
　　㈣潰壩波（Dam-break wave）
　　㈤臥箕溢洪道（Ogee spillway）

二、試說明何謂第一水力指數 M（First hydraulic exponent），說明如何計算第一水力指數 M 值，然後計算一條對稱梯形渠道的第一水力指數 M 值，此梯形渠道底寬為 2.5m，水深為 2.0m，渠道邊坡坡度為 45 度。（25 分）〔**請參閱本書第三章精選例題** 13〕

三、有一條非對稱梯形渠道，渠床坡度 $S_0 = 0.0004$，渠底寬度 $B = 10.0$，正常水深 $y_0 = 3.0m$，渠道左右兩側邊坡坡度參數（水平垂直比）分別為 $m_1 = 1.0$ 及 $m_2 = 2.0$，渠道邊坡與底床具有不同的粗糙度，它們的曼寧糙度係數 n 值分別為左側邊坡 $n_1 = 0.025$，底床 $n_2 = 0.015$，右側邊坡 $n_3 = 0.035$。試計算此渠道曼寧係數 n 的代表值、計算此渠流的水力半徑 R、及使用曼寧公式計算此渠流的流量 Q。（25 分）〔**請參閱本書第三章歷屆試題** 7、**歷屆試題** 9〕

四、有一條等寬矩形渠道，渠寬為 3.0m，渠道由上游往下游方向可以區分成 A、B 及 C 等 3 個渠段，各渠段的渠床坡度 S_0 及曼寧粗糙係數 n 值不相同。渠段 A：$S_0 = 0.0004$、$n = 0.015$；渠段 B：$S_0 = 0.009$、$n = 0.012$；渠段 C：$S_0 = $

0.0008、$n = 0.015$。假如各渠段的長度足夠長，各渠段可以完全發展漸變流水面線。當渠流流量為 21.0cms 時，試先計算各渠段的臨界水深 y_c 及正常水深 y_0，然後繪出各渠段漸變流水面線並註明水面線型態的名稱。（25 分）〔**請參閱本書第五章歷屆試題** 26〕

一〇九年專門職業及技術人員高等考試試題
類科：水利工程技師

一、一座三角形斷面渠道如圖所示，渠道水深 y_0、頂寬 b。渠道中水深 y 所對應的速度分布（velocity distribution）$V = k_1 \sqrt{y}$，k_1 為常數。試計算此渠道之斷面平均速度（average velocity），及其能量修正係數 α（kinetic energy correction factor）與動量修正係數 β（momentum correction factor）。（25 分）〔**請參閱本書第一章精選例題 1**〕

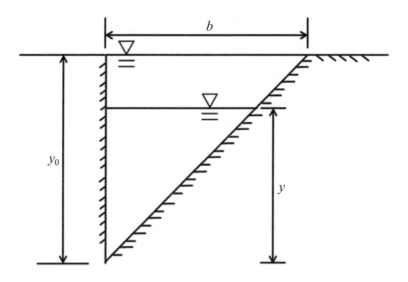

二、一座梯形渠道之光滑砌面（$n = 0.01875$），其側面斜坡之水平垂直比為 1：1，其底床坡度為 0.0004。若此渠道在正常水深（normal depth）2.50m 時，能夠輸送 80m³/s 之流量。試決定此一渠道之底部寬度。（25 分）〔**請參閱本書第三章**〕

三、一矩形渠道水深 1.5m 之均勻流況，若渠道中有一底部光滑隆起高 0.20m，且造成水位略降 0.15m 之情況，如圖所示。

假設忽略能量損失，試推估其單位寬度流量。（25分）〔**請參閱本書第一章精選例題6**〕

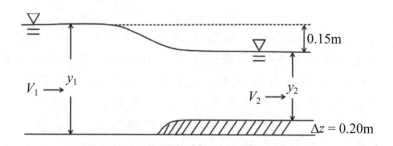

四、一座寬淺渠道寬80m、3m水深、$n = 0.035$、平均坡度0.0005，若其下游有一低堰（low weir）抬升水位1.5m。試推估渠流因此堰造成的緩漸流況（the Gradually-Varied flow）屬於何種型態？迴水長度為何？（25分）〔**請參閱本書第五章精選例題6**〕

一〇九年公務人員高等考試三級考試試題
類科：水利工程

一、有一對稱梯形渠道，如圖 1 所示，渠底寬 $B = 2.0$m，渠岸邊坡比值 $m = 1.0$，渠床坡度 $S_0 = 0.0004$，曼寧粗糙係數 $n = 0.018$。當渠流為均勻流，流量 $Q = 5.0$cms 時，試求此渠流的臨界水深 y_c、正常水深 y_0、水力深度 D、水力半徑 R、平均流速 V_0、平均渠床剪應力 τ_0、福祿數 F_{r1} 及比能 E，並計算此渠流的交替水深 y_2（Alternate Flow Depth）及其所對應之福祿數 F_{r2}。（25 分）〔**請參閱本書第二章**〕

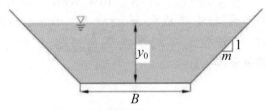

圖 1　對稱梯形渠道示意圖

二、有一座溢洪道，如圖 2 所示，堰高為 P，堰上水頭為 H，水的動力黏滯係數為 μ，水的密度為 ρ，水的表面張力係數為 σ，重力加速度為 g。溢洪道單位寬度流量 q 與前面所提到的參數有關，即 $q = (g, P, H, \mu, \rho, \sigma)$，試用無因次定理分析推導溢洪道流量關係式。（25 分）

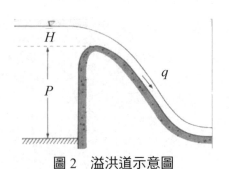

圖 2　溢洪道示意圖

三、閘孔出流是指水流經由閘門底部開口流出之現象。假設矩形渠道上設有一閘門，如圖 3 所示，閘門寬度與矩形渠道寬度相同，閘門上游水深為 H_1 水頭為 H_0，閘門開口高度為 a，閘孔出流後最低水深為 y_2，閘孔出流收縮係數 $C_C = y_2/a$。假如閘孔出流能量損失為 αH_1，能損係數 $0 \le \alpha \le 0.3$，試使用水流連續方程式及能量方程式推導閘孔單位寬度流量 q 與 H_1 及相關參數之關係式。當 $H_1 = 3.0\text{m}$、$a = 0.2\text{m}$、$C_C = \dfrac{y_2}{\alpha}$ $= 0.6$ 及 $a = 0.1$，試計算閘孔單位寬度流量 q 及閘孔出流後水深 y_2 處之流速 V_2 及水流福祿數 F_{r2}。（25 分）〔**請參閱本書第四章歷屆試題** 12〕

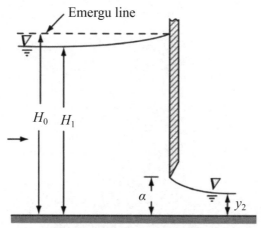

圖 3　閘門底孔出流示意圖

四、有一條 4.0m 寬的矩形渠道，渠道下游設有閘門，如圖 4 所示。閘門全開時，渠道內有均勻水流，流量 $Q = 12.0\text{cms}$，水深 $y = 2.0\text{m}$。當下游閘門突然完全關閉時，瞬間形成一個向上游移動的正湧浪（Positive Surge），試用水流連續方程式及動量方程式計算此湧浪的高度 Δy 及移動速度 V_w。（25 分）〔**請參閱本書第八章歷屆試題** 11〕

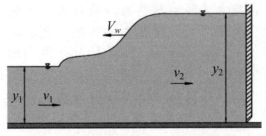

圖 4　閘門關閉上移正湧浪示意圖

一〇九年特種考試地方政府公務人員考試試題
類科：水利工程

一、在某一平直之寬淺河段規劃興建一座跨河橋樑，河寬為 50.0m，計畫流量為 200m³/s，水深為 4.0m，水流為亞臨界流。為減少橋樑的長度，橋樑擬興建橫向護岸以局部束縮河段寬度。試問此計畫流量下，若橋樑之興建不影響河川上游水位變化時，其最小的河寬為何？（25 分）〔**請參閱本書第二章精選例題** 2〕

二、某河川在一平直河段上，洪水過後依洪水痕跡量得在相距 2000m 的 A、B 兩處，其最高水位分別為 50.0m 及 46.0m。經計算得 A、B 兩處斷面之通水面積分別為 350m² 及 400m²，潤週長度（wetted perimeter）分別為 125m 及 150m。已知該河段的曼寧糙度值為 0.015，試計算該次洪水的洪峰流量。（25 分）

三、某渠底為水平之梯形渠道，斷面底寬為 3.0m，兩側的邊坡比（水平與垂直比）為 1：1。輸送水流流量為 20.0m³/s，水深為 0.6m。若下游產生水躍，試計算：
㈠下游水躍後之水深。（15 分）
㈡下游水躍後之福祿數（Froude number）。（10 分）
〔**請參閱本書第四章歷屆試題** 4〕

四、有一矩形水道，渠寬 1.6m，縱向坡度為 0.0005，曼寧糙度值為 0.013，流量為 1.7m³/s。若在渠道某位置 A 量得水深為 1.0m，試問：
㈠水深為 0.90m 的位置 B 應位於 A 處之上游或下游，說明其理由。（10 分）
㈡A、B 兩處之距離。（15 分）〔**請參閱本書第五章精選例題** 7〕

國家圖書館出版品預行編目資料

渠道水力學 = Open channel flow／謝平城著.
－－四版.－－臺北市：五南圖書出版股份
有限公司, 2021.04
面；　公分
ISBN 978-986-522-681-7(平裝)

1.水利學

443.1　　　　　　　　　110005419

5G24

渠道水力學
Open Channel Flow

作　　　者 ― 謝平城（397.4）

發 行 人 ― 楊榮川

總 經 理 ― 楊士清

總 編 輯 ― 楊秀麗

副總編輯 ― 王正華

責任編輯 ― 張維文

封面設計 ― 簡愷立、王麗娟

封面完稿 ― 姚孝慈

出 版 者 ― 五南圖書出版股份有限公司

地　　　址：106台北市大安區和平東路二段339號4樓

電　　　話：(02)2705-5066　　傳　　真：(02)2706-6100

網　　　址：https://www.wunan.com.tw

電子郵件：wunan@wunan.com.tw

劃撥帳號：01068953

戶　　　名：五南圖書出版股份有限公司

法律顧問　林勝安律師

出版日期　2010年9月初版一刷
　　　　　2014年2月二版一刷
　　　　　2019年5月三版一刷
　　　　　2021年4月四版一刷
　　　　　2024年1月四版二刷

定　　　價　新臺幣680元

經典永恆・名著常在

五十週年的獻禮——經典名著文庫

五南，五十年了，半個世紀，人生旅程的一大半，走過來了。
思索著，邁向百年的未來歷程，能為知識界、文化學術界作些什麼？
在速食文化的生態下，有什麼值得讓人雋永品味的？

歷代經典・當今名著，經過時間的洗禮，千錘百鍊，流傳至今，光芒耀人；
不僅使我們能領悟前人的智慧，同時也增深加廣我們思考的深度與視野。
我們決心投入巨資，有計畫的系統梳選，成立「經典名著文庫」，
希望收入古今中外思想性的、充滿睿智與獨見的經典、名著。
這是一項理想性的、永續性的巨大出版工程。
不在意讀者的眾寡，只考慮它的學術價值，力求完整展現先哲思想的軌跡；
為知識界開啟一片智慧之窗，營造一座百花綻放的世界文明公園，
任君遨遊、取菁吸蜜、嘉惠學子！